科学出版社“十三五”普通高等教育本科规划教材

科学研究方法与学术论文写作

（第二版）

周新年　编著

科学出版社
北　京

内 容 简 介

全书共八章，系统阐述了科学与科学研究、科学研究与学术论文选题、科学研究的方法、信息检索与利用、学术论文特点与写作流程、学术论文的写作方法、毕业论文的答辩与评价、学术论文示例等。书中侧重科学研究与学术论文的选题途径与技巧，注重社会科学论文、自然科学论文、文献综述论文的写作方法、规范与技巧的结合，选入综述论文与学术研究论文的范文，便于读者学习应用。

本书以如何撰写可公开发表的论文为核心，以科学研究创新与能力培养为主线，认真分析、归纳、探索、提炼与升华，是科研工作者及在校大学生提高科研能力与写作水平的宝典。

本书可供高等学校专科生、本科生、硕士与博士研究生在相关课程中使用，也可供学生在科研实训和撰写毕业论文时参考，还可作为有关科研人员、准备晋升职称人员从事科学研究和撰写学术论文时的参考书。

图书在版编目(CIP)数据

科学研究方法与学术论文写作/周新年编著. —2版. —北京：科学出版社，2019.1

(科学出版社“十三五”普通高等教育本科规划教材)

ISBN 978-7-03-060223-7

Ⅰ.①科… Ⅱ.①周… Ⅲ.①科学研究-研究方法-高等学校-教材②科学研究-论文-写作-高等学校-教材 Ⅳ.①G304②H152.3

中国版本图书馆CIP数据核字(2018)第291825号

责任编辑：裴 育 / 责任校对：郭瑞芝

责任印制：师艳茹 / 封面设计：陈 敬

科学出版社出版

北京东黄城根北街16号

邮政编码：100717

http://www.sciencep.com

三河市骏杰印刷有限公司印刷

科学出版社发行 各地新华书店经销

*

2012年3月第 一 版 开本：787×1092 1/16

2019年1月第 二 版 印张：18 1/4

2025年2月第二十九次印刷 字数：420 000

定价：55.00元

(如有印装质量问题，我社负责调换)

第二版前言

科研方法的运用和学术论文的写作，是科研工作者和在校大学生的重要基本功。笔者编著的《科学研究方法与学术论文写作》从科学到科学研究，从基础理论、选题到写作技巧，从撰稿、编辑技术到案例，从一般认识到复杂规律组织材料，循序渐进，既突出重点与难点，又兼顾疑点涉及的知识面。

《科学研究方法与学术论文写作》一书自 2012 年 3 月出版以来，深受广大高校师生及科研工作者的欢迎，至今已累计印刷 17 次。教学思路清晰，内容丰富新颖，案例典型，文字流畅，可读性和可操作性强，学术与应用价值高。其中，《科学研究方法与学术论文写作》教材立体化建设，荣获 2018 年福建省第九届高等教育教学成果奖二等奖，是福建省高校唯一获奖的教材教学成果。

为了更好地服务于读者，根据广大高校师生在使用本书时反馈的意见与建议，笔者决定进行再版。本次再版，笔者对第一版图书进行了全面认真的修改，加强了图文表达，更新了范文，增加了新近案例与申请发明专利或实用新型专利步骤等内容。

限于笔者的理论和业务水平，书中难免存在不妥与疏漏之处，敬请广大读者批评指正。

周新年

2019 年 1 月

第一版前言

科研方法的运用和学术论文的写作，是科研工作者和在校大学生的重要基本功。

笔者近40年来从事科研项目数十项、撰写学术论文数百篇，长期兼任多种学术期刊编委与（常务）副主编等职务，承担硕士研究生、博士研究生“科学研究方法与学术论文写作”等课程的教学工作近20年。本书是笔者基于上述科研、教学和编辑的丰富经验以及大量的国内外最新资料，以科学研究创新与能力培养为主线，进行认真分析、归纳、探索、提炼与升华，而形成的一部理论联系实际的指导书。

对于许多年轻人来说，大学刚毕业，跃跃欲试，想搞科研。但怎样搞？哪些课题有研究价值？有多大能力？完成什么样的科研项目？对此，心里毫无准备。虽然或多或少地从事过科学研究工作，但真正独立地开展科学研究，则做得太少。往往雄心勃勃但又无从下手，有劲无处使而又无的放矢，就连填写项目申报书都难以达到合格要求。科学研究过程包括：优选课题 → 申报课题→ 课题设计 → 科研方法 → 课题论证（文献综述）→ 开题研究 → 课题完成，成果鉴定 → 申报奖励。而在研究过程中还包括：撰写研究论文，投稿，发表科研成果等。

此外，还有许多是非科研性的技术处理问题。任何一个环节处理得不好，都会对整个科研过程产生不良影响。一个科研新手难以将每一个细节都做得恰到好处，需要导师、合作者及科研管理人员等的热情指导、耐心帮助。

全书共八章。第一章，科学与科学研究；第二章，科学研究与学术论文选题；第三章，科学研究的方法；第四章，信息检索与利用；第五章，学术论文特点与写作流程；第六章，学术论文的写作方法；第七章，毕业论文的答辩与评价；第八章，学术论文示例。书中总结了科学研究与学术论文写作方法及其技巧，选入综述论文与学术研究论文范文，便于读者循序渐进，系统学习。

本书可供高等学校专科生、本科生、硕士与博士研究生在相关课程中使用，如科研方法与学术论文、科研方法与科学论文、科研方法与论文写作、科研方法与文献综述、文献检索与利用等，也可供学生在科研实训和撰写毕业论文时参考，还可作为有关科研人员、准备晋升职称人员从事科学研究和撰写学术论文时的参考书。

本书参阅大量的国内外文献资料，未能一一列出。在此，谨向所有文献作者和为本书提供过指导、帮助的教授、专家及朋友表示衷心的感谢。

限于作者的理论和业务水平，书中不足之处在所难免，敬请读者批评指正。

周新年

2012年1月

目　　录

第一章　科学与科学研究

本章从介绍科学与科学研究的定义、内容及其特征入手，对科学与技术的关系，科学研究类型、方法与步骤等问题进行探讨，提倡科学研究思维与科研创新，加强科研能力的培养。

第一节　科　　学

一、科学的传统定义和现代认识

1. 科学的传统概念

什么是科学？这是一个古老而又年轻的课题。在日常生活中，人们常把“科学”或“科学的”理解为“真的”、“可靠的”、“有理的”、“客观的”、“进步的”等，简单、模糊的意会，但又似乎明了的概念。“科学”一词便成为最受敬重的那一部分知识的名称。

“科学”（science）一词来源于拉丁文“scientia”，意为“知识”、“学问”。16 世纪传入中国，当时将英语“science”译成“格致”，系“格物致知”的简称，以表述实践出真知的含义。在日本明治维新时期，日本教育学家福泽吉把“science”译成“科学”并在日本广泛应用。1893 年，康有为引进并使用“科学”二字，严复在翻译《天演论》时，也用了“科学”二字，此后“科学”替代了“格致”，并沿用至今。

“科学”一词的根源可以一直追溯到文明的萌芽时期，甚至可以进而追溯到人类的起源。它起源于巫师、僧侣或者哲学家的有条理的思辨，也起源于工匠的实际操作和传统知识。科学作为一种知识体系，起源于 12 世纪初。当时，有人为了与神学相区别，就认为科学是以物质为基础的一部分，从而提出了科学是一种知识的思想。后来，人们发展了这种思想，认为科学是一种知识体系。所谓知识体系，就是强调科学不是零星的知识，而是系统知识有机结合产物的总和。如果我们同意对科学这样定义，那么神学、巫术等也会被认为是科学，因为它们都是知识体系。这显然是荒谬的。

科学是反映事实真相的学说，这种学说是对事实真相的客观反映。科学与事实真相的关系是密不可分的。

早在古希腊时期，亚里士多德在使用和讨论“科学”这一范畴时把它与知识联系在一起，认为科学是关于事实的原因的知识。被马克思誉为“现代实验科学的真正始祖”的弗兰西斯·培根，在提出“知识就是力量”这一口号时，进一步把知识与科学联系在一起。这里所要明白的是，科学是知识，但是却不能说“知识是科学”，即有的知识可以被称为科学，有的则不能。那么，哪些知识可以被称为科学呢？罗素曾经把“科学”

规定为诉诸人类理性的“确切的知识”，指关于有限领域、有实证根据、有明确适用范围的知识。达尔文认为，“科学就是整理事实，以便从中得出普遍性的规律或结论”，指出科学是反映客观事实和规律的知识。科学学的创始人 J. D. 贝尔纳认为，“科学可作为一种建制、一种方法、一种积累的知识传统、一种维持或发展生产的主要因素，以及构成我们的诸信仰和对宇宙与人类的诸态度的最强大势力之一”。科学是反映客观事实和规律的知识体系相关活动的事业。

爱因斯坦认为：科学作为一个存在的事物和完整的事物，是人类知道的事物中最客观的，但科学在形成中，作为追求的目的，却如同人类的其他部分一样，是主观的也是受心理制约的，以至于“科学的目的和意义是什么?”这一问题的答案，就因时代的不同和来自各种各样的人而很不一致了。

《韦伯斯特新世界词典》给“科学”下了这样一个定义：“科学是从确定研究对象的性质和规律这一目的出发，通过观察调查和实验而得到的系统的知识。”这一定义首先规定了科学的对象，确定研究对象的性质与规律。这个确定研究对象是不依赖于我们认识主体而存在的客观世界，这个世界有着自己的规定性和发展规律。这一点是一切科学的前提。《辞海》（1979 年版）认为：“科学是关于自然、社会和思维的知识体系。”科学应该按照内在逻辑关系把已知知识条理化、系统化、综合化，使之成为反映客观事实和规律的知识体系，而且这种知识体系仍旧在不断地补充和完善。

广义的科学概念是哲学、社会科学、自然科学、思维科学等所有学科的总称，涵盖了以下内容：广义能量学、广义宇宙学、广义心理学（超心理学）、广义全息律。

狭义的科学概念则专指自然科学，甚至专指基础理论科学。

2. 科学的现代认识

（1）当代科学所表现的形象

1）一种建制。

科学作为一种建制而有数百万计的人们在这方面工作，科学已成为一种社会职业。科学家们所从事的职业就成了科学的一种简易定义。

2）一种方法。

在科学建制中，科学家从事科学职业，需要一整套思维和操作规则，有程序的，也有指导性，称之为科学方法。

3）一种累积传统的知识。

科学具有累积性，科学的每一收获，都能随时经受得起用指定器械对指定的物料来检验。相应地，科学家的个人工作成果，很快被科学完全吸收。

4）一种维持或发展生产的主要因素。

科学与技术的密切结合，导致了生产的发展和社会进步。早期，科学追随工业的脚步，现在科学领导工业。科学是从车轮中学习而来的，而后导致了蒸汽机和电视机的出现。

5）一种重要的观念来源。

科学是连接许多实用科学成就而构成的理论体制。科学的种种定律、假说和理论，除本身解释客观事实外，科学知识必然反映出当时一般非科学的知识背景，受社会的、政治的、宗教的或哲学的观念的影响，反过来又为这些观念的变革提出推动力。

（2）当代科学的内涵与外延

1）从科学活动的本质来看。

① 科学在今天是人类特有的活动形式，是人们从事新知识生产活动的领域。现代科学已不再局限于个别科学家自发的认识过程，而表现为一种精神生产形态，表现为科学家、科学工作者共同的活动。他们被社会组织起来，服从一定的社会规范，为达到预定的目的使用各种物质手段和周密制定的方法。

② 科学又是人类特定的社会活动的结果，它表现为发展着的知识系统，是借助于相应的认识手段和方式产生出来的。科学活动的成果是一种精神产品，即对客观世界的理论表达。科学活动的直接目的和最高价值，在于对客观世界的真理性认识。

③ 科学活动离不开独特的物质手段，但在本质上是精神的智力活动。科学活动具有极大的创造性，这一点与它遵循特定的认识规律、心理规律是相辅相成的。

④ 科学活动组成一种社会体制，是整个社会活动的一部分。科学活动与其他社会体制，如军事、政治、文化诸活动，也彼此渗透，互相作用和影响。

2）从科学的社会功能来看。

① 从理论方面来考察科学时，科学的主要功能或基本任务是认识客观世界，即为了揭示自然界。

② 从社会活动方面考察科学时，科学有着自己活动的组织，这种组织又把科学变成某种社会体制。

③ 从科学结论的实际应用方面来考察科学时，科学是一种社会发展的实践力量。

3）从科学的特征来看。

① 科学的继承性。

任何一门科学、定理、理论、假说，都不是一个人单凭自己的想象和逻辑推理以及科学创造性活动和思维的产物，而是在继承和扬弃前人的科学积累的基础上，充分发挥创造性思维而获得的。

② 科学的可重复性和可检验性。

任何一项科学研究成果，都必须经得起实践或一定实验方法的检验。如果只是一个人偶然得出的结果，而连他自己或别的科学家按照其方法、步骤和设备等条件进行重复性试验而不能获得相应的结果，这不算是科学。因为它经不起检验和推敲。

③ 科学的可证伪性。

这是由人类思维的局限性和科学发展的无限性决定的。人类个体的认识水平是有限的，而且受一定社会的政治、经济、文化等方面的影响。科学之所以为科学，是因为它与一切非科学不同，它要接受实践的检验，要在实践事实的发展中不断发现自己的错误，否定或证伪，以便过渡到更新的理论。

④ 科学的相对稳定性。

尽管科学的不断发展，而且任何一门科学理论都将可能受到新观点、新事实、新理论的挑战，被证伪。但不管怎样，它并不是被全盘否定。就像达尔文的进化论受到了中性突变学说及现代科学理论事实的猛烈冲击，但自然选择学说至今也没有被人们彻底否定。恰恰相反，有许多现代科学的例证进一步证明了其存在的合理性。科学这种相对稳定的“内核”是科学发展的源泉，也是区别于经验或自然哲学的根本。如果科学没有这种相对稳定，科学家将无从着手，科学也就没有存在的必要。

⑤ 科学的公有性。

科学无国界，整个科学大厦是全世界人民集体智慧的结晶，因而整个科学也属于全世界，如达尔文的进化论、爱因斯坦的相对论、普里高津的耗散结构论、西蒙的决策论等。任何人都可以从这些杰出人物发表的论文和著作中吸取精神营养，对此并没有专利权的限制和社会制度的限制。

⑥ 科学无禁区，科学无止境。

科学是一种探索真理的活动，科学是没有禁区的，从理论上讲，任何领域、任何现象都可以去研究，只要是实事求是的态度和科学的精神。正如我们对待“飞碟”、“气功”、“人体特异功能”、“尼斯湖水怪”一样，我们都可以去研究它们，这是没有禁区的，也不受任何观点和理论的制约。科学无止境，不管人们怎样地进行创造性活动，科学问题都是无穷的。随着人们认识水平的不断提高，可以对自然界和人类自己的认识不断加深，但永远也不能达到最高峰，科学的高峰是层出不穷的，这正是科学永葆青春和人类不断追求真理的动力源泉。

（3）对当代科学的重新认识

1）科学是知识体系。

这是从理论方面对科学进行考察。

所谓知识体系，是说科学不是零星知识的简单堆砌，而是系统化的知识总和。科学作为一种知识体系，是一种意识形态；作为观念形态的科学从来就是人类精神文明的重要因素，科学发展受到哲学、宗教、艺术等社会意识形态的影响，但它是促进整个人类精神文明进步的最强大力量。

科学是经过实践验证的、发展着的关于自然、社会和思维的知识体系。在漫长的原始社会里，科学的萌芽还没有从物质生产中分离出来，并且与原始艺术、原始宗教结合在一起；古代科学，除少数学科取得理论形态外，绝大部分是实用科学，条理化了的经验知识；以科学实验为基础的近代科学是 15 世纪以后在欧洲文艺复兴运动中开始形成和发展起来的，现代科学从 19 世纪末算起，其历史才 100 多年。科学在其发展过程中不仅形成了特殊的认识方法——观察、实验、模拟、科学抽象、假说和理论等一般科学方法，各门学科还形成了各自的特有的方法；而科学方法一旦形成，反过来就成为促进科学发展的有利因素。科学不仅是对客观世界认识的结果，同时又是认识过程本身，是特殊的“精神生产”。

20 世纪初，数学、物理学、化学、天文学、地理学、生物学六大基础科学以及电力、机械、建筑、钢铁、医药、农学等工程科学都已比较成熟，科学不再只是事物或规律组成的知识单元，而是由许多知识单元组成学科，由学科组成学科群，形成了一个由很多门类交织组成的知识体系。爱因斯坦指出，科学并不就是一些定律的汇集，也不是许多不相关的事实的目录，它是人类用其头脑对自由发明出来的观念和概念所作的创造。

2）科学是社会活动。

这是从社会分工方面对科学进行考察。

科学作为知识体系，其结构只能是各种知识成分之间的逻辑关系。科学作为一种活动，其结构则必然是各种要素之间的相互作用。科学活动的主体是科学家，科学认识的主体是集体，是一定的社会集团，而不是个人；科学只能是社会集团的活动，是社会事业，不是个人活动。科学活动的工具包括思想工具和物质工具，由世界观、信念、理论、方法和仪器等组成，科学活动的对象是自然界和人类社会，是客观世界。

科学家共同体、科学活动的工具和科学活动的对象这三者的相互作用，即所谓的科学的"三体运动"构成一定的科学活动方式，使科学成为整体性的统一事业。不同的科学活动方式，决定着各个历史发展阶段的科学形态，正如不同的生产方式决定着各种社会形态一样。科学之所以为科学，并不在于它拥有多少可靠的知识，而在于由这种特定的"三体运动"所构成的自觉的、能动的、有目的的研究活动。美国科学哲学家库恩的科学观是：科学是科学家集团即共同体的活动。认为科学不是，至少不仅仅是现成知识的堆砌，而是人类探索知识的活动。

3）科学是实践力量。

这是从作用方面对科学进行考察。

科学是人类进化过程中最重要的事情。人们对科学本质的认识，从科学结论的实际应用与社会作用方面的考察，揭示了科学是一种社会发展的实践力量。人类信赖科学才得以建立起今天的物质文明，而到了现代，科学已成为社会具有决定意义的发展因素。

科学作为一种人类实践力量给社会带来了巨大进步，同时也带来了许多社会问题。科学的目的究竟是什么？要把科学置于整个价值观念体系中去思考，因为科学只有和其他社会因素相互作用，才能呈现出价值。因此，科学的发展，更增加了人类自身的责任，保护他人，发展自己，保护地球，发展未来。

最早把科学作为一种力量来认识的是英国哲学家培根，他认为知识不是一种纯思辨，而是一种力量，是认识自然的力量、驾驭自然的力量、自我完善的力量、滋养信仰的力量、社会改革的力量。"知识就是力量"成为科学最概括、最切要的箴言。

总之，科学的概念应当是认识过程、认识结果和认识力量的统一体，即科学作为知识体系是事实，是人类文化的积淀结果；科学作为社会活动是过程，是人类文化的不断繁衍；科学作为实践力量是作用，是人类文化的动力组成。因此，科学有了一个较为综合的定义：科学是关于现实本质联系的客观真知的动态体系，这些客观真知是由于特殊的社会活动而获得与发展起来的，并且由于其应用而转化为社会的直接实践力量。

3. 科学的具体特征

科学作为知识体系具有一些鲜明的特征：

（1）客观性

客观性是科学的根本特征，是科学理论建立的基础。客观性主要表现在三方面：研究对象是客观存在的，内容是客观的，评价标准是客观的。自然界的一切事物都有其原因，但所有的自然现象并不以其表面上的偶然性因素，或以任何人的意志为转移，科学的目的就在于发现这些客观现象之间的因果联系，并通过这种发现来改造自然。

（2）系统性

系统性是逻辑化知识的形式特征。科学的系统化是把科学材料用准确的概念、范畴通过判断和推理的逻辑程序而前后一贯地表示出来。科学旨在揭示自然的奥秘，揭示自然现象之间规律性的联系，它与一些单个的、简单的公理、发现或判断以及箴言等不同。科学的概念、范畴和客观对象之间具有内在的联系，形成一个合乎逻辑的系统。因此，科学通常表现为逻辑上相互联系的知识体系。

（3）普遍性

科学揭示的是规律性的联系，这种联系就表现在其普遍性上，即在相同条件下，同样的原因往往会产生同样的结果。

（4）实证性

科学是从观察自然现象开始的，所有发现与结论都必须经过实践的检验才能确证。不能通过实验确证的知识不能叫做科学。

（5）开放性

科学上的所有发现都要面对经实践或实验验证的成功或失败的可能，而且人类对自然的认识是一个不断地由浅入深、由片面到全面的过程，科学处于动态之中，科学不相信一劳永逸，不接受自古不变，科学是开放的。

（6）应用性

应用性揭示了科学的功能，每一门科学不仅应该成为解释世界的科学的知识体系，同时也应该成为变革与改造世界的方法和手段。

4. 科学的新颖特性

（1）细分与综合的统一越来越明显

科学在形成过程中表现为不断分化和高度综合的趋势。科学研究更加专门化、精细化、微观化，由此产生各种层次的分支学科，形成多领域多学科的庞大有序的大科学体系。随着分化的加深，各领域多学科之间的联系越来越紧，差距越来越小，相互沟通、交叉、渗透、融合、协同和互补，从而使整个科学在人、社会与自然领域统一起来，形成当代科学相互作用、普遍联系的、统一不可分割的整体。

（2）学科交叉文理渗透越来越深入

分化的结果之一是产生了众多的学科交叉和文理渗透的多学科群，这种交叉与渗透不仅有同一领域内部各个学科的交叉，而且有自然科学和社会科学两大领域相关学科的交叉和渗透，还包括不同学科之间的理论迁移、概念引申、方法嫁接和手段互用等，并由此改变了以往的自然科学与社会科学互不相涉的分离状态。

（3）科学创新的难度与意义越来越大

21 世纪是不断产生科学技术奇迹的世纪，也是科学理性充分发展的世纪。相对论、量子论为现代科技革命奠定了基础，粒子物理学使人类对物质世界的认识延伸到夸克层次，信息论、控制论、系统论与混沌学等自组织理论和非线性科学的发展，使人类对自然的认识不断走向复杂与综合，信息、生物与新材料等技术领域的长足进展，极大地拓展了人类利用、改造和控制自然的能力。但正是科学的这种发展，导致科学和技术创新的难度相对于现有的可利用资源而言越来越大，创新周期也越来越长。

(4) 人类受限科学的制约越来越严

科学已成为人类社会普遍的文化理念，科学技术的高速发展和广泛运用促进了我们进入信息化发展阶段，科学技术渗透到我们日常生活的每个角落。科技给社会提供了发展的动力，但必须认识到，随着科技的发展，社会正越来越依赖科技；反过来，科技对人类的制约性不断增强。

二、科学与技术

1. 科学与技术的概念

人们常说，科学技术是生产力，这是把科学与技术融为一体而作为一类社会活动的总称。可以理解为科学的技术、科学和技术、科学与技术的有机结合等。

广义的自然科学包括基础自然科学、技术科学和工程技术。

狭义的自然科学专指基础自然科学，即数、理、化、天（天文学）、地、生等。

科学是人类的一种社会活动。目的是认识自然、社会及思维的规律，成果是科学知识。

“技术”（technology）一词来源于希腊语，是希腊语“techne”（技艺、手艺）、“logos”（文字、语词）的组合，本意是一种实用的技艺，包括艺术、技能、本领等。与科学一样，技术是一个动态概念，随着社会历史和人类认识的发展而变化，技术与人类的历史一样久远，当人类创造第一个生产工具时就产生了最初的生产技术。作为改造世界的手段，技术就是人类自然肢体的延长。古希腊，亚里士多德把技术看做是制作的智慧；17 世纪，培根提出技术是操作性学问；到了 18 世纪，法国科学家狄德罗认为，技术是人类借以改变或改造其环境的方法或活动，“技术是为某一目的共同协作组成的各种工具和规则体系”。20 世纪以来，技术的含义更加宽广，除了技巧、技能以外，还包括加工方法、工艺流程和技术思想等。

根据不同的功能，技术可分为技术中最基本的生产技术与军事技术、科学实验技术、文化教育技术、卫生技术、日常生活技术等各类非生产技术；根据不同的性质，技术可分为满足社会需要的各种物质手段的硬技术与运用各种物质手段的软技术，如决策技术、预测技术、评价技术以及各种专业技巧手法，以达到一定社会目的的知识、技能、技巧的软技术。

技术的发展经历了漫长的历史过程，技术发展的每一历史阶段都有其中心技术和相应的辅助技术。能量转化是技术的主要功能之一，从人力、畜力到蒸汽力、电力、核力的能量转换方式的变革，每一次都引起了重大的技术革命。原始社会以石器技术为中心，以后是青铜技术、铁器技术，现代则以机器和自动化技术为中心。中心技术往往标志着人类历史发展的一个时代。过去的技术主要是在经验知识的基础上缓慢发展起来的，现代技术则几乎都是科学发展的结果。

综上所述，技术是人类为实现社会需要而创造的手段的总和，是把科学知识和实践经验应用于生产过程，以达到利用和改造世界目的的手段和方法的知识体系。它的基本要素是能源、材料、信息和工艺，是一种既包括生产工具、设备等硬件，又包括工艺、方法、制度等软件的技术系统，是如何将科学知识转化为认识和改造世界的手段。总之，技术是人类的一种社会活动，其目的是设计和制造用于生产、运输和通信、战争、科学研究、教育、管理、医学、文化和生活等方面的工具和手段。

2. 科学与技术的关系

对于科学而言，技术是科学的延伸；对于技术而言，科学是技术的升华。二者是辩证统一的关系。

科学与技术既有差别性，又有统一性。

从认识论看，科学本身是知识形态的东西，属于精神财富；技术是生产过程中的劳动手段、工艺设备和加工方法，属于社会的物质财富和创造物质财富的实践领域。技术是劳动技能、生产经验与科学知识的物化。

从职能看，科学的根本任务是认识与理解自然，主要回答自然界事物本身“是什么”和“为什么”；技术的根本任务是改造、控制与利用自然，回答的问题是“做什么”和“怎么做”。科学提供物化的可能，技术提供物化的现实。

从研究性质和成果形式看，科学是发现，科学是创造知识的研究，其成果表现为发现新现象、新规律、新法则；技术是发明，技术是综合利用知识于需要的研究，其成果表现为工具、设备、工艺、方法的发明。

从选题看，科学的选题主要来自人们对自然现象和社会现象及其本质的认识的需要；而技术的选题则来自迫切需要解决的生产问题的需要。

从社会功能看，科学对客观事实及其规律的探索和概括，往往具有长远的、根本性的社会效益和经济价值；技术则追求实用性，具有提高生产率的现实意义，常常产生宏大的、直接的经济效益。

从属性看，科学无国界，但技术却有自然和社会的双重属性。科学的发现主要是在实践（现代主要是科学实验）基础上，从经验上升为理论，同时要考虑科学自身相对独立的发展和逻辑证明的力量。技术发明在经验知识和科学知识实现物化的同时，还有其自身独特的规律及方法，往往还要兼顾科学的正确性、技术的可行性、经济的合理性，因此有许多原理上正确的发明，有时要经过很长时间才能在技术上得以实现。

科学与技术又是有着紧密联系的统一体。科学技术化、技术科学化、科学技术与生产合为一体是当代科学技术发展的三大特点。

从理论看，科学理论的重大突破，是技术进步的前提。技术科学化的趋势是现代科学技术发展的突出特点之一，如分子生物学、分子遗传学、生物化学和微生物学等的综合理论成果，促使生物工程技术的产生和发展，成为当代高技术群中的最新技术之一。

从手段看，技术的进步为科学发展提供了强大的实验手段。现代科学研究所需要的实验与观察依赖于技术所提供的强有力的手段，科学技术化的趋势是现代科学技术发展的又一个显著的特点。例如，淋巴细胞杂交瘤技术为病毒学、分子生物学、分子遗传学提供了强大的实验手段；电子计算机技术和微电子技术的问世与发展，极大地增强了人类认识世界和改造世界的能力，对科学发展产生了不可估量的影响。

从实践成果看，技术是科学成果转化为生产力的中介和桥梁。科学研究成果并不能自觉地转化为生产力，只有通过技术这一中间环节，才能应用于生产，物化为生产力。在现代社会中，应用新技术是保证生产持续增长的关键因素，而一切新技术都来自科学研究成果，都是建立在科学研究基础之上的，这样就形成了“科学—技术—生产”体系。这种科学、技术、生产一体化的趋势，是科学技术发展到一定规模和水平的产物，也是现代科学技术发展的第三个突出特点。

总之，科学与技术是辩证统一的关系。技术可以产生科学，如射电望远镜的发明与使用，产生了射电天文学；科学也可以产生技术，如利用核裂变原理制造原子弹，利用半导体原理生产出半导体收音机。科学水平高的国家很可能技术水平也高，技术水平高则科学水平也会较高，但两者并不一定成正比。因此，如何根据我国的具体情况使科学、技术和经济、社会协调发展，以取得更快的进步，是关系我国未来发展的重大课题。科学与技术的区别可以归纳以下几点：

(1) 从历史记载来看

技术一直是独立于科学单独发展的。技术一般不包含有条理有系统的一系列观察，而是从试验和错误当中直接发展起来的。几千年前发明的水轮和风车就是证明。它说明技术发明在先，而有关原理及其作用方法的条理化、科学知识出现在后。

(2) 从职能来看

科学是认识客观世界的规律，它着重回答“是什么”和“为什么”的问题，是提供应用的理论，科学与生产没有直接关系。

技术在于对客观世界的控制和利用，即在于设计和制造用于生产、运输、文化和生活等方面的工具和手段。它着重解决“做什么”和“怎样做”的实际任务，是使可能应用的理论变成现实的活动。

(3) 从现象来看

科学发现是那些在世界上早已存在的事物或现象的规律。

技术发明则是那些在世界上从来没有人做过的事。

(4) 从成果来看

科学成果是知识，即发现后就应当立即公开宣布，以取得优先权。

技术成果是物品、工艺方法等，即可以马上进行买卖的东西。

3. 科学与技术的相关性

现代科学，除少数领域，几乎不存在没有技术的科学，也不存在没有科学的技术。因此，人们不严格区分科学和技术，将二者统称为科学技术，简称科技。

4. 科学技术就是生产力

科学技术的萌芽产生于人猿揖别之时。当人类创造第一个生产工具而脱离动物界时，既标志着人类理性的诞生，又标志着理性的最初胜利。科学技术作为既是改造自然的手段，又是改造世界的重要成果，一开始就是由人类与大自然的斗争——生产所决定的，物质生产的发展是推动科学技术进步的最终的主要力量。因为物质资料的生产是整个人类社会赖以生存和发展的基础，生产实践的需要，归根到底是一切科技研究的最终归宿。

生产力的发展在很大程度上取决于生产工具的改进以及生产经验、劳动技能和生产管理的提高，而所有这些都越来越依赖科学技术的发展。20 世纪以来，特别是第二次世界大战以来，科学技术的发展与经济、社会的发展互相制约、互相促进，二者之间的关系更加紧密和深化。一方面，科学技术可以直接地转化为生产工具，从而转变为直接的生产力；另一方面，通过科学技术的普及，使劳动者提高他们的生产经验和劳动技能，也就是通过人的要素，转变为直接的生产力。因此，科学技术是生产力发展的重要动力，是人类社会进步的重要标志，而科学研究是人类社会实践的基本形式，是推动社会进步的强大动力。人类社会发展史表明，科学技术的每一次重大突破，都会引起生产力的深刻变革和人类社会的巨大进步。

当今世界，生物技术、航天技术、信息技术、新能源技术、新材料技术、海洋技术、激光技术、自动化技术的日新月异以及广泛运用，将深刻地改变与引领人们的生活。“立足科学的产业”、“知识和技术密集型产业”的高技术产业将日益使高技术成果商品化、高技术商品产业化、高技术产业国际化。现代科学技术是重要的生产力，不仅成为促进经济发展的重要因素，而且广泛渗透到社会生活的各个方面，成为促进社会发展的重要力量。

现代国际间的竞争，说到底是综合国力的竞争，核心是科学技术的竞争。科学技术日益渗透于经济发展和社会生活的各个领域，成为推动现代社会进步的决定性力量。我国著名科学家钱学森早在 1991 年，就作为重大战略决策向政府提出建立科学技术业的建议，并特别强调了建立科学技术业这个第四产业的重要意义。这就是说科学是一种建制，是一项反映客观事实及其规律的知识体系相关活动的事业的实例。它在社会总体活动中表现出认识世界和改造世界两方面的功能。前者是科学的认识功能，后者是科学的生产功能，而这种功能是通过科学研究来实现的。

三、大　科　学

“大科学”（big science，mega science，large science）是国际科技界近年来认可的概念。从“大科学”运行模式来看，大科学研究国际合作主要分为 3 个层次：科学家个人之间的合作、科研机构或大学之间的对等合作（一般有协议书）、政府间的合作（有国家级协议，如国际热核聚变实验堆（ITER）、欧洲核子研究中心的大型强子对撞机（LHC）计划等）。其中，各国政府组织的大科学研究国际合作占主导地位。其合作方式主要有：人员互访、专题研讨会、代培研究生、学术进修、合作研究、技术转移、设备维护与运行等，其中，合作研究与专题研讨受到更多重视。

科学作为一种社会体制是在 17 世纪下半叶开始形成的，当时欧洲已有一批科学协会，开始出现科学杂志。在此之前，科学交流活动仅限于书籍、授课以及科学家的个人交往等。19 世纪以前，尽管有了实验室，出现了集体研究形式，但依然是“小科学”，所谓“小科学”就是个人研究或科学交叉影响甚少的集体研究。从事科学研究的人数和规模还小，相当于工场手工业水平。20 世纪以后，出现了新的科学机构——具有强大技术基础的大型科学研究所和实验室，这就使科学活动接近现代化工业劳动，从而使科学由“小科学”变为“大科学”。

美国科学家普赖斯于 1962 年 6 月发表了著名的以《小科学、大科学》为题的演讲。他认为第二次世界大战前的科学都属于小科学，从第二次世界大战起，进入大科学时代。就其研究特点来看，主要表现为：投资强度大、多学科交叉、需要昂贵且复杂的实验设备、研究目标宏大等。根据大型装置和项目目标的特点，可以将大科学研究分为两类：第一类是需要巨额投资建造、运行和维护大型研究设施的“工程式”的大科学研究，又称“大科学工程”，其中包括预研、设计、建设、运行与维护等一系列研究开发活动，如国际空间站计划、LHC 计划、Cassini 卫星探测计划、Gemini 望远镜计划等，这些大型设备是许多学科领域开展创新研究不可缺少的技术和手段支撑，同时，大科学工程本身又是科学技术高度发展的综合体现，是各国科技实力的重要标志；第二类是需要跨学科合作的大规模、大尺度的前沿性科学研究项目，通常是围绕一个总体研究目标，由众多科学家有组织、有分工、有协作、相对分散地开展研究，如人类基因图谱研究、全球变化研究等即属于这类“分布式”的大科学研究。

大科学需要强大的物质基础，需要昂贵的仪器设备。随着研究复杂性的迅速增加，科学活动的设备和规模已非往昔可以比拟。例如，基本粒子物理学领域中开展研究工作所需要的能量为 3 000 亿电子伏特的大型加速器的建造费用高达 2 亿美元以上。美国“阿波罗”计划于 1969 年 7 月 20 日让第一批宇航员到达月球。为了实现这个计划，要求建立一个非常复杂的系统，其重量 2 949 吨，价值 2.82 亿美元。而研制和发射这个系统，却花费了 244 亿美元，共有 40 万名科学家、工程师、技术人员和工人付出了 8 年的紧张劳动，2 万个部门和公司以及 120 个大学和实验室参加了这项计划的研制和生产工作。

大科学不仅渗透于物质生产部门，而且渗透到政治、行政和军事领域，它日益与全部社会体制相联系。科学作为社会体制，它本身也逐渐变成社会经济潜力和最重要的因素，并需消耗巨额费用。在发达国家，科研工作的费用已占国民总收入的显著部分。例如，美国的“星球大战”计划、日本的“新人类领域研究”计划、欧洲的“尤里卡”计划、经济互助委员会成员国的“东方尤里卡”计划等，涉及领域空前广泛，耗费资财空前巨大，技术动员空前深入，研究周期空前之长。就经费而言，星球大战计划就是预计要耗资1 万亿～2 万亿美元的世纪大工程。

从第二次世界大战前夕到 20 世纪 70 年代，美国的科学研究和研制费用增加了 93 倍，用于科学研究和研制的费用在当时国内生产总值中的比例几乎增加了 6 倍。研究和研制费用如此飞速增长，是当代科学活动特有的现象。科学地位的提高，首先取决于它与技术、生产之间联系性质的变化。19 世纪以前，科学对生产一般还只能处于滞后地位。后来科学的发展超前于技术和生产的发展，形成了“科学—技术—生产”的统一体系。在“科学—技术”中，科学起主导作用。社会愿意把大量资金投入科学研究，这是由于科学研究具有巨大的社会经济效益，它能慷慨地予以回报。据估算，以每千克产品的出厂价格计算，如果钢筋为 1，则小轿车为 5，计算机为 1 000，集成电路高达 2 000。电子计算机的存储器所用的原料比相同重量的铁锅还便宜，但通过科学的加工之后，其售价竟相当于相同重量的铂金。除了直接创造价值外，科学技术的最大贡献是成为提高劳动生产率的关键因素。20 世纪初，发达国家提高劳动生产率，主要是依靠劳动力和资本积累，只有 5%～10%来自科学技术，但是 20 世纪 70 年代后，要提高劳动生产率，60%～80%得依靠科学技术的进步。

大科学的另一个重要特点是：科学发明，从它的出现到它的实际应用之间的时间日益缩短，见表 1-1。这在很大程度上加快了技术发展的速度，反过来，技术发展速度的加快，又加速了科学的发展。

表 1-1　科学发明到实际应用之间的时间对照

发明或发明对象	开始研制或发明年份	出产品年份	试制所需年限/年
纤维人造丝	1655	1885	230
照相术	1772	1894	122
第 1 台机器	1680	1780	100
水　泥	1756	1844	88
电　影	1832	1895	63
电动机	1829	1886	57
电　话	1820	1876	56
无线电	1867	1902	35
汽　车	1868	1895	27
飞　机	1897	1911	14
电　视	1922	1934	12
原子弹	1939	1945	6
尼　龙	1935	1939	4
集成电路	1958	1961	3
太阳能电池	1953	1955	2
激光照排机	1979	1981	2

目前，发明创造和实际应用之间的时间通常不会超过 4～5 年。在工业向人们提供的消费品中，现在不存在，若干年后会习以为常地运用的不为人知的东西，人们可能生活在品种完全不同于今天的另一个物质世界。

大科学的又一重要特点是重视开发，把知识尽快变成财富。现代日本的科学技术成就，令人信服地表明开发研究对经济发展是何等重要。日本有句名言："综合就是创造"、"转移就是突破"，他们根据自己的国情，最大限度地把世界各国人民创造的知识变成自己的财富，表明了他们巨大的科学才能和对大科学时代的适应性。

大科学还为自己组织了庞大的队伍，使科学活动成为一种重要的社会职业。根据概略统计，1800 年全世界只有 1 000 名科学家；1850 年增加到 1 万名；1900 年 10 万名；1950 年 100 万名；到 1970 年，全世界的科学家人数已达到 320 万名。根据苏联的资料，在科学服务单位工作的人数占国民经济中职业工人数的比例，从 1940 年的 1.7% 增加到 1960 年的 2.7%，从 1970 年的 3.6%增加到 1975 年的 4.0%。按工作人员的人数统计，这一部门在国民经济各部门中已从第 7 位升到第 5 位（在工业、农业、建筑和运输之后）。在现代社会全部就业人口中，脑力劳动者所占比例越来越高。在美国、欧洲等发达国家和地区已超过一半，直接从事科研工作的人数迅速增长。

由此可见，科学经过 20 世纪初的革命，特别是 20 世纪 40 年代之后，科学已从小科学进入大科学时代，现代科学无论在结构、发展速度、规模、对社会影响等方面都有了新的特点，具体表现如下：

1）科学社会化。现在顺利地进行科学研究，必须要有社会的合作才行。

2）全科学化。科学知识不仅成为新的生产形式的源泉，也成为新的社会需求和个人需求的源泉。

3）科研课题的综合性。

4）科学管理的作用越来越明显。

5）科学与政治的关系日趋密切。

6）科学不但是影响国家兴衰的一个重要因素，而且日益成为国际合作的重要内容。

7）科学的发展越来越受社会的监督。

大科学是指由大量科技人员参加，投入大量的科学研究经费，需要昂贵的仪器设备，大规模的科学技术及管理活动。

随着基础研究在科学前沿全方位拓展以及在微观和宏观层面的深入发展，许多科学问题的范围、规模、成本和复杂性远远超出一个国家的能力，必须开展双边和多边的科技合作，组织或参与国际大科学研究计划以及耗资巨大的大科学工程，成为进入国际科学前沿、提高本国基础研究实力和水平的重要途径。

“中国天眼”500 m 口径球面射电望远镜（FAST）是目前世界上最大、最灵敏的单口径射电望远镜，能够接收到 100 多亿光年以外的电磁信号。从 2021 年 3 月 31 日至 11 月 15 日，“中国天眼”向全球天文学家征集观测申请。国外科学家已有 30 余份申请约 800 个机时，其中一半左右的申请机时得到支持。“中国天眼”已经成为“世界天眼”，成为国际科技合作与交流的典范。

2020 年 8 月，国际热核聚变实验堆（ITER）计划重大工程举行安装启动仪式，由中国、欧盟、印度、日本、韩国、俄罗斯和美国 7 方 30 多个国家共同合作。目标是通过建造反应堆级核聚变装置，验证和平利用核聚变能的科学和工程技术可行性，把“人造太阳”从梦想变为现实。ITER 计划项目建造期需约 130 亿欧元；2008 年至 2017 年，在我国参与 ITER 计划项目的带动下，国家磁约束核聚变能发展研究专项共部署 119 个项目，安排经费约 40 亿元，取得了多项国际和国内一流的研究成果，使我国在核聚变领域处于与国际同等甚至某些方面领先的地位。

如今，人类社会正面临诸多共同挑战，需要通过进一步加强国际科技合作来应对。作为解决全球关键科学问题的“利器”，国际大科学计划和大科学工程还应继续扩大开放，强化国际合作。党的二十大报告指出，推进高水平对外开放，稳步扩大规则、规制、管理、标准等制度型开放，加快建设贸易强国，推动共建“一带一路”高质量发展，维护多元稳定的国际经济格局和经贸关系。中国与国际同行齐心协力，继续推动与主要创新大国的合作，找准多边科技合作的切入点和突破口，深入实施“一带一路”科技创新行动计划，聚焦事关全球可持续发展的重大问题，设立面向全球的科学研究基金，合力突破重大关键科学和技术，加快启动我国牵头的国际大科学计划和大科学工程，在应对全球性挑战中贡献中国智慧。

第二节　科学研究

一、科学研究的定义、内容和特征

1. 科学研究的定义

“科学研究”一词来源于英文“research”，前缀“re”（再度、反复）与“search”（探索、寻求）组合，意思为反复探索。然而，世界各国习惯用“研究与开发”（research and development，R&D）来表示科学研究。日本直接用“研究开发”即“RD”表示科学研究。

英国《牛津大辞典》和经济合作与发展组织（OECD）对科学研究所下的定义为，“研究与开发，是为了增加知识量，知识包括人类文化和社会知识的探索以及利用这些知识去发明新用途所从事的系统创造性工作”。“系统创造性工作”便是创造知识、整理知识以及开拓知识新用途的探索工作。

科学研究一般是指利用科研手段和装备，为了认识客观事物的内在本质和运动规律而进行的调查研究、实验和试制等一系列的活动，为创造发明新产品和新技术提供理论依据。

科学研究实质上是由两部分组成：一部分是创造知识，即创新、发现和发明，是探索未知事实及其规律的实践活动；另一部分是整理知识，即对已有知识分析整理，使其规范化、系统化，是知识继承的实践活动。由此可以给科学研究下这样一个定义：科学研究是人们探索未知事实或未完全了解事实的本质和规律以及对已有知识分析整理的实践活动。

科学研究是科学领域中的探索和应用，是科学活动的具体表现和中心内容。它包括已经产生的知识的整理、统计、图表及其数字的搜集、整理、编辑、加工和分析的工作。

2. 科学研究的内容

科学研究的内容包括 3 个层次：阐释前人智慧；完善前人智慧；创造新的智慧。

具体内容是通过各种科学研究方法，对客观存在的事实和确凿材料进行加工整理，从感性认识上升到理性认识，以找出客观事物和过程的发展变化规律，创造出新的科学知识，发明和创造出新技术、新工艺、新设备、新产品等。科学研究的生命在于突破。

科学研究的内容是探索未知，创造知识；验证知识，完善知识；整理知识，继承知识。即根据科学研究的定义，科学研究应该包括三方面的实践活动：观察或探索未知事实的本质及其规律的实践活动；验证与发现有关事实的本质及其规律的实践活动；对已有知识的分析、整理、综合以及规范化、系统化的实践活动。

3. 科学研究的特征

科学研究虽然方式各异，方法多样，但都有着许多共同的基本特点：探索性、创新性、继承性、严密性，并且在自然科学与人文社会科学中都有反映。

科学研究工作是一项极其复杂的、难度较高的脑力劳动，其本质是创造知识。因此，它与一般的社会活动相比有着自己的特性。具体表现在以下几个方面。

(1) 创造性

创造性是科学研究最根本的特点，也是区别于其他社会活动的显著特性，创造性是科学研究的灵魂。科学研究就是把原来没有的东西创造出来，没有创造性就不能成为科学研究。这一特点要求科研人员具有创造能力和创造精神。

创造性包括三个方面的内容：发现、发明和创新。科学发现是引导发明创造，促进知识增长和技术发明。开创性发明是“无中生有”，如：中国古代四大发明；改进性发明是“有中生无”，如汽车系列；发明创造过程：科技查新→专利申请→论文投稿，它是发现目标、确定任务、构思方案和实验试制的过程。发明专利是产品、方法及改进提出新的技术方案；实用新型专利是产品的形状、构造及结合提出适于实用的新的技术方案，是有形状与构造的产品；外观设计专利是产品形状、图案、色彩及结合应用的新设计。

(2) 继承性

科学研究的创造是在前人成果基础上的创造，是在继承中实现的，这就是继承性。它包含两层意思：一是继承前人或他人建立起来的科学技术作为继续研究的工具；二是将前人探索过但又没有完成的事业继续探索下去。这一特点决定了科研人员只有掌握了一定的科学知识，才有资格和可能进行科学研究。具体内容包括：

1) 科学思想。这是研究方法、目的和研究过程的指导思想。

2) 科学理论。这是指系统性、规律性的知识体系。

3) 科学研究方法。这是认识客观事物的本质和规律的基本途径。

4) 经验事实材料。这是进行理论概括的客观依据。但是这种继承不是完全照搬，而是批判地继承。

(3) 探索性

科学研究就是不断探索，把未知变为已知，把知之较少的变为知之较多的过程。因此，科学研究是永无止境的探索活动。探索和科学劳动的过程，探索实际上就是有目的地改变研究方法、设计构思、计算步骤等。探索是创造的前提，创造是探索的发展和结果。在科学探索中，既会有成功，也会有失败，但重要的是不断总结经验和吸取教训。

(4) 一次性和连续性

一次性即是研究课题不重复，已经解决了的问题不再去研究，而只研究尚未解决的问题。连续性则是研究过程的连续性、脑力劳动的连续性和群体劳动的连续性。科学研究是一个系统工程，从选题开始到最后出成果，其中包含着许多相互联系的环节和过程。脑力劳动是最怕中断的，只有集中精力和时间专心致志地思考一个问题，才能获得最高的科学研究效率。况且从科研群体来看，科学研究是一代接一代进行的。

（5）艰巨性和复杂性

科学研究是一项艰巨复杂、难度较高的脑力劳动。任何科研成果都是科研人员经过长期的、一点一滴地积累资料和废寝忘食地钻研而取得的。有的人甚至奋斗一生都不能取得预想的成果，而需要别人替他继续研究下去，就像爱因斯坦的统一场论一样。科学思维要求立体思维，设计科学实验或数学推导是一项很复杂的工作，不仅要求先进、合理，而且要同时考虑到各种参数、条件的作用，还需要资料、观察、计算、分析论证和表达等的精确性。因此，科学研究是一项艰巨复杂的工作。

（6）集体性

“大科学”出现后的今天，科学研究日趋社会化，一项重大的科研课题不再只是一两个科学家的事了，而是涉及多门学科和社会许多部门，有众多科学家、工程技术人员等参与的分工合作的科研有机集体。

（7）独立性

科学研究的集体性，并不是否认科学家的独创能力，恰恰相反，任何一项科学研究，只有在科学家具有独立的个体研究的基础上，才能形成集体，才能形成相互启发、深入探讨、促进集体智慧充分发挥的气氛，从而产生更多的创造性成果。任何一个研究集体都不需要没有独立研究能力的合作者，因为课题组的本质是对课题诸方面工作的分工合作。

（8）竞争性

科学研究与人类的其他社会活动一样，是不断发展变化的。在同一个问题上，往往挤满了跃跃欲试的拼搏者，这就决定了科学研究的竞争性。其表现主要为争夺优先权、专利权和发明权等。哈格斯特朗研究发现，在 1 400 名科学家中，大约有 2/3 的人在他们自己的贡献中被别人占先。竞争是科学研究的社会互动的各方，为了达到同一个目标而争夺的过程，争夺的结果是分出优劣的名次。这种竞争不断的启发、激励、帮助科研工作者。要使自己处于不败之地，必须不断更新自己的知识结构、思维结构和科学研究方法。因此，良性的科研竞争是发展科学技术、推动历史发展的动力。

（9）严密性

从科研课题的确定到观察、实验的进行，从发展理论思维活动到提出假说，建立理论的过程中，都必须严格地遵循客观规律和认识规律。在探索客观事物的本质及其规律时，必须实事求是。决不能夸大其辞，东拼西凑实验数据和计算结果，更不能牵强附会地对结果进行解释。严密性必须贯彻全面原则、系统原则和逻辑原则。

4. 科学研究的作用

科学研究最根本的作用是探索未知、揭示规律，不断提高人们认识自然和改造自然的能力。具体表现在：推动科学不断发展；推动生产不断进步；推动社会不断前进。

二、科学研究的类型

科学研究的类型分两大类：自然科学研究与人文社会科学研究。二者既有联系，又有区别，二者的联系主要表现为立足于客观的科学研究，二者的区别则基于所研究的对象的不同。社会现象与天文、物理、化学、生物等诸类自然现象相比，至少有复杂程度、因果联系方式、受认识主体的影响程度、先期主体意识的差别。

现代自然科学开始于 19 世纪末叶，但在整个 19 世纪，自然科学的巨大成就便激发了人们运用自然科学的方法来研究社会现象的热情，形成了一股被列宁称之为“从自然科学奔向社会科学的强大潮流”。到了 20 世纪初，由于科学与技术的紧密结合和互相促进，现代科学技术的发展及其所产生的影响，达到了前所未有的高度和深度，现代科学技术的发展表现出了新的特点：发展速度越来越快；学科相互渗透；社会化程度越来越高；科研、生产联合体形成。时代对科学研究提出了新的、更高的要求。爱因斯坦说：“在我们之外有一个伟大的世界，它离开我们人类而独立存在，它在我们面前就像一个巨大而永恒的谜，然而至少部分是我们的观察和思维所能及的。”因此，自然科学研究与人文社会科学研究不仅是可能的、可行的，同时也是迫切的。

所谓社会科学研究，就是人们从一定的社会科学学科角度出发，应用某些方法和技术对社会现象或事物所做的系统分析或解释，简称社会研究。它是一种有目的的智力活动，也是一种有方向的社会活动。通过这种活动，我们可以获得有关社会现象或事物的知识，解决一定的理论或现实问题，包括政治学、经济学、法学、教育学、文艺学、史学等。所谓自然科学研究是指研究自然界的物质结构、形态和运动规律的科学，包括物理学、化学、生物学、天文学、气象学、地质学、农学、医药学、数学和各种技术科学等。

美国学者沃勒斯坦说：“自然科学一直都在朝着一个新的方向转变，它日益地将宇宙看成是不稳定的、不可预测的。于是，宇宙便被设想成是一种能动的实在，而不是一架受处于自然之外的人操纵的自动机器。与此同时，社会科学也在朝着一个新的方向转变，日益地表现出对自然的尊重。自然科学与社会的趋同比以往更加明显，以至于我们完全有理由相信，两者都是在处理各种复杂的系统。”正如沃勒斯坦所指出的，自然科学与社会科学目前既有趋同的表现或迹象，同时还存在区别，社会科学研究有着与自然科学不同的特点：必须坚持个体性与整体性的统一、实证性与理解性的统一、事实判断与价值判断的统一。狄尔泰认为：社会现象的主体是人，而人的思想、观念、意志、情感、行为等都具有个别性、非确定性、非量化性，这就使人文社会科学的研究不可以像自然现象那样采用客观的、定量的、实证的方法。自然科学研究与人文社会科学研究在研究对象、方法论、研究方式、具体方法与技术上表现出了融会、交叉与互补、差异，“不同创造性学科的特点，首先在于不同的共有价值的集合”。

从研究过程看，自然科学研究可分为基础研究、应用研究与开发研究；从研究性质看，科学研究可分为探索性研究、发展性研究；从研究方法看，科学研究可分为实验研究、调查研究和观察研究。

我国把自然科学研究分成 3 类：基础研究、应用研究、开发研究。3 类自然科学研究的比较分析，见表 1-2。

表 1-2　3 类自然科学研究的比较分析

项　目	基础研究	应用研究	开发研究
研究目的	扩大科学知识，建立科学理论	以技术为目标，探讨知识应用的可能	把研究成果应用到工程和生产上
研究性质	探索新事物	发明新产品、新工艺、新流程	完成新产品、新工艺、新流程的实用化研制
研究特点	追求事物的内在联系，预言规律产生的后果、意义和作用	追求最佳条件系统，实现人工产物（产品、技术）	产品设计、产品试制、工艺改进
典型例子	电磁感应原理研究；核裂变原理研究	发电机研究、发明；核能应用研究	建立发电厂，研制核潜艇
计划性质	比较自由，无实际指标	比较有弹性，有战略意义	比较确定，解决实际问题
时间要求	不作具体规定，要求提出一般的研究时间表	不严格规定，要求提出大致的研究时间表	严格规定，一般研究时间较短
人员要求	科学家。要求具有深厚的理论基础，富有探索创新能力	科学家、工程师。要求既有创造能力，又有解决实际问题的能力	工程师、技术员。要求有相当的专业知识、丰富的经验和较强的实践能力
成果名称	学术论文、学术专著	学术论文、专利或研究工作报告	设计图纸、数据专利或产品样品
成果应用	转化时间较长，一般不能预测	转化时间较短，一般可以大致预测	很快可以应用，能较准确的做出预测
成果意义	对科学有广泛深远的影响，能开拓新技术和新生产领域	对特定的专业技术有广泛的影响，能为基础研究提出新课题	影响特定的生产领域，对经济和社会有直接的作用
成 功 率	无冒险性，成功率小	冒险性很大，成功率较大	冒险性较小，成功率大
管理特点	科学家的自主性强，自由度大；须尊重科学家的意见，支持个人；成果由同行评议，不需要急于做出评价	管理要求严，定期检查进度；尊重个人的创新精神；需集体协作，在适当的时候进行有组织的评价	管理严格，一般限期完成；管理人员要参与计划；组织严密，强调集体协作；最后验收。并交付使用

三、科学研究的方法

1. 方法的传统定义

“方法”是指人们在一切活动领域内，从理论上或实践上掌握现实，为达到某种目的而采取的途径、手段、工具和方式的总和。

方法是有结构的。它由目的、知识、程序、格式和规则等五个要素构成。目的是方法的灵魂，它决定着程序、格式和规则，其他要素都是为目的服务的。

2. 科学研究的方法

把符合客观规律，能达到预期目的的方法称为科学方法。即指研究主体与客体的本质和规律的方式、手段、途径和道路。

科学研究的方法较多，较为常见的有实验研究法、文献研究法、比较研究法、实地研究法、访问研究法、调查研究法、社会网络研究法、统计分析研究法等。

现代科学研究方法，不仅继承了古代和近代的科学研究方法，而且有了一些新的变化：一是观察、实验与理论思维、逻辑与非逻辑思维密切结合；二是数学方法越来越广泛地被用到各个科学部门（包括某些社会科学部门）中去；三是产生了控制论、信息论、系统论、耗散结构论、协同学及突变论等新理论，这些新理论是崭新的研究方法。运用良好的科学研究方法，可在研究工作中少走弯路，达到事半功倍的效果。

四、科学研究的步骤

科学研究一般可分为选题、搜集、阅读资料和进行课题设计的准备阶段、实际工作的进行阶段以及整理实验记录、分析综合实验资料，写出科学研究工作总结和技术总结，撰写论文、提交鉴定或验收的总结阶段。

现仅对自然科学研究的一般过程作简要介绍。

1. 抉择与准备

主要是在主攻方向和专业目标范围内，确定研究课题。在抉择与准备阶段，选题是任何一项科研工作必不可少的首要环节。在选题过程中，要运用各种科学方法，特别是通过文献检索，掌握有关的情报资料后才能做出正确的抉择。

2. 资料与事实的搜集

主要是获取文献情报资料和新的经验事实，这是科学研究继承性的具体表现。从根本上来说，经验事实来自人们的实践活动。观察和实验就是搜集经验事实的主要方法。要获取关于研究对象的第一手资料，必须要在科学思维的支配下通过观察和实验。

3. 资料与事实的加工整理

主要通过科学抽象建立科学概念，并运用比较、分类、类比、归纳、演绎、分析、综合等方法，对所研究的现象和变化规律做出解释和说明。

4. 科学假说建立科学理论

通过对资料与事实的加工、整理，就可以得到科学研究成果——科学假说或科学理论。假说和理论都是科学研究的成果。对于一个新的研究领域来说，仅仅获得一个科学理论是不够的，还要建立比较完整的科学理论体系。可以通过学术论文或学术专著等形式表现出来。因此，学术论文的写作就成为整个研究过程中必不可少的步骤。

5. 科研成果的评价

为了说明所得结果的可信度和严密性，科研成果必须通过科研管理部门组织的同行专家进行鉴定和评价，这是科学活动不可缺少的最后一个环节。

图 1-1 所示的科学研究是从提出问题开始进入科学研究基本程序的。其间历经提出问题、筛选取舍与科研立项，经观察试验和调查分析，通过资料积累、科学抽象、建立假说、理论验证、假说修正与理论再验证等研究过程，如此周而复始，循环往复，最终完成科学研究。

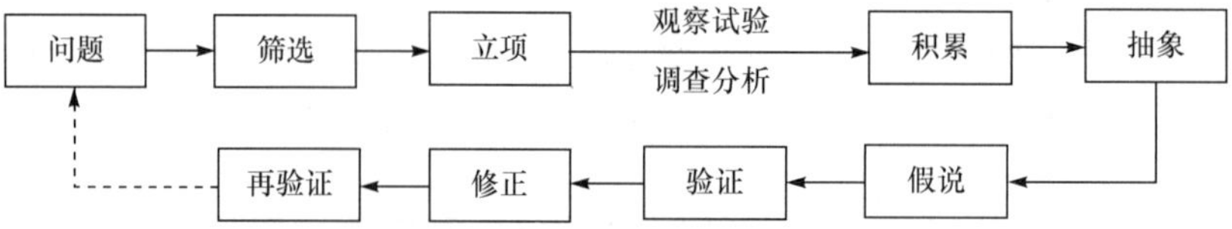

图 1-1　科学研究基本程序

自然科学研究包括工程技术科学与应用科学研究，自然科学研究程序，见图 1-2。建议初学者的科研策略如下：量力而行，思路清晰，方法简便，不要怕失败。

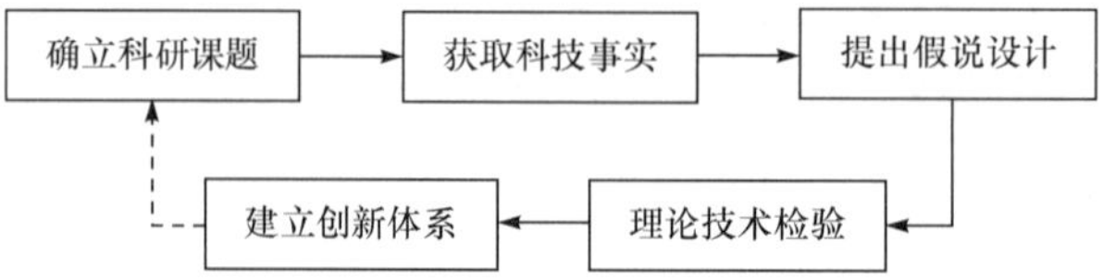

图 1-2　自然科学研究程序

社会科学研究包括文、史、哲、心理与艺术等科学研究，社会科学研究程序，见图 1-3。

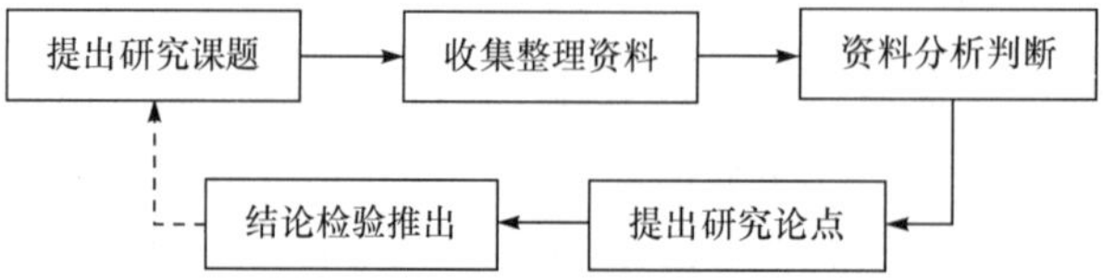

图 1-3　社会科学研究程序

以社会调查研究为例，社会科学研究的一般程序为：

1）确定研究调查课题，提出研究假设：科研决策。

2）设计调查研究方案，收集资料即调查阶段：科研设计，调查实施。

3）整理和分析资料：资料甄别，分析研究。

4）提出调查研究论点：演绎哲理，归纳事实。

5）撰写调查研究报告：总结应用。

第三节　科学研究创新与能力培养

一、科学研究思维内涵

科学研究，是一项极其艰巨复杂的创造性脑力劳动。一方面，要求人们踏踏实实、认认真真地去干，来不得半点虚伪；另一方面，要求科学用脑，要学会科学思维。这样不仅事半功倍，而且还能有所创造。科学思维不是要小聪明，而是一种科学方法。

思维是人们所特有的认识过程，它是大脑反映事物一般特性和事物之间相互联系的过程，也是大脑以已有的知识为中介，进行分析、综合、判断、推理和形象创造的过程。

科学思维，即形成于并运用于科学认识活动、对感性认识材料进行加工处理的方式与途径的理论体系；是真理在认识的统一过程中，对各种科学的思维方法的有机整合，是人类实践活动的产物。科学思维有广义和狭义之分，狭义的科学思维，又称抽象思维或逻辑思维，是人们在认识过程中借助于概念、判断、推理的一种思维形式或方法。它从直接感觉的对象开始，随着认识的深化，而逐渐舍去客观事物中个别的、直观的或可以直接感觉的方面，抽象出概念、定理、定律，并形成一定的理论体系，以表达认识上升到理论性认识。而广义的科学思维或科学研究中的科学思维是指理论思维、抽象思维、形象思维，灵感、直觉、想象、创造性思维的总和以及它们之间的有机联系与统一。这里，所讲的科学思维则是指现代科学思维和科学思维能力，现代科学思维则是指主体思维的科学化。具体地说，就是与现代科学发展相适应的最佳思维结构、与现代科学发展相一致的合理逻辑过程、能够迅速准确地反映客体优化的思维方式以及这三者的有机统一。这三方面综合协调所产生的主体认识世界、改造世界的能力，就称为科学思维能力。现代科学思维的基本内容是指思维主体的科学性，包括相互联系、相互制约的三个方面：一是主体认识结构的科学性，二是主体思维方式的科学性，三是主体心理构成的科学性。

思维主体知识构成的科学性既有质和量的规定，又有知识系统开放程度的规定。科学的知识构成是广博和精深的统一，应该是不断与外界交换信息，不断进行知识新陈代谢的开放系统。思维主体心理构成的科学性，是指思维主体的心理要素必须健全，要素间的联系必须合理和科学。只有处于和谐的心理环境中，才能充分发挥主体的能动作用，对客体进行科学的认识。科学思维方法，是主体对主体与客体相互作用之规律的认识和运用。现代科学高度的分化与高度综合的趋势，要求主体思维方法，应是思维指向的专一性和多样性的统一。不但要有专一的单向性思维，又要进行多向思维；既要有线性集中思维，又要有平面扩散思维。即要有单向与多向、线性集中与平面扩散相统一的主体思维。在思维方法上，必须是历史、现实、超前思维的统一，在现代特别要重视超前思维；在思维方式上，必须是逻辑方法和非逻辑方法的统一，高度抽象和形象性的统一。要有最佳的知识要素，合理和谐的心理构成以及科学思维方法有机结合，能够产生超越常人的创造性思维功能。

在科学认识活动中，科学研究思维必须遵守三个基本原则：在逻辑上要求严密的逻辑性，达到归纳和演绎的统一；在方法上要求辩证地分析和综合思维方法；在体系上实现逻辑与历史的一致，达到理论与实践的统一。

二、科学研究创新内涵

科学研究创新，是指科学研究中的创新活动，贯穿了科学发现和发明的过程中，如设计新的观察方法和实验手段，建立新的科学模型，提出新的科学概念、假说、学说、定理、定律和研制出新产品、设计出新的工艺流程、发现新的物种等。

科学创新是一个复杂的思维过程，它充分体现了人的主观能动作用。新思想、新方法的突然出现，即所谓直觉或灵感的到来，实际上是思维过程的飞跃，这种飞跃表面上看来似乎是在无意识状态下发生的，但实际上却是过去的思维过程的一种特殊的继续，常常是由于某种偶然的类比、联想所提供的信息作为催化剂，造成原来的逻辑思维的中断，使头脑中原有的信息得到一种新的加工和改组，从而产生一种新颖的见解。新思想的出现会使人在心理上有豁然开朗之感，使认识获得新的起点，然而新思想的出现开始一般是朦胧的、不清晰的，为了判断这种直觉的思维是否正确，认识必须沿着一种新的思路重新进入逻辑思维的轨道，并且进行实验的验证。常常会产生种种没有根据或不合乎实际的而被淘汰的想法。从已有的研究可以看出，创造性活动不是无意识的和非理性的，看来它是一种综合逻辑和非逻辑的各种思维形式的最集中、最积极、最活跃的活动。1942 年英国学者 G. 华莱士把人的创造过程概括为 4 个时期：① 准备期（确定研究主题、物质、技术准备、试验性的探索）；② 孕育期（即思想上的准备期，创造性思维活动的时期）；③ 顿悟期或明朗期（直觉或灵感的显现时期）；④ 检验期（逻辑的论证，实验、实践的检验、验证）。

科学创造活动并不局限于孤立的个人，它具有复杂的社会历史性，总是在一定的科学背景以及社会政治、经济、文化、思想条件下进行的。然而，科学创造不只是要适应这些背景，更要改造和突破这些背景的束缚，并付出相应的代价。

人类对社会的研究和探索是与生俱来、与时俱进的，每日、每时、每刻都在进行着的一种全方位的行动。贝尔纳说，“科学就是发现人们过去所不知道的事物，在本质上是无法预知的”，强调了科学的探索功能与创新性。创新，是一个民族的灵魂，是国家兴旺发达的不竭动力，知识创新将成为未来社会文化的基础和核心。在工业经济时代，国家的科学技术的创新能力与经济的增长、国际竞争力的提升紧密相关；在知识经济时代，国家的科学技术创新能力，是决定一个国家在国际竞争和世界总格局中所处地位的重要因素。

我国创新能力与国家需求和国际先进水平相差较大，我国国际科技竞争力落后于国际经济竞争力。2010 年，我国国内生产总值居世界第 2 位，而我国科技竞争力排名为第 18 位。培养与造就高素质的创新人才，对我们的教育提出了严峻的课题。而作为当代受高等教育的大学生来说，其能力结构内容理应包含 3 个层次：基础心理能力、专业能力、科研能力。科研能力居于大学生能力结构的最高层次，也是大学生进行科学研究工作所必需的主观心理条件。当代人才质量观的转变，使大学生的科研能力成为衡量大学生素质高低的重要标准，是大学生各种能力的凝聚和升华。只有具备终生的从事创造性的科研活动所需要的能力，才能尽我所能，报效国家，也才能使自己在科学研究的过程中充分享受到创造的乐趣。

三、科学研究能力培养

科研能力是一种研究问题、探索真理的能力，是创造和运用科研方法的能力。既要求有完成科学研究活动所必需的心理特性，又要求掌握进行科研活动的适当方式。其主要包括确定课题的能力、进行实验的能力、开展社会调查的能力、设计能力、分析能力以及撰写报告、论文的能力等。具有高度创造性与复杂性特征的科学研究要求有多种能力的参与，而正是多种能力的有机结合构成了广义的科研能力。

培根说："一切比较真实的对于自然的解释，是由适当的例证和实验得到的。感觉所决定的只是接触到实验，而实验所决定的则接触到自然和事物本身。"科学研究者既要意识到自己应该承担的责任，又应牢记掌握科学研究的原则和法规，遵守科学研究的伦理道德，善于在科学的方法要求以及研究可能危及的人权和价值之间取得巧妙的平衡，养成严谨的学术作风。大学生在学好基础知识的前提下，重点应放在通过多种实践性的途径来培养自己的智力素质上，培养观察能力、自学能力、想象能力、探索能力、创新能力、思维能力、研究能力、表达能力和组织管理等各种能力。而课堂内外相互结合，广泛阅读书籍，积极参加科研工作、勤于撰写科研论文就是很好的提高智力素质的途径。科学研究者的研究目的除了获取更多的知识外，另一重要的目的就是研究和解决自然与社会中的实际问题。因此，科学研究者应该重视应用研究，不仅成为具备丰厚知识储备、高端科研能力的学者与智者，还要成为人类历史发展、社会进步的参与者与实践者。

第二章　科学研究与学术论文选题

科学研究与学术论文的选题，是科研课题与学术论文最先要确定的重要环节，也是最为困惑、最耗精力的阶段。依据选题确立中心、制定研究方案、选好科研方法、组织具体实施等，科研与论文就容易取得成功。本章主要对科研课题与学术论文概念、选题重要性、课题类型和选题原则、通过案例阐述选题途径与方法等进行深入探讨。

第一节　科研课题与学术论文

一、科 研 课 题

1. 科研课题的概念

科学研究课题就是尚未解决的问题，简称科研课题，又称科研项目。探索自然界未被认识的问题，或尚未被开发的新技术、新工艺、新设备（包括对原有技术、工艺、设备的改进或应用范围的扩展和优化）。

科研课题是已知与未知的辩证统一体。已知，才明白研究什么和怎样研究；未知，才要研究。

2. 科研项目的选题

科研选题是一项严肃的研究工作，也是一种灵活的研究艺术。一个科学的、准确的科研选题，是科学研究成功的一半。正如科学学的创始人贝尔纳认为：选择课题是科研的战略起点。著名科学家维纳也说过：知道应该干什么，比知道干什么更重要。

科研选题包括确定研究方向和选择研究课题两个方面。

（1）研究方向

研究人员在一个较长时期内，从事研究活动的领域，称为研究方向。研究方向是根据某一具体研究课题取得成功后开拓出来的。一个具体研究课题取得成功，就展示了一个研究方向。

（2）研究课题

探索科学领域中尚未被认识和解决的问题，称为研究课题。能从自己所探索的领域内发现、提出和形成一个有科学意义的问题，本身就是一个了不起的成就。

3. 提出问题重要性

1900 年，著名数学家希尔伯特站在当时数学研究的最前沿，提出了数学上尚未解决的 23 个问题，这在数学史上的功绩是不朽的，这些问题吸引了不少数学家为之奋斗终生。并从问题的解决中形成了一个又一个的数学分支，创立了一个又一个的数学新方法，成为当代数学家竞相攻克的目标。假如从已知和未知的矛盾来理解，那么，由已知向未知进发，是问题的提出；而从未知向已知的转化，便是问题的解决。

提出一个问题之所以比解决一个问题更重要，这是因为：

1）提出问题要敢于摆脱陈旧学说和传统观念。没有勇气打破传统就提不出新问题。

2）提出问题要有创造性的想象力。如果无法驾驭事实，没有创新思想的眼力和魄力，那又何谈提出问题？

3）提出问题就意味着在科学前沿发出新的进军令，可能酝酿着科学上新的突破和革命，而成为科学大进步的起点，科学新分支的生长点。

4）提出问题不仅确定了研究工作的主攻方向、制高点和突破口，而且在一定程度上也确定了解决问题的行动方案、步骤和方法。

形成问题比解决问题更使人感兴趣。提出问题往往包含着大量原始的、粗浅的、现象的问题，而形成问题则是进一步构成了成熟的、深刻的、本质的问题。提出问题是形成问题的基础，而形成问题则是提出问题的深化。

二、学术论文

学术论文的应用相当广泛，它既是对科学研究成果的描述和记录，又是人类进行科学技术交流的工具。学术论文的写作，对于检验科研工作者的科研水平、科研能力，乃至对于国际间的科学技术和文化的交流，都具有十分重要的意义。因此，撰写学术论文是每一个科研工作者、博士研究生、硕士研究生与大学本科生的必修课程。

学术论文是对科学研究新观点、新见解、新发明的一种表达与反映，真正有价值的科研成果，总是要通过学术论文的形式表达出来。一般说来，它都具有直接或间接的应用价值，因此，学术论文也属于应用论文的范畴。

1. 学术论文概念

学术论文，也称科学论文、科研论文、研究论文，简称论文，是对某一学科领域中的问题作比较系统、专门的研究和探讨，表述科学研究成果的理论性文章。

当“写论文”的时候，这篇论文不是指一般议论说理的文章，而是指一篇学术论文。学术论文包括各学科领域中专业人员写的论文和学业论文（学年论文、毕业论文、学位论文）以及报告类论文。学术论文的显著特征是论文必须要有新发现、新发明、新创造或新推进，总之，要有新的科技信息，否则就不是严格意义上的学术论文。

人们对于某种事物或知识的本质认识总有一个过程。追溯人类写作的历史，早期文体单一，其后逐渐丰富多样。20 世纪以来，人类知识迅猛增长，写作对象逐渐增加，文体在发展中也逐渐分化，形成更多独立的写作学科，如从文学中分化出新闻写作、秘书学写作等。因此，可以给学术论文下一个定义，那就是：对社会科学和自然科学领域中的某些现象和问题进行系统的研究，以探究其本质特征及其发展规律的理论性文章。学术论文实际上是对科学研究成果的一种描述与反映，是科研活动中的一个重要环节，又是进行国际、国内学术交流的重要工具。因此，在这里，也可以给学术论文写作下一个定义：学术论文写作是在研究人类社会科学技术的发展历史、发展现状以及未来的基础上，探索、研讨对科学技术的规律、特点以及对研究成果进行表述的专门知识和技能。

科研人员都有一个共识：如果有条件，可以选择两门学科的交界处来进行科学的“边缘”研究。恩格斯说过：科学在两门学科的交界处是最有前途的。维纳也说过：在科学发展上可以得到最大收获的领域是各种已经建立起来的部门之间被忽视的无人区。2008年，在诺贝尔奖获得者的北京论坛上，华人图灵奖得主姚期智指出：当不同的学科、理论相互交叉结合，同时一种新技术达到成熟的时候，往往就会出现理论上的突破和技术上的创新。例如，半导体科学就是在导体和绝缘体之间发展起来的一门边缘科学。又如，文艺心理学、写作心理学、社会心理学、社会语言学、文艺信息学、美学与模糊数学等，都是边缘科学，而学术论文写作也是一门跨学科的学科，它要求论文撰写者既要有广博的科技知识，又要有较高的文学语言修养。它是科学技术与文学语言创作的结合。这种结合，从某种意义上讲，形成了列宁所言的“从自然科学奔向社会科学的强大潮流”。学术论文写作也正是在自然科学和社会科学相互交叉的地带，生长出来的一系列新生科学中的一种——即交叉学科中的一种专门文体，这就是科学地图上的“空隙地”。

综上所述，可将学术论文的定义归纳整理为以下内容：

《学位论文编写规则》（GB/T 7713.1—2006）及《科技报告编写规则》（GB/T 7713.3—2014）对学术论文所做的定义是：学术论文是某一学术课题在实验性、理论性和观测性上具有新的科学研究成果或创新见解和知识的科学记录；或是某种已知原理应用于实际中取得新进展的科学总结，用以提供学术会议上宣读、交流或讨论；或在学术刊物上发表；或作其他用途的书面文件。

2. 学术论文种类

学术论文按研究领域、研究对象来划分，可以分为人文社会科学论文和自然科学论文两大类。

人文社会科学论文，如哲学、经济学、军事学、法学、文艺学、语言学、史学等学科都属于人文社会科学领域。它的任务是研究并阐述各种社会现象及发展规律，在前人研究的基础上有所发展、有所创新。自然科学论文，是以研究自然的物质形态、结构、性质和运动规律的科学论文，如数学、物理学、化学、生物学、天文学、气象学、海洋学、地质矿产学等基础学科以及能源科学、医药学、材料科学、应用技术科学都属于自然科学领域。自然科学是人类认识社会、改造大自然的实践经验的总结。

按照《学位论文编写规则》，可将学术论文分为以下几种。

（1）科研论文

科研论文是记述创新性研究工作成果的书面文章。它指各学科领域中专业人员的科学研究成果；某些实验性、理论性和观测性的新知识的科学记录；某些已知原理应用于实际并取得新进展的科学总结经验。这种学术论文主要用于期刊公开发表或在学术会议上公开宣读。这种学术论文的显著特点是内容必须有新发现、新发明、新创造和新推进。它要求反映出各学科领域中的最新学术水平。这种学术论文对促进科学事业的发展具有极其重要的作用。

(2) 学业论文

学业论文主要是指在高等院校的大学生、研究生写的论文，它包括：

1) 学年论文。

学年论文是高等院校各个年级对学生布置的一种独立完成的作业。撰写学年论文要在教师的指导下进行。教师指导学生写作学年论文是高等院校教学过程的重要环节之一。大学生在校学习的 4 年，每学年都要学习本专业的基础知识和专业知识，各学年都有不同程度的侧重点。因此，写好学年论文，能使学生在每个阶段所学专业知识得到运用，并初步掌握科学研究方法。部分专业课程安排的课程论文实践周，亦属此类论文。

2) 毕业论文。

在高等学校中，毕业设计（论文）是实现本科培养目标的重要教学环节。这一环节，既是培养学生综合运用所学知识解决实际问题能力的教育过程，也是对学生全面素质的检验。时代的发展要求高等教育更加重视培养大学生的实践能力和创新精神，重视提高学生的综合素质，这对毕业设计（论文）工作也提出了更高的要求。撰写毕业论文的目的是总结在校学习期间的学习成果，培养学生综合运用所学知识进行分析问题并解决问题的能力，并使他们受到科学研究的基本训练，为毕业后较好地工作奠定基础。同时，毕业论文完成后需要进行答辩，并由指导教师评定成绩，合格后颁予相应的学位（我国目前对专科学历未进行学位授予）。

(3) 学位论文

学位论文是指为了获得所修学位，按要求被授予学位的人所撰写的论文。就在校学生而言，平日的学习多限于书本知识，导致部分学生高分低能。学位论文的写作要求写作者综合运用所学的基础理论、专业知识、基本技能分析与解决实际问题，这对于引导学生把知识转化为能力，学以致用意义非凡。又由于学位论文是具有学术性、科学性和创新性的较高形态的文章样式，因此学位论文对培养学生严谨的治学态度，独立思考的习惯，创造的品格，提高自身的综合素质同样意义重大。

1) 学位论文种类。

由于学位论文本身的内容和性质不同，研究领域、对象、方法、表现方式不同，因此学位论文有不同的分类方法。按内容性质和研究方法的不同，可以把学位论文分为理论性论文、实验性论文、描述性论文和设计性论文，理工科大学生可以选择的论文形式主要是后 3 种，文科大学生则是以理论性论文为主；按研究问题的大小不同，可以把学位论文分为宏观论文和微观论文；按论文的综合性则可把学位论文分为专题型、论辩型、综述型和综合型 4 大类。学位论文是高等院校毕业生用以申请授予相应学位，而提出作为考核和评审的文章。《中华人民共和国学位条例》把学位论文分为学士、硕士、博士 3 个等级。

学士论文是合格的本科毕业生撰写的论文，是大学本科毕业前夕的一次综合性练习，应在教师的指导下独立完成，篇幅一般在 1 万字左右，能反映出作者掌握大学阶段所学的专业基础知识，综合运用所学知识进行科学研究的情况。本科生撰写的毕业论文（或称学士学位论文）的优劣，与专业教学效果，提高教学质量息息相关，是学校评定学生毕业论文成绩的重要依据，也是评定是否授予学士学位的必需条件。

硕士论文是攻读硕士学位研究生所撰写的论文，应在导师的指导下完成，但更强调个人的独立思考，篇幅一般在3万字左右。它应能反映作者专业基础知识的掌握程度，是否具有独立进行科学研究的能力，对所研究的题目是否有新的、独立的见解。论文具有较好的科学价值，对学生的本专业学术水平的提高起着积极作用。

博士论文是攻读博士学位研究生所撰写的论文。它要求作者独立完成，篇幅一般在5万字以上，相当于学术专著的规模。它要求作者能够自己选择潜在的研究方向，开辟新的研究领域，掌握相当渊博的本学科有关领域的理论知识，具有相当熟练的科学研究能力，对本学科提供创造性的见解。论文具有较高的学术价值，对学科发展具有重要的推动作用。

2）学位论文特点。

学位论文虽属学术论文中的一种，但和学术论文相比，又有自己的特点：一是指导性。学位论文是通过大量的思维劳动而提出的学术性见解或结论。在收集材料和进行研究的过程中都是在具有该课题专长的导师指导下进行的，这些人都是本单位本门学科的学术带头人，正从事或指导较高水平的科研工作。学生为了写好毕业论文，必须主动地发挥自己的聪明才智，刻苦钻研，独立完成毕业论文的写作任务。二是习作性。学好专业基础知识，为撰写学位论文打下坚实的基础，学位论文的写作是对所学专业基础知识的运用和深化。大学生撰写学位论文就是运用已有的专业基础知识，独立进行科学研究活动，分析和解决一个理论问题或实际问题，把知识转化为能力的实训。写作的主要目的是为了培养学生具有综合运用所学知识解决实际问题的能力，为将来作为专业人员撰写学术论文做好准备。所以，它实际上是一种习作性的学术论文。三是层次性。毕业论文与学术论文相比要求较低。专业人员的学术论文，是指专业人员进行科学研究和表述科研成果而撰写的论文，一般反映某专业领域的最新学术成果，具有较高的学术价值，对科学事业的发展起一定的推动作用。大学生的学位论文由于受各种条件的限制，在文章的质量方面要求相对低一些。

第二节　课题类型和选题原则

一、课题类型

科学研究可以分为两类：一类是开创性研究，也叫探索性研究，就是研究别人没有研究过的问题；另一类是发展性研究，就是在已有的研究成果的基础上作进一步的研究。与之相对应，科学研究的课题也分成两大类型：一类是别人不曾涉及过的问题，即开创性研究的课题；另一类是已有人做过探讨的问题，即发展性研究的课题。

1. 开创性研究的课题

在每个学科领域中，都存在着一些本来值得研究，但却被人们长期所忽视的问题，也存在着一些过去没有必要或者没有可能进行研究，但现在却有了研究的需要，也具备了研究条件的问题；还有一些是在社会和人类认识的发展中，不断产生的新问题。解决这些问题的科学研究，就是开创性研究，这些问题就是开创性研究的课题。

从事开创性研究，一般没有太多的资料可以利用，也没有现成的方法可作借鉴，研究难度较大，这是在科学的“无人区”作战，要有勇气，要冒风险，也可能要付出代价。但是，这类研究的意义又是十分重大的。探索未知世界，是科学研究的首要任务。科学研究是创造性活动，开创性研究以独创性为其重要特征。而且，研究成果往往具有填补科学空白，或者及时指导社会实践的重要作用。选择这一类课题，要立足于社会发展和学科发展的需要，不要只贪图一鸣惊人，刻意追求标新立异，而是要充分考虑个人的能力和条件，慎重行事，因为开创性研究不仅应有独创性的特点，同时必须具备科学性的特点，并且只有以科学性为基础的独创，才是有意义的独创。

2. 发展性研究的课题

简单地说，发展性研究的课题，也就是已有人作过探讨的问题。有些问题尽管已被研究过，但还有继续研究的必要，这样的问题也可以被作为研究课题。

选择新课题，是进行科学创造的一种方式，而研究旧课题（已经有人研究过的问题）也未必不能有所创造。避免一切重复劳动，是对科学研究的基本要求。但是，究竟是不是重复劳动，不能简单地看课题是否已被研究过，关键要看还能否提出新的见解。从事同一课题研究，完全可以写出具有不同的主题的学术论文。

在学术论文写作中，课题同主题完全不同。课题是客观存在的问题，并不是研究者的创造，表现出鲜明的客观性；主题则是作者的主观见解和观点，是主体思维的产物，是作者采用一定的研究方法，对大量的资料进行深入分析、研究的结果，是对社会现象及其发展规律的主观认识，主题的主观性较强。由于主观和客观条件的种种限制，人们看问题的角度、广度和深度都不会完全相同，即便对于同一个问题，不同的人也可能会有不同的认识，甚至会有截然相反的认识，写成文章，就产生了课题基本相同、主题完全不同的学术论文。课题的客观性和主题的主观性，决定了进行发展性研究的必要性。

既然是发展性研究，就要比过去的研究更加深入、有所提高，或同已有的研究要有所不同。进行发展性研究，主要有下面几种情况。

(1) 深化、补充已有的观点

在原有研究的基础上，进一步展开更为广泛、深入的研究，以丰富、发展已有的研究成果。在社会科学研究中，这类情况比较常见。例如，人们在研究意境的美学特征时，大都把探索的目光停留在情景交融这一点上，张少康在《论意境的美学特征》中指出：“只讲意境是情景交融、主客观的统一的艺术形象，还并没有揭示出意境的特殊本质。”因此，作者深入一步，具体指出了构成意境的特殊本质的美学特征。

辩证唯物主义的认识论告诉我们，人的认识总是有限的，也是相对的，它必须处于一定的时间和空间内，是具体的、历史的，有待于扩展；它只是对特定事物或现象的某些方面、一定程度和一定层次的正确反映，反映的广度和深度有限，有待于扩展和深化。扩展和深化前人的认识，是不断接近客观真理的认识手段。

在科学研究中，任何一种观点的形成，任何一种理论的完善，都是从不够成熟到比较成熟、从不够深入到比较深入的发展、演化过程。一般来说，一个学术问题，不会一下子就能得到彻底解决；一个课题的研究，不会一次就能彻底完成。学术观点就是在反反复复的研究中，不断地得以深化和发展的，最后相对地固定下来，成为一种常规性的科学理论。

(2) 批驳、修正已有的观点

研究同一个课题，得出不尽相同或完全不同，甚至截然相反的学术观点，是很正常的现象。如果选题相同，观点又毫无区别，就出现了不必要的重复研究，这样的学术论文没有任何价值。有些问题已有定论，如果对此再没有高于通说或异于通说的新见解，就不能把这个问题选作科学研究的课题。

科学研究的使命是“求新”，而新见解则是一切新内容的核心。批驳、修正已有的观点，主要有以下情况：

一是参加学术讨论，就一个有较大争议的问题，提出自己的看法。

学术争论便于澄清问题，深化认识，使科学理论得到进一步发展。就争论中的问题进行新的探讨，是科学研究中的一种极为常见的现象。例如，20 世纪 50 年代末 60 年代初，郭沫若、刘大杰、萧涤非等纷纷就《胡笳十八拍》的作者问题展开研究，并分别撰文发表自己的看法，形成了一次激烈的学术争论，产生了一批研究同一问题，却有不同的观点的文章。

二是重新研究已有通说、定论的问题，对此提出新的见解。

贝尔纳说过，“我们不能仅仅根据某一设想不符合一种盛行的逻辑而予以舍弃”。敢于怀疑通说，否定通说，符合科学发展的需要，也符合人类认识发展的基本规律。

此外，发现理论体系自身的矛盾、新的研究方法的出现、新的研究材料的使用等各种情况，也都可以促使研究者选择纠正或修正通说的研究课题。例如，在史学研究中，根据最新考古发现，选取研究课题，常常能一举推翻长期不变的定论，彻底改变人们的认识。例如，20 世纪末我国考古学关于夏、商、周三代年代学研究的重大突破，就是典型的例子。

选取修正、推翻通说定论的研究课题，要求作者具有积极、大胆、实事求是的科学探索精神和较高的创造性思维能力。巴特菲尔德教授指出：“思维活动中最困难的是重新编排一组熟悉的资料，从不同的角度着眼看待它，并且摆脱当时流行的理论。”在科学论文中，批驳、修正已有观点的文章占有很大的比重，也最容易引起学术界的普遍重视。不论是参加学术争论，还是推翻通说定论，在撰写论文时，根据具体情况，都是既可以采取驳论的形式，也可以采取立论的形式。驳论式的文章直接批驳不同的观点，在批驳中确立自己的观点；立论式文章正面论证自己的观点，在论证中也就否定了不同的观点。

(3) 赋予已有理论以新意义

在一个学科中，有些问题早已被探讨过，而且已经有了众所周知的结论，仅从科学发展的角度来看，似乎失去了重新研究的意义，不应再被作为研究课题。但是，在特定的社会背景下，一些问题确有重新被提出、被研究的必要。重新强调已经非常明确，然而又有些淡漠了的理论观点，以引起人们对某一自然规律、社会规律的重视，能够调整认识，纠正偏颇，从而为国家的政治生活、经济生活及文化的发展，提供必要的理论基础和学术借鉴，也有助于增强科学研究的现实意义。从某种程度上讲，重新研究这类已基本得到解决的问题，不仅十分必要，而且非常迫切。

在科学研究，特别是社会科学研究中，为适应新的社会需要而研究一个旧的问题的情况并不少见。例如，“实践是检验真理的唯一标准”应当说是个早有定论的哲学问题。粉碎“四人帮”以后，国家正处于拨乱反正、轻装前进的历史关头，如何认识过去，如何看待历史，就成为一个重大的现实问题。正是在这样一种社会形势下，学术界展开了关于真理标准问题的讨论，重新探讨、明确这一问题，由此给国家的政治生活以有力的影响。

从大的方面来看，科学研究的课题有开创性研究的课题和发展性研究的课题这两大类，这两类课题的研究有各自的特点，也有共同的规律。无论选择哪一类课题，都要按照下面将要谈到的选题原则，进行严格考察，以确保科学研究的完成和学术论文的价值。

二、选题的重要意义

选题是论文写作的第一步，而且是具有方向性意义的重要一步。“题好文一半”，论题选得好、选得准，就好比找到了储量既丰富、开采又便利的矿藏，研究越多，收获越多，兴趣也越大。如果选题不当，则会事倍功半，甚至半途而废。因此，选题是否恰当直接影响着论文的质量，关系着论文的价值，决定着论文的成败。

1. 选题可以规划文章的方向和规模

在检索和研究资料的过程中，随着资料的积累，思维思考的逐渐深入，会有各种各样的想法纷至沓来，这期间所产生的思想火花、大脑瞬时闪光点和各种念头，对选题而言都是十分宝贵的。但是，不能把它们统统拿过来，因为这些想法、看法尚处于分散的状态，还难以确定它们对论文主题是否有用和用处大小。因此，对它们还必须有一个鉴别、选择、归纳、确定的过程。在这期间，将从对个别事物的个别认识上升到对一般事物的共性认识，从对象的具体分析中寻找彼此间的差异和联系，从输入大脑的众多信息中提炼，形成属于自己的观点，并使之明确下来。正是在这个从个别到一般、从分析到综合的认识过程中，写作意图与写作方向在头脑中逐渐产生并明晰起来，论文的着眼点、论证的角度以及大体的规模也初步建立起来。这就好比战场上决定出击的方向一样，从哪里出击，能否取胜，全在指挥员的运筹帷幄中。选题前的过程和重要意义恰在于此。当然，此时形成的选题并不十分理想，它往往还需要补充、纠正、推敲，有时甚至可能推翻。但是，这个环节是十分重要的，否则就不可能做到有的放矢。

选题还有利于弥补知识储备不足的缺陷，从而有针对性地、高效率地获取知识，早出成果，快出成果。对于初次撰写科研论文的人来说，在知识不够齐备的情况下，对准研究目标，直接进入研究过程，就可以根据研究的需要来补充、收集有关的资料，有针对性地弥补知识储备的不足。这样一来，选题的过程，也成了学习新知识、拓宽知识面、加深对问题理解的好时机。

2. 选题能够决定论文的价值和效用

论文的成果与价值，最终当然要由论文的最后完成和客观效用来评定。选题对论文有着不可轻视的作用，因为选题不仅仅是给文章定个题目或简单地规定个范围，同时也具有一定的预测性，能够提前对文章做出基本的估计。

选择、确定论文论题的过程，就是初步进行科学研究的过程。选择一个好的论题，需要经过作者多方思索、互相比较、反复推敲、精心策划的一番努力。一个好的论文选题，还必须提前对文章做出基本的估计。这是因为，在确定论题之前，作者总是先大量地接触、收集、研究和整理资料，从对资料的分析、选择中确定自己的研究方向，直到定下题目。在这一研究过程中，客观事物或资料中所反映的对象与作者的思维运动不断发生冲撞，产生共鸣。正是在这种对立统一的矛盾运动中，使作者产生了思想的火花和认识上的飞跃。这种飞跃必然包含着合理的成分，或者是自己的独到见解，或者是对已有结论的深化，或者是对不同观点的反驳，等等。总之，这种思想火花和认识飞跃对于将要着手撰写的论文来讲，是重要的思想基础。由选题过程中的资料收集确保了论文的质量。

3. 合适的选题保证写作的顺利进行

如果论文的选题过大或过难，就难以完成写作任务；反之，选题过于容易，又不能较好地锻炼科学研究的能力，达不到写作论文的目的。因此，选择一个难易、大小合适的题目对于保证写作的顺利进行就显得十分重要。

选题也有利于提高作者自身的研究能力。通过选题，能对所研究的问题由感性认识上升到理性认识，再加以条理化和初步系统化；通过对所研究问题的历史和现状研究，可以找出症结与关键，这不仅可以对问题的认识比较清晰，而且对论文的写作也更有信心。一般来说，科学研究要以专业知识为基础，但专业知识的丰富并不一定表明该研究者研究能力很强，有的人书读的不少，可是忽视研究能力的培养，结果是仍然写不出一篇像样的论文来。实际上，在从开始选题到确定题目的过程中，从事科学研究的各种能力都可以得到初步的锻炼与提高。在选题前，需要对某一学科的专业知识下一番钻研的工夫，需要学会查阅资料、收集与整理等研究工作方法；在选题过程中，要对已学的专业知识反复、认真地思考，并从一定角度和某个侧面深化对问题的认识，从而使自己的归纳和演绎、分析和综合、判断和推理、联想和发挥等方面的思维能力和研究能力都得到锻炼和提高。这些能力的培养将利于之后论文的写作。

4. 选题有利于调动人的主观能动性

选题是研究工作的第一个里程碑而不是研究的终结，因此如果所选论题不是从认真思考中得来的，这种选题就会限制主观能动性的发挥，束缚手脚，有时甚至会一筹莫展；反之，对问题的思考能力就会大大增强，主动性得到充分发挥，更容易走向新的认识领域。打个比方，撰写论文好比是登山，选题好比是登山的路径。当你费尽周折，花了很长时间之后，终于找到了路径的入口，此时，找到路径带来的热情，就会一下子使你把疲劳忘得精光，倍增勇气和力量。

从科研论文的写作过程来看，有这样一些特点：一是必须在限定时间内完成，而且尽可能拿出自己认为是较好的成果；二是按学术性文章的通常写法进行撰写；三是作者与指导教师积极、主动地配合，真实反映出自己对某一方面知识掌握的程度和运用的能力；四是尽量做全新或部分新的工作，不能做重复性的无效劳动。在这个过程中，非常需要发挥自己的积极性、创造性。因为在科学研究中，一项科学实验的设计，一项科研成果的完成，都需要有主观认识的指导与规范。

三、课题选择的原则

课题的弃取，必须有一个标准和依据，选题原则，就是衡量课题、决定弃取的标准和依据。课题有意义、作者有见解，是保证论文质量的两个关键因素。选择一个有意义的课题，是写好论文的前提，但前提毕竟不能代替结果，假如作者对此无法提出有价值的观点，就难免使论文内容过于平庸，甚至不能最后完成论文。在选题时，无论忽视了哪方面的因素，都可能导致论文写作的失败，使作者的创造才能无从发挥。

选题需要战略眼光和战略意识。人们常说，知己知彼，方能百战不殆。课题是科学研究的客体，论文作者则是科学研究的主体，清醒、深刻地认识客体的地位和主体的状况，才会做出稳妥的抉择，才会为最后的成功奠定坚实的基础。选题必须把有关客体和主体各方面情况综合起来考虑，这样才不易出现失误。客观上有意义，主观上有见解，是优化课题，从而提高论文质量的两个基本条件，这是由科学研究和学术论文的性质所决定的。

1. 课题选择常规的八大原则

课题的选择不是科学工作者随心所欲的事情，它与科学发展本身以及一定的社会政治、经济、文化等背景紧密相连，因此受到各方面的制约，选题必须遵守一些原则，否则是无意义的。常规的课题选择有八大原则：必要性、科学性、创造性、可能性、经济性、行情性、优势性和发展性原则。其中，必要性、科学性、创造性、可能性四大原则为最基本、最必要的原则，缺一不可。

(1) 必要性原则

必要性原则是选择研究课题的首要基本原则，它规定了科研选题首先要满足社会需要和科学自身发展需要。选择研究课题的眼界一定要投向生气勃勃的社会实践的需要和日新月异的科学发展的需要。因此，这条原则也可以叫做需要性原则。研究课题必须面向实际，它可以分为两个层次：一是科学外部的社会生产、经济和其他方面的实际需要；二是科学的内部知识的发展状况的实际需要。

1964 年，袁隆平等育种工作者大胆选择了杂交水稻育种的世界性重大难题，在国家和社会各方面的支持下，经过几十个单位的共同协作攻关，终于实现了杂交水稻的三系配套，并经过试种，大规模推广到水稻生产上，取得了巨大的经济效益，为我国水稻产量的大幅度提高开辟了一条新道路，同时也丰富了遗传学理论，特别是杂种优势遗传机制的研究。1979 年，在国际水稻研究所主持召开的水稻年会上，袁隆平宣读了一篇关于杂交水稻培育的学术论文，顿时引起了与会各国专家们的强烈兴趣和称赞。会上公认中国杂交水稻的研究和应用居世界领先地位。1980 年，这项研究成果作为我国第一项农业技术专利转让给美国。1981 年 6 月，这项成果荣获我国第一个特等发明奖，袁隆平当选中国工程院院士。2006 年 4 月，他当选为美国科学院外籍院士，被誉为“杂交水稻之父”。杂交水稻的选题以无可辩驳的事实证明，基于人类社会实际需要选择的科学课题，其成果能够直接转化为现实的生产力，对社会生产和人类社会生活能够产生巨大的影响。

（2）科学性原则

科学性原则也叫方向性原则，是指所选课题必须符合科学理论及客观规律，具有明确的指导思想和科学根据。因此，纯属迷信荒诞的课题不选，从根本上违反科学原理的课题不选。科学实践一再证明行不通的课题就不宜再去选了，否则就不是进行科学研究，甚至是伪科学的研究。科学无禁区，选题有限制。也就是说，科研课题的选择要遵循科学性原则，才能保证科研方向和路线正确无误，保证研究获得成功。

伟大的科学家牛顿的科学生涯是从 1661 年 6 月进入剑桥大学算起，至 1696 年到造币厂任职为止，共 35 年。其中，万有引力定律、微积分和光色理论三大成就，是在他 1665 年回到乡间 18 个月这段时间内即 20 多岁时孕育成熟的。牛顿到造币厂后至逝世还有 30 年，在此期间，除了整理微积分著作外，他的科学生命就基本上结束了，再也没有什么重大的科学发现了。这是什么原因呢，是年老体衰吗？不是，是他把相当多的精力用于神学课题上了，试图以他的科学发现去论证上帝的存在和全能。在牛顿自己看来，他一天也没有停止过科学活动，他把研究神学课题，证明上帝的“第一次推动”，作为自己的神圣职责。恐怕这正是这位科学巨匠白白浪费了半个人生，造成这一历史悲剧的原因之一。从选题角度看，这位科学巨人的失误，就在于他违背了他早年科学探索中曾经遵循的科学性原则。

（3）创造性原则

创造性是科学研究的灵魂，也是科研选题应当遵循的一条根本原则，它包含着两层意思：其一是要保证课题本身内在的先进性、新颖性，即该课题确定是前人或他人没有或没有完全解决的科学问题；其二是要保证课题预期结果的独创性、突破性，即通过对该课题的研究，能够发现或充实前人或他人没有发现的真理，或已经发现但不完全的真理。重复原有的理论、复制原有课题的课题不能作为科研课题。

要贯彻和坚持选题的创造性原则，首先要弄清和确定课题本身所蕴涵的新颖的实质内容，而不要浮在易于接受的该课题的表面形成上。一个学科领域内的研究课题，实质上应该最终映示出该学科研究对象中尚未查明的部分。例如，拉瓦锡研究燃烧现象和燃素之谜，普朗克研究黑体辐射和紫外线灾难，爱因斯坦研究光速悖论和以太之谜，李政道、杨振宁研究弱相互作用的 θ-τ 疑难，等等。最后都解决了前人多次研究而没有解决的问题，就是因为他们首先弄清了前人没有完全弄清的课题中蕴涵的实质内容，贯彻了选题的创造性原则。其次，在选题中应妥善地把继承和创新结合起来，要有不惜代价地追求新的科学真理的气概，不能迷信和简单重复现成的真理。富有创造性的课题本身就是继承和创新的辩证统一，不继承前人的成果和思想，就谈不上创造。遵循创造性原则，是要站在前人已经达到的科学高峰上向更高的山峰攀登。最后，科学研究的创造性、探索性，还往往表现出一定的冒险性。要想在选题上突破原有的科学理论的局限，有所创新，就要有一种敢冒风险，不惜代价去追求新的科学真理的精神。

（4）可能性原则

可能性原则是指具备一定主客观条件的选题才有预期成功的可能。从主观条件来看，研究人员在选题时应当充分考虑自身的条件，做到量力而行，扬长避短。科研人员一般都应当具备合理的知识结构、较强的研究能力、良好的心理素质、科学的思维方法、灵活的战术技巧等。从客观条件看，充分注意和考察研究课题是成功的物质技术基础，故应从人力、物力、财力和时间上给予保证。这包括承担课题的科学研究组织及其智能结构，科研人员的科技水平；完成课题的文献情报资料、实验仪器、设备、材料；保证课题顺利进行的研究经费和研究时间；等等。

科研新手最好一开始就选择较易出成果的课题，因为成功对于初涉科研园地的人来说是有力的推动和帮助，旗开得胜可以带来极大的鼓舞，而出师不利则可能失去信心。选择太大、太难、到处是障碍的问题，不但课题难以完成，而且会对以后开展研究带来不利的影响，很容易失去信心，造成被动。但是对于自然科学研究来说，课题太小、太易也没有意义，这种课题就成了练习或习题，毫无价值。一般而言，课题应当偏难点，在客观条件允许或经过努力能具备一定研究条件的情况下，经过刻苦钻研，并能在规定期限内能完成的课题，才是最有意义的。

科学巨人爱因斯坦从 1923 年起至 1955 年逝世为止，积 30 余年研究构思的统一场论大厦始终是一座空中楼阁，只留下一大堆连他自己也弄不清楚其物理意义何在的数学方程式。对于爱因斯坦后半生绞尽脑汁的这项课题，从选题的必要性、创造性和科学性原则来看，那无疑是正确的，它显示了爱因斯坦坚信并且能够把握世界的统一性的哲学智慧和不惜任何代价去追求科学真理的冒险精神。但就选题的可能性原则而言，统一场论课题在他那个时代是尚未孕育成熟的胚胎，试图催生助生，势必造成流产。

（5）经济性原则

经济性原则有两层含义：一是对基础科研课题来说，因为它的成果不可能马上转化为生产力。例如，国家自然科学基金资助的项目，其经济效益主要表现在对此类课题投资后，在理论上取得成果的效益，即投资与成果大小及研究效率。此类课题要经过严格的论证后才能批准，在我国现行的经济状况下，要尽量避免大量的研究课题重复，以防浪费国家人力、财力、物力和宝贵的时间，使极有限的研究经费付之东流，应当使每一分钱都发挥其效益。二是对应用研究和开发研究的课题来说，要求投资少，见效快，经济效益显著。例如，我国星火项目中的课题就属此类。此外，还要能合理支配资源，做到节约和降低消耗，综合利用和保护生态环境。

（6）行情性原则

行情性原则，就是在了解情况的基础上选择研究课题，即“知己知彼，百战不殆”。了解行情，就是要摸清楚自己所要研究的课题以前是否有人研究过。如果研究过，其水平如何？有哪些地方需要补充和修改？是否还有遗留下来的问题需要进一步探索？了解行情的渠道很多，主要是大量的国内外专业性科技文献、情报资料，同行之间互通信息和社会实践等。要通过一切可能的渠道，仔细调查、分析，从中确定自己所研究课题要达到的目标，从而找到科研课题的突破口。在了解行情时，既要了解人家做什么，更重要的是还要了解人家不会做什么。

（7）优势性原则

优势性原则是指在科研选题时，要从本国、本省市、本地区、本单位及个人的长处出发，充分发挥自己的优势，扬长避短，量力而行，以保证科研工作尽快地完成，并达到最好的效果。应从宏观优势和微观优势两个方面加以考虑。前者指本国、本省市、本地区、本单位的地理环境、自然资源等条件；后者指课题组科研人员的结构、素质、知识、技能及创造性等。一般从以下几个方面去把握：申请者所在的科研团队的研究基础是否具有优势；已取得的科研成果是否具有系列性；研究成果的应用情况如何；科研人员的结构是否合理；申请的课题是否具有深入、拓展、做大的潜力。

（8）发展性原则

发展性原则是指在科研选题时，要考虑该课题是否具有发展前途，即课题是否具有推广价值、普遍意义和持续的创造性。有发展前途意味着当课题完成后将会对科研、社会、经济的发展产生重大的积极影响，或可促进一系列相关问题的解决。对科研课题的选择不能鼠目寸光，当一个课题完成后就山穷水尽了；有经验的科学家的选题是：当课题完成后，往往能引出更多的问题，提供有关问题解决的方法或途径。

2. 选择客观上有意义的课题

就其直接意义来说，课题的客观意义包括两方面的内容：一是社会意义，二是学术意义。这是考察课题的客观意义的两个着眼点。就其实质来说，两方面的内容是统一的。

（1）讲求科学研究的社会效益

这一原则包含着十分丰富、具体的内容。坚持这一选题原则，必须使选取的课题与国家建设和发展的总目标相一致。党的二十大报告指出，实践没有止境，理论创新也没有止境；必须坚持人民至上，站稳人民立场、把握人民愿望、尊重人民创造、集中人民智慧；必须坚持自信自立，坚持对马克思主义的坚定信仰、对中国特色社会主义的坚定信念，坚定道路自信、理论自信、制度自信、文化自信；必须坚持守正创新；必须坚持问题导向，不断提出真正解决问题的新理念新思路新办法；必须坚持系统观念，为前瞻性思考、全局性谋划、整体性推进党和国家各项事业提供科学思想方法；必须坚持胸怀天下。建设高度的物质文明和精神文明，建设具有中国特色的社会主义现代化国家，是全国人民为之奋斗的总目标，是指导各行各业、各项工作的总方针。选择课题，要直接或间接地反映出这一总目标的需要，从根本上保证科学研究的社会意义；选题脱离或者背离总目标的需要，必将从根本上失去科学研究的社会意义。

其实，崇尚实用，注重文章的社会功用，是古已有之的写作传统，是历代文学家的一贯主张。早在2000多年前，墨子就曾说过，“今天下之君子之为文学、出言谈也”。这里所说的“文学”是个泛指的概念，主要是指一般的学术文章、政治文章等。为强调立言著文要考虑社会作用到政治效果，墨子还主张“言有三表”。三国时期的曹丕甚至把写文章同治国联系起来：“盖文章，经国之大业，不朽之盛事。”

从国外社会科学的发展趋向来看，研究人员也越来越注重解决实际的社会问题，注重发挥科学研究在社会生活中的作用。例如，苏联社会科学界强调，社会科学“只有联系实际，使研究工作取得实际效果，得出具体建议，才有可能提高科学的效率”。

（2）选择具有学术意义的课题

意识形态的发展具有历史传承性和相对独立性，正如恩格斯所说的：“任何意识形态一经产生，就同现有的观念材料相结合而发展起来，并对这些材料做进一步的加工；不然，它就不是意识形态了，就是说，它就不是把思想当做独立发展的、仅仅服从自身规律的独立本质来处理了。”

每一个学科有自己的历史，每一个学科有自己的体系，在选题时，也要从整个学科或专业的全局需要出发，认真考虑课题在学科体系中的地位，考虑它对学科发展的作用，以便找到一个具有重要学术意义的课题。学术性是学术论文之本，而课题具有学术意义，又是使学术论文具有学术性的基础。

怎样才能选取具有学术意义的课题呢？

一要了解本学科、本专业的研究历史，着力解决重大的基本理论问题。有一些课题，从表面看来，现实意义不大，甚至说不出这个问题的解决究竟能对社会生活造成什么影响。但从整个学科发展的角度来看，却是一些理论意义重大的问题，在本学科和专业体系中，占有极其重要的地位，不很好地解决这些问题，就可能会影响其他问题的顺利解决，影响学科体系的完整性。研究此类具有重要的学术意义的课题，可以使论文具有较高学术价值。

二要了解本学科、本专业的研究动态，在科学研究的“前沿阵地”上选题。科学发展的过程，就是一个知识长期累积的过程，后人在前人已取得的研究成果的基础上，继续探索，才能更容易达到前人所没有达到的高度。科学研究应具有不可重复性，跟在别人后面亦步亦趋，不会有任何建树，只有起点高、任务重，才能迎头赶上，走到科学研究的前列去。物理学家李政道说过：“无论做什么事情，都要到最前线去作战，问题不是怎么赶上，而是怎么超过。”科学研究的道理与此相同，在科学研究的“前沿阵地”上选题，得到的研究成果通常具有重大的科学进步意义。出色的战士要敢于到战场的前沿阵地上冲锋陷阵，出色的科学工作者也要敢于到科学研究的“前沿阵地”上选题，以便早出成果，快出成果。

选择具有社会意义的课题和选择具有学术意义的课题，是选题时所应兼顾的两项原则，而不能二者只择其一，对同时具有社会意义和学术意义的课题进行研究，写出的论文才能既具有社会价值，又具有学术价值，既能发挥应有的社会作用，又不失其基本的文体特征。而且，从根本上说，课题的社会意义和学术意义不仅不矛盾，还具有较大的一致性。一切科学研究的最终目的，都是服务于社会，强调选题要兼顾其社会意义和学术意义，也有助于人们开阔研究视野，更加全面、清楚地认识课题的客观意义。

选择客观上有意义的课题，是首要的选题原则。课题有意义，作者所付出的劳动才会是有意义的劳动，学术论文的价值才能得以发挥；如果课题的意义不大或者根本没有意义，那么作者的一切劳动都是无用功，学术论文也就没有任何价值，这样的科学研究等于从一开始就已被否定。著名学者钱学森曾经指出："我们培养专业人才要为四化建设服务。学位研究生的研究课题要紧密结合国家的需要。一个临床的医学博士，不会治病怎么办呢？在研究方法上要防止钻牛角尖，搞烦琐哲学。目前在社会科学中，有的人就古人的一句话大做文章，反复考证，写了一大篇论文，我看没有什么意义。"

在自然科学和社会科学研究中，都大量存在着选题不顾客观意义的现象，总的来看，社会科学研究的选题失误多于自然科学研究，这可能是由于自然科学研究成果的实际效益性强，具有较多的检测手段和直接进行验证的机会，而且在自然科学研究中选题不讲实际效益，有可能浪费大量的财力，造成不可估算的经济损失，所以较容易引起人们的重视。例如，有人统计出美国武器研制系统，由于课题重复造成的损失，每年高达10亿～12亿美元，约占整个兵工研制费用的1/10。面对如此清楚、巨大的数目，人们当然不会等闲视之。而社会科学研究大都无法直接创造经济价值，对于社会科学研究成果的实际效益，一般也难以直接进行准确的估量，而且，在社会科学研究中，选题缺乏实际意义，常常只是浪费研究者的时间和精力，不会造成数目惊人的物力、财力的浪费，这也就使人们比较容易忽视对社会科学研究课题的客观意义的考察。

3. 选择主观上有见解的课题

课题具有客观意义，只是保证科学研究成功的必要条件，并不是充分条件。科研工作者的任务是探索社会，总结规律，提出新理论、新观点，创造性地解决问题是科学研究的归结点。作为科研成果描述工具的学术论文，必然以新的学术见解为中心，可以说，没有新见解，就没有学术论文，学术论文的价值主要取决于学术见解的价值。

学术见解只能从课题研究中来，课题的选择是论文写作过程的第一个环节，紧接着开始的课题研究是整个论文写作过程的中心环节，而在课题研究中，属于研究者自身的内在因素和各种外在条件起着决定性的作用，课题具有客观意义，并不能保证写出的学术论文就一定具有实际价值。所以，在选择课题时，不仅要考察课题的客观意义，也需充分认清各种内在和外在的因素。具体地说，就是应对自己是否有能力、有兴趣、有条件研究这个课题，最终能否得出新的学术见解等各种来自研究主体方面的问题，有个正确的判断。否则，选题时只片面考虑课题研究的必要性，忽视了完成研究工作的可能性，就会给科学研究带来重重困难，甚至会导致科学研究的失败。前面已经谈过，课题具有客观性，主题具有主观性，学术论文的主题就是作者的学术见解。学术见解带有明显的主观性，对于同一个课题，并不是人人都能研究，都会有自己的见解。全面考虑主体状况，才会为课题研究的顺利进行和最后成功，做好充分的准备，为学术见解的取得，创造有利的条件。由于研究者主体状况的差异较大，从而导致决定学术见解的客观价值的因素很多。其中，既有智力的因素，又有非智力的因素；既有内在的因素，又有外在的因素。涉及许多方面的内容，这里只就几个主要的方面加以阐述。

（1）有能力完成的课题

有能力的人之所以能够取得科学成就，就是因为他的知识、智力等各种心理品质的综合特点与课题的特点和需求相适应，如果没有这种适应，就会表现出“无能”，即没有能力顺利地、高水平地完成科学研究。构成科学研究的能力系统有下述三个方面。

1）知识结构。

知识结构是构成科学研究能力系统的首要因素。稳固的知识结构，是进行科学研究的基础。知识靠积累，在长期的学习和研究中，每个人都形成了特有的知识结构，关于某个学科、某个专业的系统性、基础性知识，往往就储存在这个结构中。每个人知识积累的特点都有所不同，导致了知识结构的差异，是构成人的研究能力差异的主要因素。

简单地说，知识结构优化，就是指已有的知识背景同课题研究的需要相适应，能够为科学研究的顺利进行，提供必要的知识准备。这里所说的知识结构优化，并不仅仅意味着一个人掌握了较多的知识，更主要的是指掌握了对特定的课题研究来说，足够相关的知识。

首先，知识结构优化，有助于研究者感知、理解新的资料；其次，知识结构优化，有助于研究者展开丰富的联想；最后，知识结构优化，有助于直觉、灵感的产生。另外，在研究者已形成的知识结构中，不但应具备足够的专业知识，也应具有必要的非专业知识。只有这样，选题时才能在全面把握自己的知识结构特点的基础上，做出妥善的选择，才能更有利于科学创造。正如泰勒说过：“具有丰富知识和经验的人，比只具有一种知识和经验的人，更容易产生新的联想和独到的见解。”

2）智能结构。

智能结构是构成科学研究能力系统的又一重要因素。科学研究是以智能活动为核心的精神劳动，研究者智能活动的差异是使科学研究带有明显的个性特征的重要原因之一。

在心理学中，智能也称智力或智慧，是个人认识客观事物并运用知识解决实际问题的能力。这里所说的智能是指个人在认识活动中所表现出的各种心理特征的总和，包括感知力、记忆力、想象力、分析能力和思维能力等各种心理活动的能力。在具体的认识活动中，这些能力在不同的认识主体身上，表现出不同的特点，这些带有个性特点的智能要素的有机结合，就构成了每个人的特定的智能结构。具有不同的智能结构的人，往往在同一个课题的研究中，表现出不同的水平；而对不同的课题，同一个研究者的智能水平也表现出明显的差异。选择同自己的智能结构特点相适应的研究课题，可以充分调动各种心理要素的积极性，使心理活动的水平得到充分发挥。

在科学研究中，构成智能结构的每一个要素，都或多或少地产生作用。为此，在选题时，就必须考虑个人智能结构的特点，以便扬长避短，充分利用自己的各种心理优势，从而使得科学研究的效率得到提高。

3）方法结构。

方法结构是构成研究者能力系统的最活跃的因素。研究方法的差异，最容易体现出研究能力的差异，也就最容易带来研究成果的差异。研究者所掌握的方法结构得当，就能使研究者的知识结构、智能结构的优势充分发挥出来。人们发现，研究者的知识积累、智能水平的状况越是接近，方法的优劣所造成的影响就越是突出。

不同类型的课题，往往需要研究者采用不同的研究方法，同时，在长期的专业研究中，人们也形成了特定的方法结构，即研究者所特有的方法结构，带有比较稳定的个性特征。评价方法的优劣是具有一定的相对性，对具体课题研究而言的。通常所说的掌握了良好的研究方法，就是指研究者所特有的方法结构适应于某课题研究的需要。

以上所说的三个结构既有区别，又有联系。其中，知识结构是基础，它制约着智能的发展和方法的使用；智能结构是核心，知识结构和方法结构的特点都要在智能活动中表现出来；方法结构是关键，它是使知识结构和智能结构的特点得以实现的凭借。在选题时，充分考虑个人能力系统的特点，就是要具体考察这三个结构以及它们之间相互作用的个性特征的关系。

归根结底，科学研究是一种认识活动，研究者就是认识的主体，而研究者所特有的能力系统，就是认识的内源因素。

当然，强调要选择有能力完成的课题，也并不是要一味地消极适应能力系统的特点。应该看到，能力系统既是稳定的，又是可调的，同认识活动一样，科学研究的过程，实际上就是认识主体同认识客体双向作用的过程。在科学研究中，研究者有意识地涉猎新的研究领域，也可能会使自己的知识结构、智能结构、方法结构得到补充、调整或改善。因此，这也不失为弥补能力系统欠缺、发展能力系统的有效方法。

（2）有兴趣完成的课题

兴趣，作为构成个性的一个重要的心理特征，也是选题时所不可忽视的因素。纵观科学史，取得重大成就的科学家大都把科学创造视为人生的最大乐趣。地理学家克鲁泡特金曾说：“一个人只要一生中体验过一次科学创造的欢乐，就会终生难忘。”近代微生物学的奠基人巴斯德曾说：“当你终于确实明白了某件事物时，你所感到的快乐是人类所能感到的一种最大的快乐。”诺贝尔物理学奖获得者玻恩在回忆录中写道：“我一开始就觉得搞研究工作是很大的乐事，直到今天，仍然是一种享受。”

以上所列举的都是自然科学家的感想，但可以反映一切热爱科学事业的科学工作者的共同感受，有所成就的社会科学家也莫不如此。兴趣和乐趣是互为条件，不可分割的，因为一个人只有做一件真正感兴趣的事，才能感到莫大的乐趣；也只有从中得到了乐趣，才能对之越发感兴趣，凡是从科学创造中得到乐趣者，都是对科学研究抱有浓厚兴趣的人。

个性心理学家认为，兴趣是人对客观事物的选择性态度，是一个人积极探究某种事物的认识倾向，在科学研究中，往往直接转化为人们对某一课题始终如一、坚持不懈的探索精神。

兴趣对于科学研究的作用和意义，主要体现在以下两个方面：兴趣可以促使研究者克服一切困难，取得最后的成功；兴趣可以调动研究者心理活动的积极性。

实际上，在选题时要重视兴趣的因素，不仅直接出于科学研究的需要，而且有来自选题原则自身的原因。兴趣不是天生的，也不是固定不变的，它有着产生和发展的客观基础。在科学研究中，研究者的兴趣主要来源于对课题的客观意义和个人的能力状况的深刻认识，并能直观地反映它们。在构成选题原则的所有因素中，兴趣最容易被自己感觉到、把握住，甚至可以说，有时按照兴趣进行选题，是一个简便易行的选题原则。

首先，客体的客观价值是兴趣产生的基本因素，任何一个有头脑、有责任感、有学术洞察力的研究者，都不会对毫无实际意义的课题发生兴趣；其次，兴趣的产生也常与研究者的能力密切相关。人们感兴趣的问题通常既不会是自己全然不了解的问题，也不会是已了如指掌的问题，而一般是既有了一定的了解，且同已有的知识结构有联系，但又给人以新鲜感、神秘感，仍然需要进一步探讨的问题。必要的知识积累和对问题在一定程度上的了解，是产生研究兴趣的前提条件。另外，人们对之产生兴趣的课题，也常常是便于发挥个人智能结构和方法结构优势的研究课题。心理学的研究成果表明：当人们不具备客观事物中某些方面知识时，他就不能产生对这方面的兴趣；对于他们所从事的活动很难胜任，他也就不会对这方面的活动产生浓厚的兴趣。由此可见，必要的知识和技能是产生相应的兴趣，提高和丰富人们的兴趣所不可缺少的条件。兴趣具有自发性，科学研究兴趣的产生同研究者的能力系统的特点有关，同时又能充分地反映这个特点，因此人们感兴趣的课题，往往就是自己确实有能力完成的课题。

同时，也应该看到，兴趣也有其自身的独立性、模糊性和局限性，所以，要选择有兴趣完成的课题，只能作为一项具体的选题原则存在，不能代替其他原则，选题要综合考虑各项原则，不可只凭兴趣办事。有时，研究者找到了一个具有客观意义，并且经过主观努力也有可能完成的课题，但由于某种原因，开始时并未对这一课题发生兴趣，兴趣的倾向性出现了偏颇，表现出不准确性和不确定性，没有同其他因素统一起来。这时，假如仅仅相信兴趣，只以兴趣为选题的导向，就可能错过一个取得成功的良机。为了避免选题的失误，一定要冷静分析，全面衡量，大胆选择并依靠意志的力量抓住它，钻进去，随着科学研究的全面展开，逐步培养起对课题的兴趣。在一次成功的科学研究中，研究者不会自始至终对自己所研究的课题不感兴趣。

（3）有条件完成的课题

条件制约着一切事物的存在、变化和发展，任何一项活动的进行和完成，都要以各种必要条件的具备为前提和保证。这里所说的条件，是指完成科学研究所必需的外在的条件，是不以研究者的主观意志为转移的外部条件。这些条件虽然独立存在于研究者之外，却又深深影响着科学研究的进行，影响着学术见解的产生。在科学研究中，资料、时间和导师力量是几项比较重要的外部条件，在选题时必须给予足够的重视。

1）要考虑资料条件。进行科学研究，撰写学术论文，不能没有资料，而资料又不是随手可得的，资料条件也并不是对于每个人都相同的。论文写作所需的资料种类繁多，来源广泛，选择研究课题，必须全面衡量占有各类资料的条件，以便选题之后的课题研究的顺利进行和文章的顺利完成，得到一个切实的保证。

从事科学研究，一般需要参考大量的文献资料，所以选题时首先就必须考虑获取来自图书情报机构的文献资料的条件。每个人都处于特定的生活环境之中，能够经常利用的图书情报机构的数量有限，而任何一个图书情报机构都不能无所不包。为此，选题时就要了解在自己可以利用的图书情报机构中，能否找全必要的文献资料，经过种种努力之后，得到的资料是否充分。

文献资料在科学研究中起着极为重要的作用，同时在某些课题研究中，其他类型的资料也常常是必需的，而这些资料更不是唾手可得的。例如，如果有人把“当代日本社会的家庭结构”作为研究课题，要想出色地完成这项课题研究，就必须亲自考察日本家庭，直接获取充分的感性的原始资料。但由于条件所限，自己却无法深入日本社会，甚至不能亲眼目睹一下日本家庭的状况，在这种情况下，还是以放弃这一课题、重新选题为好。另外，有些课题研究，大量的资料要在实验中取得的，这就要求研究者在选题时，需认真考虑实验条件，在条件允许的情况下选题。

2）要考虑时间条件。论文的写作是一个过程，必须在特定的时间之内进行。是否具备充足的时间条件，直接关系到论文能否完成以及完成的质量。强调时间条件，并不是说时间充足，就一定能取得论文写作的成功，更不是说时间越长，写出的论文的质量必然越高。但可以肯定的是，时间条件也是完成论文的必要条件，没有充足的时间条件，论文的完成就有困难。

有一些论文的写作，特别是毕业论文和学位论文的写作，必须在限定的期限内完成，时间规定得很严格，这就更加要求作者在选题时权衡时间条件，考虑课题的大小和难易程度是否适中，掌握好课题的分量，假如感到时间很紧，就应选择一个花费时间较少的小题目去研究，这样就容易深入进去展开细致的研究，同样可以写出高质量的论文；否则，选题过大，就无法在有限的时间内展开深入的研究，只能浮在表面，草率研究，仓促起笔，反而写不出有深度的论文来，甚至不能完成全部研究工作。

3）要考虑导师指导的条件。有一位学者曾经说过，获得诺贝尔奖的秘诀，就在于得到了名师的指点。必要的指导，无疑会增加成功的希望，这一点对于大学生及一切刚刚开始从事科学研究的人，都尤为重要。如果感到自己缺乏研究经验，没有独立完成课题研究的把握，就必须格外重视导师指导的条件。无论哪个学科的专家学者，都不可能样样皆通，而都有自己特定的主攻方向。在导师熟悉的专业范围内选题，就能够得到全面、具体的指导，有时，从课题研究的背景、资料来源到研究方法，导师都会给予必要的指导。这就有利于课题研究的迅速展开，能够避免走弯路，减少盲目性，缩短独自摸索的时间。

在选择课题时，必须高度重视以上各项条件。当然，重视条件并不等于盲目迷信条件和过分依赖条件，条件可以改变，也可以争取，而且外在的条件要通过内在的因素起作用，比较有价值的研究成果，往往都是内在因素和外部条件有机结合、相互作用的产物。

在学术成果的产生中起作用的各种内在因素和外部条件中，最为重要的是主体的能力系统和客观的资料条件。按照系统论的观点，系统的输出是系统的初始状态和输入量的函数。加大输入量，并改善系统的初始状态，就能够增加输出量。如果把科学研究看做一个包含多种因素的系统来考察，那么，系统的初始状态主要就是研究者已有的能力系统，输入是所接收的信息，即研究者所占有的资料，而输出则是以新的学术见解为核心的学术成果。由此看来，学术见解、学术成果的价值主要取决于研究者的能力系统和特定的资料条件，在选题时，必须重点考察这两个决定性的要素。

总之，要选择客观上有意义的课题去研究的选题原则，能确保科学研究的客观必要性；要选择主观上有见解的课题去研究的选题原则，能确保科学研究的现实可行性。对每一个课题而言，都要把这两条原则结合起来去衡量。只有同时符合这两条原则的课题，才能使科学研究的必要性和可行性得到有机统一，才是优化的课题、可选的课题。

四、课题的最后确定

1. 确定课题的形式

在科学研究中，课题的发现和确定有几种不同的情况。

（1）兴趣触发灵感确定的课题

平时随意阅读一些零散的资料，无意中受到触发，注意到某个问题，并产生了研究的兴趣和欲望，按照选题原则进行一番权衡之后，进而决定把这个问题作为研究的课题。然后，展开广泛的研究，系统地搜集、整理与分析资料，直到最后形成学术见解。

（2）深入了解基础上确定课题

在研究其他问题或在平时学习中，对某一问题有了一定的认识，产生了独到的见解，由此决定把这个问题作为研究的课题。也就是说，在发现课题的同时，已经初步形成了对问题的看法。在深入的研究中，最初选定的课题得到限定，初步产生的认识得到验证或调整，最终形成了成熟的学术观点。从最初的认识到最终的观点的发展，可能会出现两种不同的情况：一是通过课题研究，证实了最初的认识，最初的认识和最终的观点大致重合，只是得到不同程度的深化和明确；二是系统、深入的研究推翻了最初的认识，最初的认识和最终的观点完全不同，在课题研究中，自己否定了自己，不成熟的认识得到了纠正。

（3）研究前确定的课题

课题事先给定，研究者纯粹以给定的课题为出发点，安排全部科学研究步骤。事实上，这是一种如同命题作文的形式，不存在选择与确定课题的问题。

2. 确定课题的方法

课题的确定比较复杂，最后确定一个合适的研究课题，需要做好许多工作。

（1）课题的调查工作

调查课题研究的历史。通过调查，着重了解前人是否对此问题展开过研究，做过哪些研究？研究的程度如何？已经取得了哪些成果？还存在着哪些问题？只有完全调查清楚这些问题，才能确定自己究竟可否研究这个课题。探索未知是科学研究的任务，而探索未知的前提是掌握已知，调查课题研究的历史，看来只是了解已有的成果，其实是为了真正了解还有哪些问题尚未被解决，哪些领域是未知领域。

调查课题研究的现状。通过调查，着重了解目前是否有人正在对此问题进行研究，研究的进度、研究的角度及研究的方法如何？同时应调查与本课题有关的各项研究的状况。因为，真正解决一个问题，往往不仅仅是某一方面的知识、某一领域的成果在起作用。及时引进各类研究成果，综合运用各种知识，有利于创造性地解决问题。

进行课题调查的途径主要有两条：一是查阅文献资料，二是访问专家学者。

（2）课题的限定工作

一般来说，一个具体的研究课题不会一下子就可以确定下来，常常是先有大致的研究方向，然后划定研究范围，最后确定具体的研究题目。课题的限定过程，也就是问题逐渐明确、集中的过程。

清人魏禧说过："善作者能于将作时删意，未作时删题。"在学术论文写作中，删题，就是删掉可有可无的问题，以做到把全部研究和论证的中心都集中到一点上。在最后确定课题之前，如果不进行限定工作，就会导致问题过于宽泛、庞杂；在写论文时，容易出现大题小做的情况，使论文内容不深不透，流于肤浅。反之，如果能通过课题限定，把所要解决的问题集中到一点上，也可以小题大做，广征博引，深入分析，从各个角度谈问题，把问题谈深谈透，使深刻、独到的见解得到突出。所以说，限定课题，是明确研究目标、增加论文深度的重要手段。

有些缺乏经验的论文作者，不懂得如何限定问题，常常把一个大得惊人的、根本无法驾驭的问题作为研究课题。例如，有一位青年学生只是对鲁迅散文某一方面的写作特点感兴趣、有见解，但写出的文章却叫《鲁迅创作论》，显然，在一篇论文中，完成这样大的一个论题，是很不容易的。而且，既然是《鲁迅创作论》，文章内容就要面面俱到，对有关鲁迅创作的各个方面的问题都需进行论述，至少也要有所涉及，但结果反而是自己对问题的某一方面的独到见解得不到充分阐释，甚至被完全淹没，整个文章内容显得非常平庸。假如作者能对课题逐层加以限定，可能会得到一个较为理想的研究课题：鲁迅创作论—论鲁迅散文—论鲁迅散文的艺术特色—论鲁迅散文深沉含蓄的艺术特色。如果觉得把鲁迅所有的散文作品作为研究对象，仍有一定的困难，还可以只把突出地表现这一艺术特色的散文集《野草》作为研究对象，最后把研究课题确定为"论《野草》深沉含蓄的艺术特色"，具体明确，便于作者展开研究，写出有见解的文章。

在课题调查和课题限定中，论文作者的思维高度活跃，不断根据选题原则对各种情况和各种想法加以分析、判断，直到得到一个比较理想的研究课题为止。

课题确定下来之后，最好能将课题内容浓缩成简短的文字，通常可以用一句话表达，以便时时提醒论文作者，使所有的研究和写作工作都紧紧围绕着问题的解决来进行。

第三节　选题途径与步骤

一、选题的途径

选题是一种创造，是在丰富的知识储备、大量的社会实践和积极思考中形成的。课题的来源是广泛的，发现一个有价值的课题，是一个创造性的思维过程，也是一项灵活的研究艺术。首先，要进行调查研究，然后分析综合，最后选择出有意义有价值又适合自己的研究课题。不妨借鉴别人成功的选题经验，科研选题有多种来源、多条渠道，可从各种角度进行课题的选择。

1. 社会生产实践中提出问题

根据马克思主义的基本观点，实践是认识、知识产生的根源和发展的动力。人类在实践中所提出的问题，始终是认识和科学的首要课题。科学发展史显示，许多极其重大的发明、创造，都是源于在实践中所萌生出来的研究课题。例如，著名数学家欧拉，为了制造海洋船舶的需要，他就研究力学，成为分析力学的创始人之一；为了用天文方法来确定船只在海洋中的位置，他就研究月球运动并写出《月球运动理论》等科学著作；为了天文观察的需要，他还研究了光学及望远镜等，取得了多方面的成就。

在我国工农业生产中，实际需要解决的课题，各省市区县大都已汇集成册，研究人员可以从中进行选择。在社会生产实践中，只要留心观察，一定能找到最有价值和实际意义的课题。这类课题属指南性选题，其中许多课题的难度、规模很大，选题时，科研人员应从自己的优势出发，把课题加以具体化，以保证其可行性。此外，在各级政府、科研部门制定的各种科研规划中，也提出许多研究课题，这都是选题的重要来源。

例如，澳大利亚的畜牧业是较发达的。1933 年澳大利亚曾引进了一种良种牛，但其粪便在草原上曾经一度结块，造成草原生态环境的破坏，给畜牧业生产造成灾害。当时，那里的科学家就关心起牛粪问题来，对它进行观察和研究。他们发现，遍布草原的袋鼠粪便并不成堆结块，因为有一种叫“屎壳郎”（蜣螂）的昆虫特别喜欢它，但这种屎壳郎对牛粪不感兴趣。于是，科学家就把屎壳郎作为一个重要的研究课题。后来，终于在中国、其他国家和地区找到一些既适应澳大利亚自然条件，又对牛粪感兴趣的屎壳郎品系。经过培育和繁殖，牛粪的灾害问题得到了解决。

又如，半悬空集材索道捆木过程分析。调查统计表明，半悬空伐倒木集材索道占索道总量的 65%左右，它降低了工人的劳动强度，改善了作业条件，增强了生产的安全性，提高了劳动生产率和木材出材率，为木材的综合利用创造了良好条件。通过对半悬空伐倒木集材索道捆木过程的分析、研究表明，生产实践中由于捆木位置不当，而给集运材工作带来延误，甚至事故的发生。特别是由于捆木地点的变更，需要进行劳动强度很高的地面集材滑轮的转移过程，少则 2～5 人，多则全班组停工协力拨拉回空索。结果使生产效率大为降低。捆木环节占集材工序时间最多，平均约占集材循环时间的 48%。理想的捆木工作，应该是耗时少，木捆运行时不脱钩，不受卡阻。寻求如何缩短捆木时间，迅速排除卡阻，提高捆木工效，增加台班索道集材产量的途径。可见，研究捆木这一工作环节，实用价值高。

2. 从日常的生活中寻找选题

在现实生活中遇到的问题面广量大，选题的内容极为广泛，大至世界政治、经济、文化艺术，小至日常生活中的吃穿住用行，只要深入探索，不难发现有许多值得研究的课题。马克思就从人们司空见惯的商品中，研究发现了剩余价值规律。作为科研选题并不是那些表面的肤浅的问题，而是那些在一定深层次上的有价值的问题，这需要一定的思考甚至调查研究才会发现。现实的需要，是科研课题的首选目标。我国当前经济生活中有许多问题迫切需要解决，如建立现代企业制度的问题、部分国有大中型企业扭亏为盈的问题、产品质量问题、消费者权益保护问题等，都是值得研究的重要课题。

每个人都生活在一定的社会环境中，只要做有心人，逛街散步有选题，左顾右盼有选题，听、说、读、看有选题，可以说，选题在生活中无处不存在。例如，在现实社会生活中，商标、广告、电视字幕上，有喜用繁体字的倾向，由此产生多种用字错误、评论不规范的语言现象对青少年教育产生了不良影响。这也不失为一个好的研究课题。

例如，笔者曾率团实地考察福建武夷山国家级自然保护区桃源峪景区，其森林茂密、植被丰富、山高谷深、地形复杂，具有多姿多彩的生态景观，有绮丽迷人的曲溪瀑泉、奇趣怪异的森林植被、野趣盎然的鸟鸣猴跃、雄峻奇特的峰石奇景、变化万千的气象景观，古树名木、奇花异草。当兴高采烈走过两小时后，福建武夷山国家级自然保护区管理局领导则要求我们原道返回，真是扫兴。此地对面正好有公路，则当即建议此处新建一座桥梁，与公路相连，形成道路闭合圈，局长当场委托笔者主持规划设计。就这样，决定桥位选择在距福建武夷山国家级自然保护区管理局本部 7.5 km 的较宽阔峡谷处，距桃源峪较近，且为唯一的交通公路制高点，并能使游人感觉建成后的悬索桥雄伟壮观，谷底距拟建桥面高 55 m，河面宽（桥长）120 m，达到“一桥飞架南北，天堑变通途”的意境。桃源峪景区因拥有许多奇特的自然景观及全国少有的高质量负离子吸氧区，曾是拍摄《西游记》的美景之地，是一个不可多得的生态旅游胜地。

3. 从专业心得体会形成选题

在大学学习过程中，大学生对某些课程内容会有着自己的心得、体会。他们或是对课程内容有独到的理解，或是对课程内容的发展、延伸有了新的发现，或是对课程内容作不同角度的审视，或是将课程内容与现实进行联系，挖掘其现实意义，甚至包括对课程内容提出不同意见，等等。这些心得、体会和评论，往往是科学研究的生长点，在此基础上形成的论文选题，一方面可以加深对所学知识的综合理解，提高论文撰写的效率；另一方面能做到有感而发，观点鲜明，避免思想苍白、内容空洞的毛病。

从本质上讲，心得、体会、评论还只是思考，要使它上升为论题，还必须经历将此思考理论化、系统化并抽象成为学术命题的过程。不过，在真正开始这一过程之前，必须加上一个检索、调查文献资料的过程。因此，有必要先建立论题的背景知识体系。具体做法是：将自己的观点、见解与建议等按学科、主题或问题性质，置于各自所属的学科、主题或问题领域，全面了解该领域的基本知识，这些知识就是论题的背景知识；然后，在背景知识的学术范畴和知识框架内，对各种观点、见解与建议进行审视，确定其所要解决的问题性质，用凝练的语句表达，从而确定论文的题目。

例如，Vereshagin 为苏联莫斯科铁路运输学院学生时，学习结构力学得到体会，于 1925 年提出了结构力学中的图乘法。

4. 从自己有兴趣的地方去选题

兴趣是一种心理品质，也是一种非常重要的非智力因素。这里所说的兴趣，并非日常生活中对事物的一般兴趣爱好，而是专指在知识领域或科研领域对某一学科的热爱、迷恋而产生的强烈的追求与探索精神。这种追求与探索精神会促使自己沿着选定的研究课题去孜孜不倦地钻研，一旦有所收获，就会更加勤奋地求索。有兴趣的选题，会使你在收集、整理资料乃至整个写作过程中都充满快乐，这样的论文写作就是一次愉快的劳动。

例如，莱特兄弟从兴趣出发发明了飞机。从他们儿时收到父亲的圣诞礼物开始，便对飞行产生了浓厚的兴趣，后经不断研究、反复试验和改进，直至飞机研制成功，用了

26年的时间。

5. 从文献综述研究进展选题

综述论文通过对已发表材料的组织、综合和评价，以及对当前研究进展的考察来澄清问题。在某种意义上，综述论文具有一定的指导性，包括以下内容：对问题进行定义；总结以前的研究，使读者了解研究的现状；辨明文献中各种关系、矛盾、差距以及不一致之处；建议解决问题的后续步骤。综述论文的组织形式是按逻辑关系，而不是按研究进程来组织的。

综合述评是对某一特定课题科技发展水平的叙述分析、综合以及评论的情报性的科技研究产品。根据学科理论和科技政策，对科技成就的现实水平、发展动态、存在问题进行比较、分析后，发表自己见解，提出有根据的建议，既可为领导决策提供依据，又为科技人员选题定向时提供有力逻辑基础，有带路和指导作用。述评惯用的表达方法有先述后评和边述边评两种方法。科技综合述评文的作者多是著名学者、专家和专职情报研究人员。

例如，自20世纪80年代以来，每5～8年，笔者对我国工程索道（货运索道、客运索道、林用索道和缆索起重机等）科研方向进行综述或述评，在简述我国工程索道的发展历史、研究进展、存在问题、研究对策的基础上，为国内外索道领域科研工作者指明了工程索道的研究方向。

6. 怀疑已有理论观点和结论

用批判的眼光看待已有的理论、传统的观点和结论，寻找它们的缺陷和矛盾，再设法证明这种怀疑是否正确。前人的某些理论、观点和结论，看起来无懈可击，但如果善于思考、仔细推敲，定能发现许多问题。如果过于迷信前人或他人的理论、观点和结论，那么，摆在眼前的课题也会悄悄地溜走。不过，这种怀疑是需要气魄和胆识的。许多科学家敢于这样做，他们推翻前人或他人的理论、观点或结论而取得了成功。

人类认识是无限发展的，理论的真理性只是相对的，理论与事实之间的矛盾总是存在的，理论体系的完备性也不是永恒的。即便是曾经“结论”了的理论观点，随着实践和认识的发展，也需要不断扩展和深化。因此，用探索批判的眼光去看待已有的、传统的理论观点，常会从中发现新问题。那些自相矛盾的理论问题，是应该引起注意的课题，通过研究，分析为什么会产生矛盾，矛盾的焦点在哪里，后一个结论对前一个结论是发展还是修正。

例如，当绝大多数物理学家完全不加怀疑地使用牛顿的时间和空间的公式时，爱因斯坦却尝试着对它不信任，重新来考虑全部问题，他利用每分钟的空闲时间研究公式，这些公式将用一种新的数学方法向全世界解释时间和空间。终于在1905年，年仅26岁的爱因斯坦就发表了成名理论——狭义相对论，有些科学家称它是“历史上最重要的文献”。由于成就卓越，爱因斯坦荣获了1921年的诺贝尔物理学奖，一位教授说：“又一个哥白尼诞生了。”在科学史上，许多科学家都是从不成问题的地方找到了问题。盖伦医学观点被否定，亚里士多德许多结论被驳倒，燃素说被推翻……都是在前人认为已有答案的地方，找到了答案的漏洞。

又如，索道侧型是指连接鞍座点的线型，即将承载索支撑在空中，所构成2个或多个相互联系的悬索曲线，又称索道纵断面。它既与地势侧型有关，又与支架的分布有关，直接关系到线路的走向、长度、高度、支架配置与跨距大小等因素，也关系到索道基本建设投资、施工进度及竣工投运后的维护保养、运营成本和索道钢丝绳的使用寿命。因此，索道侧型设计合理与否直接关系到索道的使用价值。在索道侧型设计中，要计算弯折角、弯挠角和安全靠贴系数。由于各计算式存在矢量号、±号，以往索道书中，符号规定不一，索道工程技术人员往往感到棘手，常需依靠作图进行受力分析以判别矢量号和±号。这样，设计计算耗时，容易出错。笔者研究其规律，提出简便易行的索道侧型计算准则，解决了这一国际性技术难题。

7. 学术争论中所提出的问题

学术争论在科学史上从来就没有间断过，也正是由于有了这种争论，才推动了科学自身的发展。对于同一对象、现象或过程，存在着不同观点、不同学派之间的学术争论，这是科学发展过程中常有的事情，如经济决定论与文化决定论之争、市场调节与计划调节之争、社会主义代替资本主义与趋同论之争等。因此，在文献调查中，注意有争论的问题，是发现研究课题的一个重要途径。

例如，光的微粒说与波动说之争、热的本质之争、燃素说与氧化说之争、物种不变论与进化论之争、颗粒遗传与融合遗传之争等，都是历史上有名的学术争论。争论时，双方都拿出一定的事实依据和理论依据，了解这种争论的历史、现状及争论的焦点乃是发现问题的重要途径。许多科学家对一些问题的研究常常是从有争论的问题开始的。19世纪90年代，在生物学上就支配胚胎细胞变异的因素这一问题发生了尖锐的争论。一派认为是内在的遗传因素，另一派认为是外在的环境因素。摩尔根了解了这场争论的情况后，便激起了他的兴趣，于是关于胚胎的变异因素问题就成了他的研究课题。经过大量的研究工作，他终于提出了具有跨时代意义的遗传的突变理论。

又如，笔者对我国专家提出的悬链线、悬索曲线和摄动法的3种索道设计新理论进行全面研究、补充、完善和提高，并与苏联、日本专家提出的抛物线理论进行了分析比较。大家一致认为，悬链线是真实反映实际悬挂钢索的线形，故按悬链线函数计算出的悬索各有关量被视为真值。而笔者首次将几种悬索理论假设条件用图解法进行分析比较；从悬链线理论、抛物线理论、悬索曲线理论和摄动法各自的假设条件和曲线方程出发，以悬链线的假设条件及其曲线方程作为衡量各法的标准，定性分析各法对悬链线理论的逼近程度；以悬索无荷中央挠度系数、无荷最大张力、无荷索长、无荷弹性伸长及其无荷悬索的实用精度，进行定量分析研究各法对悬链线理论的逼近程度。国际上对于代数函数法3种悬索理论（抛物线、悬索曲线、摄动法）的计算误差一直争论不休，而公证研究此课题，平息了几种悬索理论的争论，学术价值高。

8. 对前人著作或理论的讨论

对于前人或他人在科学上提出的开创性理论，常吸引一大批研究人员对其进行详细的讨论或检验。如果在所研究的领域内，有人提出了重要的理论并做了开创性贡献，有人提出了某种理论并论述了其适用范围。在这种情况下，就要不失时机地抓住这种理论或假说中感兴趣的问题进行讨论，或对其中的论据进行检验，这样就有可能提出自己独立的见解或新的结论。

例如，围绕库恩的《科学革命的结构》一文中范式理论开展讨论的论文就多得难以胜数。1977 年数学家 Rhoades 提出了 6 个著名的所谓 Rhoades 问题，随后十年中，许多人围绕这 6 个问题展开了研究，并取得了许多进展，从而丰富了不动点理论。

又如，笔者查阅期刊资料时发现，1985 年在《东北林学院学报》上发表的倪元增教授的论文中，有索道可以搞优化设计的报道。当年立即申报了“应用微机作索道优化设计”的省级科研课题，马上得到了立项批准，该课题包括索道承载索的优化设计和给定设备的索道优化设计。经过 3 年的努力，顺利完成并通过国内教授、专家技术鉴定，一致认为新颖独特，国内领先，随后申报并获得林业部科技进步奖三等奖。

9. 从新的角度认识已有成果

在科学研究中，常常有这种情况出现：同一问题，或众说纷纭、或有局部分歧、或几种观点针锋相对，大家各持己见，似乎都有一定的道理，但又不能完全令人折服。像这样的问题，就需要作进一步的研究，或赞成、或反对、或另辟路径。只要以充分的论据论证自己的观点，驳倒其他观点，论文就会有所突破。

从新的角度对已有成果进行研究，可以在现有成果的基础上使某些不尽圆满的问题更加深入，更加明朗化，以至彻底解决；还可以使长期悬而未决的问题较快得到解决。对于同一个研究课题，从新的角度去思考、研究也可以形成新的研究课题。

例如，由于客运索道在中国风景旅游区的开发建设较晚，对索道在风景旅游区的地位和作用的认识存在分歧，是可以理解的。有人认为：索道建设对景观有破坏作用，从保护自然景观的完整性出发，主张在风景区不宜建索道；也有人认为：索道对促进景区的旅游发展有重要作用，主张在风景旅游区适当建设一些。总结重点风景区索道建设经验，要处理好“在保护中开发，在开发中保护”的关系。一个风景名胜区只保护、不开发，是不会得到发展的；另一方面，一提到开发，就毫无约束地随意进行项目建设，会给景区造成无可挽回的破坏和损失。因此，如何在风景旅游区建设客运索道，处理好保护和开发的关系的研究课题，实用价值很高。

10. 研究工作中的“反常”现象

研究工作中常会遇到一些“反常”现象，所出现的问题是预先实验设计中不应出现，或操作失误而出现的不正常现象。遇到这种反常或异常现象时，首先要检查是否由于实验设计本身的问题或操作不当，如果多次反复仍然出现这种“异常”，就要仔细分析，不要放过每一个细节，也许就会发现问题。这里所说的异常或反常，实际上只是相对于传统理论、习惯见解、流行看法的异常。在科学研究中，不仅要有严谨的治学作风，而且要善于捕捉那些意外现象中蕴藏着的规律性东西。有时会在这些所谓非预料或“反常”现象中发现问题，形成课题。因此，科研人员要有敏锐的观察能力和直觉思维能力。

科研人员对研究对象富有浓厚的探索兴趣，也是科研选题的一个重要来源。大量值得研究的选题，首先表现在各种社会现象中，科研的任务就是从现象认识本质。现象问题是人们最容易感觉到的。这时，选题常常得益于科研人员的想象、灵感、直觉以及对这些直觉思维、意外发现带来的机遇的捕捉。当然，这类选题开始时可能是幼稚的、肤浅的，尚需深入思考和论证。

例如，被誉为20世纪60年代天文学四大发现之一的微波背景发现就是如此。1964年，美国诺贝尔实验室的彭齐阿斯和威尔逊，在研究与改进卫星通信的过程中，发现在波长的7.15 cm处有微弱的噪声，用多种办法也无法排除。这个“异常”现象当时困扰实验的进行，一些科学家为之头痛。但是彭齐阿斯和威尔逊警惕地抓住这种来历不明的噪声不放，进行深入的观察。此后不久，其他研究人员也在同波长处找到了辐射，1965年5月，彭齐阿斯等写了仅6 000字的论文，发表后受到科学界的极大重视，从而得到了诺贝尔奖。3 K微波背景辐射的发现，有力地证明了天体周围的空间存在着能量辐射，推翻了过去认为星际空间的温度为0 K，因而不可能有能量辐射的错误见解。这样的例子很多，如卡门涡街规律的发现、电磁效应的发现、X射线的发现等，都是从科学研究中的异常现象获得的。

11. 结合工程项目设计选题

科研课题或学术论文的选题，直接或间接地来源于工程实际，是国民经济活动中急需解决的问题，具有较强的实践性、综合性，若研究者具有较强的工程设计实践能力，熟悉行业规范规程和生产实际，这种选题最为合适。选题工程化，参与工程项目和收集实际工程资料，可以做到真题真做。例如，世界文化遗产、道教圣地武当山六大景区之一的南岩宫大殿——玄帝殿毁于1926年火灾。湖北省委、省政府将修复南岩宫玄帝殿列为“保护为主”的重点工程之一。武当山风景区管理局准备找国外专家之前，找到福建农林大学，这已是第5家了，福建农林大学工程索道教学与科研团队进行实地踏查、测量以及调研，经多种方案比选，最终修建一条货运吊装索道，由飞升岩至南岩宫大殿西山墙外，沿悬崖深谷无人区建设，线路跨距约400 m，设计荷重6.76 t。有效解决两大难题：① 特大、特长、特重金柱的吊装；② 3 000 t材料运输时，确保龙头香（国宝）、乌鸦岭、宾馆和停车场以及游客旅游观光的安全。在运送玄帝殿修复工程所需材料中安全、适用、高效，既能保护景区环境与文物，又能满足吊装作业生产率和高强度工作量要求，避免了外汇的投入，三大效益显著。通过该工程项目的设计，撰写了学术论文《武当山特殊吊装索道设计研究》，同行专家与业内人士评价极高。

12. 学科交叉所产生的空白区

科学发展史表明，不同学科之间的边缘问题、交叉问题从来都是科学上的重要生长点。因为这种问题原先是各门专门学科未能顾及的，是认识上的空白地带，也正是科学尚未开垦的处女地。如果善于在这里进行科学耕耘，必定能采集到新的认识成果。

科学发展趋势是交叉和渗透。社会科学和自然科学各学科的变化，将出现以下特征：① 一门学科内各分支学科的交叉结合；② 各门科学相互交叉结合，包括社会科学和自然科学、哲学的交叉结合；③ 科学与技术、科学与艺术日益紧密结合；④ 软科学、软技术大量出现；⑤ 数学向一切科技领域渗透；⑥ 系统论、信息论、控制论等新型学科向各门自然科学、技术科学和社会科学领域渗透等。所有这些方面，都将产生大批崭新综合性研究课题。

学科渗透、交叉是科学在广度、深度上发展的一种必然趋势。事物都在普遍联系之中，各门学科也在普遍联系中，以往人们注意从学科相对独立性上进行研究，现代科学注意了学科相互渗透、交叉的研究，在学科渗透、交叉“地带”存在着大量的新课题供选择。

在注意科学上的空白区或人们很少涉及的领域时，要求研究人员在调查中不仅应留意科学界已经或正在研究什么，更重要的是应了解科学界未曾研究过，或者至今不能解决的问题是什么。例如，耗散结构理论，在国外已大量应用于经济学、社会学、人类学和其他学科，但在我国直到现在对这些方面的研究还非常薄弱。凡是薄弱的地方都能为有本事的研究人员提供成功的机会。恩格斯曾经说过，科学研究最容易突破的是两门学科之间的那个空白地方，两门学科之间的那个地方，往往是冷门。诺伯特·维纳正是在数学、物理学、自动控制、电子技术、神经生理学等学科相互渗透的边缘地带，无人涉猎的空白区，开拓了一个崭新的研究领域，创建了控制论。

例如，早在19世纪，恩格斯就以电化学为例，注意到了边缘学科的重要性。他说，在分了科学和原了科学的接触点上，双方都宣称与己无关，但恰恰就在这点上可望取得最大的成果。电化学理论正是电学家和化学家都认识到电的作用和化学作用的联系“与己有关”，从而对电化学现象加以研究以后发展起来的。交叉学科所具有的认识功能，就在于它把那些各种专门学科曾认为“与己无关”、不屑一顾的问题变成“与己有关”的研究对象，把原先分配在各种专门学科的、互相隔绝的知识、思想方法联系起来，从而开拓出新的认识领域，如量子生物学、生物化学、生物物理学、分子生物学、物理化学等学科无一不是这样发展起来的。美国社会学家朱克曼，就发现社会学和自然科学这个接触点是人们很少注意的研究领域，她决心在这个空白区进行探索。经过不懈的努力，终于取得了不少成绩，她的研究成果之一是一本有意义的著作《科学界的诺贝尔奖获得者》。

又如，1986年，我国由陈陆圻教授和史济彦教授共同提出了“森林生态采伐”这一新名词，同年由中国林学会森林采运分会组织召开了以森林生态为基础的森林采运学术研讨会，这是我国采运专家和林学家们第一次共同讨论森林采运作业与森林生态环境保护问题。森林生态采伐以生态学原理为指导，按森林的生态学特性进行伐区区划和设计、山场作业及组织管理等森林经营活动，把森林资源的利用和保护结合起来，以达到持续发展森林资源的目的。森林生态采伐主要指采、集，森林生态采运还包括运。森林采伐与森林培育的结合，属于这一类。在森林采伐的生态环境保护中，习惯上沿用“生态采伐”或“生态采运”等术语，是森林采伐学与森林生态学两门学科交叉的科学研究领域，必然产生科学研究的空白区。20多年来，笔者引领森林生态采运教学与科研团队，指导硕士研究生、博士研究生，在这领域不懈展开科学研究，建立了长期固定的实验研究基地，其实验地是我国至今唯一保护完好的中亚热带天然次生林择伐与更新、人工林生态采运长期动态跟踪试验研究基地。公开发表了有关生态采运的学术论文百余篇，有 6 项获省部级科技进步奖二、三等奖。

13. 科学史上记载的未解难题

历代科学家对大自然的探索和研究，解决了许多科学难题，同时也留下许多的难题。人们对客观世界的认识总会遇到困难，因此总会在文献中记载他们没有解决的问题。即使是已经解决了的问题，也不见得十全十美。随着科学的发展，研究手段和思维方式的不断改进和更新，许多难题就会变得可以解决，而且即使是以前觉得十分完善的课题，如今也值得怀疑了。

例如，我国著名的科学家侯振铤在排队论研究中找到自己的研究课题。著名数学家陈景润在数论研究中所取得的重要成果，其课题不也是数学家哥德巴赫提出的吗？国际上获得菲尔兹奖的 20 多位数学家中，有不少人是由于解决了“希尔伯特问题”中的某个问题或者历史遗留下来的其他难题而获奖的。数学如此，其他学科也如此。正如达尔文的进化论受到中性突变学说的挑战一样，哪怕是人们认为已经成熟了的理论，随着科学的发展和人的认识水平的提高，会变得不成熟，有好多问题需要重新考察。因此，只要仔细查阅文献，定能从中找到尚未解决的问题。

又如，单跨悬索理论已经相当成熟，其标志是单跨悬链线理论的突破。这使得架空索道在设计计算与索道架设上得到更精准的保证。由于地质条件的特殊，如在跨山、跨河运输以及抢险救灾现场或道路、建筑毁坏时，无法实现长距离运输作业，需要多跨索道运输。单跨跨度较小，建设多条单跨架空索道成本高、耗时多，极为不便。因此，多跨悬链线理论的发展成为今后的主要研究方向。针对这一现实需求，开展多跨悬链线理论研究，建立多跨悬链线理论数学模型，解决多跨悬链线理论在工程索道应用中记载的国际难题。

14. 从学科发展的前沿中选题

著名物理学家李政道指出：“随便做什么事情，都要跳到前线去作战，问题不是怎么赶上，而是怎么超过，要看准人家站在什么地方，有些什么问题不能解决。不能老是跟，否则就永远跑不到前面去。”这是科学家的切身体会，是取得创新成就的经验之谈。量子力学创始人之一的海森伯，1920 年进入慕尼黑大学攻读物理学，到 1927 年就成了国际闻名的第一流物理学家，之所以如此，就是因为他接触和研究当时物理学所面临的重大理论前沿课题——在量子论基础上研究原子物理学问题的结果。

理论总要不断接受实践的检验，倾听实践的呼声。原有理论一旦解释不了新的事实就暴露出它的局限性。此时，如果研究人员抓住时机，敢于进行突破旧理论的新探索，往往能够取得重大的创新突破。

例如，1900 年，马克斯·普朗克对经典物理理论与当时黑体辐射的实验事实不符的矛盾，进行深入的研究，提出了能量子假说，开创了量子物理学。

又如，福建农林大学研制的 $YP_{2.5}$-A 型全自动遥控跑车，发展出 $YP_{0.5}$-A、$YP_{1.0}$-A、$YP_{2.0}$-A、$YP_{3.0}$-A、$YP_{5.0}$-A 型等不同起重量系列的研发，始终在国内处于领先地位，这就是从学科发展的前沿选题的结果。

15. 从跨学科中获得新的启示

不同的学科对同一问题的看法，角度不一，研究方法也各异，思维方法也不同。因此，这种讨论往往能给人一些新的启示。课题的来源，没有一个固定的模式，对问题要善于思考、选择，同时还要联系实际，量力而行，才能形成科学问题。对同一个课题，即使是已经做过的，还可以从新的角度去研究。另外，对古老经验事实的理论解释，对于失败的研究，从反面或侧面提出问题重新探索等，都可以构成研究课题。

例如，在欧洲，直到19世纪中叶，由于外科技术的落后，患者因感染而化脓，死亡率很高，医生对此束手无策。英国医生李斯特眼见许多患者一个个死去，心里非常难过，为了找出化脓的原因，他昼思夜想，但却一无所获。正当他一筹莫展时，巴斯德发表了有关有机物腐败和发酵的研究成果，证明有机物腐败是由于微生物——细菌所致。对这一成果的讨论，启发了李斯特，他顿时恍然大悟，病人伤口感染化脓不就是微生物（细菌）在作怪吗？不久，他又在一次机遇中发现细菌是怎样跑进伤口里去的。于是决定采取石炭酸（苯酚）消毒的办法，终于在1865年首次采用无菌手术获得成功。到1868年，其他医生手术后死亡率高达80%以上，而李斯特的手术病人，死亡率仅15%。李斯特成功移植了巴斯德的研究成果，发展了外科手术的消毒法。如果当时没有微生物的这一研究成果，而李斯特未注意到这方面的讨论，只是一味地从外科手术的技巧去研究感染，那么他在外科学上将一事无成。

16. 导师的意见或待研究课题

成熟的科学家，他们经过多年的研究和探索，不断形成了自己的研究方向，他们在自己的研究方向内有一系列的研究课题。在科学研究中，认真听取导师意见是很重要的，导师的这种宝贵经验财富，往往是选题中最有效的，因为他们这些丰富的经验是在几十年的实践中总结出来的，因此，这种选题往往容易成功。有时候在请教导师时，会得到令人满意的课题。符合自己研究方向的选题比较容易出成果，因为有先前的课题成功的经验和失败的教训作基础，这样会使认识更客观一些。同时，所选课题又能作为今后进一步研究的出发点。

选题最好符合自己的导师的研究方向，这样做不但能得益于导师的指点和关注，可以少走或不走弯路。本科生、硕士研究生、博士研究生的学位论文，不少直接选择导师的科研项目的一部分，由于项目申报前导师已全面收集了有关课题的资料，并做了充分分析和准备，能获批准，本身说明研究内容或研究方法有一定的创新。加之有项目经费资助的保证，导师的科研课题，一定会全力以赴投入，论文容易获得成功，不言而喻。

二、选题的步骤

1. 确定论文的选题方向

选题是对研究课题的“定向”，是为科研活动确立一个研究的对象和范围。选题目标的确定是进行论文选题的起点，选题的最终目的就是要达到既定的目标，目标确定的不明确或不合理，将会导致选题失误。在日常工作、生活和学习中，往往会发现有很多问题需要解决，这时选择哪些问题作为选题目标，就是选题首先要确定的问题。目标选得对、方向准，才能扬长避短，取得有价值的成果。否则，就会导致问题过于宽泛、庞杂，容易出现大题小做的情况，使论文内容不深不透、流于肤浅。

科学研究是一个综合性的大系统，可供研究的领域很多。可以说，科学技术越发展，需要研究的领域就越多，只有在自己所熟悉的专业领域，才能具有较强的优势；同时，论文选题还应注意抓住当今社会政治、经济、文化发展的主流，尽量选择那些热点研究领域。现代科学发展呈现高度分化又高度综合的趋势，交叉学科正是一块培养创新学术思想的沃土，应重视相关学科领域的相互渗透和交叉。因为当今任何重大的社会、经济和文化、科技问题都是相当复杂的综合性问题，任何单门学科的知识都难以解决，而需要跨学科或跨方向的综合性知识。

2. 研究历史与研究进展

广泛收集有关选题所需要的一切资料是实现选题目标的基础和前提。客观上拥有大量的资料，了解目前已有的研究成果，做到心中有数，才能从实际出发，为最后的选题做好充分准备，较好地完成论文工作。不掌握或少掌握相关的资料信息，将会使选题处于盲目被动之中。收集、掌握资料信息的途径和渠道是多方面的：国内外各种相关学科的研究资料；学术会议的论文；国家有关部门的统计资料；企业的统计资料与情报；情报部门整理的参考资料；经实际调查获得的第一手资料等。一旦收集到了相关资料，就应对其进行认真的整理、分析与归纳，在浩如烟海的资料中去粗存精，去伪存真，筛选出可用性强、可信度大的资料，为确定最后选题做好准备。除此之外，还可以进行计算机查询、访问专家学者等方式获得活的信息。

3. 勤于思考且认真论证

在查阅和整理文献资料的过程中，大脑的思维机器实际已经开始工作了。有时，某些题目会触发确定某一课题。例如，看到《劳动价值论》，就可能想到“深化马克思的劳动价值理论的研究与认识”；看到《大学生的心理问题》，就会想到“大学生心理健康教育中存在的问题与对策研究”。当然这只是一种简单的比喻，但这个思考过程不能消极、被动地接受那些资料的触发，而是要充分运用自己的大脑进行思考，发挥创造性的想象力，使兴奋点与注意力侧重或集中到某些问题上，并对它积极进行加工。这样，下一步自然会在有兴趣、有价值的问题中选出一个新的、自己的题目。

积极思考固然重要，但在思考基础上产生的选题是否正确、合理，还有一个认真论证的过程。《韩非子·喻老》篇中曾指出：“天下之难事必作于易，天下之大事必作于细。”这就是说，定好了论题并不是大功告成了，还要经过严谨的科学论证，从论题研究方法上入手，根据实际条件、实际能力和科研水平，逐一考虑、详细论证。

4. 选定论文的具体题目

选题是对论文的“定性”。它决定着论文的价值，关系着论文的成败。如前所说

“题好文一半”，这句话道出了选题的真谛。所谓“题好”，包括两层含义：一是指选题与客观需要相符合；二是指选题与研究状况相适应。前者可以保证选题具有实际意义，而选题有意义，对课题的研究才会有意义，反映研究成果的论文也才会有价值；后者可以保证研究者有能力、有条件对问题展开研究，研究工作能够顺利进行，并取得成功。因此，选好了论题也就为成功的研究、成功的写作打下了良好的基础；也只有选好了论题，才能确定论文的主要内容，体现出论文的特点和独特性。

第四节　选题方法与课题构思

一、选题常规方法

选题方法按科学活动的方式可分为两大类：一是以科学工作者个人活动方式进行的选题方式，如比较寻疑法、追溯验证法和实践应用法；二是以科学工作者集体活动方式进行的选题方式，如智力激励法、集体启发法和德尔斐法。个人离不开研究集体，集体活动有赖于个体的创造性思维。

1. 比较寻疑法

从事科学研究，总需要在对某一研究领域有了基本了解之后才开始。比较寻疑法，就是对自己所拥有的文献材料广泛阅读，认真筛选，经过咀嚼消化，在比较鉴别中，寻找到具有研究探讨价值的“疑点”，进而确定选题的方法。例如，在同一类型的科学研究成果中，常常发现这类词语：“在一定条件下”、“在相当程度上”、“在某种范围内”、“存在这样那样的联系”、“多种多样的形式”等。那么，究竟在什么条件下？在多大程度上？在何种范围内？存在怎样的联系？有哪些不同形式？这些都可以构成进一步研究的子课题。对这些子课题锲而不舍地探讨，都可能产生新的研究成果。科学研究必须有“疑点”。当在对文献材料阅读、接受、分析与比较的过程中遇到了疑问时，紧紧抓住这些问题深入探究下去，就会形成自己的选题。这种在比较中寻到的“疑点”多种多样，可能是解说不完备或难以自圆其说，也可能是文献材料中就某一问题的不同观点，还可能是发现了某一学科领域中的空白点。总之，由自己对文献材料的阅读比较中寻找“疑点”，再由“疑点”的探究而形成选题，这是许多研究者常常采用的选题方法。学术研究之所以重视文献资料，由此可见一二。梁启超概括自己的治学之道，只用了“善疑、求真、创获”六个字，而把“善疑”放在首位，这也说明以“寻疑”来选题是行之有效的方法。

采用比较寻疑的选题方法，一般按以下步骤进行。

(1) 浏览资料

在浏览过程中，随时记下对的纲目和其中对自己影响深刻的观点、论据、论证方法等，记下自己脑中涌出的点滴体会。

(2) 回味咀嚼

在广泛浏览文献资料之后，对自己从大量资料中所获取的有价值的内容以及点滴体会，分别进行简单梳理，认真思考，反复咀嚼，体味到其中的异同交叉、深浅远近。

（3）求疑选题

在完成了上述工作之后，可以把自己的体会与资料分别加以比较，进行分析鉴别，寻找出在同一研究对象中尚有的“疑点”，由此进一步推演思考，选题的目标就自然会明确了。例如，研究晚清史的孔祥吉先生，就是由于获得了晚清史上“两朝帝师、十载枢臣”之称的翁同龢的后裔带到美国的家藏档案史料，新发现了其中未刊出的《罗丰禄信稿》以及陈炽的《上清帝万言书》等珍贵文献，他经过比较鉴别，受益颇多，从中发现不少问题，从而以新的史料、新的视角写出了《甲午战争中北洋海军上层心态——营务处总办罗丰禄家书解读》、《晚清政治改革家的困境》等一系列论文，在晚清史研究领域提出了不少新观点。

2. 追溯验证法

追溯验证法是一种先有主观的“拟想”（即对研究课题和方法的假设），而后以此为出发点，沿着一定方向通过查阅相关文献资料或作必要的调查实验，从而达到验证“拟想”的选题方法。当然，这种“拟想”绝不能是凭空想象，而必须是建立在自己对某一领域的研究现状有所了解的基础上，且已经掌握到一定文献资料或现实材料，由此而生发的“拟想”。运用这种选题方法时，应注意以下几个方面：

1）经过追溯，确定自己的“拟想”是否具有开创性、突破性。如果自己的拟想，前人从未涉及，或者是与通说、前人见解根本不同的，同时自己又能以足够的论据或条件对其做出证明，那就可以作为选题确定下来；反之，则应舍弃。

2）通过追溯，确定自己的“拟想”是否对通说或别人的观点有补充作用。如果答案是肯定的，则可以作为选题；反之，也应放弃。

3）确定“拟想”是否与别人重复。如果自己的想法完全与已有的研究成果一样，那就应另辟新路；如果是部分内容与别人的研究成果相重复，那就应当变换角度，避开重复，确定选题。此外，在追溯验证的过程中，还要善于捕捉一闪之念，不可放过阅读或调研过程中突然产生的一些思想火花。尽管这一时的想法很简单、很朦胧，但如能及时捕捉，顺势追溯下去，也极有可能形成自己的观点，成为选题的引子。

追溯验证的选题方法，在科学研究中应用也较为广泛。例如，为超导电子学这一新学科奠定坚实基础的约瑟夫森效应发端于年仅 22 岁正在英国剑桥大学攻读博士学位的约瑟夫森的理论预言：当两块超导体实现弱连接时，会出现一种新的物理现象。又如，在当今科学界，在认为任何剂量的核辐射都有害于健康的“线性无极理论”（LNT）占主导地位的情况下，那些提出“小剂量辐射无害”的科学家，大都是通过追溯验证来验证这一研究课题的。特别是，“小剂量辐射无害”现象产生的细胞分子生物学机制能否改变核辐射会损伤细胞内的 DNA（脱氧核糖核酸）这一传统结论尚无定论。但这一课题带给我们的选题启示的确很有意义。

3. 实践应用法

实践应用法既不是从阅读大量文献材料出发，也不是从自己的主观“拟想”出发，而是从现实需要出发，从自己的社会实践中去发现值得研究的问题，把自己掌握的理论知识应用于解决现实问题的研究之中。很显然，这样的选题方法，在应用研究和自然科学领域运用较多。但是，基础研究方面也同样可以选用。例如，作为生物科学中的基因工程的理论，可以广泛应用于各种重点保护及濒临灭种的动植物的繁育技术之中，也可以由此深入，应用于进一步揭示生命奥秘的基础研究之中，像我国科学家所做的“衰老细胞与分子机理研究”的课题。又如，胡福明于1978年5月11日在《光明日报》上发表的为人熟知的《实践是检验真理的唯一标准》一文，该选题就是运用了实践应用法，是从现实社会中亟待解决的问题出发，运用马克思主义哲学观点来加以研究探讨的。再如，针对近年来我国科学研究领域中学术腐败现象日益严重的现实以及科学伦理道德教育相对薄弱的状况，中国科学院院士张存浩先生在《光明日报》2002年2月1日第1版发表《科学道德建设应借鉴国外经验》一文，提出了为创造我国良好科研环境的合理建议。该选题同样是来自解决现实问题的思索。

此外，向专家请教，向有关部门咨询，研究者互相交流启发等，都有助于确定论文的选题。

根本上，选题所要达到的目的，就是寻找出在理论上或实践上未被发现、概括、揭示、解释，或者是概括、揭示、解释尚且不够，适于作为自己研究课题的问题和角度。凡是能达到此目的的选题方法都可使用。当然，最根本的还是了解学科研究的历史与现状，了解现实理论和实践上的需求，正确估计自己的主观能力与水平。

4. 智力激励法

智力激励法是找一些对某一领域有知识、有见解的专家，让他们掌握大量科学情报，从科学发展的趋势，对有关领域的未来课题，自由地发表各种意见、设想和方案，最后由决策者综合起来，进行挑选。其主要规则是：

1）允许自由地提出任何设想和方案，严禁批评和指责，避免节外生枝，转移话题；

2）鼓励无拘束联想，思想越奔放越好，无论多么富于幻想的怪诞意见都要记录下来；

3）提出的设想和方案多多益善，会上不做结论；

4）提倡与会者把各种思想组合起来，完善和发展别人的设想和方案。

这种方法如使用恰当，将会创造和谐的会谈气氛，敞开思想，相互激发，极易导致思想的连锁反应，提出一系列意想不到的课题方案和解决问题的奇特设想。这种方法是美国学者奥斯本提出来的，也被人们形象地称为“智囊团法”和“头脑风暴法”。

例如，笔者在《林业生产规划》一书的撰写过程中，首先在南京林业大学召集全国同行征求此书编写大纲细目后，于次年又在中南林业科技大学（原中南林学院）再次征求全国同行对其初稿进行讨论，采用智力激励法征求修改意见。《林业生产规划》在现代林业企业总体规划设计的基础上，在理论及技术方面有重大突破，是我国第一部这方面具有权威性的高等林业院校教材和专著。该专著填补了我国林业规划理论系统的空白，获福建省科技进步奖二等奖。

5. 集体启发法

集体启发法和智力激励法相似，也是以集体探讨方式预测和提出课题方案的。不同之处在于：会议主持人或决策者通过提问和提出有价值的情报来启发与会专家，使他们大致围绕某个问题做一般性讨论，而又不披露主题。当讨论接近中心议题时，主持人应立即点破问题的症结所在，引导与会者借助“类比的启发”，定向地进行“课题转换”，集中酝酿和提出课题方案及解决方案的种种设想。这种“转换”须利用下列几项类比。

（1）个人类比

把自己本身的情感和性格，与拟定课题情景的某种要素加以类比，来寻求相似点。

（2）直接类比

在已知的领域里寻求未知领域的类似过程，即把未知变为已知。

（3）象征类比

暂不理睬自然规律，借助童话的幻想和诗歌的形象来比喻和描述问题，把习惯的变为生疏的，如设想去掉地心引力，使光线弯曲，声光结合有何效应等。

它是集体智慧和个人思维展开相结合的方法，是由美国心理学家戈顿提出来的，又称为“群辩法”。

例如，在对“松根采集运贮过程中技术问题研究”这一课题进行开题研究时，笔者作为项目负责人召集所有研究人员参加，激烈讨论、集思广益，以求得到最好的解决方案。当讨论采掘松根段时，所有研究人员都对其展开激烈讨论，尤其是就集根过程、运输过程和贮根过程中研究人员对采掘松根段有何要求这一问题，要发表自己的看法，并提出对其具体的技术要求。这种对集运贮段的讨论，目的是实现松根采集运贮工艺过程有机的连接，当然，讨论过程需要较多的时间。但这种集体启发法，有利于保证很好地完成这项福建省重大科研项目。

6. 德尔斐法

德尔斐法是由专家集体私下填写意见征询表，来预测和提出研究课题的方法。该方法是由戈顿和美国兰德公司提出和倡导起来的，具体做法是由一组专家不直接出面，而间接通过填写意见表的方式来预测未来的方法。其要点是：

1）找一组专家，征求他们对可能的各个课题、方案及实现的时间，提出意见和想法；

2）将预先根据某些情报或专家商定的特定研究项目的意见征询表分发给专家填写，但不记名；

3）把搜集的意见表整理后返回专家手中，但意见来源予以保密；

4）再由专家填写空白表，对前一次整理意见重新提出看法，如此多次反馈，大多数专家意见逐渐集中，最后趋于统一，但少数意见还可能不一致，这就要由决策者做出判断和决策。对中间意见和最后意见的整理，均可做出专家意见的实验分布曲线。比较各个方案或课题专家意见的分布曲线与统计参数，即可对最佳方案或课题及其实现时间做出预测和判定。

由于德尔斐法能够把众多专家对选题的直觉估计，逐步求得较为一致的结果，说明形式上的主观意见蕴涵着一定的客观意义，又比较简单，无需花费太多时间和经费，因此得到广泛的应用。

例如，笔者在《架空索道理论与实践》一书的撰写过程中，采用多位著名同行专家多次反复背靠背地填写意见征询表的方式，对该书书名、编写大纲细目以及撰写初稿，都采用了德尔斐法征求专家意见。《架空索道理论与实践》一书：① 高度总结了索道在我国实际使用中的经验和成果，概述了索道的发展、索道的基本形式和理论基础、索道的勘测设计、设备结构使用与维护、索道安装架设、索道使用与管理以及索道作业经济效果的计算等；② 对工程设计理论进行了探究，在架空索道设计的主要理论——悬索理论上有重大突破，进一步发展和充实了我国新创立的悬链线法、悬索曲线法、摄动法、索道优化设计等理论，率先在国际上将我国悬索理论研究成果应用于索道工程设计和生产实际中；③ 利用微机对索道作优化设计，这个设计系统能进行索道承载索和给定设备的索道最优设计。这部学术专著对此后林业科技进步起到了积极的推动作用，影响是深远的，获福建省科技进步奖二等奖。

二、课题构思设计

课题的构思设计，是从选题工作进入开题研究的关键节点。在课题方案最终选定之后，必须拟定详细周密的研究计划，做到胸有成竹，目标在握。

1. 明确核心内容，拟定总体设想

首先，弄清课题研究的核心内容，抓住问题的主要症结，确定研究的未知因素；其次，提出研究的总体构思和划分研究阶段的步骤。

属于重大课题，按照从现象到实体，再到本质的认识过程。将长期课题分为若干小课题，从小到大，由浅入深，步步为营，循序渐进，切不可毕其功于一役。

2. 确定研究手段，构思实验装置

对于理论性课题，要确定采用的数学工具，拟出能阐明研究对象的可能的数学模型类型；对于实验性课题，要在对实验对象进行分析的基础上，构思实验原理，确定实验装置，选定适当的实验对象和材料，确定采用的实验类型（如析因实验、对照实验或模拟实验等）。

3. 把握研究进程，预测科研成果

要对研究过程中采用的研究手段和方法的有效性与可靠性，有足够的估计。例如，所采用数学工具是否能够恰当描述对象；实验观测工具的精确度和灵敏度是否在实验误差允许范围内，能否足以显示观测对象；研究过程依据的基本原理和经验材料可否满足达到目标要求。同时，又要有充分的思想准备，以应付和捕捉研究中出现的意外观察对象和新思想火花；预先对研究过程中可能要调整和变更的研究计划留有一定余地；对研

究中可能遇到的挫折和失败、要推倒重来和反复试探的情况，以及将要提交的成果形式，都应当事先加以安排。

理论研究的课题设计模式见图 2-1，技术研究的课题设计模式见图 2-2。

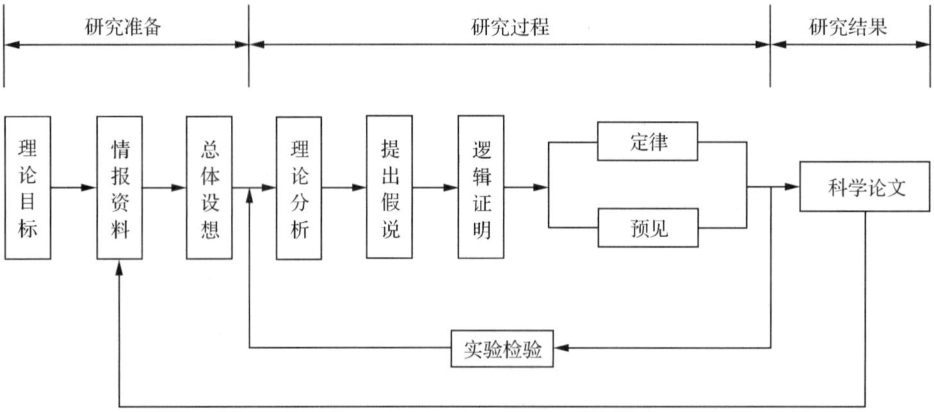

图 2-1　理论研究的课题设计模式

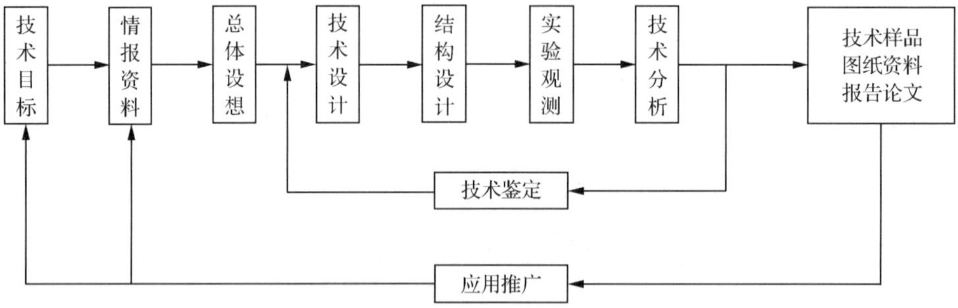

图 2-2　技术研究的课题设计模式

三、树状课题模式

树状课题模式，反映了自然科学各门学科不断分化，形成大量分支学科的系统。树长得越大，出现的新枝就越多，说明形成的新课题就越多，这将导致学科越来越分化和专门化。力学树的课题模式见图 2-3。工程索道的树状课题模式见图 2-4。

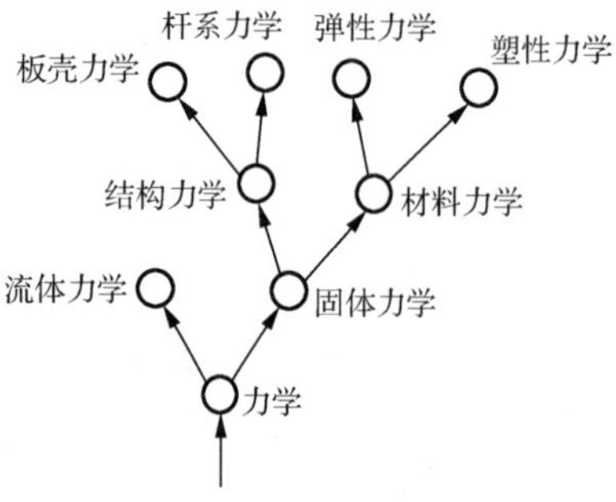

图 2-3　力学树的课题模式

较成熟的学科，在其发展中新课题的生长点有三方面：一是这个学科领域的对象中尚未认识的事物；二是这个领域的一般性知识用于各种特殊条件下的具体事物；三是这个领域的对象中已经部分变化或基本发生变化的情况。

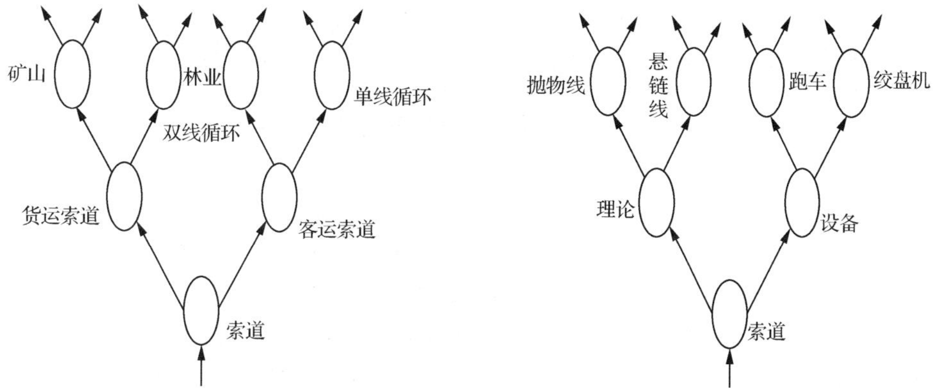

图 2-4　工程索道的树状课题模式

第三章　科学研究的方法

科学研究方法是用科学的理论、原则和手段来指导和进行科学研究的方法。正确的科学研究方法不仅是“打开科学宝库的钥匙”、“攻克科学城堡的武器”，还是“驶达真理彼岸的航船”。科学研究方法是多种多样的，这是由于现代科学技术是一个极为庞大的体系，相应的研究方法也极为复杂。各种方法在科学研究中成果发表和应用的不同阶段，有着各自的特点和作用。而科学研究过程中的内在逻辑和特点，又使各种方法形成一个完整的系统。随着研究过程的进行和深入，各种方法依次发挥作用，又依次更替。具体来说，有常规科学研究方法，如观察方法、测量方法、实验方法、统计方法、经验方法、模拟方法、逻辑方法、调查方法等；也有现代科学研究方法，如数学方法、系统方法、控制论方法、信息论方法和复杂性方法等；还有将常规科学研究方法和现代科学研究方法结合起来的综合方法等。本章重点介绍常规科学研究方法和现代科学研究方法。

第一节　常规科学研究方法

中国古代教育思想强调：“授人以鱼，仅供一饭之需；授人以渔，则终生受用无穷。”培根也曾说：“跛足而不迷路，能赶过虽健步如飞但误入歧途的人。”科学研究方法好比捕鱼的技巧、引路的灯塔，如果没有掌握正确的科学研究方法，难免会在研究中“误入歧途”，一切努力和付出都会失去价值。爱因斯坦曾用建筑“支架”来比喻科学研究中的方法，他说：“要是不用任何支架，那么就不可能建造房子，也不可能架设高级桥梁，但支架都不是房子或桥梁的任何组成部分。”因此，从事科学研究必须重视科学研究方法。科学研究的方法必须可行、科学，才能在较短时间内获得研究的较好效果，使科学成果最大化，以下是通常采用的常规科学研究方法。

一、观察方法

1. 观察方法的定义

观察是人们通过感官或借助一定的科学仪器，是一种有目的、有计划、有组织、有思维参与、比较持久的知觉事物的过程，并对自然状态下的客观事物进行系统考察和描述的方法。科学的观察方法是进行自然科学研究的一种最基本的方法，也是在科学研究中获得第一手资料和感性认识的必不可少的环节。

科学观察和日常观察有所不同。科学观察是人们根据研究课题，利用眼睛、耳朵等感觉器官或通过辅助仪器和其他科学手段，有目的、有计划地对处于自然状态下的客观事物进行系统观察的一种科学研究方法，具有目的性、计划性、系统性和重复性；日常观察是通过看、触、尝、嗅等，消极接受外界对感官的刺激。科学观察在科学研究中的含义还包括理解，或从理性上领会的意思，它有着明确的观察对象和目的，是为了揭示自然现象中的规律而积极地对客观事物进行考察。

从信息论观点看，观察应表现为外部环境信息，通过感官输送到大脑皮层，经过人脑加工处理，感知外部世界的过程，包括信息的输入及信息加工的过程。科学观察和日常观察之间是相互联系的，二者并没有严格分明的界限，可以将日常观察看成是科学观察的基础和初步形式，而科学观察则是日常观察的发展和高级形式。

在科学研究中观察法的作用很大。例如，生物学家达尔文通过科学观察，创立了生物进化论；生理学家巴甫洛夫在实验室里贴上“观察、观察、再观察”的字幅，告诫自己要用心去观察。

2. 观察作用与不足

(1) 观察在科学研究中的作用

扩大人们的感性认识，积累大量的第一手材料；启发人们的思维，得到新的发现。

教育领域中许多做出伟大贡献的人，都与他们长期善于观察教育对象有关。例如，关于达尔文和他的南美之旅，我们都非常熟悉。达尔文在加拉帕戈斯群岛对物种进行了详细的观察，并构建了适者生存理论的雏形。然而，却很少有人知道达尔文回到英格兰之后的实验，而这些实验中，有一些是关于兰花的。达尔文对本土兰花进行了仔细的研究之后发现，兰花在进化过程中，其花朵形状会改变，以便吸引为其授粉的昆虫。每一种兰花都有特定的昆虫为其授粉，就像加拉帕戈斯群岛中每个小岛都适合不同的物种生存一样。这些兰花的数据很好地支持了达尔文的自然选择理论。达尔文说道，交叉授粉的兰花要比自身授粉的兰花容易生存，因为后者属于近亲繁殖，会降低基因的多样性。3年后，达尔文在《物种起源》中第一次阐述了自然选择理论，并利用兰花做了一些实验来支持这一理论。

科学研究的观察是按照预定的目的，有计划地、全面地、深入地进行的，具有以下优点：能直接通过观察，而不需要其他中间环节，即可得到比较真实的材料；在日常的自然的状态下进行，能获得丰富、具体、真实的资料；能及时发现正在发生的问题；手续简便，容易进行；在观察中记录资料，并可以排除各种偏见。

(2) 观察在科学研究中的不足

用辩证的观点看待观察，它在科学研究中也有不足之处：受观察者本人限制。观察人的知识经验、理论水平、方法阅历、世界观等因素会影响观察的全面性和深入性。日常观察中人们常常会犯“视而不见，听而不闻”的错误。

受观察对象的制约。观察人不可能随时随地跟踪或观察到受观察对象。

受观察时间的限制。任何事件的发生都有不确定的因素和偶然性，时间不可倒退。

3. 观察方法的类型

科学观察，按其观察的手段不同，可分为直接观察和间接观察；按其观察的性质，可分为质的观察和量的观察。

直接观察是指观察者通过自己的感官，直接去感知和描述事物的各种现象。它的优点是直观、生动、具体，可以免除因中间环节的误差以及所引起的对观察对象认识的错误，运用起来也比较方便。但直接观察法也有很大的局限性，这主要是受人的感官的生理阈值的制约，超过感官的生理阈值的自然现象就难以用直接观察去感知描述。例如，人的明视 25 cm 处，能够分辨的最小物体直径为 0.1 mm，人的眼睛只能看见4 000～7 600 nm的可见光；对于高速运动的物体，人眼难以区分间断运动和连续运动。因此，直接观察一般只能得到研究对象的比较粗糙的感性材料，不能精确地把握研究对象的各种属性，而且每个人的感觉能力又同研究者的经验、知识和心理因素等有关，观察结果也会因人而异。

间接观察是观察者利用科学仪器，或其他技术手段来考察研究对象的方法。它的优点是准确、迅速、观察范围大，科学仪器帮助人们扩大了感官的感知范围，提供了准确的观察手段，使获得的感性材料更加客观化和精确化。例如，目前哈勃望远镜能观测到的最远太空距离是 130 亿光年；现代电子显微镜最大放大倍率超过 300 万倍，通过电子显微镜能直接观察到某些重金属的原子和晶体中排列整齐的原子点阵。间接观察在很大程度上依赖于仪器，而仪器的精确水平会影响到观察的结果，而且它不如直接观察的感觉直接。例如，人们通过望远镜观察到的月球，就不如亲眼到实地看的效果。

在科学研究中，直接观察和间接观察都是需要的，直接观察是间接观察的基础，间接观察是直接观察的发展。这是因为间接观察通过仪器，延长和扩大了人的感官，而仪器所观察到的现象还须通过感官进入人的头脑。例如，我国登山科学考察队对珠穆朗玛峰实地用直接观察法考察珠峰的地形、地貌、植被、气候等自然现象；而采用科学仪器对采集的标本、样品进行分析、化验等间接观察方法，探讨珠峰的形成原因及内部情况，再综合二者得出一个比较全面、客观的结论。

质的观察是把重点放在对客观事物的性质、特征或确定研究对象及其他事物的定性关系方面。这种方法被广泛运用于自然地理学、古生物学与临床医学以及动植物分类学中。

量的观察又叫观测或测量，它是从量的方面对事物进行考察的一种研究方法，其目的在于精确地把握客观事物的特征及其数量关系。这种方法被广泛运用于天文学、物理学、气象学和工程技术等领域中。例如，在气象学中，为了准确地发布天气预报，就必须观测气压的高低，风力的大小，温度的高低，湿度的大小，云量的多少等，离开了观测和测量就无从研究。

观察方法还可以有其他不同的方法，但直接观察、间接观察、质的观察、量的观察乃是基础的观察。其他诸如分类观察、比较观察、自然观察、实验观察等，都是基本观察的派生和综合。

4. 观察原则和要求

坚持观察的客观性，应防止先入之见、假象和错觉，这都可能导致观察的主观性。在间接观察和量的观察中，还要防止和避免因仪器的误差陷入观察的主观性。

全面性是科学观察的又一个基本原则。坚持观察的全面性，就是要尽可能地从多方面进行观察，把握研究对象的各种属性、特征等，抓住事物的本质。

在观察中，为了提高观察的效果和效率，还要遵循典型性的原则，选择有代表性的观察对象，掌握恰当的观察时机，选择方便的观察地点。

对观察到的逸出常规的特殊现象尤其应当注意，要使观察的结果具有典型意义，又不遗漏“意外的发现”。

5. 观察方法的策略

每次观察都要有明确的目的和计划。科学研究活动中，观察的目的越明确具体，计划步骤越周详，观察效果就越好。应当防止盲目观察。观察之前要学习有关观察对象的理论知识。有了理论知识的指导，学会观察的方法，观察才能深刻，才能调查到主要特征。没有理论指导的观察是肤浅的观察。

（1）选择不同观察方式或观察顺序

如按照“整体—部分—整体”、“部分—整体—部分”的顺序，可相应选择“由近及远”、“由远及近”的方法。

（2）要学会运用各种感官进行观察

参加的感官越多，越能收集到全面和真实的信息。

（3）用已有经验多角度多层次观察

随时提取与观察事物有关的各个方面的信息，并与观察对象进行比较。研究者要从多角度、多层次进行分析。分析得越仔细，观察便越全面、越深入。

（4）对观察活动全程进行自我监控

观察者首先要养成边思考、边观察的习惯。在观察前要深思熟虑，带着一些问题，有计划地写出提纲。观察中抓住主要矛盾，仔细观察，不遗漏细节。

观察之后要善于抓住本质和规律，做好观察记录，防止遗漏和遗忘。最后，要对观察记录内容做出合理分析。碰到与目的相矛盾的情况，要认真分析原因，做出解决方案。必要时可以改变计划、步骤、方法等，直到问题解决。

6. 观察方法的范围

对研究对象无法施以变革、改造、控制时，要获得研究对象的感性材料，就必须采用观察方法。例如，在古代，生产力水平低下，科学知识的积累不够丰富，也没有必要的科学仪器和设备来干预自然现象的发生发展过程，人们就只能采取用直接的肉眼观察来进行研究。

植物形态学、动物形态学、昆虫分类学、植物分类学、仿生学、自然地理学、地貌学、气候学等以直接记录或描述自然事物和现象为基本前提的学科，都离不开科学观察方法。

7. 观察方法的应用

无漏油圆珠笔的诞生是观察方法反向思维的典型案例。日本发明圆珠笔，写到约20万字就开始漏油。圆珠→磨损→漏油，原因→结果，无法解决。有一天，东京山地笔厂的青工渡边在家中看见女儿把几支还有油墨但会漏油的圆珠笔芯扔掉，忽有所感。

他建议笔厂将笔芯做得短一些，不等其开始漏油，油墨就已耗尽。无漏油圆珠笔就这样诞生了。反向思维：结果→原因，漏油→截短→圆珠，有效解决了漏油问题。

二、测量方法

1. 什么是测量

测量，就是按照一定的规则把所观察到的对象的同性，以数值化表述出来的过程，表明被测对象通过作业和活动所达到的程度或者数量上的多少。简单地说，测量就是根据某种原则，利用数值描述和确定活动效果的一种方法。测量更多地运用于教育科学研究。例如，在教育活动中，要对学生的结果进行评定，要了解教育目标和教育计划的实际效果，要知道课程、教育和教学方法是否适合学习身心发展状态和要求，就要进行测量。

在进行测量时，一般是使用测量表或者其他测量工具来进行，其中包括书面测量、问卷、选择题、论文考试、智力测试、能力倾向测验和人格测量等。测量以后就可以进行评价了。评价是根据测量的结果，对被测对象的属性、作用进行价值判断。

2. 测量的类型

（1）按测量的对象分类

可以分成个别测验和团体测验。

1）个别测验，即一个主试者面对一个被测试对象进行的“一对一”的测验。它的优点是对被测试对象观察机会多，分析问题及时；缺点是费时，很难在短时间内收集到大量资料。

2）团体测验，即一个主试者面对多个被测试对象进行的“一对多”的测验。它的优点是节省时间和人力，短时间内能收集到大量资料；缺点是被测试者的反应不容易控制，不容易分析个人的动机、心理感受以及其他因素对被测试者的影响。

一般情况下，个别测验的效果比团体测验的效果好，团体测验常运用于选拔学生。

（2）按测验的材料分类

可以分成语文测验和非语文测验。

1）语文测验，即使用语言或文字的测验。试用语言或文字说明法，受测试者用语言文字回答问题。它的缺点是受测试者的文化程度会影响测试成绩。

2）非语文测验，即测验题目采用图画、符号、工具、模型作为测验材料，受测试者可以用实际工作来完成测验。它对文盲、幼儿、不同文化背景的人群非常适用。

（3）按测验参照系分类

可以分成常模参考测验和标准参照测验。

1）常模参考测验，即在较大范围内取样的基础上，以常模作为参照来解释分数的测验。常模是比较标准，即在能力测验或其他测验中得到的标准化样本的分数。个别被试的分数与这个分数做比较，就可以确定个别测试的水平的高低。

常模从取样中获得，常模取样要有代表性，要能适应当地代表所属的总体，而且应该是随机抽取的。

2）标准参照测验，即通过被试者应该完成的课题项目的客观标准，来判定被试者的能力与作业水平，目的是揭示被试者能够做什么程度的测验。它不与他人的作业作比较，也不需要与同辈集体比较。这种测验对学习外科手术、学习驾驶技术、学习外语都有一个标准化的程度要求。

（4）按测量的情况分类

可以分成智力测验、能力倾向测验和成就测验。

1）智力测验，即对人们的感觉与思维能力，包括记忆、推理与观点表达能力等方面的测验。其目的是综合评定人的智力水平。

2）能力倾向测验，是一种高度标准化的素质测评方法，是由智力测验发展而来的，用于了解特殊能力差异，且含有对今后工作绩效的预测性。

3）成就测验，即通常所说的考试。成就测验主要是针对特定领域，为测试者对有关知识和技能的掌握程度而设计的。

当然，从不同理论出发，站在不同的角度，不同的测验者还可以分成其他种类的测验。

3. 测量的条件

测量依赖于4个条件，即信度、效度、难度和区分度，前两个条件是对整个测量而言，后两个条件主要是对测量的项目而言。

（1）信度

信度是测量结果的稳定性或可靠程度，即测量结果是否真实、客观地反映了受测者的水平。如果一个人在数次接受同一测验时，都能获得相同或近似的分数，说明数次测验的结果一致性，即几次测验的相关系数越高，信度越大。统计信度可以采用以下几种方法来进行：

1）重测法。重测法是用一种测验测试一组被测者，经过一段时间以后，再用同一测验方式测试同一组被试对象；然后，根据两次测验的分数求相关系数，并按照数值的大小测定信度的高低，一个良好的测验，它的信度系数一般要求在0.9以上。这两组分数的相关系数越高，表明测试结果的前后一致性和稳定性越高。重测法测量的是稳定性系数。

2）复份法。复份法是用两套同质的试题，对一组被试者进行同一目的的测试，然后计算分数的相关系数的高低。这种方法是测量测验分数的等值性。两份测验应该有相同的内容，同类的题目与相近的难度应该是等值的。复份法可以避免重测法因为记忆和练习导致学习成绩的升高的影响。但因两份测验的内容相似，因而影响信度系数，系数可能会出现纠偏的现象。

3）分半法。分半法是把部分测验题，分为奇数题和偶数题，平分两半，求出其测验成绩，再求出两类题得分的相关系数，这就是分半信度。这种方法可以反映测验题目的内容的一致性，把一次测验看做是最短时距离的两次测验，从二者相关数据分析测验成绩的稳定性。

(2) 效度

效度是指测量结果的准确性和有效的程度，即测量是否达到了预期的目的。从 4 个方面理解效度：第一，测量的效度始终是对一定测量目的而言的。例如，智力测验结果如果不是测量智力的高低而是知识的多少，那么目的就没有区别。第二，测量的效度是对测量的结果而言的，对于任何一种测量来说，只有当它的测量结果真实，正确地反映想测量的功能和特征时，才能确认这种测量是有效度的。第三，一种测量的效度只有高或低的问题。例如，测量数学能力不能用英语题目，只能用数学题目。第四，测量目的不同，效度有不同的种类。① 内容效度，指测验题目在多大程度上概括了所需要的整个内容。测验目的与学科的内容一致性的程度越高，内容效度越好。② 效标效度，指测验的结果与预期的结果的相关。一个测验效度的高低，可以用被测者的另一个测量结果作为标准，然后以两次测验结果的相关系数来说明其效果。效标效度有两种：一是同时效度，是选用已被认为有效的测量作为标准，由被测者在新测验和有效测验中分别获得的两组分数求相关系数统计效度的高低；二是预测效度，是指测验分数与未来测验分数的相关程度。例如，用考生入学成绩预测入学以后的成绩。③ 结构效度，即一种测量的结果可以用该测验所假定的结构来解释其效果。例如，被测验的结构效度是指被试解答的问题是以智力加以解释的，而不是以学习成绩来加以解释。

(3) 难度

难度是指测验试题的难易程度。难度的测定一般从两个方面考虑：一是通过试题的人数与总人数之比；二是被测试者所得分数的平均值与该题满分之比。比值越小，题目难度越大；反之，测试题越容易。

难度与测验分数的分布有一定的关系，如果测验分数呈正态分布，分布测验分数能够最大限度拉开，即中等难度的题目区分较高；如果测验分数呈正偏态分布，能将成绩好的被试者的分数拉开，这种较难的试题对高水平的被试者区分较高；如果测验分数呈负偏态分布，则能将低水平的考试分数拉开，容易的试题对差生的区分较高。

测验题目难度以多大为适宜，无统一标准。一般来说，作为检查性测验的测验题，是以 0.6～0.8 为宜；作为选拔性测验，则以 0.4～0.9 为宜；在常模参考性测验中，测验的平均难度以 0.5 左右为宜。

(4) 区分度

区分度又叫鉴别力，是指测验对实际水平区分程度。区分度越高的题目，对被测者的特性能力和学业水平有较高的鉴别力，好生得高分，差生得低分；区分度低的题目，好生和差生得分差不多。

4. 测量的要求

(1) 注意数量比

对测量的事物和人的属性加以数量比，用可以比较的数量来表述。

(2) 处理好测量的数据

在运用测量数据时，最基本的要求是单位的一致，这样才能排列成等级进行比较，也便于分析数量的差异。分析测量的结果，不仅要用分数来表明成绩，而且对测量的数据要以统计的方法加以处理，使分数的意义更为明确。

(3) 注意消除误差影响

测量中产生误差不可避免，像偶然因素的存在使评分者的心理状态等受到影响，可以在测量中采用循环法和提高评分者的思想觉悟与责任感来消除。

(4) 间接性相对性和无法可比性

测量的一些项目，如智力、能力倾向、创造力、兴趣、态度、人格等，不能如对待物质实体那样进行直接的测量，只能从这些观察有关的因素或观察个人的行为表现，对某种属性或观念进行推论，所以测量是间接的。

合理科学的测量不像自然科学测量的结果一样有绝对的意义。例如，不能因为某学生在某次测验中得到 0 分，就说该学生什么也没有学到。所以，测量有相对性。

此外，不同测验成绩之间因为单位不同与参照点不同，所以没有直接可比性。

三、实 验 方 法

1. 实验方法的定义

实验方法是人们根据研究的目的，利用科学仪器和设备，人为地控制或模拟自然现象的发生发展过程，在特定的观察条件下探索客观规律的一种方法。

实验方法是在人为控制下，去观察事物的运动规律。因此，它比观察方法具有更多的优越性，能获得更多的科学事实。实验是一种感性活动，通过实验，能够直接改变事物，赋予观察更多的主动性，因而，能更好地发挥研究者的主观能动性。实验也是变革事物的一种社会实践，它是生产实践和理论研究的桥梁。现代科学中，新的技术成果都是先在实验室中发明创造出来的，如真空管、晶体管、大规模集成电路等。许多新的理论的验证也是在实验室里完成的，如电磁学、量子光学、量子化学、超导研究等。事实上，没有实验，就没有近代科学，也没有现代自然科学的发展。因此，实验方法是科学研究中普遍应用和不可缺少的方法。

2. 实验方法的特点

与生产力相比，实验方法可以简化和纯化研究对象。自然界或生产实践系统常是各种因素交互作用。有各种功能或属性，主次难以直接分清，若将研究对象置于严格控制的实验条件下，将自然过程或生产过程加以简化和纯化，突出主要因素，排除次要因素、偶然因素和外界因素的干扰，使对象的某些功能或属性以纯粹的形式呈现出来，从而便于揭示出支配自然或生产的客观规律性。

实验方法能强化研究对象，能够保证在各种特殊条件下进行研究。有很多事物的本质和规律在自然条件下难于显现和控制，在生产条件下也难以实现，只有在实验条件下才能揭示出来。因此，用各种实验手段来强化研究对象，有普遍的科学意义。例如，超高温、超低温、超高压等条件下，可以发现在常温常压下许多材料不具有的性质。

科学发现需要重复进行实验，而实验恰好具有可以加速或延缓、再现或模拟某些自然过程的优点。例如，在地球气候变化的研究中，进行了大气模拟实验研究。它可以将距离地面几万米的整个大气层的运动在实验室里模拟出来。大气环流模拟的转台，每 30 s 左右转一圈，就能模拟一天的变化，3 h 可以模拟 1 年气候的变化。这种模拟自然过程的实验，规模小、周期短、花钱少，便于重复进行，对于研究地球的形成，生命的起源等自然现象，也是一种重要的研究方法。

3. 实验方法类型及应用

（1）比较实验

为了找出确定两种以上研究对象之间的异同、优劣等，常用比较实验的方法。在比较实验中，可以只进行单因子比较，也可以进行多因子比较。例如，农业上的田间栽培试验，可以只对几个品种在相同的田间环境下进行产量高低的比较实验，也可以对几个品种在不同的施肥、密度、管理等条件下进行产量高低的比较实验。前者是单因子比较，后者是多因子比较。

（2）定性实验

为了判定某种因素是否存在，某些因素是否有联系，某个因素是否起作用，某些物质有哪些成分等，常用定性实验的方法。其重点是为了弄清研究对象的各种属性和特征。

（3）定量实验

定量实验是为了深入了解客观事物和自然现象的量的特征，揭示各个因素之间的数量关系而安排的实验。在科学研究的过程中，从定性到定量，是人们认识深化，从感性上升为理性的需要和标志。

定量实验离不开仪器、设备和测量工具，而仪器、设备和测量工具和被研究的对象之间存在着相互的作用，观测手段对被研究对象的作用是不容忽视的，特别是在微观领域内的实验。因此，在分析评定从研究对象所获得的信息时，必须考虑测量和研究手段，说明实验的条件。

（4）析因实验

对于已知的结果，而未知影响结果的各种因素情况下，可以安排析因实验，以找出引起变化的原因。例如，在田间作物施肥实验中，早期一般都采用单因素的简单对比实验，在实际生产中，却多是几种肥料混合施用，几种肥料混合施用时表现出来的增产效果不是 1＋1＝2，而是 1＋1＝3，这种效应称为肥料的交互作用。采用多因素的析因实验（如正交实验法），就可从肥料交互作用的分析中，找出合理的施肥方案。

（5）模拟实验

对于某些研究对象，不可能或不允许进行实际实验，如天体、大气环流、截流造坝等，为了取得对研究对象的认识，可以通过模拟的方法做出研究对象的模型，在模型上模拟研究对象的实际情况，这种实验称为模拟实验。

模拟实验根据实际需要和研究目的的不同，有局部模拟实验和整体综合模拟实验。

4. 实验方法的基本要求

1）实验方法是由被研究对象、仪器、设备、测量工具和研究者所组成的一个相互联系的有机整体，研究者应具有辩证的头脑，以唯物主义思想进行实验设计、实验观察和实验数据的处理以及实验结果的分析。

2）研究者应有科学的态度，严格认真的精神和详细周密的实验记录，以保证在相同的实验条件下，可重复出现相同的实验结果。

3）实验方法离不开仪器、设备、测量工具，在实验过程中，要确保各种仪器设备的准确性，要充分认识和认真考虑仪器设备对研究对象的影响。

4）实验是在人为条件下的观察，所以应该遵循观察方法的基本原则和要求。

四、统 计 方 法

1. 什么是统计方法

统计，总括起来就是计算的意思。它指的是对某种现象进行有关数据资料的搜集、整理、计算和分析的过程。统计方法，就是通过观测、调查和实验对所有搜集的数据资料进行整理、计算、分析解释和统计检验的过程；也可以说是将大量的杂乱无章的数据资料加以处理，使之便于分析和应用，并可以进行推论的一种过程。

2. 统计方法的意义

(1) 提供清晰的描述

某学生英语、高等数学考试成绩都为85分，一般认为他成绩优秀。如果用统计方法，可以计算出全班英语、高等数学平均分分别为85分和75分，标准差同为5分。这样就可以认为该生英语一般，而高等数学成绩高于全班86.4%的学生。可见，统计方法可以使问题分析清晰而准确。

(2) 科学预测的方法

统计方法对数据进行整理、描述、分析，寻找变量之间的关系和类型，如相关关系或因果关系。这样就可以对一些现象今后的发展趋势做出估计和判断，使研究者发现直觉思维难以观察的规律，这就是科学的预测。像在心理学研究中，对心理现象的描述、解释、预测和控制是心理科学的目的，而这些都必须借助定量的统计分析才能完成。

(3) 可训练科学思维

统计方法可以训练科学思维，使研究者学会科学地进行推理、抽象的思维方法。心理与教育研究的结果常常以统计分析的方式观察出来，不懂统计分析，就难以了解他人的研究进展，难以确定自己的研究方向，并进行深入研究。现在，许多定性研究方法，如谈论法、观察法，要求对收集来的数据进行深入的统计分析。

3. 统计方法的认识

(1) 统计方法“万能”的思想是错误的片面的

统计方法是科学研究的重要工具，但是不能以工具代替研究。首先统计方法要以定性分析为基础，在学科理论和思想指导下进行的统计分析才是有用的。因为统计方法是为了揭示数据的特征和规律性，这种定量的分析方向、范围必须由定性来规定，而不是由观察者随便确定的。脱离了定性分析的统计方法只能是“无本之木”。其次，统计方法需要用一定的方法和公式，这些方法和公式需要研究者具备一定的专业知识；否则，统计方法只是在数据上绕圈子，只是数学游戏，而不具备任何意义。同时，统计方法得出的规律和特征也需要借助专业学科理论知识来科学地进行解释。

（2）统计方法本身并不决定研究的科学价值

高水平的有创意的研究，如果没有适当的统计分析方法的辅助，就不能显示其高水平的创造性。同样“好”的统计分析方法也不可能提高低劣的研究价值。科学研究的重点在于问题的提出和实验的设计，统计方法只是为了更好地实现研究者的构想、分析与总结研究的结果，帮助研究者揭示规律和关系。在统计分析时，要在定性分析的指导下整理。应在分析研究数据的过程中，选择正确的统计方法，防止统计的“乱用”和“滥用”。违背统计方法的原则，为了说明自己臆测的规律，伪造数据或选用证明自己的假设的数据的做法，是违反科研道德的行为。

4. 统计方法的种类

从不同角度说，统计方法可以分为不同的类型，从具体应用的角度可以分为描述性统计、推断性统计和实验性统计。

（1）描述性统计

这是对资料进行整理、分类和简化，描述数据的全貌以表明研究对象的某些性质。描述性统计包括数据的初步整理、数据的集中趋势的度量以及相关系数的度量等几个方面，其目的在于使大量零散的、杂乱无章的、纷繁的数据清晰直观地显示出研究对象的特征，以利于进一步分析。

（2）推断性统计

它是在描述性统计的基础上，从不同研究对象的全体中，抽取一部分样本进行研究，以样本研究的结果，来推断全体的情形，从而找出研究对象的基本规律。也就是研究对象的全体是一个未知数，抽取一个样本，经过调查或者实验所得的已知情况，来推断全体未知的情况。

（3）实验性统计

实验性统计，就是实验者为了揭示实验中自变量与因变量之间关系，在实验之前所制订的实验计划。其主要目的在于研究如何科学地、经济地以及更有效地进行实验。其中包括怎样进行选择抽样方式，如何计算样本容量，如何安排实验因素，如何控制无关因素等。

上述三类统计的内容是相互联系的，描述性统计是推断性统计的基础，推断性统计可以通过样本信息估计、推测总体，从已知情况推测、估计未知情况。良好的实验设计才能获得真实有价值的数据，对这样的数据进行统计处理才能得出正确的结论。良好的实验设计又必须以统计原理为根据，符合统计方法的要求。

5. 统计方法的应用

统计方法为社会科学研究向深度和广度发展提供了新的可能，是定量研究社会现象的一种重要手段。统计方法的应用程序，见图 3-1。

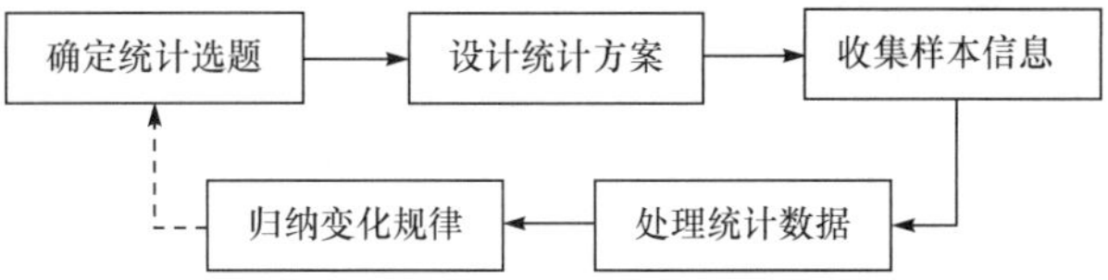

图 3-1　统计方法应用程序

五、经验方法

1. 什么是经验方法

经验总结方法，常称为经验方法。经验是人们在实践活动中获得的知识和技能。由于经验往往是个人或者团体活动在特定的条件与机遇下获得的，有偶然性和特殊性，所以经验并不一定是科学的。

经验总结，是在依据实践活动所提供的事实，进行分析、归纳和总结，使经验理论化、系统化的一种方法。在总结经验时，要用科学的理论为指导，分清正确与错误、现象与本质、必然与偶然；对经验中涉及的人物、事件、时间、地点、数据、成果一定要辨别真伪；同时，经验一定要观点鲜明、正确，既有先进性、科学性，又有代表性和普遍意义。

2. 经验方法的步骤

(1) 确定总结对象

确定总结对象就是依据经验总结的目的与任务，从实际出发，认真总结具有代表性的地区、单位或个人的先进事迹和实践贡献，有计划、有目的地进行总结。

确定总结对象一定要突出先进性，同时，也要注意对象的正反两个方面的经验和教训。在进行抽样时要采用随机分层两种形式。总结范围的确定既要考虑到“点”，也要重视“面”。

(2) 总结经验计划

总结经验计划是总结经验过程的设想。它包括总结工作进行的框架，总结起始、程序、实施、分析综合以及总结的验证。总结经验要注意以下几点：要明确总结的目的、任务和基本要求，集体讨论，提出初步方案；组织力量、合理分工、明确职责；总结计划要有严密性，同时要考虑灵活性。

(3) 全面搜集资料

1) 通过各种手段，与不同层次的人接触，在不同层面上收集资料，然后对资料进行分门别类的整理，区别真伪，以便如实反映总结对象的全貌；认真分析事实本身所提供的比较可靠的论据。

2) 讨论经验，形成初稿。经验总结的草稿写出以后，应邀请专家，召开讨论会。讨论会要取得好的效果应做好以下工作。

要提供比较完整的初步总结报告，并在开会之前发给参会人员，让他们了解经验总结的内容，以便做好发言准备；组织讨论要以小组讨论为主，让参会人员充分发表意见；发扬民主，形成学术讨论的气氛，倡导争议、提问和辩解；经过讨论，要慎重分析，分清是非，权衡利弊，最后做出抉择；会后要有简要小结，概括说明与会者提出的意见和建议，评价总结的内容，修改意见，对于有争论的问题作必要的说明。

3）写出书面总结报告。修改初稿，写出正式书面报告，或报上级部门，或传发相关单位人员，或在报刊上给予发表。

3. 经验方法的要求

(1) 选择有典型意义的对象

权衡总结对象本身所提供的主要内容，看它是否有广泛的群众基础，能否对现实中提出的问题给予比较全面的回答和说明；认真分析它在改革发展中的现实意义，看它能否具有典型示范的作用，即发挥以点带面，推动全局的作用；具有代表性，富有典型性的经验，是客观实践活动的产物，绝不能有半点虚假。

(2) 要有整体观念全面考察

注重全面考察，系统了解，从事物发展的整体出发，既要了解事物的外部联系，又要把握事物的内部结构。

(3) 定性与定量分析相结合

在总结经验的过程中，不能先入为主、怀有偏见和受他人暗示。实践活动提供了什么事实，就总结什么经验。为了提高经验总结的可信度，应特别重视事实的定量分析，尽可能用数据来说明问题。

(4) 要总结出规律性的结论

在总结过程中，要做出客观的、公正的评价，就必须在尊重事实的基础上，分清主流，抓住本质，克服和避免主观片面性、随意性，这样才能总结出规律。

(5) 要有改革创新思维精神

在进行经验总结时，思想观念也应该转变，以创新的精神去发现问题，总结新经验。在总结的方式上，应克服束缚，大胆进行探索。

4. 经验方法的应用

火箭卸载增推力是经验方法反向思维的典型案例。1964 年 6 月，32 岁的王永志第一次走进戈壁滩，执行发射我国自行设计的第一种中近程火箭任务，正当日夏，火箭发射时推进剂温度增高，密度变小，其发动机的节流特性随之变化，导致射程不够。正在大家绞尽脑汁时，他找到坐镇酒泉发射场的技术总指挥钱学森，提出“经过计算，要是从火箭体内卸出 600 kg 燃料，这枚导弹就会命中目标。”火箭经过改进后，正式试射。果然，火箭卸出一些推进剂后导弹射程变远了，试射时连打 3 发导弹，全部命中目标。钱学森建议：让王永志担任第二代导弹总设计师。他与当时其他人因射程不够而要加燃料的想法不同，考虑热胀冷缩，运用辩证法大胆进行逆向思维。

六、模拟方法

模型和模拟方法，习惯称为模拟方法。

1. 模拟方法的特点

模拟方法不是直接研究对象本身，而是根据对象客体本质和特性，人为地建立或选择一种与对象客体（原型）相似的模型，然后在模型上进行实验研究，并将研究结果类推到原型中，从而达到认识对象的目的。因而，此方法有如下特点：

1）可在模型上直接观察到物理现象的过程，直观性强；

2）能将原型中的综合过程全面反映出来，综合性强；

3）可在模型系统中接入实际系统中的某些部件、装置进行试验，具有灵活性；

4）由于模型和原型之间有一定差异，模拟方法是一种间接性的方法，因而它的论证可靠程度在分析结果时要给予充分的注意。

2. 模拟方法的分类

模拟方法可分为物理模拟方法和数学模拟方法。

在早期的科学研究中，都是采用物理模拟方法。例如，制造飞机模型进行风洞实验，以便研究飞机的空气动力学特性；建造房屋模型，在实验室中模拟地震现象，研究房屋的抗震性能等。这种模拟都是以与原型之间的物理相似为基础的。

数学模拟方法是以模型和原型之间具有相同的数学方程式为基础的一种模拟方法。随着电子计算机的产生和发展，数学模拟方法被用于广阔的领域。

3. 模拟方法的原则

模拟方法的基础是建立模型，模型的好与坏，直接影响模拟结果的客观性，因此，模拟方法的原则，就是建立模型的原则。

首先，建立模型要以对客观事物的观察和实验为基础。只有对客观事物进行了深入细致的观察和实验。掌握了支配现象基本的东西以后，才能用模型去反映它、模拟它。即模型在科学研究过程中要能真正代替原型，具备代表性条件。

根据模型在模拟方法中的作用，模型必须与原型相似。不管是物理模型还是数学模型，都必须是原型本质特征的抽象和反映，此称为反映条件。因此，模型应当具有对各种观察、实验事实做出科学解释的功能。

4. 模拟方法的要求

模拟方法的以下 3 条要求缺一不可，否则就失去模型的特殊性质。

一是模型要简明清晰。如果模型与原型一样，或比原型更复杂，那么，模拟也就毫无意义。

二是模型要切题。模型只应当包括与研究目的有关的方面，而不是包罗万象，对同一研究客体，由于研究目的的不同。模型也应有所不同。

三是模型要精密。同一研究客体的模型，精密度可以分成许多等级；对于不同的研究课题，精密度要求也不一样。精密度必须选择适当。

七、逻辑方法

1. 逻辑与升华

科学研究不能停留在经验事实和感性材料的收集和获取上，而要揭示出事物现象深处所存在的本质和规律，就必须对感性认识进行加工，上升为理性认识。

逻辑思维是科学抽象的重要形式，思维是人的大脑借助语言实现的、以已有知识为中介的、对事物概括的、间接的反映过程。它包括一系列复杂的理性思维活动，是感性上升到理性的重要思维方法。在感性上升到理性的过程中，用以进行形成概念、判断、推理的方法就是逻辑方法。它可以分成具体与抽象、比较与分类、归纳与演绎、分析与综合等基本的思维形式和思维方法。逻辑与升华，逻辑就是科学思维，升华成理性的东西。

每一个研究项目，都是一个严密的逻辑推理系统，只有成功地运用各种逻辑方法，才能逐步地推演出正确的研究结果。

2. 具体与抽象

具体与抽象是人们思维过程中不可分割的两个阶段、两种方法。人们的思维先从感性的具体出发，经过科学的抽象，上升到思维的具体认识。

（1）具体

具体是指对客观存在着的，或者在认识过程中反映出来的对事物的整体认识。马克思曾经说过：“具体之所以具体，因为它是许多规定的综合，因而是多样性的统一。”在整个思维活动中，具体有两种含义：

1）感性的具体，这种具体是人的感官能直接感觉到的，是客观事物的具体性的反映。它属于初级阶段，是人们通过感官所获得的对事物外部特征和外部联系的综合认识，是对事物生动而具体的反映，但同时也是对事物的笼统的认识。

2）思维的具体或叫做理性的具体，是人们对感官不能直接感觉到的客观事物的本质和内在联系的认识。具体的特点，在于它是多样性的统一，具体是一个内容丰富的活生生的矛盾统一的整体。

（2）抽象

抽象是通过分析客观事物以后，舍弃其个别的、偶然的、非本质的东西，掌握其共同的、必然的、本质的东西的思维方法。抽象的结果是形成概念，概念作为抽象的规定，分别从某个侧面揭示事物的本质属性。

（3）具体与抽象的相互关系

具体与抽象的思维方法存在着对立与统一的辩证关系，二者相互对立、相互依存、相互转化。在思维过程中是一个过程的两个方面。人们认识事物，必须从客观的具体实际出发，搜集丰富的材料，获得感性的具体认识。但这个具体是低级的，表现是具体的，还必须应用抽象力，把事物各个方面的属性、特点、关系分解开来，单独地进行考察，这样就形成了各种简单的概念、判断。这时，认识便从具体上升到了抽象。

1）具体与抽象是相互对立的，它们之间存在着明显的差别。认识中的抽象，是从认识对象的整体中抽象出来的，反映该对象的本质，为同类事物所共有的东西，但它也是认识中整体的一部分。认识中的思维的具体，则反映对象的整体。它的特点：是多样性统一的整体认识；是对一个具体事物同其他事物密切联系的整体认识；是一种发展着的认识。例如，人们对机器的认识是具体的，包括它的多个系统及其作用；同时，要认识机器和其他事物的联系。

2）具体与抽象是统一的、相互依存的。思维具体是在思维抽象的基础上形成的，它是对抽象的综合和统一，没有这些抽象规定，无法形成思维中的具体。思维抽象是在感性具体的基础上形成的。它是思维对感性认识所提供的材料进行分析加工，舍弃非物质方面，抽取物质方面而产生的成果。但是，感性具体如果不上升为思维抽象，就不可能克服它的片面性和表面性，从而无从认识事物的本质。

3）具体与抽象是相互渗透的。一方面，具体中有抽象，抽象的东西存在于具体的东西之中。思维中有关对象的抽象，是从感性具体所提供的材料中抽取出来的。例如，思维中关于植物细胞的抽象，就是在各种现实的、具体的植物有机体感性认识的基础上抽取出来的。另一方面，抽象中有具体，思维具体是许多思维抽象的综合。例如，植物学理论这个思维具体，是由细胞、种子、根、茎、叶以及光合作用，生长、发育、繁殖等思维综合后形成的理论。因此，思维的具体在实际上更加接近了具体，它从本质上把握具体事物。由此可见，具体与抽象是相互渗透的。具体与抽象在一个条件下可以互相转化。具体与抽象之间的差别是相对的。在一个场合中表现为具体的东西，在另一个场合中表现为抽象的东西；反之，在一个场合表现为抽象的东西，在另一个场合表现为具体的东西。

（4）具体与抽象的思维方法

首先，要把握具体与抽象的完整的思维过程。离开任何一方面都无法得到完整的思维结果。科学研究无论是从具体到抽象，还是从抽象到具体，都不是一次就可以完成的，而是一个反复发展的循环过程。其次，在具体运用过程中，一方面，要认识到从具体到抽象的思维方法，其实质是坚持实践第一的观点，坚持从工作实际出发，先获取第一手材料，再进行充分的分析和研究，最后形成思维抽象，这是一个实践的过程；另一方面，要遵循“实践—认识—再实践—再认识”的总规律，避免实践的盲目性。还要努力寻找抽象的规定性到具体的规定性的出发点，即寻找能反映客体中那种最普遍、最一般、最基本的规定性，也就是说，运用具体与抽象思维方法一定要站到哲学高度，真正掌握从具体到抽象，再从抽象到具体过程的实质，从而获得对事物本质和规律的正确认识。

3. 分析与综合

分析与综合相结合是思维活动的基本环节和方法。它可以抓住事物的主要矛盾和矛盾的主要方面，把握具体事物运动的客观规律性，使科学研究更加符合实际。

(1) 分析方法的特点和作用

分析是在思维过程中把研究对象的整体分解为各个部分，把整体的个别特征或个别属性突出出来，在认识某种对象和现象时，当人们在思想上舍弃客体的个别特征而以概括的形式思考着某种东西时，思维过程的分析就可能产生，从中认识事物本质的方法。它是一个从现象层层地向本质深入的过程。

由于研究对象不同，分析方法也有所不同，有定性分析、定量分析、因果分析等。定性分析是为了确定客观对象是否具有某种性质，解决“有没有”、“是不是”的问题；定量分析是为了解决客观对象各个因素之间的数量关系，解决“有多少”的问题；因果分析是为了找出引起某些变化的原因，解决“为什么”的问题。

分析可以是在思想上把属于整体的组成部分或组成方面分离出来。人们把植物分解为根、茎、叶、花、果实、种子，把动物分解为头、尾、脚、躯体，把人的面目分解为眼、耳、鼻、口，把一个活动分解为个别动作，等等。分析也可以是在思想上把属于整体的个别特征或个别属性分离出来。例如，把花的色、香、味分出来；把图画的个别颜色分出来；把音乐的个别旋律分出来。

思维过程是从对问题的分析开始的，分析可以有以下两种形式：首先是过滤式的分析，尝试对问题情景作初级的分析，它能淘汰那些无效的尝试；其次是通过综合的、有方向的分析，这是通过对问题的条件和要求的综合而实现的分析。例如，用 6 根一样长度的火柴做出 4 个等边三角形，使三角形每边都由一根火柴构成。思考这个问题有人首先在平面上做出多种尝试（过滤），失败后从立体角度考虑，最后解决问题。

要科学准确地分析事物，必须做到以下几点：

1) 对事物做全面的分析。即全面系统地分析事物，不能只分析一面而忽视另外一面，要分析正面和反面、肯定方面和否定方面、主要方面和次要方面，避免片面性。

2) 对事物做历史的分析。分析事物从过去、现在和将来等方面进行考察，从事物的产生发展变化和灭亡的过程中，找出它们的变化规律，揭示事物的本质，并预见未来发展的趋势。

3) 对事物做具体的分析。分析方法在不同领域必须根据所研究的对象的性质而区别对待，对不同研究领域、不同目的、不同对象要采用不同的分析方法，具体问题具体分析。

4) 必须坚持从实际出发的原则进行认真的调查，掌握有关对象的丰富的真实材料和相关的理论知识。

(2) 综合方法的特点和作用

综合是在思维过程中把研究对象的各个本质方面组合成一个统一整体，把整体的个别特征或个别属性结合起来，动态地考察研究对象的一种思维方法，是与分析相反的一种思维过程。

综合可以是在思想上把组成整体的各个部分结合起来或各个方面联系起来。例如，把机器的各个零件组成整体、把文学作品的各个情节连成完整的场面，把一幅画的各个部分连成一幅完整的画面，把一首歌曲的各部分连成完整的曲子。

综合也可以是在思想上把组成整体的个别特征和个别属性联合起来。例如，把属于花的色味、形状等特征联系成一朵花，把属于字的音、形、意等特征联系成一个字，等等。

综合方法不是简单地将事物进行现象叠加，也不是把各种因素加以堆砌，而是在分析研究方法所取得的成果基础上，继续深入研究事物本质和各个方面、各个因素之间的辩证关系。

科学理论体系的形成和发展，往往都是综合的结果，如牛顿力学就是自然科学发展史上第一个大综合的结果。牛顿是在开普勒行星运动三定律，伽利略的惯性定律和加速度定律，胡克的引力概念的基础上，进行综合和概括后，于1687年在《自然科学的数学原理》一书中提出了力学三大定律和万有引力定律，从而对一切宏观物体的运动给出精确的定量描述，做出了划时代的新发现。

现代科学技术不仅在理论方面，而且在技术方面都在进行着巨大的综合，日本科技成功发展，就是一个良好的例证。日本整个科学技术体系是三分欧洲七分美国的综合。第二次世界大战以后，日本对欧洲的新技术和各种发明进行了认真的分析和研究，找出各种东西的长处和短处，然后加以综合，形成自己的技术体系，结果在经济上取得了比欧洲快得多的发展速度，达到了事半功倍的效果。由此可见，在科学研究中，不仅需要分析，尤其需要综合。科学的分析与综合，是取得成果的重要手段。

(3) 分析与综合的辩证关系

分析与综合既是辩证统一的，又是相互对立的，它们互为前提，相互转化，互为矛盾。分析研究方法，是在综合指导下的分析；综合研究方法，是在分析的基础上的综合。二者在一定条件下会相互转化。分析终了时，就必须进行综合；有了综合的成果，必然会进行新的分析。在实际的认识过程中，分析的过程和综合的过程都不是以单纯的形式出现的。分析中有综合，综合中也会有分析。通过分析，从客观对象的整体中分解出它的各个部分，就会推演出多样性的统一现象；而综合的结论又是由分析来验证，总的情况是否真实，要由它认识新的客观事物的作用来说明。

分析和综合是彼此相反的过程，但无论任何时候它们都不是彼此孤立地存在，而是彼此联系的。如果只着眼于对事物的部分分析，会出现以偏概全、以点概面的错误做法，从而割裂事物的联系，只见树木，不见森林。

(4) 分析与综合的相互依存

对整体的分析，同时也是对它的综合。因为分析不仅要分析出整体的各个部分、方面、特征，而且要揭示整体之中各个部分之间的联系、关系和存在性。例如，阅读文章时，在思想上把它分成段落、句子、词、字；同时，在思想上找出它们的关系，字联成词，词联成句，句联成段，段联成文章。

分析和综合的统一性在于分析是从整体开始的（最初的综合），分析（对它部分、方面、特征、过程的分解）又是达到认识整体的手段、途径和方法，通过分析进而对整体认识得更深入和充分（再次的综合）。例如，分析一幅画时，开始把它知觉为一个整体，理解它所描绘的东西（最初的综合）；然后，讲述个别景物、情节、色调、手法（分析）；同时，思考这幅画的主题思想、现实意义和作者思想感情，揭示出作者艺术构思、风格和表现手段（再次的综合）。

在任何思维过程中都包括以下环节：最初综合—分析—再综合。如果这三个环节是相互协调的，只有坚持最初的综合、分析、再次的综合的相互联系，才能使人在思想上揭示对象间或现象间的本质联系，揭示对象内部或现象内部的本质联系，思维过程就进行得顺利，提出的任务得到解决。如果没有这种协调性，这三个环节之间相互脱节或分离，思维过程的进行就会十分困难，提出的任务无法解决。

4. 比较与分类

（1）什么是比较

比较是在思想上根据一定的标准，把某类或几类对象和现象的个别部分、个别特征加以对比，确定它们的相同点、相异点以及关系的一种思维过程，同时是一种思维方法。

分析综合是比较的基础，比较又是抽象概括的必要前提，有比较才有鉴别。人只有将对象和现象彼此加以比较的时候，才有可能正确地确定自己的科学研究方向。

（2）比较的作用

1）比较可以启发人们去思考各种问题，分析同类问题或异类问题中的因果关系，探索和揭示事物的本质和必然联系。

要认识一件事物的本质，仅从这件事物本身来考察是不够的，还必须把这件事物和其他事物做比较。因为任何事物都不是孤立存在的，只有在相互联系和比较中，才能找出事物的本质属性和非本质属性。认识简单的事物，要通过比较；认识复杂的事物，更需要比较。只有比较，才能鉴别；只有鉴别，才会有正确的认识。例如，第二次世界大战以后，科技迅猛发展，各国竞相发展教育，并普遍延长义务教育年限，以增长综合国力。经过比较可以发现，实施符合本国国情的义务教育，是科技进步发展的基础，教育不仅有政治功能，还有经济功能，教育与经济发展相适应是符合社会发展规律的。

2）比较法可以帮助人们获得新的发明和发现。

唐代医学家孙思邈在行医中发现，富人得脚气病，穷人得夜盲症。于是他比较了他们的饮食结构，富人多吃荤腥油腻、精米白面；而穷人吃的多是素食粗粮。经过比较，他发现脚气病可能是因为缺少米糠和麦子这类食物引起的。现代医学也证明脚气病是缺乏维生素而引起，这些维生素主要来源于粗粮；而夜盲症是由于缺乏维生素 AD，这些维生素主要来源于动物肝。

3）比较可以促使人们对特定范围的事物进行定性和定量鉴别与分析，加深人们对该事物的认识。

通过本国与外国、本地与外地的教育情况的比较，可以找出哪些是共性的问题，从而加深人们对本国、本地教育的理解。通过比较，才能鉴定事物的差别与相同之处，准确地把握事物的本质。

（3）比较的种类

比较有不同的方法，一般可以分为纵向比较、横向比较、同类比较、相异比较、定性比较和定量比较 6 种类型：

1）纵向比较。纵向比较是对同一事物在不同的历史形态下的状态进行比较。可追溯到事物发展的历史顺序。纵向比较也叫历史比较。纵向比较适用于一个国家、一个行业、一个地区、一个城市、一个单位，同时也适用于一个人。

2）横向比较。横向比较是对同时间存在的事物进行比较。横向比较不仅适用于国与国之间、省与省之间、地区与地区之间、单位与单位之间，而且适用个人与个人之间的比较。

3）同类比较。同类比较是对两个或两类性质相同的事物所具有的特征进行比较，从而找出事物的共同点的一种比较。它从已知的第一个事物所具有的某些特征、形状，而推知第二种事物也有相同的特征。它能使人触类旁通，由此及彼，将一类事物中所发现的原则和方法，通过同类比较应用到其他事物的研究中去，成为解决问题的关键方法。

4）相异比较。相异比较是对两个或两类性质相反的事物或一个事物的正反两个方面进行比较，即比较两个事物的不同属性，从而说明这两个事物的不同。相异比较的特点是结果鲜明、是非清楚、有利鉴别、便于分析。

5）定性比较。定性比较是对两类事物所具有的属性进行比较，从而确定事物的性质。任何事物都是质与量的统一。质是事物内部固有的一种规定性，是这一事物区别于其他事物的特殊性。人们认识事物，首先要认识它是什么，这就是它的性质，否则就无法区别事物，也谈不上认识事物。科学研究工作首先要划清各种事物的性质的界限，进行定性比较。例如，什么是素质教育和应试教育，什么是智力因素和非智力因素。

6）定量比较。定量比较是对事物进行数量上的分析，从而准确地判定事物变化的比较。

（4）比较的步骤

虽然如何运用比较进行科学研究没有固定的模式，但总要明确比较什么、如何比较、比较的标准、比较目的和内容等。

明确比较的主题。即要知道比较什么问题，并把问题放在一定的范围之内。

确定比较的标准。即要把比较对象的材料，按可比较的形式排列起来，比较的概念要明确化，比较的数据要精确化。

解释比较的内容。即对比较的事实、数据进行充分的研究分析，说明为什么是这样，而不是那样，对形成这一事实的原因、理由和因素以及过程要解释清楚。

做出比较的结论。即对比较对象的材料、情节进行全面分析研究，从而做出结论。

（5）比较进行科学研究

事物的可比性。有些事物之间有可比性，而有些事物之间则没有可比性。可比性是比较的对象之间的规定性，对象之间具有一定的内在联系，是有某些本质上的而非表面上的共性。倘若不是同一范畴、同一标准的材料，则不能进行比较。

比较的广泛性。任何事物都不是孤立存在的，而是和某些事物密切联系的。此外，客观事物的条件是多种多样的，其中有的是主要的，决定事物性质的；有的是次要的，不决定事物性质的。因此，比较要从多方面进行考虑。如果违反辩证法的要求，任意选择其中的个别条件，片面地进行比较，或者割断事物之间的联系，孤立地进行比较是不正确的。因此，比较范围要开阔些。

事物的本质性。要科学地比较，不仅要比较事物的现象，更重要的是比较事物的本质，因为事物之间不仅有现象上的异同，而且本质上也有异同。例如，如果我们简单地将中国和外国的某些教育现象比较，以自己之短比别人之长，就会错误地认为外国一切都好；反之，如果我们深入教育现象的本质，即不仅从教育制度、教育方向进行比较，而且从教育目的、内容进行比较，这样，不仅会看到外国教育发达的一面，也会发现外国教育中的许多不足之处。

比较的局限性。比较也有其局限性，从比较得来的结论，只是相对而言的，所以比较必须和其他思维方法结合起来使用，不能把比较绝对化、孤立化。

（6）比较与分类的关系

比较与分类是对感性材料进行初步加工的方法。比较是确定研究对象之间的共同点和差异点的一种逻辑方法；分类是在比较的基础上，根据研究对象的共同点和异同点，将研究对象区分为不同的种类，形成一定从属关系的不同等级的系统的逻辑方法。比较是分类的前提，分类是比较的结果。

（7）比较与分类的特点

比较可以对事物进行定性鉴别和定量分析。例如，古时，人们对钢、铁是不分的，统称为铁，但在生产发展过程中，人们逐渐发现了“软铁”和“硬铁”的区别，使用晶相显微镜，仔细观察机械性能和化学成分的比较，确实发现了钢和铁的不同，从而掌握了一整套生产钢铁制品的科学理论和技术。可见，事物的质，只有通过比较才能显示出来。各种物理单位，如长度、重量、质量等，都是通过和标准的比较而确定的。

比较可以揭示事物运动及其发展的历史顺序；比较可以鉴别理论同实践是否符合，从而判明理论的真伪。

分类能使客观对象条理化、系统化，便于深入研究。例如，地球上已发现的植物有30多万种，动物有100余万种，微生物有19万余种，如不进行分类，面对如此浩繁的生物就会束手无策，不能进行系统的研究。

分类便于研究者记忆和思考，可以形成对研究对象完整的看法。

（8）比较与分类的原则

比较应着重抓住事物的本质的异同进行比较，只有通过在本质上有联系的事物之间的比较，才能得出正确的结论。

比较必须有参照系，要按照一定的标准进行。标准不同，不能比较，没有标准更不能比较。例如，比较长度用尺子，但作精密测量，就必须采用激光了。

分类必须按照一定的层次逐级进行。高层次和低层次是“从属关系”。例如，生物学家所采用的生物分类层次“界、门、纲、目、科、属、种”，就是一个层次从高到低的符合事物客观规律的系统分类。

每一种分类都应根据同一标准进行，就是根据研究对象本身的某种属性或关系来进行。若把三角形分成不等边的、等腰的、等边的和直角三角形4类，就不是按同一标准分类，混淆了边和角的关系。

5. 归纳与演绎

(1) 归纳

归纳是从个别或特殊的事实中概括出一般性知识（原则、原理、结论）的思维方法。即从个别事物中概括出一类事物的性质、特点和关系的方法。它从已知的特殊知识出发，推演出一般或普遍性的结论，并且由不太深刻的一般到更为深刻的一般，由范围较小到范围较大的类别。在归纳过程中，认识从单一和特殊到一般。

例如，推测出哈雷彗星出现的周期约为 76 年，用的是归纳的方法。化学家门捷列夫在人们认识的大量个别元素的基础上概括出化学元素周期律，也用了归纳。据我国古代的医学著作《黄帝内经》记载：有一次，有一个患头痛病的樵夫上山打柴，不小心碰破了脚趾，而这时他的头不痛了。后来，他又先后几次在头痛时碰伤了这个脚趾，几次都制止了或减轻了头痛。这件事引起了他的注意，以后，头痛病复发，他就故意划破这个脚趾来止头痛，效果一直很好。于是他从多次碰伤脚趾都制止了或减轻了头痛这样一些个别场合中，概括了一个一般性的结论：凡是针刺足趾这个部位，都能减轻头痛。针灸疗法中的“大敦穴”这个穴位就是这样发现的。

又如，1966 年河北邢台、1970 年云南通海、1976 年四川松潘、1976 年河北唐山、2008 年四川汶川、2010 年青海玉树等地地震前都有老鼠搬家、蛇出洞等现象出现。这些地震都是强烈地震，强烈地震前动物出现异常现象是由于它们敏锐感觉到空气中产生的带电粒子，这些带电粒子引起它们生理上的异常反应。

(2) 演绎

演绎是从一般性的知识、原则出发，引起个别性、特殊性的结论的思维过程或方法，即从一类事物已知的一般原理出发，来考察该类个别事物对象，从而推演出有关这个对象的属性、关系、本质的逻辑推理方法。

例如，所有金属都是导电的（大前提：已知一般原理），铅是金属（小前提：关于特殊事实判断）——铅导电（结论：从一般原理推演出关于个别事实的新判断）。

前提是推理的根据。演绎推理的前提是真的，结论是真的；如果前提是假的，结论也是假的。

又如，毛泽东在《关于正确处理人民内部矛盾的问题》中谈道：“马克思主义是一种科学真理，它是不怕批评的。如果马克思主义害怕批评，如果可以被批评倒，那么马克思主义就没有用了。事实上，唯心主义者不是每天都在用各种形式批评马克思主义吗？抱着资产阶级思想、小资产阶级思想而不愿意改变的人们，不是也在用各种形式批评马克思主义吗？马克思主义者不应该害怕任何人批评。相反，马克思主义者就是要在人民的批评中间，就是要在斗争的风雨中间，锻炼自己，发展自己，扩大自己的阵地。”一切科学真理都是不怕批评的（大前提原理），马克思主义是一种科学真理（小前提、新原理）——马克思主义是不怕批评的（结论）。

总之，归纳和演绎是两个相反的思维过程。归纳是从个别到一般的思维运动，演绎是从一般到个别的思维运动。

(3) 归纳与演绎的类型和特点

归纳法分完全归纳法和不完全归纳法。完全归纳法是在科学研究中常用的一种最简单的归纳推理方法。它是根据一类事物中的每一个事物都具有的共同属性，推出这类事物全体都具有这种共同属性的推理。由于完全归纳法是从观察某类事物的全部的某种属性而归纳得出的结论，所以这个结论确实可靠。数学证明中的穷举法就是一种完全归纳法。

应用完全归纳法要注意它的两个特点：一是必须确知研究的那一类对象的全部数目，而且数量不宜过大；二是必须确知所概括的某一属性确实是该类每一个研究对象所固有的，这是归纳推理的前提。

不完全归纳法是根据对某些事物的部分对象具有某一属性的一般结论的归纳方法。它分为简单枚举归纳法和科学归纳法，简单枚举归纳是根据对某类事物的部分对象的考察，发现某一属性在同一类对象不断重复，而又遇到与此属性矛盾的情况下，从而对该类所有对象做出一般性结论的推理方法。但这种根据不是充分的，因为虽然没有遇到相矛盾的情况，却不能断定矛盾情况根本不存在。

例如，若看见铁沉于水，铜沉于水，从而推出“金属都沉于水”的一般性结论，事实上，有些金属是不沉于水的。因此，简单枚举归纳带有或然性，只能提供或然性的结论，不能提供必然性的结论，这种方法不能用于证明，但它在科学研究上还是有作用的。通过它所得到的结论，可以形成探索性的观点，对进一步研究，实验和验证会有启发。

科学归纳推理是简单枚举归纳推理的发展。科学归纳推理是根据对某类事物中部分对象及其属性之间的必然联系的认识，推出此类所有对象具有某种属性的一般性的结论。它除了具有简单枚举归纳从部分到一般的推理外，还根据事物的必然联系，即事物的因果关系，推出某类事物所有对象都具有某一属性的推理。例如，金属受热会膨胀，考查其受热过程后发现，是因其内部分子的凝聚力减弱，相应分子的扩散增强，分子间的距离增加，因而体积膨胀，故金属受热膨胀的结论是可靠的。科学归纳是科学研究中广泛应用的方法。

(4) 归纳与演绎的辩证关系

1) 归纳是演绎的基础。

演绎的大前提是一般，而这一般来自经验的归纳，演绎是接着归纳开始的。没有个别就没有一般，没有归纳也就没有演绎的基础。许多定理、公理、原则都是归纳的产物，当然它们往往又是演绎的出发点。因此，演绎也离不开归纳。

2) 演绎是归纳的指导。

归纳是从个别到一般。但归纳的过程却不是盲目的，归纳什么、如何归纳都必须在一定的指导思想下进行，而这个指导思想则往往是演绎的结论，没有演绎法作为归纳的一般指导，就不可能有归纳的科学成果。归纳本身弄不清结论的性质和意义，必须有演绎的补充研究。

3) 归纳和演绎在一定条件下会相互转化。

归纳与演绎，是科学研究中最基本的逻辑思维方法，在人们的认识过程中是不可分割地联系在一起的。它们相互依存、相互区别、相互补充、相互渗透，离开了演绎的归纳或离开了归纳的演绎都不可能获得科学知识，在一定条件下又相互转化。

一方面，归纳可以转化为演绎，由归纳得出的一般性结论，并不总是确实无误的。动物学家根据许多个别事实，归纳出鱼是用鳃呼吸的结论，后来却发现美洲的一种鱼是用肺呼吸。因此，为了证实归纳结论的真实性，就必须根据一般性知识去分析经验事实，于是归纳就需要转化为演绎。只有经过演绎，归纳结论的真理性才能得到证实。另一方面，演绎也才能转化为归纳。由演绎得出的个别性结论，既没有全部揭示个别事物的丰富多彩的属性，也不能仅仅靠一次演绎就能全面、深刻地揭示事物的本质，这就需要对事物进行多方面的考察，也就必须多次地由演绎转化为归纳，并由归纳转化为演绎。此外，演绎得出的个别性结论是否符合事实，需要在实践中由经验事实来证明，并在证明中修正和发展个别性的认识。

归纳出来的结论，转化为演绎的前提，归纳就转化成了演绎；演绎的结论往往又是归纳的指导思想，演绎又转化为归纳。演绎补充和论证归纳，归纳丰富和检验演绎，它们相互补充，相互渗透。只有归纳与演绎的交互作用，从个别到一般，又从一般到个别，对社会和自然的认识才不断深化，才能发现科学真理，证实科学真理。

八、调 查 方 法

1. 调查方法的意义

调查方法是在一定的理论指导下，通过观察、列表、问卷、访谈、个案以及测验等方法，搜集研究资料，从而对客观世界的现状做出科学的分析和认识，并提出具体的工作建议的实践活动；同时是一种科研方法，是一种直接研究的方法，多适用于研究现实问题，更适用于描述一个大的总体的性质、倾向和态度。一般多用于对一个群体、城市、地区或单位的某一专题的调查；同时，可用于一般科研过程中的局部调查、个性调查。

调查方法有以下 3 个作用：一是为科研人员提供研究课题的第一手资料和数据；二是为决策部门制定政策、法规以及进行改革提供事实依据；三是了解现状，发现新的课题、先进的经验和存在问题，并提出解决问题的新见解。

根据不同的标准，调查有不同的方式。

(1) 按调查的目的，可分为常模调查和比较调查

常模调查的目的在于了解调查对象的一般情况或寻找一般数据。调查对象比较稳定，调查范围比较大。一般了解情况、掌握基数时多用常模调查。

比较调查旨在比较两个群体、两个地区、两个时段的基本领域之间的状况，以便从中发现问题，寻找解决问题的模式与办法。

常模调查与比较调查运用范围广，可用于综合调查、专题调查、抽样调查、整体调查、一般调查、典型调查、跟踪调查等。

(2) 按调查的范围，可分为综合调查和专题调查

调查范围大、事项多的为综合调查或称一般调查；调查事项少的为专题调查，它仅

就某个地区某一方面的问题进行调查，如教师工资调查、课程调查、学生身体健康状况调查等。

（3）按调查的性质，可分为事实调查和征询意见调查

事实调查要求调查对象提供现成的事实或数据；征询意见调查要求调查对象提出自己对某个问题的看法和意见。

（4）按调查的对象，可分为全面调查和非全面调查

全面调查也称普遍调查，即对调查对象全面进行调查。它的优点在于可以了解全面情况，缺点是往往要花费大量的人力、物力、财力和时间。为了节省人力、物力、财力和时间，通常从调查对象总体中抽选一部分或代表性的对象作为样本进行调查，这种调查就是非全面调查。非全面调查可以分为 3 种：一种是随机抽样调查，一种是重点调查，一种是典型调查。

（5）按调查的形式，可分为问卷调查和访问调查

具体见本章后面内容。

2. 调查研究的步骤

（1）做好各项准备工作

1）确定调查课题。

课题有大有小，但无论大小都应该遵循 3 个原则：

目的性原则。因为开展调查要花人力、物力、财力和时间，所以每次调查要达到什么目的、回答和解决什么问题，事前都要有明确的规定和准备。

价值性原则。任何课题都应该以能否丰富和发展科学理论，能否解决实际问题为原则。

量力性原则。调查课题的大小，要根据参加调查的人力、物力等条件而定。调查课题越大，范围越广，所需要的人力和经费越多，时间越长。在一般情况下，课题不宜太长，既要看需要，也要看可能，不能不顾主客观条件，搞形式主义的所谓调查。

2）选取调查对象。

有了合适的对象，调查才具有可行性与针对性。

3）草拟调查提纲。

有了提纲，调查工作才能有秩序地进行，避免顾此失彼。

4）制订调查计划。

调查计划是调查工作的程序安排。通常包括以下内容：调查的课题与目的、调查对象与范围、调查地点与时间、调查方法、调查步骤与日程安排、调查的组织领导与人员分工、调查报告完成的日期。

调查计划要求详细、周密，并切合实际。当计划与实际有矛盾时，要根据调查课题的要求来修改计划。

5）组织调查活动。

选择和分配合适的调查人员，调查人员要熟悉调查课题的有关业务，有独立的研究能力，有责任感。确定调查组的内部组织领导，确定有工作经验和组织能力的人负责，

明确分工，建立一定的规则和制度，要获取外部力量的支持和合作。

(2) 实地调查搜集资料

调查资料有书面材料和口述材料以及由调查者观察所得到的事实材料，搜集资料是调查的关键，也是最艰苦的一环。

搜集资料要求全面、系统，要注意材料的典型性、客观性和真实性，对于口述材料要对其真伪进行鉴别。

(3) 整理调查研究材料

对各种资料进行整理，使之条理化、系统化。对于叙述的材料要用明白通俗的文字加以整理；对于数据材料，要用系统方法、列表法和图示法加以整理。

(4) 撰写调查研究报告

调查材料整理完后，就要对所调查事实进行分析、归纳、做出结论，在此基础上写成文字报告。

3. 调查的具体方法

调查有各种各样的方法，有由调查人员直接进行的访问、观察和记录，或者发调查表给被调查者填写，或者由调查人员施行测验，或者查问档案文件及统计资料。使用哪种方法，应具体问题具体分析。这里主要介绍 3 种具体方法。

(1) 访谈法

1) 访谈法优缺点。

访谈就是通过访问或者座谈，与被调查者直接进行沟通交流，以获取信息的一种方法。它的特点是研究者和被访问者之间的面对面谈话，能使研究人员及时得到信息反馈，及时深入发展和变换谈论内容，并且谈论内容真实，可靠性大，便于分析、实用。这种方法尤其适用于个案研究。

访谈法虽然得到的是人们的主观感受，但它有以下优点：

可了解过去发生的事。有些事是过去发生的，不可观察了解，缺乏历史记载，但可以通过访问目击证人或当事人获得信息。

可深入了解事物的因果关系。与书面调查相比，它直接与调查对象沟通交流，深入了解情况和讨论问题，同时相互之间还可以交换看法，相互启发。

调查适用面广。不必考虑调查对象的职业、学历、文化。

容易获得调查对象的信息。通过谈话，能够了解许多客观事实，如调查对象的知识、见解、人际关系。

访谈法的局限性也很明显。首先是效率低，费时费力；其次是受调查对象的主观因素影响，得到的信息难以确定其真伪；此外还受双方社会地位和关系的影响。

2) 访谈法的实施。

① 访谈的准备阶段。为使访谈取得好的效果，事先要做好准备工作。

知识的准备。为使访谈顺利进行，应事先学习和了解有关专业知识、背景材料，防止访谈时讲“外行话”，或花时间让别人介绍基本知识。

方案的准备。要明确调查目的，安排好访谈的顺序、时间、地点、提问的方法等。

技巧的准备。针对不同年龄、不同地位、不同职业、不同性格的人要注意谈话的不同技巧。

组织的技巧。应将访谈安排事先告诉有关部门和人员，并磋商落实。

② 访谈的实施阶段。在访谈中要注意以下几点：如果访谈的内容能通过文字材料获得，就要尽量请对方提供，以节约双方的时间；尊重对方，虚心求教，平等交流；安排选择安静的环境，减少干扰，使双方能专心地讨论问题；注意提问的技巧；掌握主动，及时将讨论引导到主题上来，以便在较短的时间内获得最有价值的问题；详细分析、整理访谈结果，找出规律。

（2）问卷法

1）问卷法优缺点。

问卷法又称填表法。它是用书面形式或通信形式搜集资料的一种常用的调查方法，即调查者就调查项目编制成问题或表格，分发给有关人员，填写答案，然后收回整理、统计和研究。

问卷法的优点。操作相对简单，比较容易掌握；信息的产生和处理比较容易；容易获得真实的信息；存留时间长，容许反复核对和分析；调查成本比较低，可以在较短时间、较大的范围内收集到大量信息。

问卷法的局限性。问卷设计比较复杂；回收率和有效率难以保证；双方无法有效沟通，调查难以深入。

2）问卷的设计。

问卷只有经过精心设计，同时配合其他方法，才能全面了解情况。

设计前做好知识准备，把所研究的问题的结构搞清楚。

科学选择调查对象。在要求样本数量比较大的综合性调查中，应随机抽样确定调查对象；而在问卷调查中，应选择对情况比较熟悉，而且有兴趣讨论有关问题的对象。

问题设计要适当。所设计问题不要太难、太多，同时问卷应便于回答。

答题的形式应灵活多样。可以采用是否式、选择式、安排式、打分式、答题式。

适当引用指导语，解除调查对象的顾虑。

为数据处理创造条件。为分析不同群体对同一问题的不同看法，应在问卷卷首设计一些栏目，以反映群体特征，如年龄、性格、职业、文化程度。为了防止虚假信息，有时设计一些相互印证的问题。

3）调查的实施。

问卷的发放。可以直接在群体中发放，也可以由有关部门和其他人员帮助发放，或者采用邮发、散发等形式。

调查结果的处理。应判断问卷和问题的有效性，对于事先设定好的具有相互印证问题的问卷，若出现相互矛盾的回答，应视为无效问卷；对于“是否”判断题，若两者都选视为无效；应对调查对象作样本统计处理，以反映调查价值。

（3）调查会

1）调查会的优缺点。

调查会又称座谈会。它的特点是与会者众多，能集思广益，互相启发，彼此印证。

调查者可以根据提供的众多线索，顺藤摸瓜，一问到底，直到弄清楚真相为止。但如果与会者受人事关系的影响，他们就会知而不言，言而不尽；而如果与会者事先没有准备，加上个人看问题角度不同，他们所提供的材料难免会产生遗漏、误差，甚至错误。

因此，调查者要有较高的调查能力，善于发现问题、提出问题，和与会者展开讨论，或者用其他方法做进一步调查，以弥补开调查会的不足。

2）调查会注意事项。

到会的人必须是与调查课题有关的人员，这样才能畅所欲言；开调查会的人数不必太多，每次 3～8 人即可，当然主要视调查者的指挥能力而定；要事先拟订好详细的调查提纲，并尽可能发给每一位与会者，以便他们事先做好准备，同时要约定开会时间和地点；要采取谦虚、诚恳的态度，争取与会者的合作；调查者可按提纲一一发问，也可根据调查课题需要，临时提出提纲上没有的问题，请与会者作答，调查者要指定多人记录或自己记录。

第二节　现代科学研究方法

近年来，在科学研究的现代方法中，数学方法、系统方法、控制论方法、信息论方法和复杂性方法的广泛应用，把科学研究的方法推上了一个新台阶。这些现代方法正日益深刻地影响着自然科学的发展，影响着社会科学的进程，并逐步深入社会生产和人们的日常生活。

一、数学方法

1. 数学方法的定义

数学方法有两个不同的概念，在方法论中的数学方法是指研究和发展数学时的思想方法；而这里所要阐述的数学方法则是在科学研究中经常采用的一种思想方法，其内涵是：它是科学抽象的一种思维方法，其根本特点在于撇开研究对象的其他一切特性，只抽取出各种量、量的变化及各量之间的关系，即在符合客观条件的前提下，使用科学概念或原理符号化、公式化，利用数学语言（即数学工具）进行逻辑推导、运算、演算和量的分析，以形成对研究对象的数学解释和预测，从而通过量的方面揭示研究对象的规律性，这种特殊的抽象方法，称为数学方法。

2. 数学方法的特点

数学是关于量及其关系的科学，是从量的角度来研究、反映客观世界及其规律的工具。运用这个工具来进行科学研究的方法叫数学方法。各门学科用数学方法研究问题，已经成为当今科学发展的一个重要趋势。

（1）数学方法具有高度概括性和抽象性

在应用数学方法研究事物规律时，总是抛弃客观事物的其他一切特征，只保留事物的空间形式和量的关系，而且由于数学体系是由抽象的概念和它们的关系构成的，是被人们用形式化的符号来描述的，这些抽象概念，如点、线、面、集合等，只有靠思维才能把握。

(2) 数学是研究量的关系及结构的科学

数学抽象表面上看起来远离了物质世界，远离了各种物质运动的具体的质的形式和特点。但它的概念是明确定义的，它的理论是按照严格的逻辑法则推得的。它更深刻地反映和揭示着客观规律。因此，数学结论具有逻辑的必然性和量的确定性。数学上的点，显然是一种抽象，但是它可以代表力学系统中的一个质点，代表电学系统中的一个点电荷，代表微观世界中的一个粒子；数学上的线，同样可以代表行星运动的轨道，抛物运动经过的路线，磁极之间的磁力线，基本粒子中轨道等。所以说，用数学来描述、刻画客观规律，具有符号形式化、精确数量化、概括公理化的特点和优点，这些特点和优点从特殊规律中概括出一般规律，或从一般规律中演绎出特殊规律，都变成了一种数学公式和方程的演算过程。这就大大简化、加速了思维过程。

(3) 数学研究对象决定了数学的普适性

在原则上，数学适用于任何学科，这是因为现实世界的任何物质形态及其运动形式都具有一定的空间形式和数量关系。哪个地方存在着量和量的关系，哪个地方就可以应用数学和数学分析。而在 21 世纪的今天，数学方法已征服了一切领域，现代数学已从刻画物理学、化学、生物学中一些极其复杂的微观领域的运动规律，到被用来研究人口学、人种学、考古学、新闻学、经济学、法学等社会科学乃至文学艺术等问题。

3. 数学方法的作用

(1) 数学方法是表述科学概念及理论的重要形式

数学方法是简明精确的形式化语言。随着科学研究的深入发展，许多自然科学规律和复杂现象的联系，单凭日常的自然语言已经很难说清楚了，必须借助于数学方法和数学语言。例如，描述一棵植物的生长状况，需要利用日常观察的一系列数学数据来表述。数学语言是一套抽象的符号系统，它能在科学研究中进行定量描述和理论概括；把握自然界更深刻、更普遍的本质和规律。

(2) 数学方法为科学技术的发展提供可靠的依据

一门自然科学从定性描述到定量的分析及运算，是这门科学发展成熟的重要标志，其间数学方法的应用则起着桥梁和杠杆的作用。可靠的数学定量计算可以弥补实验等环节的不足，可以对理论性结论进行定量验证。在当代科学飞速发展的今天，许多宏大复杂的技术工程，如发射卫星、建造高能加速器、准确的天气预报等，如不进行严密的理论分析和定量计算，将会出现严重的错误和后果。随着电子计算机的日益普及和完善，运用数学方法及时、准确地解决科学技术中浩繁复杂的计算问题，大大促进了科学技术的发展。

(3) 数学方法是形成和发展科学理论的有力工具

科学理论的数学化可使理论更加简洁清晰、更加严密、更加便于推导。这是由数学的特点决定的。人们在科学实验和观测中得出的大量数据通过数学方法计算和分析后，可以总结概括出经验公式，可以发现新的定律。数学公理化方法的运用，已成为概括和整理已有的科学知识，建立科学理论体系的一个有效的手段。这种由数学方法建立的理论体系具有系统化、形式化、规范化的特点。运用数学方法进行推理演算，比常识、观测更可靠、更可信，还会显示出在科学研究中的预见作用。

4. 数学方法的分类

按照自然事物和现象的类型，根据理论计算和解决实际问题的需要，人们创立了许多种数学方法，概括起来主要有以下几种。

(1) 常量数学方法

古今初等数学所运用的方法，便是常量数学方法，主要有算术法、代数法、几何法和三角函数法。常量数学方法被用于定量揭示和描述客观事物在发展过程中处于相对静止状态时的数量关系和空间形式（或结构）的规律性。

(2) 变量数学方法

变量数学方法是定量揭示和描述客观事物运动、变化、发展过程中各量变化关系的一种数学方法。其中，最基本的是解析几何法和微积分法。解析几何法由数学家笛卡儿创立，是用代数方法研究几何图形特征的一种方法。微积分法是由牛顿和莱布尼茨创立的，这种方法主要应用于求解某种变化率（如物体运行速率、化学反应速率等）；求曲线（曲面）切线（切平面）；求函数极值；求解振动方程和场方程等问题。

(3) 必然性数学方法

研究对象服从于确定的因果联系、连续变化的过程，必然性数学方法应用于必然性自然事物和现象。描述必然性自然事物和现象的数学工具，通常用经典数学的各种方程来表示，主要有：代数方程、函数方程、常微分方程、偏微分方程和差分方程等。利用方程可以从已知数据，在遵循推理规律和规则的条件下，推算出未知数据。例如，这种方法可以根据热力学方程，计算出炼钢炉各部分的温度分布，因此可通过理论计算，确定和选取炼钢炉的最佳设计方案。

(4) 随机性数学方法

随机性数学方法是定量研究、揭示和描述随机事物和随机现象领域的规律性的一种数学方法。对于自然界中大量存在的或然现象，其变化发展往往有两种或多种不同的可能性，究竟出现哪一种结果是有偶然性、随机性的，但从大量同类事件或同一事件多次重复出现的总体来看，这种变化是有规律的。随机性数学模型一般用的数学工具是概率论和数理统计。

(5) 突变性数学方法

突变性数学方法是揭示和描述突变事物和突变现象规律性的一种数学方法。它是20世纪70年代由法国数学家托姆创立的。托姆用严密的逻辑和数学推导，证明在不超过4个控制因素的条件下，存在着7种不连续过程的突变类型，它们分别是：折转型、尖角型、燕尾型、蝴蝶型、双曲脐点型、椭圆脐点型和抛物脐点型。这些突变数学方法和突变理论，对于解决地质学研究领域中的复杂发生突变事件（如地震预测）和现象十分有用。有专家预言：突变的数学方法，可能成为解决地质学领域复杂问题的一种强有力的数学工具。

（6）模糊性数学方法

模糊性数学方法是用定量方法去研究、揭示和描述模糊事物、模糊现象和规律性的一种数学方法。自然界存在着大量模糊事物、模糊现象和模糊信息，无法用精确数学方法处理。模糊数学方法的创立，才使人类找到了处理该类问题的有效方法，人们称这种方法的效果是“模糊中见光明”。“模糊数学”并非数学的模糊，这种数学本身仍是逻辑严密的精确数学，只是因用于处理模糊事物而得名，如人的素质高低、天气的好坏、医疗诊断的准确程度等模糊问题。模糊数学模型就是在此基础上创立的，运用模糊数学模型对模糊现象进行数学的逻辑的分析判断，可用来解决计算机模式识别、自动控制、信号处理中的一些问题，是发展智能计算机的重要数学手段。

（7）公理化数学方法

公理化数学方法，是指从初始科学概念，或不证自明的数学公理出发，遵循逻辑思维规律和推理规则，运用正确逻辑推理形式，对一些相关问题进行处理，从而建立起数学模型的一种特殊方法。公理化方法由古希腊数学家欧几里得首创，并构成了欧氏几何学理论体系，公理化方法的核心是研究如何把一种科学理论公理化，进而建成一个公理化理论体系。在这种体系中首先建立公理，即把某学科中一些初始科学概念公理化，然后由公理推演出定理及其他，从而构成一个公理化理论体系。

5. 数学方法的应用

应用数学方法来解决具体问题，要结合具体对象的特点进行抽象和概括。在解决科学技术问题时，最常用、最重要的方法就是数学模型方法。运用数学模型方法解决科学技术中的实际问题首先是建立数学模型。数学模型是根据研究对象所观察到的现象及经验材料，提炼为数学问题，即科学抽象为一套反映对象的定量关系和运动规律的数学公式或具体的算法。在科学研究中，经常需要进行科学抽象，并通过科学抽象，运用数学方法去定量揭示研究对象的规律性。其基本过程是：先将研究的原型抽象成理想化的物理模型，也就是转化为科学概念；在此基础上，对理想化的物理模型进行数学科学抽象（科学抽象的一种形式），使研究对象的有关科学概念采用符号形式的量化，初步建立起数学模型，即形成理想化了的数学方程式或具体的计算公式；对数学模型进行验证，即将其略加修正后运用到原型中去，对其进行数学解释，看其近似的程度如何。近似程度高，说明这是一个较好的数学模型；反之，则是一个较差的数学模型，需要重新提炼数学模型。建立数学模型基本过程，见图 3-2。

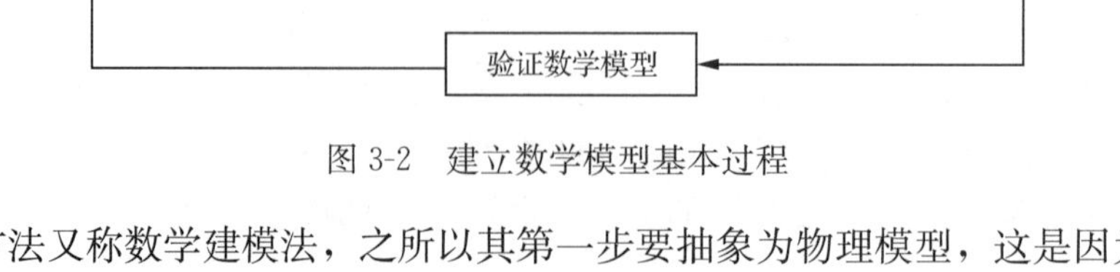

图 3-2　建立数学模型基本过程

数学方法又称数学建模法，之所以其第一步要抽象为物理模型，这是因为数学方法是一种定量分析方法，而自然科学中的量绝大多数都是物理量。因此，数学模型实质表达的是各物理量之间的相互关系，而且这种关系需要表达成数学方程式或计算公式。而验证过程则通常为研究对象中各种物理量的测定（通过实验）过程。因此，数学建模过程的第一步又常称为物理建模；换言之，就是说没有物理建模，就难以进行数学建模。但是，若只有物理建模，就难以形成理论性的方程式或计算公式，就难以达到定量分析研究的目的。

数学模型必须具备如下的条件：既反映现实原型的本质，又要加以必要合理的简化；能通过数学模型对所研究的问题进行理论分析、逻辑推导，得出确定的解；在数学模型上求得的结果能回到具体研究中去解决实际问题，能为人们提供更多的信息。

有了各种不同的数学模型，就可以针对不同的具体对象来应用数学方法。当然，在解决具体问题的过程中，还可能发现新的数学关系，丰富和发展数学模型。电子计算机的出现，为数学方法应用于解决科学技术问题开辟了新的局面。电子计算机的发展，不仅大大提高了计算速度，也提高了求解方程的能力，从而为求大型科学问题和工程问题的数值解提供有力的工具。数学方法同电子计算机的结合，对于科学技术发展带来的影响，将是难以估量的。

二、系统方法

1. 系统与系统方法定义

系统是由若干相互联系、相互作用的要素构成的，具有特定功能和运动规律的整体。任何自然现象和社会现象，从星系到原子，从生物种群、生物个体到细胞，从整个社会到一个国家、一个家庭，都是一个系统整体。系统作为一个普遍的概念，它反映的是客观事物最普遍的特性、联系和关系，因此是辩证思维的一种逻辑形式。系统科学是关于系统及其演化规律的科学。尽管这门学科 20 世纪上半叶才产生，但由于其具有广泛的应用价值，发展十分迅速，现已成为一个包括众多分支的科学领域。它包括有：一般系统论、控制论、信息论、系统工程、大系统理论、系统动力学、运筹学、博弈论、耗散结构理论、协同学、超循环理论、一般生命系统论、社会系统论、泛系分析、灰色系统理论等分支。这些分支，各自研究不同的系统。自然界本身就是一个无限大、无限复杂的系统，在自然界中包括许许多多不同的系统，系统是一种普遍存在。一切事物和过程都可以看做组织性程度不同的系统，从而使系统科学的原理具有一般性和较高的普遍性。

系统方法是把研究对象放在系统的形式中加以考察的一种方法。它是从整体观点出发，综合运用现代科学技术和先进工具，精确、定量地考察系统与要素之间、整体与外部环境之间、要素与要素之间的关系和联系，以便获得最优效果的方法。它具有整体性、科学性、综合性的特点。利用系统的原理，研究各种系统的结构、功能及其进化的规律，称为系统方法，它已得到各研究领域的广泛应用，目前尤其在生物学领域（生态系统）和经济领域（经济管理系统）中的应用最为引人注目。系统科学研究有两个基本特点：一是它与工程技术、经济建设、企业管理、环境科学等联系密切，具有很强的应用性；二是它的理论基础不仅是系统论，而且依赖于各有关的专门学科，与现代一些数学分支学科有密切关系。正因为如此，人们认为系统方法一般指研究系统的数学模型及系统的结构和设计方法。

2. 系统方法特点和原则

(1) 整体性

整体性特点和原则，是把研究对象作为一个有机的整体系统去看待。虽然系统中每一个要素，就其单独功能而言是有限的，却是系统所必有的要素。就整体系统而言，缺少了任何一个要素都难以发挥整个系统的功能。这正如一辆汽车一样，它是一个完整的系统，任何一个部件出现缺损，都可能影响整个系统功能的发挥，甚至一个微不足道的螺丝钉的缺损，都可能造成某种事故的发生。因此，必须把研究对象作为发生质变的有机整体去看待。这里的计算关系应该是“1+1>2”，这就如同“二人一条心，黄土变成金”的格言所表示的含义，即系统的整体功能，大于各要素的功能之和。这被称为系统各要素功能的非加性规律。这一规律要求人们在对系统的研究中，必须从有机整体的角度去探讨系统与组成它的各要素之间的关系；同时，需要研究系统与周围环境之间的联系和关系，从有机整体的角度去发挥系统的功能，把握系统的性质与运动规律。

(2) 综合性

综合性特点和原则包括两方面的含义：一方面指客观事物和工程都是一个系统，是由诸多要素按一定规律组成的复杂的综合体，有其特殊的性质、规律和功能；另一方面指对任何客观事物和具体系统的研究，都必须进行综合考察，即从它的组成部分、结构、功能及环境的相互联系、相互作用和相互制约的诸方面进行综合研究。而系统的最优化目标就是根据系统科学方法，对研究对象进行综合考察和研究的结果来确定的。

(3) 动态性

动态性指在物质系统的动态过程中，揭示它们的性质、规律和功能。因为客观世界中实际存在的一切系统，无论是在内部的各要素之间，或系统与环境之间，都存在着物质、能量、信息的流通和交换，所以实际系统都处于动态过程之中，而不是处于静态，因此必须坚持动态性原则。

(4) 模型化

模型化是指在考察比较大且复杂的系统（如大型工程项目）时，因复杂系统因素众多、关系复杂，一时难以完全把所有因素和关系都搞清楚，甚至有的因素也没有必要完全弄清楚，而开始研究和处理问题时又往往要求进行定量分析，这就需要建立数学模型，即将系统加以简化抽象为理想模型，从而通过对模型的实验、研究，达到较好地解决实际问题的目的。

(5) 最优化

最优化是指在运用系统科学方法解决实际问题时，从多个可能的方案中选择出最佳方案，使系统的运行处于最佳状态，达到发挥最优功能的目标。按照最优化原则，系统内部各要素之间与系统和环境之间的联系或结构都必须处于最优状态，以发挥系统的特殊功能。

3. 系统方法的具体内容

（1）系统分析与综合

首先要识别某一领域是全称集合 U，了解系统 S 是 U 的子集，明确 S 的补集是环境 E；其次，要把 S 从 U 中分离出来，定出 S 与 E 的界面，再分离出 S 的主要成分，从中研究系统结构与功能的特性，找出成分之间以及成分与环境之间的相关性，描述系统中物质、能量和信息三者的相互关系；最后，综合分析它们如何组合成有机的整体。

（2）建立系统的模型

要求把系统的各个要素或子系统加以适当的筛选，用一定的表现规则变换成简明的映像。系统的模型可以用来说明系统的构成和行为的数学方程和图像，甚至用物理形式表达。通过模型可以有效地求得系统的设计参数和确定各种制约条件。模型建立以后，还要采用一定的仿真方法（借助于计算机）或物理方法测试和计算模型，并根据测试和计算结果，进而改进模型。在一定程度上做到确切反映和符合系统的客观实际，消除定性分析中的主观臆测成分，以便确切掌握系统的各个功能及功能之间的关系，了解并确定系统存在的价值以及价值之间的关系。

（3）系统的选择优化

从数学上讲，优化是指在若干约束条件下选择目标函数，并使它们得到极大值或极小值。就大系统而言，要想求得总体优化是相当困难的。因为大系统结构复杂、因素众多、功能综合，不仅评价目标有很多，甚至彼此还有矛盾，所以不可能选择一个对所有指标都是最优的系统。如果采用局部优化的办法，一般不能使总体优化，甚至某一局部的改进反而使总体性能恶化。因此，需要采用分解和协调方法，以便在系统的总目标下，使各个子系统相互配合，实现系统的总体优化。所谓分解，就是把一个大系统分解为许多子系统，而子系统再将信息反馈给大系统，并在大系统的总目标下加以权衡，然后大系统将指示下达给各个子系统，这就是协调。在大系统与子系统之间如此反复交换若干次信息后，就可以求出系统的优化解。

4. 系统方法与科学研究

20 世纪 60 年代，美苏在空间科学上展开了激烈的竞争，苏联率先发射了宇宙飞船，而美国也不甘落后，制定了一个“阿波罗”计划。此计划的总目标是在 60 年代内把载人飞船送上月球并安全返回地面，整个工程参加者有 2 万家公司和厂商，120 所大学和实验室，约 40 万人。阿波罗宇宙飞船包括运载火箭的零件总数达 700 多万个。整个工程历时 8 年多，耗资 300 多亿美元。像这样大型复杂的工程，许多系统涉及数十、数百乃至更多的变量，要用几十、几百乃至更多的联立方程来定量地精确地描述，如果没有整个系统的规划，没有现代科学理论，没有大型高速的电子计算机，是不可能实现的。“阿波罗”计划以及类似的工程项目的完成，系统理论和系统方法立下了不可磨灭的功劳。

考察现代科学研究中的许多例子，可以发现：

1）系统方法的创立使人类思维方式发生了深刻的变革。在传统的研究方法中，人们认识事物总是“由下而上”、“从局部到整体”、“从一般到普遍”，先把客观事物分割成若干组成部分，认识各个部分的性质，再综合成统一体。而系统方法为人类认识开拓了新思路、新方法，各种系统工程已经建立，已开始影响科学技术以及社会面貌。

2）系统方法为科学研究提供了新的方法论指导。它给人们指出从整体上把握对象的方式、方法和途径以及具体地从普遍联系中把握对象结构、功能、发展的规律性。因此，在科学研究中可以从中得到启发。

3）在科学研究工作中的组织管理方面，系统方法发挥着重大作用。上面谈到的“阿波罗”计划，就是运用系统方法研究各个机构、各个企业之间的关系，恰当地把人力、物力组织起来，充分发挥个人、各部门、各机构的创造能力，并使之相互配合，向总体优化目标努力，使登月计划得以顺利完成。

5. 系统方法的一般程序

系统方法作为一种科学研究的新方法，已经在许多工程项目中显示出了传统方法不可比拟的优越性。在应用系统方法时，一般分为以下几个步骤。

（1）问题表述

通过调查研究，弄清问题的实质，明确所研究的对象中矛盾和问题的所在，用逻辑的、条理清晰的方式来表达对情况的了解。例如，要建设一条公路，这条公路是哪个等级、公路经过哪些地区、建设公路所带来的效益如何、建设公路有无必要，而关键是把解决问题的方案提出来。

（2）系统设计

系统方法迄今为止的成功经验表明，如果能够明确提出系统目标，而且所要求的各种技术和科学足够成熟，工作进程就顺利。因此，在弄清问题的基础上，应当提出解决问题需要达到的目标和标准。例如，建设一条公路，其目的是为了方便人们的出行以及促进经济的发展，但公路等级要选哪个等级、要经过哪些地区，才能满足最小成本、最大效益、最小影响环境的需要。确定了以上目标和标准，以便拟定解决问题的方案。

（3）系统综合

把可能达到的预期目标的政策、活动、措施和控制，形成整个系统概念，综合为一个系统，并提出解决问题的多个方案。系统综合看来很简单，却往往是创造性所在，关键是综合的方案，要向最优化的目标努力。例如，建设一条公路，可以提出多个比选方案，经过专家论证比选，选择最优方案。

（4）系统分析

系统分析是系统工程中最重要的方法和过程，是系统工程的核心。企求系统的最优化，是系统分析的出发点和归宿。对于大型复杂的系统，为了对众多的备选方案进行分析比较，总是要建立一定的模型。有了模型，就可以进行模拟试验，可以进行电子计算机仿真。通过模型的模拟，就可以了解系统的功能。因此，系统分析就是根据系统综合所建立的系统推论其各种特性，就是对系统的效果和后果给出分析。在系统分析中电子计算机起着非常重要的作用，这不仅因为有时计算复杂而繁重，还因为电子计算机可以通过系统仿真来进行模拟实验，通过仿真和模拟来显示系统的性能。现在系统仿真已被广泛应用于许多领域。例如，交通仿真是智能交通运输系统的一个重要组成部分，是计算机技术在交通工程领域的一个重要应用，它可以动态、逼真地仿真交通流和交通事故等各种交通现象，复现交通流的时空变化，深入地分析车辆、驾驶员和行人、道路以及交通的特征，有效地进行交通规划、交通组织与管理、交通能源节约与物资运输流量合理化等方面的研究。在林业中，通过建立森林生长动态模型，并利用仿真技术对建立的模型进行模拟仿真，以利于森林生长的实时模拟和数据分析。

（5）系统选择

一个系统优化过程是指在一定条件下，系统整体功能最好，就是使系统的目标函数在约束条件下达到最大值或最小值。这就是对系统分析的结果做出评价，并与目标进行比较，选出最优化系统。现代科学发展过程中，最优化已形成一门专门的科学与技术，运筹学是求出最优解的有效方法，如线性规划、非线性规划、动态规划、排队论、对策论等，已在系统工程获得广泛应用。

（6）系统决策

在选择最优系统时，有时最优系统可能有好几个，除了定量目标外，有时还要考虑定性目标，如政策方针、人们的心态、素质、社会环境等，这些不能完全由数学模型决定。这就需要根据更全面和综合的要求做出决策，从中选出一个或几个方案、模型来试用。例如，在公路的设计中，要考虑到社会的方方面面，要注意人文观念、人文环境，在满足经济性的同时，要考虑生态保护；设计线形要从村庄边缘经过，少拆房屋、少占农田、保护水环境。

（7）实施计划

根据最后选定的方案、模型，对系统具体实施，并在实施中进行评价验证，不断将问题反馈到前面各个步骤中去，使问题进一步明确，使目标进一步集中，使综合的方案得到进一步修正，直至达到预期最优目标为止。

上述阶段和过程的循环和发展，就是人们逻辑思维的过程和工作过程的结合，是实践—认识—实践的循环和发展。

6. 系统方法的典型案例

北宋年间，宋真宗命丁渭在一百天之内修复都城开封因失火烧毁的皇宫。当时丁渭遇到三大问题：填地基在汴河边取土很远；船运建材经陆运工期长；如何处理建构废弃物。他想出了一个“一举三得”的解决方案：一是“挖沟取土，解决土源”，就近街道挖土烧砖；二是“引水入沟，运输建材”，引汴河水入街道形成沟渠，木排直接经由沟渠运到工地；三是“废土建构，处理垃圾”，将破砖碎瓦和焚宫废墟填入沟中，平整后仍成街道。从而有效解决了开发、建设与修复三者之间的矛盾，极大缩短了工期，省费亿万计。

又如，材料科学与工程领域系统分析方法的特征如图 3-3 所示。图中以材料作为特定系统进行对比。因此，对于材料研究和开发的问题可以用系统分析的方法来进行研究。

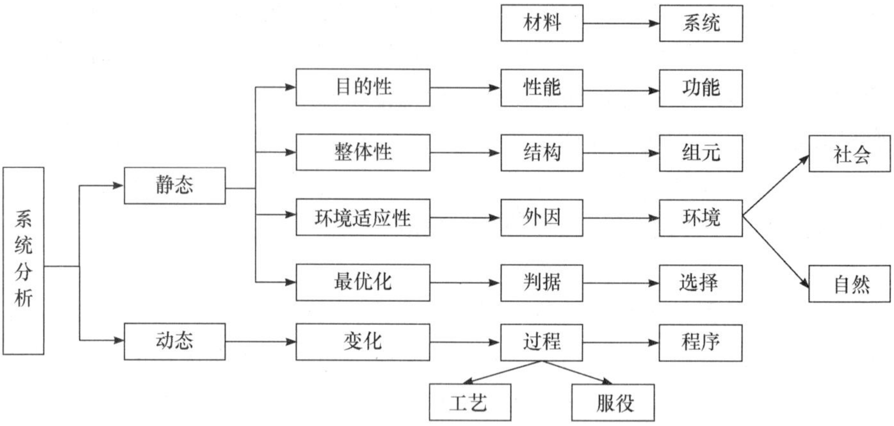

图 3-3 材料科学与工程领域系统分析方法的特征

三、控制论方法

1. 控制论方法的定义

控制论是以控制系统为研究对象的科学。控制论方法，是指系统在没有人直接参与的情况下，利用控制器，通过信息变换和反馈作用，使被控制的对象能够自动地按照人们预定的程序运行，最后达到最优化的目标。例如，导弹的发射并击中目标，人造地球卫星按预定的轨道运行，都是靠自动控制的方法来实现的。

控制论方法及其本质，是信息和反馈作用，在控制论方法中，核心问题是反馈控制。把系统的输出通过一定的通道再返送到输入端，从而对系统输入和再输出施加影响的过程，就是所谓反馈。反馈分为两类：一类是正反馈，它是倾向于加剧系统正在进行的偏离目标的运动，使系统趋于不稳定状态的一种反馈；一类是负反馈，它倾向于反抗系统偏离目标的运动，使系统趋于稳定状态。以编辑系统控制为例，投稿的文章务必符合所投刊物的规范格式要求；由该刊编委及有关同行专家审阅来稿文章的学术质量能否刊登；编辑部通知投稿者，稿件被录用，经投稿者修改后，返回编辑部；修改稿经编辑加工，送常务副主编复审；编排好再经主编终审后，送交排版、印刷。在编辑出版过程中，对于每个环节都以系统思想为指导进行质量控制，而质量控制的依据，就是通过控制主体——编辑的分析而制定或改进控制措施，从而使出版物更接近系统目标，即达到提高出版物质量的目的，这就是一种负反馈。控制论方法正是从反馈控制得到启发，形成了自己的重要特点。

2. 控制论方法的特点

控制论方法的一个重要特点，就是将机器和动物的某些机制进行类比，找出它们共有的规律性的东西。控制论方法只是从控制系统运动规律的角度来考察系统的状态、行为和功能。具体的系统各种各样，有生物系统、工程技术系统、社会系统。但控制论方法在考察这些系统时，撇开了各系统所含的具体内容，只是一般地研究控制系统的行为和功能。例如，在导弹发射后飞向目标的过程中，它要通过自动搜寻系统不断接受目标的方位、高度等信息，反馈到控制机构，修正自己的飞行方向，直到击中目标为止；人举着苍蝇拍打苍蝇，第一次打空了，苍蝇飞到另一个地方，于是再举起拍子，调整一下角度和位置，打第二次。这两个系统就存在行为和功能的相似性。在机体、技术与社会中普遍存在行为和功能的相似性，这就为从行为和功能上进行类比提供了客观基础。

控制论方法的特点在于它特有的系统功能方法。它仅仅以各种不同的系统在行为和功能上的相似为基础，而不考虑其内部结构是否相似，从信息的输入、输出上研究系统的作用。因此，控制论方法对于多变量的复杂系统，可运用“黑箱理论”，从功能上描述复杂的大系统对环境的响应方式，无需分析系统内部的复杂组成，只要功能相似，就可以实现控制。例如，天气预报中的专家系统，就是用计算机来模拟气象预报天气。二者的内部结构大相径庭，都是接受（输入）各种气象要素，经分析、判断后发布（输出）未来天气消息。

控制论方法的特点还可以具体分为以下六点：

1）可调控物质系统的有组织性是实施控制论方法的必要条件。这就如社会上的一个单位一样，它具有一定的组织，即使一个农村，在旧社会也有一定的组织形式，如家族中有族长、村有村长等，没有一定的组织性，就难以控制，也就难以实施控制论方法，即难以实现控制过程。

2）通过对系统实行有效的调控，可以保持系统的稳定，完成一定的程序，跟踪和捕捉一定的目标，选择最佳功能和适应一定的环境变化，以达到控制的目的。这就同音响系统中的温度补偿电路的控制作用类似，它可以保持环境温度在一定的变化范围正常工作。

3）信息和信息量的选择是控制的基础。一个系统有多种信息，哪些信息对系统功能的影响起决定作用，或者说对哪些信息进行有效控制后，可使系统功能得到正常发挥，对此必须通过分析，做出正确的选择。选择不当，便难以达到对系统的有效控制。

4）信息反馈是实现调控（调节控制）的重要机制，反馈方法是控制方法的重要组成部分。正反馈指被控系统的反馈信息与输入信息相作用的结果是加剧系统正在偏离目标的运动，可使系统向不稳定状态发展，以至于破坏稳定状态；负反馈指被控系统的反馈信息与输入信息相作用的结果纠正或反抗系统偏离目标的运动，使系统的运行趋于稳定状态。因此，控制论方法中一般采用负反馈来控制系统，从而克服系统的不确定性，使之稳定地保持某种特定状态。

5）控制论方法是在动态中考察物质系统的运行机制、结构和功能的。

6）控制论方法在研究被调控系统的运动状态时，必须考察系统周围环境对系统的影响。

3. 控制论方法的步骤

运用控制论方法对具体物质系统进行研究和实施调控时，一般以如图 3-4 所示的形式进行。

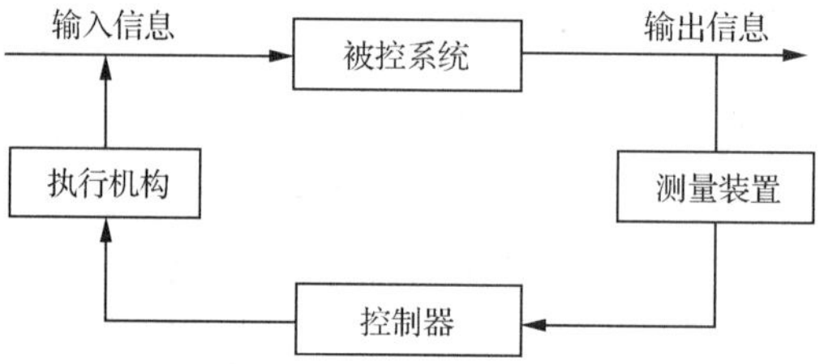

图 3-4　控制论方法的组成

由图 3-4 可知，运用控制方法的 4 个组成部分为测量装置、控制器、执行机构和被控系统，它们共同构成控制系统。其中，测量装置用于测量被控系统输出所蕴涵的信息，人们则用测得的信息对系统性能进行研究；控制器可根据测量装置测得的信息和有关的目标值（事先给定）进行决策；执行机构可根据控制器所做出的决策，按一定方式或规律对系统进行调整或改变被控系统的运行状态。通过这一过程的反复运行，可使系统在控制下相当稳定地处于最佳运行状态之中。

4. 控制论与科学研究

控制论方法是以研究对象的功能作为研究的出发点。同一种功能或行为可以由很多内部结构完全不同的对象来实现，因此在科学研究中，对生物、工程技术和社会等不同系统可以从功能上进行类比，从而促进各学科之间相互渗透，或从类比中得到启发。发展边缘科学，推进科学的发展。

控制论方法在科学研究中把研究对象看做一个整体、一个系统，研究这个整体和周围环境的关系。而这一关系是通过信息和反馈来体现的，研究对象的信息输出和信息输入及其动态过程，正反映了研究对象的控制功能和控制过程。将控制功能和控制过程抽象为信息的获取、传递、加工和利用的过程，从而深刻地揭示了一切具有控制功能的生物系统、技术系统和社会系统的共同本质。控制论方法揭示了生物、技术、社会等系统的共同本质和规律，从而在科学研究中提供了新的思维方式和新的研究方法，它打破了各学科之间的封闭状态，展示了一个崭新的、广阔的视野。例如，科学家仿照水母耳朵的结构和功能，设计了水母耳风暴预测仪，相当精确地模拟了水母感受次声波的器官；又如，科学家受蝴蝶身上的鳞片会随阳光的照射方向自动变换角度而调节体温的启发，将人造卫星的控温系统制成了叶片正反两面辐射、散热能力相差很大的百叶窗样式，在每扇窗的转动位置安装有对温度敏感的金属丝，随温度变化可调节窗的开合，从而保持了人造卫星内部温度的恒定，解决了航天事业中的一大难题；再如，火箭升空利用的是水母、墨鱼反冲原理等。近年来，仿生学、电子计算机技术飞速发展，通常在控制论方法的指导下，使机器模拟生物、人脑的功能取得突破。

四、信息论方法

信息论方法是在现代通信理论、数学理论和控制论以及无线电通信技术、自动化技术和电子计算机技术等现代科学技术发展的基础上，形成和发展起来的一种崭新的现代科学方法。它是研究各种信息传输与变换系统共同规律的科学，是一门综合性的、方法论的学科。信息概念已经渗透到科学技术的各个领域，信息论方法也广泛地应用于各个领域，成为研究复杂系统必不可少的一种科学方法。

1. 信息论方法的定义及其应用

在控制论方法中，控制系统是通过信息来实现其行为、功能方面的调整和控制的。反之，信息论方法就是用信息观点来考察控制系统的行为、功能结构。信息论方法在信息概念分析问题和处理问题的基础上，通过信息的获取、传递、加工、处理等步骤，揭示研究对象的性质和规律。也可以说，信息论方法指从信息和信息论的观点出发，抓住系统的信息流，而撇开它的物质流和能量流，把系统的过程科学抽象为信息过程来研究。

信息论方法同系统论方法、控制论方法一样，是直接从整体出发，用系统的、动态的观点综合地研究系统过程的一种研究方法，它不同于传统方法孤立的、局部的、静止的研究方式。信息论方法的主要特点是，完全撇开了研究对象的物质和能量的具体形态，把系统的过程抽象为信息及其变换过程。运用信息方法可以克服研究物质和能量具体形态的种种局限性。例如，不需要深入地球内部，就能大规模地普查地下蕴藏的各种资源；不需要跑遍地球表面，不需要亲自测量每处从地面到高空的各个地方的各种数据，就能准确地知道世界各地的地面到高空的各种气象要素。这种信息方法在控制论中表现得十分明显，如“黑箱理论”，通过黑箱的输入和输出特性来揭示黑箱的特性，这里的输入和输出，就是信息的输入和输出。因此，信息论方法也是控制论方法的重要基础。

人和被认识、被改造的客观世界组成了一个控制系统，人是控制者，客观事物是被控制者，存在着信息反馈调节和控制的机制。因此，在这个过程中运用信息论的观点和方法，目的并不是为了去说明所认识的对象，而是为了说明关于对象认识的过程，说明主体对客体的信息获取，加工、传输、储存的方式问题。随着计算机技术、通信遥感技术的发展，信息的加工、传输、储存等过程日趋现代化。因此，信息论方法就是利用信息加工的现代化技术，来实现认识和改造客观世界过程中的信息化和自动化方法。

2. 信息论与信息论方法的关系

信息论与信息论方法是两个相互关联、又有区别的概念。

信息论是指研究信息传递和信息交换规律的一门科学。它是近 40 年来迅速发展起来的一门新兴的方法性科学。信息论研究的主要内容是：信息的本质，信息的计量、获取、存储、加工处理、交换和信息的传输等信息作业的基本原理。信息论有三类：狭义信息论、一般信息论和广义信息论。狭义信息论主要研究消除的信息量和信道容量及信息的编码问题；一般信息论主要研究通信问题、噪声理论、信号滤波和预测、调制和信号处理等问题；广义信息论研究内容除上述外，还研究所有与信息有关领域的问题，如生物学、心理学等方面的问题。

信息论方法：任何系统，都包括有物质流、能量流和信息流。信息过程指信息的获取、存储、加工处理和传递、转换过程。信息流程图见图 3-5。

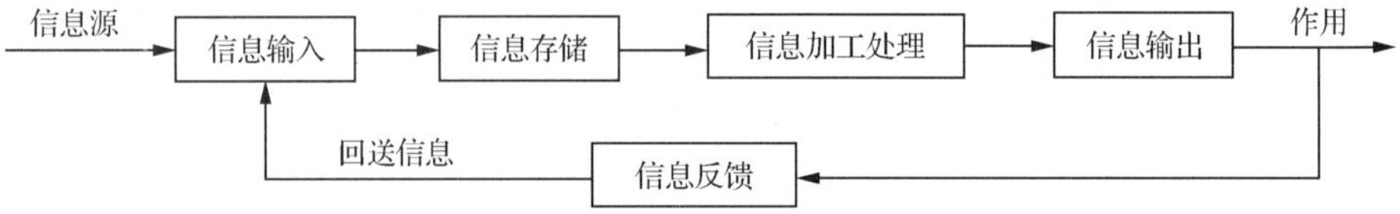

图 3-5　信息流程图

由于信息的普遍性，信息论方法在各研究领域都得到了广泛应用。信息论方法有其特点，这种方法完全撇开了现实物质系统的具体物质资料和运动形式，而只把研究对象的状态变化看做通信过程和信息变换过程，并将其科学抽象为一般形式，从而揭示系统的性质、关系及运动规律。

应用信息论方法的一般步骤为：首先，建立信息流程模型；其次，明确系统中各个环节及系统整体对信息的变换因子或传递函数；再次，明确计算系统的最大熵（即紊乱程度）及外部干扰所引起的熵增情况，并且要明确保持某种特定状态下所有的信息量；最后，设计出通信系统和控制系统，并使之形象化。

3. 信息论中的反馈与反馈方法

信息论中的反馈指“回输”而言，所谓信息反馈，是控制论的重要概念之一，它是指控制系统将输入的信息通过信息变换，转化为输出信息，并把输出信息中的部分分量送回到输入端，以实现某种控制。反馈有正反馈和负反馈之分，这可以用一个例子加以说明，假定要处理的信号是一个声音信号，而信号的转换过程是放大，那么输出信号的一部分送回输出端，当为正反馈时可以使输入信号变得更大（为二者之和），经过再放大，可使输出信号更大，甚至引起啸叫（输出信号过大而致）；若为负反馈时则使输入信号变小（为二者之差），适当的负反馈可使输出信号的大小得到自动控制，但信息论方法中所反馈的是作用结果（即输出信息的作用结果）。

信息反馈的目的是使信息变换过程受到某种控制。反馈信息是实践对假说性理论的检验结果，它包括假说性理论中哪些是合理的、哪些是不合理的、哪些地方不够完善等信息，经反馈后，则可重复上述信息变换过程，即通过进一步搜集资料、加工、修正数学模型等，给出更接近真实情况的假说性理论来。真正的合理的假说性理论的建立都是很困难的，一般要经过多次这种反馈过程才可能完成。

4. 信息论方法在科研中的作用

信息概念揭示了客观世界不同领域的事物和过程普遍存在的崭新联系。运用信息论方法进行科学研究，可把任何复杂事物都看做不可分割的有机整体，看做复杂系统，而不必再把复杂事物分解成简单系统，用简单系统组合的系统去说明复杂事物的系统。对任何复杂系统，都可以通过信息的联系而揭示事物的本质和规律，科学地说明复杂事物的特性。

自然界和自然科学的发展，不断产生着信息，久远年代的信息，也会以各种方式储存下来，保留至今，因此运用信息论方法，可以分析、研究、说明以前运用传统研究方法难以说明的自然现象。例如，分析、研究人类所记载、存储的气象信息，可以发展天气系统的历史振荡周期，进而说明在不同气候振荡周期人类所特有的活动现象、社会特征，揭示出天气系统和社会系统之间的联系和规律，为未来社会发展的气候决策提供依据。

运用信息论方法，可以对某些生物群体的活动规律进行解释。信息论方法还为科学技术研究工作提供了现代化的管理手段。在科学研究中，信息的获取是研究工作的前提。问题的提出，方案的论证、确定、研究过程，都需要信息流的畅通。信息流调节研究过程中人流、物流的数量、方向、速度和目标，驾驭人和物做有目的、有规则的活动。因此，科学研究需要一个现代化的管理系统，这个系统必须具有高效率的信息系统功能，能对来自内部的信息作加工处理迅速传递，有效使用，以保证科学研究工作达到预定的目标。

控制论、系统论和信息论揭示了自然界、社会和人类思维这三个领域中许多现象的一致性，揭示了用机器模拟人的某些思维活动的可能性，从而更具体地论证了世界物质统一性和意识现象及其物质基础，充实和丰富了辩证唯物主义自然观。运用这些方法进行科学研究，会使视野开阔，层次更深入，结果更具有普遍性和说服力，也更具有理论价值或应用价值，得到社会的承认或生产运用中的推广。

中国神舟系列飞船的研制、发射与回收，是系统论、控制论与信息论综合运用的工程。神舟飞船由我国自行研制，具有完全自主知识产权。其采用三舱一段式结构，即由返回舱、轨道舱、推进舱和附加段构成，由 13 个分系统组成。

五、复杂性方法

科学在 20 世纪得到了空前的发展，量子力学打开了神秘的微观世界之门，相对论把人们的视野引到浩瀚的宇宙星空，计算机的广泛应用打开了智能开发的宝库，一场新的科学革命在 20 世纪末产生，这就是复杂性科学革命。作为复杂性科学，较之量子力学和相对论鲜为人知，但其重要性绝不亚于前两次革命，因为复杂性科学所研究的问题正是人类面对的大千世界中最复杂的体系中最复杂的问题。例如，生命的起源，气液表面大量紊乱运动的气体分子、液体分子以及液体中溶解的其他分子在状态不断变化的情况下将如何演化，社会经济发展中的很多问题，都包含着极大的复杂性。

世界本来就是一个复杂和不断变换着的世界，从破碎的浪花到喧嚣的市井，从千姿百态的云朵到变幻莫测的经济市场，凡此种种，都是客观世界特别丰富多彩的部分。而人们虽然处于这种复杂现象的包围之中，但由于人们认识世界的过程遵循着从简单到复杂的认识规律，对复杂现象的研究只能是在计算机被广泛应用的现代社会条件下才具有了可能性。此外，复杂性问题的研究本身就蕴涵很多困难因素，这是造成复杂性科学诞生晚、发展缓慢的根本原因。

复杂性科学是一个由众多分支组成的群体性科学。其中，每个分支都在探索复杂性这个方向上齐头并进，同时又各具特色和侧重。普里高津（I. Prigogine）于 1969 年建立的耗散结构理论揭开了复杂性科学的序幕，而后，哈肯（H. Haken）的协同学、艾根（M. Eigen）的超循环理论以及混沌学、分形理论相继建立，为复杂性研究提供了多种不同的方法，这就构成了多分支的复杂性科学。

复杂性科学研究的主要对象是远离平衡态的开放系统，如何通过自发组合演化为有组织的状态的可能性及演化规律。复杂性科学正在汇编一套特别丰富的科学词汇，如开放系统、非平衡态、分叉、涨落、相变等。尽管不少词汇是从物理学中借用的，但它们在复杂性科学中还具有一些全新的含义。下面仅就耗散结构理论、协同学、混沌理论和分形学几个最主要的分支理论作简要介绍，以便可以领悟到探索和发展复杂性科学方法及现有复杂性科学方法在各学科未来发展中潜在的广泛的应用前景及其深远的重要意义。

1. 耗散结构理论

耗散结构理论是由比利时化学家普里高津和他所领导的布鲁塞尔学派经过长期研究，于 1969 年提出的。这一理论的建立极大地拓宽了物理学的研究领域，即把复杂系统，包括生物的进化过程都纳入了物理学研究的内容之中。耗散结构理论与传统的经典物理学既有密切联系，又有很大区别，由于耗散结构理论中的一些基本概念来自热力学，不妨从热力学新发展的角度来阐述耗散结构理论，便于较方便地理解这一理论中的一些基本内容。

（1）两类有序结构和自组织现象

热力学第二定律指出，在一个孤立系统内自然发生的过程，总是使系统不可逆地趋向于熵（混乱程度的量变）取最大值的平衡态——一种分子混乱程度最大的状态，并认为不可逆过程总是起耗散能量和破坏有序结构的消极作用。这里的关键性问题在于，定律中人为地主观地加上了一条限制——孤立系统。所谓孤立系统是指与外界环境完全隔绝的系统，现实中这样的系统是很少见的，而大量存在着的实际系统总是与外界环境相联系的，即与外界环境不断进行着能量和物质的交换，这种系统则称为开放系统。虽然上述规律是正确的，但它只是在孤立系统中且在偏离平衡态（一种动态平衡的状态）不远的条件下总结出来的规律，而在更为大量的实际的开放的和远离平衡态的系统中，系统是否仍然像孤立系统和近似平衡的情况下，总是单向地趋于平衡态或与平衡态有类似行为的无序态呢？不可逆过程是否总是在起着一种破坏有序，并耗散能量的消极作用呢？

生物体是处于远离平衡态的典型的开放系统，因为它总是在不断地从其生存的环境中吸取营养、排出废物。而生物体在形态和功能上都是自然界中最复杂、最有组织的物体。生物体在各级水平（分子、细胞、个体、群体……）上都呈现着有序现象。例如，许多树叶、花朵及各种动物的皮毛等，常呈现出很漂亮的规则图案，而且其生物过程都呈现着周期性的变化规律。这就意味着，远离平衡态的开放系统有着不同于处于平衡态的孤立系统中的规律性。

自然界中有两类有序结构：一类是晶体中出现的有序结构，它是在分子水平上定义的有序，并可在孤立的环境中和平衡的条件下维持其有序，且不需要与外界环境交换能量和物质；另一类有序结构，是在非平衡条件下的开放系统中呈现时空有序性，而且需要与外界环境进行物质和能量的交换，才能维持。生物体中的有序是属于第二类有序结构的典型，这类有序结构被普里高津命名为“耗散结构”，因为它的形成和维持需要能量的耗散。第一类有序结构又称平衡结构，因为它可在平衡条件下形成和维持。

一个系统的内部由无序自动变为有序，即自动使其中大量分子按一定的规律运动的现象叫自组织现象。生命过程实际上就是生物体持续进行的自组织过程。在自然界中，常常可以观察到许多自发形成的宏观有序结构现象。例如，天空中的云也常形成宏观的有序结构，像鱼鳞天和云街都是典型的自组织现象，天空中的云呈现出整齐的鱼鳞状排列称为鱼鳞天，而天空中的云呈现整齐的带状间隔排列，则称为云街。

这些都是在开放系统中的自组织形象形成的有序结构。尤其值得人们深思的是，在实验室里，在一定的实验条件下，也可以发现自组织过程，贝纳（Benard）对流就是一个典型的例子。1900 年，贝纳在一个圆盘中倒入一些液体，当从下面加热这一薄层液体时，随着上下液面温差 Δt 的不断增大，当初超过某一临界值 ΔT_0 时，突然出现了很有规则的对流花样，从上向下俯视，许多像蜂房式的正六角形格子展现在眼前。格子中心的液体往上流，边缘液体往下流，或者相反，即形成了一种宏观的有序的动态结构。此外，冬天玻璃窗上如果有一层薄薄的水，它便会很快形成一种规则的冰花图案，冰花生长的过程非常迅速而且有趣，这同样是一种自组织现象。例如，松花蛋中出现漂亮的松花等。

如何解释上述自组织现象呢？贝纳对流花样的形式可定性解释为：由于热膨胀使液体分成不同的密度层次，靠近下方的液体被加热，温度升高而密度降低，浮力作用使其有向上运动的趋势。上下层温差较小时，液体的黏滞性产生阻碍运动的内摩擦起到了稳定作用，因而温差小时没有发生对流。当温差大于临界值时，下层密度小的液体的浮力大于内摩擦，对流便产生了。当靠近下底面的某一小体积液体受到扰动时，只要稍稍向上运动一点，它便进入了温度更低、密度更大的区域，因此浮力也增大，从而进一步扩大它向上运动的趋势。另外，上面的小水珠温度低、密度大，一旦受到扰动，则会向下运动，而且其向下运动的趋势同样是随之下降而增加，这样便会形成对流现象。对流现象是肯定要发生的，但为什么会产生贝纳对流花样呢？加热的过程并未强迫微观分子统一按某种规律运动，即上下层液体的温差是均匀地水平分布于液体中，在未发生对流前，在水平面内具有水平对称性，但由于某种干扰（即涨落）使得系统水平对称性发生破缺（即破坏了水平对称性）时，由于自组织作用，系统将自动进入了一种新的有序状态。这是远离平衡态的开放系统中的一种普遍现象。这便是普里高津经过大量研究，提出的著名论断“非平衡是有序之源”。这便是说有序是在无序中自发产生的。

注意上面已经提到了对称性破缺的问题，这是一个十分重要的问题，现代物理学中一种重要的研究方法，就是利用群理论对系统对称性进行分析，系统具有某种特定对称性，就对应着某种特定状态，一旦这种对称性遭到破坏，体系就会进入另一种状态，这便是说对称性破缺会带来状态改变。贝纳对流现象便是由于液体内部密度分布对称性破缺所致。B-Z 反应的自组织现象更为奇特，这是苏联化学家别洛索夫（Belousov）和扎鲍廷斯基（Zhabotinsky）发现的。他们在做化学实验时发现在某些条件下，某些实验中反应介质的颜色随时间作周期性变化，甚至由于容器中不同部位各种成分浓度不均匀而呈现出许多漂亮的花纹，有的会呈同心圆向外扩展，有的则成螺旋状向外扩散。

这同样是由于各部分物质密度分布的对称性破缺所导致的宏观有序现象。对这种现象的合理解释是，在特定的条件下，在不同时刻和不同位置的反应分子出现了长时间和长程的关联，即体系中的分子好像是受到了某种统一的命令自己组织起来形成宏观的一致行动。

(2) 从孤立到开放和部分到整体

隔离法和分解法都是西方文明发展中使用的重要思维方法。隔离法的关键是把研究对象从其环境中孤立出来，以便使问题大大简化。例如，摩擦是人人皆知的一种耗散形式，地球上的物体由运动状态逐渐走向静止状态的普遍趋势一般都是由摩擦导致的，因此运动物体的这种实际耗散过程普遍存在。但是，在实际的物理学研究中，这种普遍的现象却被忽略了，其原因在于牛顿采用了忽略摩擦的理想状态的研究取得的伟大成功。这同时也是隔离法的伟大成功，因此隔离法就成为了物理研究中普遍采用的一种方法，从而使人们总是设法撇开复杂的环境因素，而只注意去研究那些理想的孤立系统中的问题，这就造成了一种使开放系统研究被忽视的倾向。另外，分解法是化整为零的方法。分解法可化整为零，使问题分解成尽量小的各部分，从而大大简化问题，达到便于解决的目的，但也掩盖了各部分的相互联系、相互制约和相互影响的因素，而这些相互影响因素并不总是可以忽略的。因此，不考虑各部分之间的相互影响，这本身就可能造成某种失误。

在物理学的研究中，尤其重视分解法。特别是当近代科学中最伟大的成功之一，即物质微观结构的认识已经达到了分子、原子、核子乃至夸克的层次，这种成功使分解法成了压倒一切的科学研究方法，甚至使得许多科学家认为，科学研究的唯一重要方法便是“对客体进行微观解剖”，因为这是化整为零法目前所能达到的极限。西方文明发展的伟大成就，造就了隔离法和分解法在科学中的垄断地位，然而客观世界中的事物之间的联系是客观的普遍存在，这种存在是不以任何人的意志为转移的，也是决不容许忽视的。

普里高津本人正是以一种新的观念，抓住了客观世界中物质运动的这一本质属性进行了深入研究，才取得了令科技界瞩目的丰硕成果。耗散结构本身就是一个开放的与环境密切相关的系统，而这种系统中之所以出现自组织现象，则是因为内部各部分相互联系、相互作用的结果。这种各部分之间的相互作用被归结为长程关联效应，正是这种长程关联效应，使得系统中任意小部分的运动都必然会影响到整个系统的运动状态，因此必须从系统整体的角度，从相互联系的角度去研究耗散结构中的各种现象及产生这些现象的机理。

(3) 熵流和非平衡定态相互关系

为了研究从无序到有序转化的规律，就需要研究系统离开平衡时的行为。系统离开平衡态是外界环境对系统影响的结果。当外界环境对一个热力学系统的影响（如产生的温度梯度或密度梯度）不大，以致在系统内引起的不可逆响应（如产生的热流或物质流）也不大，即能够认为二者之间仅有简单的线性关系时，可以认为系统处于接近平衡态的情况，即所谓非平衡的线性区。所谓线性关系，是指外界的影响因素与对系统状态影响程度之间可以用一次函数的形式表达，它对应的函数图像为一条直线，对应的方程也很容易求解。上述非平衡线性区的问题已经被纳入热力学研究范围，称为线性非平衡态热力学。然而，之所以称为线性非平衡热力学，只是因为在该区中的非线性变化很小而被忽略了，但并不等于不存在非线性效应。在线性区系统所处的状态被称为非平衡定态。对自组织现象的研究正是在20世纪前半叶，首先从近平衡区，即线性区开始的。

2. 协同学基本理论

耗散结构理论的提出，把人们带进了一个开放的非平衡世界。在该领域不断发现有决定物质进化的新的基本形式。为了表达自组织现象中占支配地位的新的物理规律，除了应用热力学原理研究系统特性外，还必须分析具体的动力学机制。20世纪60年代正是大量自组织现象开始被揭示出来的时候，激光是一个典型范例。德国物理学家哈肯通过对激光产生机理的深入研究和综合分析，于1970年首次引入了协同学的概念。他著的《协同学导论》标志了复杂性科学一个新的分支学科——协同学的创立。

3. 混沌的基本理论

自组织现象作为新的物理现象，使人们可以设想出有序如何从无序中产生以及如何探索有序规律性。混沌现象的研究是法国数学家、物理学家庞加莱（Poincare）在研究了受到引力相互作用的三个星体（如一个恒星和两个行星）的轨道问题时开始的，他考虑到由三个星体初始点位置不同所引起的轨道行为的差异，他发现轨道对初值（初始位置）的改变十分敏感，即初值微小变化，运行轨道随着时间推移可以产生很大的差异。这意味着三个星体的轨道问题是一个非常复杂的问题，不可能仅从运动方程的形式及初值确定未来的轨道，即星体长时间的行为具有很大的不确定性或随机性。

20世纪60年代初，人们又相继证明了一些非线性动力学方程，证明了这些方程中的非线性项是导致混沌现象的根本原因。“混沌”一词译自英文“chaos”，又译为“浑沌”、“紊乱”、“无序”等。顾名思义，混沌学是一门直接以复杂现象为研究对象的科学。自20世纪60年代以来，混沌学的研究导致了一系列在“紊乱”现象背后的惊人发现，用霍夫施塔特（D. Hofstadter）的话来说，“混沌学证明，在有序的背后埋藏着一种奇异的混沌，而在混沌的深处又埋藏着一种更加奇异的秩序”。

4. 混沌吸引子理论

混沌吸引子是非线性动力学方程的解在相图中描绘出的轨线，即相图中迭代方程的终态集，它是动力学系统在相空间中最后的稳定状态，了解吸引子对认识混沌现象的特征具有重要意义。

5. 分形的基本理论

分形理论是复杂性科学的一个分支。它被应用于研究客观物体的一类复杂性，如物体粗糙、破碎或不规则的程度。

（1）自然几何

几何学的研究对象是物体的形状。在传统几何学（欧氏几何）中的形状是由线、面、圆、球、角和锥等组合而成的，它是现实的抽象，在许多场合它们给出了很好的描述和表示。例如，地球被看做一个球体，尽管其表面是凹凸不平的。但这种研究本身是粗糙的，对于复杂形体无法用欧氏几何加以描绘，更难以表示出其复杂程度有多大。自然几何为人们讨论自然界物体形状的复杂性提供了一些崭新的概念和语言，对某些问题的研究会使你感到惊奇和耳目一新。

（2）非整数维

欧氏几何中，点是零维的，直线是一维的，平面是二维的，立体是三维的。这种维数只取整数。曼德布罗特提出了一个令人难以置信的分数维的概念。这是科学上的冒险，很容易遭人非议，但它却被证明是非常有用的。

分数维成为一种新方法，不用这种方法就无法定义客体的某些性质，如粗糙、破碎或不规则的程度。分数维是整数维的延拓，对于几何对象而言，可以与整数维作类似的理解。

分数维形态对于混沌运动的描述方面有非常重要的应用。就像无理数远多于有理数的道理一样，非整数维给混沌运动的奇异轨道的构型提供了充分的选择余地，它还给出了对混沌吸引子识别的一个判据。混沌吸引子就是分数维图形，即在不断被放大时可显出越来越多细节的图形。混沌吸引子具有“无穷嵌套的自相似结构”。

对于混沌，分数维形态不是指它的实际几何形态，而是指它们的行为特征，即在混沌区中任一小单元都包含着整个系统的“信息”。总之，复杂性科学方法的研究成果，给人们提供了许多前所未知的现象和规律性，它是人类认知过程中由认识简单事物到认识复杂事物的新起点。

第四章　信息检索与利用

信息检索的能力是知识经济时代人们必须具备的基本素质之一，也是评价一个人信息能力的主要标志；使用好信息检索工具，是做好科学研究和论文写作的重要环节。那么，信息是什么？怎样进行信息检索？当今，如何有效利用信息检索工具来查阅资料，扩展信息的储备？本章从信息与信息检索的概念、类型与关系入手，对信息检索工具、计算机信息检索类型及技术、国内外综合性电子信息资源利用等问题进行探讨。

第一节　信息和信息检索

一、信　　息

1. 基本概念

（1）信息的概念

信息无处不在，人们日常生活中每天都与信息打交道，通过感觉器官接受各种各样的外界信息，通过语言和手势表达和传递信息，人类在社会实践中又不断地产生新信息。信息普遍存在于自然界与人类社会，是客观事物各种表现的反映。物体在运动过程中伴随有信息的产生，信息借助于物质载体记录和传播。

把信息作为一门科学来解释，“信息”一词的定义多达几十种。概括起来有以下几方面：“信息”一词的创始人香农（C. E. Shannon）在其经典论著中定义，“信息是用来消除不确定性的东西”；控制论创始人维纳（N. Wiener）认为，信息是“我们对外界进行调节并使我们的调节为外界所了解时而与外界交换来的东西”；《汉语大辞典》对信息的解释是：现代科学中的信息指事物发出的消息、指令、数据和符号所包含的内容。

（2）知识的概念

知识是人类认识自然和社会的阶段性成果，是通过实践、研究、联系或调查获得的关于事物的事实和状态的认识，是对科学、艺术或技术的理解，是人类获得关于真理和原理认识的总和。简单地说，知识就是经过思维加工的信息。

（3）情报的概念

广义的情报指交流中有价值的知识信息，即特定的时间和状态下，特定的人所需要的有用的知识信息；狭义的情报指以侦察手段或其他方法获得的有关敌人军事、政治与经济等方面的情况以及对这些情况进行去粗取精、去伪存真、由此及彼、由表及里的分析研究成果。

（4）文献的概念

具体地讲，文献是将知识与信息，用文字、符号、图像与音频等手段记录，在一定物质载体上的结合体。笼统地说，文献是信息的一种，是将游离流动的信息物化在物质载体上而形成的，通常将文献和文献信息理解为同一概念。

（5）信息、知识、情报与文献的关系

信息是事物存在的方式和运动状态的表达，知识是经过思维加工的信息，情报是被激活的有用的知识，文献是记录有知识信息的物质载体。它们之间的关系见图 4-1。

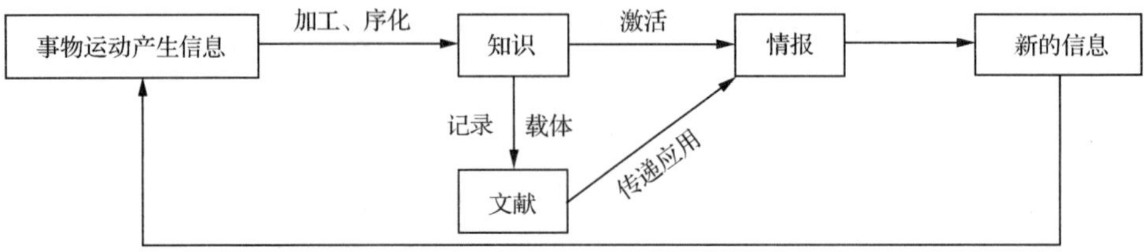

图 4-1　信息、知识、情报与文献之间的关系

2. 信息类型

（1）按内容的特点划分

数据信息。数据信息是表达客观和实际数据的信息。它们都提供确实性的信息，直接回答用户的确切事实或数据。这类信息常常在辞典、百科全书、年鉴与名录等检索工具中可以得到。

分析信息。分析信息通常指对事物与事件等进行说明、解释和分析的信息。分析信息是专家对客观世界、对社会、对人以及对人的思想等的研究成果。分析信息一般在图书与期刊中能找到。

（2）按信息的加工划分

零次信息。通过交流和实物而获得的信息，包括交谈、参观与听演讲等，是借助于语言、手势、场面景观和暗示等信息。这种信息的特点是真实、直观、方便、及时和针对性强，但难于积累和管理。

一次信息。一次信息也称原始信息，即第一次书写、第一次报道、第一次出版的信息，也称为第一手资料，在内容上具有新颖性、创造性、系统性，在出处上具有分散性，它数量十分庞大，常常需要利用二次信息才能获得相关信息。

二次信息。二次信息是把大量分散无序的一次信息依一定的方法和原则进行加工提炼、浓缩而形成的信息，其目的是为了有效地管理和利用一次信息。它的形式主要包括目录、题录、文摘、索引与书目等。

三次信息。三次信息指在对一次信息和二次信息进行广泛深入的研究之后，进行汇集、综合和分析等深入加工而形成的信息，在内容上具有综合性，在功效上具有参考性。它的形式有百科全书、年鉴、指南以及综述、述评、进展报告等，还包括指引利用二次信息的书目、文献指南。

从零次信息、一次信息、二次信息，到三次信息，是一个由分散到集中、由无序到有序、由博到精地对信息进行不同层次的加工过程。每级信息的质和量是不同的，有助于人们根据需要，有效利用信息。

（3）按信息载体的物理类型划分

纸质型。纸质型指以纸张为载体，以印刷技术或手写为记录信息的手段，如印刷本、复印本、胶印本、铅印本、油印本、石印本与手抄本等。纸质型文献的最大优点是携带方便；缺点是存储密度小、体积大、不便于管理和使用。

缩微型。缩微型指以感光材料为载体，利用光学技术，将文字、图形与影像等按比例缩小而产生的一种文献。最常用的有缩微胶片和缩微平片两种产品。用户可通过阅读机阅读，或通过新闻记者复印机（也称还原机）阅读，这种机器还可以把缩微胶片放映成原始纸介质读物。这种文献的特点是体积小、存储密度高、节省空间；缺点是阅读不方便，阅读时需要使用阅读机。

声像型。声像型指采用特定的设备，使用声、光、磁、电等技术记录声音和图像信息的一种文献形式，如录音带、录像带和影视片等。它给人以直观、形象的感受。

3. 信息来源

（1）信息来源的类型

按开发的程度来划分，信息来源可分为潜在信息源和现实信息源两大类。

潜在信息源是指个人在生产实践活动中，对事物产生的认识（感性认识和理性认识）储存在人的大脑中形成的信息源。其特点是只能供自己使用，不能供他人使用，而且容易随记忆衰退而淡化甚至消失，因此是一种有限再生的信息源。现实信息源是潜在信息源经过个人的表述后，能够为他人所用的信息源。其特点是具有表述方式多样性，即可以通过特定的符号和载体进行表达；具有社会性，在一定的社会环境下被广泛的传递和反复利用，是一种无限再生的信息源。

（2）现实信息源类型

现实信息源有语言信息源、实物信息源和载体信息源。

口头传递的信息或以人的各种体态表述出来的信息，即语言信息，称为零次文献。语言信息无时不在、无处不有，被广泛运用在谈话、授课、讲演、表情和舞蹈等方式中。这类信息源具有直观性，能起到暗示作用，是一种需要重视和开发的极为丰富的资源。

实物信息源是人类通过生产实践活动，以实物形式表述出来的信息资源。实物信息是指以某种实际存在的物品所提示出来的信息，如产品样品、样机、模型与雕塑等。其特点是信息量大、感觉实在、直观性强，但其组成物质成分多，需要通过理性分析才能获得大量隐含的信息。语言信息和实物信息是还没有加工的信息，用户只能根据自己的需要去细心地有目的地搜索、加工、整理、分析和利用。

载体信息源是获取信息最主要的来源，载体信息源又分印刷型文献信息源，如图书、期刊、报纸、科技报告、学位论文、会议文献、专利文献、灰色文献（非公开出版发行的文献）、政府出版物、产品资料、标准文献、档案文献以及电子文献信息源，如光盘出版物、网络信息等。

二、信 息 检 索

1. 信息检索的概念

信息检索，即从众多集合中迅速准确地查寻出用户所需信息的全过程。广义的信息检索有两方面的含义：一是将信息按一定的方式组织和存储起来；二是根据用户的需要找出有关的信息资料的过程和技术。广义的信息检索，全称是信息的存储与检索，又叫信息的存取。而狭义的信息检索只包含后一个过程，即为处理解决各种问题而查找、识别、获取相关信息的活动及过程。

一般来说，用户检索信息时，习惯把已知信息的表面特征或内容特征作为检索词检索信息。因此，一般的检索工具正是根据信息的外部特征，即文献的表面信息，如题名（书名或篇名）、著者、机构、ISBN、专利号与报告号等以及信息的内容特征，如文献内容中所论述的主题、观点、见解和结论等特征进行编排的。

2. 信息检索的意义

通过对信息检索知识的系统学习，人们能够充分地意识到自身潜在的信息需求，进而充分、正确的表达出来，利用信息检索的技术与方法，对信息进行去伪存真、去粗取精，并进行提炼，以获取自身需要的信息。党的二十大报告指出，一些关键核心技术实现突破，战略性新兴产业发展壮大，载人航天、探月探火、深海深地探测、超级计算机、卫星导航、量子信息、核电技术、新能源技术、大飞机制造、生物医药等取得重大成果，进入创新型国家行列。这些成果都离不开信息检索。因此，只有掌握信息检索知识，人们才能高效获取、正确评价和善于利用信息，为科研工作赢得大量宝贵时间，缩短科研周期，加速科研进程，取得更大的科研成果。

3. 信息检索的类型、方法、步骤、手段与语言

（1）信息检索类型

作为检索对象的信息有着不同的表现形式，有的是文献形式，有的是数据、事实信息。根据检索的对象，信息检索有：文献检索、数据检索、事实检索、超文本检索、多媒体检索与超媒体检索等。

（2）信息检索方法

信息检索方法一般有 3 种：即利用检索工具，以主题、分类和著者等为检索入口检索所需文献的常规法；利用原始文献后面所附的参考文献和有关论著的引文注释进行追踪检索的追溯法；以常规法与追溯法相结合、交替使用的循环法。

（3）信息检索步骤

信息检索的步骤是根据科研项目的需要，使用一定的检索工具，选择适合自己的检索途径和适当的检索方法，实施查找所需文献的全过程。信息检索可以分为下面 4 个步骤进行：分析研究课题，确定查检要求；选择检索工具；确定检索途径和方法；实施检索操作，索取原始文献。

在检索的过程中一般都有可能直接获得所需文献，但也有可能只获得一批与课题相关的文献线索，在这种情况下，若要获得原始文献，就需根据检索所得的文献线索，去查找原始文献。

(4) 信息检索手段

现在信息检索的手段主要有两种：手工检索与计算机检索，而计算机检索正在成为信息检索的主要手段。

为了更好地利用信息，人们根据每件信息的内部和外部特征而设置了检索点，以此作为检索信息的入门。一般来说，设置的信息检索点主要有分类、主题、名称、著者与代码等。

(5) 信息检索语言

信息检索语言（information retrieval language）是用来表达信息概念的一种人工语言，也称受控语言。它是根据信息组织和检索的需要所编制的特殊标识，是存储信息、组织信息和检索信息的符号。

按表达文献的特征分，信息检索语言可划分为描述文献的外部特征和内容特征两大类。文献的外部特征，包括文献的篇名（书名）、责任者、文献类型与出版项等；凡与文献的内容密切相关的特征称为文献的内容特征。

第二节 信息检索工具及其利用

一、信息检索工具

1. 信息的检索工具

检索工具是系统汇集某一学科或各门学科的相关知识，按照一定的体例和排检方法编排，提供查问、征引和解答各种问题的一种文献。

2. 检索工具的分类

检索工具种类繁多，按用途，一般分为两大类，即指示型检索工具和参考型检索工具。指示型检索工具，只提供信息线索，而非文献原文。这类检索工具包括书目、题录、索引、文摘等，一般被称为二次文献；参考型检索工具也称事实数据检索工具，提供具体事实和数据，包括字典、词典、百科全书、年鉴、手册、名录和表谱等，一般被称为三次文献。

(1) 指示型检索工具

有揭示与报道文献信息、指引学者读书治学、提供研究历史文献、考证学术源流的参考、提供科技发展信息的书目。

有提供文献查询线索、科学动态信息、深层次的文献信息、多种检索途径的索引。

有通报最新的科学成果、节省阅读时间、避免重复劳动、与索引相互补充、帮助逾越语言障碍、了解国际科研动态的文摘。

有以印刷型为主体，收录报道、评论、专题注释和评价的检索工具指南。

（2）参考型检索工具

参考型检索工具，也称事实、数据型检索工具，属三次文献。参考型检索工具是汇集某一方面全面系统的知识，按照一定的方法编制，供翻检查阅，解决各种疑难问题的工具，主要有字典、词典、百科全书、类书、政书、年鉴、名录、表谱、图录等。

二、计算机信息检索类型及技术

1. 计算机检索基本类型

计算机信息检索起源于 20 世纪 50 年代，现常用的检索形式有联机检索、光盘检索、网络检索等。

联机检索（online searching）是指人们在计算机检索网络的终端上，使用特定的检索方法、检索步骤、检索语言，从计算机检索系统中检索出所需的信息，再由终端设备显示或打印的过程。

联机检索在我国国内出现的时间较晚，1975 年我国首次引进国外文献数据库进行计算机检索试验。目前，政府、企业、高校、科研机构、文献信息中心等都相继建立了整体性、专业性的数字化信息资源保障与服务系统。它们本着“面向信息用户”的原则，主动、适时地向行业提供相关信息。其中，较著名的有：中国知识基础设施工程（China National Knowledge Infrastructure，CNKI），网址为：http：//www. cnki. net；国家科技图书文献中心（National Science and Technology Library），网址为：http：//www. nstl. gov. cn。

许多数据库检索系统都提供两种检索方式，即菜单检索方式和指令检索方式。菜单检索方式就是系统提供菜单，用户进行选择，直至结束；指令检索方式即通过输入相关指令来完成各种操作的方式。

在检索中，如果记不清检查指令，可以依靠帮助信息了解系统提供的指令及其用法。有时指令通过选择菜单的方式执行，用户在菜单中选择当前可用的各种指令。DIALOG 检索系统有 60 多个指令，其最常用的指令，见表 4-1（括号内的字母为与相应指令等效的缩写形式）。

表 4-1 DIALOG 检索系统的常用指令表

指　　令	指令功能
BEGIN（B）	开始进行检索
COST	显示与计费有关的数据
DISPLAY（D）	显示检中的记录
EXECUTE STEPS（EXS）	执行保存策略
EXPAND（E）	选词，按字母顺序浏览索引
HELP	显示帮助信息
KEEP（K）	将检中记录存入检索集合
LIMIT（L）	限制检索范围
LOGOFF	退出，结束检索
PRINT（PR）	脱机打印检索结果

续表

指　　令	指令功能
RELEASE	消除指定保存策略
REPORT	以表格形式显示检索结果
SAVE	保存当前检索策略
SELECT (S)	进行关键词检索
SET	设置系统选项
SORT	以指定顺序排列检索集合中的记录
TYPE (T)	联机打印命中文献记录

2. 计算机检索基本技术

在实际的检索过程中，许多时候并不是简单的计算机操作就能够完成所需信息的查检，特别是在检索复杂的信息时，这就需要掌握检索的基本技术。选择最适合自己的检索技术，能帮助提高查全率和查准率。检索基本技术主要有以下几种。

(1) 布尔逻辑检索

布尔逻辑检索（Boolean logic）是一种比较成熟的较为流行的检索技术，检索信息时通过布尔逻辑表达式表达特定信息需求。

逻辑“与”运算。用逻辑算符“AND”表示，也可以写做“*”，表示它所连接的两个检索词必须同时出现在检索结果中。逻辑“与”增强了检索的专指性，使检索范围变窄了。

逻辑“或”运算。用逻辑算符“OR”表示，也可以写做“+”，表示它所连接的两个检索词中在检索结果里出现任意一个即可。逻辑“或”可使检索范围扩大，使用它相当于增加检索主题的同义词。

逻辑“非”运算。用逻辑算符“NOT”表示，也可写做“-”，表示它所连接的两个检索词应从第 1 个概念中排除第 2 个概念。逻辑“非”用于排除不希望出现的检索词，它和逻辑“与”的作用类似，能够缩小检索的文献范围，增强检索的准确性。

(2) 截词检索

截词检索也是一种常用的检索技术，是防止漏检的有效工具，尤其在西文检索中，更是广泛应用。所谓截词，是指用户将检索词在认为合适的地方截断；截词检索(truncation/wildcats)，则是用截断的词的一个局部进行的检索，并认为满足这个词局部中的所有字符（串）的文献，都为命中的文献。

截词方式有多种。按截断的位置来分，有后截断、前截断、中截断三种类型；按截断的字符数量来分，可分有限截断和无限截断两种类型。表示截断一个词所用的截断符号，各信息检索系统有不同的规定，没有统一标准。例如，DIALOG 系统是用“?”，BRS 系统用“$”，ORBIT 系统用“#”等。

无限截断。在检索词的词干前后，加一个“*”，表示在此位置上可能出现的字符数量不受限，可查找词干相同的所有词。

有限截断。在检索词的词干前后，加几个“?”，表示在此位置上最多允许出现的字符数。两个“?”之间空一格，即“? ?”，表示该位置允许出现 0～1 个字符；在空格前再增加一个字符，“?? ?”表示该位置允许出现 0～2 个字符，以此类推。例如，通过“book? ?”，可检出 book、books 等词。

（3）位置检索

位置检索是用来表示检索词相互之间的邻近位置关系和前后次序的检索方法。使用位置检索可增强选词指令的灵活性，比布尔逻辑运算更能表达复杂的概念。位置检索符常用的有（W）与（*n*W）、（N）与（*n*N）、（F）、（L）、（S）、（C）等。

1）（W）算符与（*n*W）算符。

（W）算符是“with”的缩写，用此算符运算，检索结果表示此算符两侧的检索词必须按输入顺序排列，而且所连接的检索词之间只能是空格、符号或连接符，不得是单词或字母。例如，输入“high（W）power”检索式检索，命中的结果可能是“high power”或“high-power”等。

（*n*W）算符表示此算符两侧的检索词必须按输入顺序排列，但两词之间允许加入 *n* 个单词。例如，输入“glass（1W）water”，命中的结果可能是“glass to water”、“glass for water”或“glass-to-water”等。

2）（N）算符与（*n*N）算符。

（N）算符是“near”的缩写，用此算符运算，检索结果表示算符两侧的检索词必须紧密相连，其位置可以互换。两检索词之间不允许插入字母或单词。例如，输入“money（N）supply”，可检索出含有“money supply”或“supply money”等。

（*n*N）算符表示算符两侧的检索词，最多允许插入 *n* 个字母或单词，两个检索之间可以互换。例如，输入“economic（2N）recovery”，可检索出含有“economic recovery”、“recovery from economic troubles”、“recovery of economic”等。

3）（F）算符。

（F）算符是“field”的缩写，表示在此运算符两侧的检索词必须同时出现在同一字段中，前后位置可以互换，两词之间插入的词数不限。使用此运算符时必须指定所要检索的字段，如篇名字段或著者字段等。例如，“digital（F）computer/TI”表示在题名字段（TI）中同时出现这两个检索词，才算命中信息。

4）（S）算符。

（S）算符是“subfield”的缩写，表示在此运算符两侧的检索词，只要同时出现在文献记录的同一句子或短语中，即算命中，不管是在哪一字段，词序是否颠倒，中间是否夹有其他词。例如，“silicon（S）sensor”命中记录出现的匹配情况为：A vacuum magnetic sensor（VMS）using a silicon field emitter tip was fabricated and demonstrated.

5）（L）算符。

（L）算符是“link”的缩写，表示在此运算符两侧的检索词有一定的主从关系，前者为主、后者为副。在使用（L）运算符时，系统会自动限定在主题字段查找。仅适用于分主、副标题的文档，把主标题和副标题连接起来，作为一个检索单元进行检索。例如，检索“iron（L）corrosion”相当于把主标题 iron 和副标题 corrosion 连起来检索，从而检索出“iron corrosion”。

6)（C）算符。

（C）算符是“citation”的缩写，表示在此运算符两侧的检索词必须同时出现在同一篇文献记录中，两词的词序不限，出现在哪个字段也不限，只要这两个检索词同时出现在该文献的记录中就算命中文献。例如，“method（C）numerical”命中的匹配情况为：numerical method in modeling the elastoplastic constitutive relationship of sang under different stress paths。

在上述位置运算中，使用最多是（W）与（nW）、（N）与（nN）、（L）、（F）四种。

三、综合性电子信息资源利用

1. 国内电子报期刊利用

（1）全国报刊索引数据库

全国报刊索引数据库（原名中文社科报刊篇名数据库），由上海图书馆《全国报刊索引》编辑部负责研制和编辑，具有文献信息量大、检索点多、查检速度快等特点。目前该数据库基本上涵盖了自1857年以来全国发行的各类报刊。内容涉及社会科学、政治、军事、经济、文化、科学、教育、体育、语言文字、文学、艺术、历史地理等多个学科。条目收录采取核心期刊全收、非核心期刊选收的原则，现年更新量约350余万条。根据文献的内容特征和外部特征以及用户的检索习惯，全国报刊索引数据库设有8个可检索字段，即分类、题名、著者、单位、刊名、年份、主题、文摘，其代码分别为A、B、C、D、E、F、G、H。此外，还支持全字段检索，即对8个可检索字段进行逻辑“或”运算。

（2）复印报刊资料全文数据库

复印报刊资料全文数据库是中国人民大学书报资料中心复印报刊资料系列光盘数据库中的一种数据库，该数据库是印刷版《复印报刊资料》的电子版，精选全国报刊上所发表的人文社会科学论文全文。1994年完成了数据的制作并发行光盘版，2002年推出网络版。复印报刊资料全文数据库包括1978年以来人大书报资料中心精心编制的印刷版《复印报刊资料》的全文资料；分为马列、文史、教育、经济4个专辑，每个专辑下又按年代排列。

全文数据系统提供自由词、原文出处、原报刊地名、原报刊期号、分类号、分类名、作者、复印日期、标题词、关键词以及复合词检索等途径。系统提供的全任意字、词检索可将联想到的任意字、词、句子及其任意组合作为检索条件，在全文中检索所需的信息资料。

（3）中国期刊全文数据库（Web版）

CNKI作为国家基础知识设施建设，是目前国内在建数据库中投入最大、收录报刊文献最完善的数据库工程。该库分为“源数据库”与专业“知识仓库”两大类型。“源数据库”是指期刊、报纸、博（硕）士论文、会议论文、工具书、年鉴、标准与专利等按文献信息来源分类的数据库。“知识仓库”是指在“源数据库”的基础上，按照专业用户群体的标准和知识结构，从“源数据库”中挑选出来、重新整合形成的数据库，如“中国医院知识仓库”、“中国基础教育知识仓库”等。其中，中国学术期刊全文数据库是CNKI最重要的数据库。该数据库内容涉及哲学、社会科学、自然科学与工程技术，数据回溯到1994年；具有全文数据、题录数据、摘要数据、引文数据和基金数据等5大数据检索模块及在线翻译功能；提供篇名、作者、关键词、机构等多个检索途径；具有题录、摘要、全文等不同标准的输出功能；是目前我国使用率最高的一个大型综合性学术期刊全文数据库。该库除主站网以外，还在国内设有50多个镜像站点，其主站网址为：http：//www. cnki. net。检索方法是：用户首先按主站网或镜像站的地址进入数据库，进入数据库需要用户名和密码，这说明该库需要交费才能使用。同时要下载、安装全文浏览器专用全文格式阅读，否则无法阅读全文。

(4) 中文科技期刊数据库（Web版）

中文科技期刊数据库由重庆维普资讯公司研制开发。该库目前已拥有包括港、澳、台地区在内2 000余家大型机构用户，是我国数字图书馆建设的核心资源之一，高校图书馆文献保障系统的重要组成部分，也是科研工作者进行科技查证和科技查新的必备数据库。

收录了1955年以来的自然科学、工程技术、农业、医药卫生、经济、教育、行业信息和图书情报等学科14 000余种期刊刊载的5 700余万篇文献，并以每年740万篇的速度递增。是国内时间跨度最长、收录期刊种类及文献量最多的数据资源库。主站网址为：http：//cqvip. com。同时，须下载PDF阅读器，才能阅读全文。

(5) 万方数据知识服务平台

万方数据知识服务平台由中国科技信息研究所属下的北京万方数据股份有限公司创办，是中国科学技术部直属的唯一大型股份制公司。依托中国科技信息研究所，与全国各省、市、地级情报信息机构建立良好合作关系。万方数据资源系统是建立在互联网上的大型科技、商务信息平台，其旨在为广大高等院校、科研单位、图书信息机构、企业和个人提供权威、综合、便捷、高效的科技商务信息检索查询服务。网址为：http：//www. wanfangdata. com. cn。

万方数据库资源系统包括三大组成部分：数字化期刊子系统、科技信息子系统、商务信息子系统；包含96个数据库，内容涉及自然科学、社会科学与商务信息等各个领域，收录范围包括期刊、会议论文、学位论文、研究报告、技术标准、专利、行业信息、企业产品和法律法规等。

2. 国外电子期刊的利用

(1) Elsevier SDOS全文期刊数据库

SDOS全文期刊数据库是荷兰Elsevier Science公司电子全文学术期刊数据库。SDOS全文库收录了1995年以来Elsevier出版集团所属的各出版社（包括Academic Press）出版的1 900种电子期刊，其中大多数期刊都是国际公认的高水平核心期刊，涉及数、理、化、天文、医学、生命科学、商业及经济管理、计算机科学、工程技术、能源科学、环境科学、材料科学、社会科学等多个学科。SDOS电子期刊的文件全部采用PDF文件格式，使用前必须下载Adobe Acrobat Reader浏览器。我国目前建有2个镜像站，分别设在清华大学图书馆和上海交通大学图书馆，网址为：http：//lib. tsinghua. edu. cn（清华大学镜像）；http：//www. lib. sjtu. edu. cn（上海交通大学镜像）。

（2）Kluwer 全文期刊数据库

Kluwer 全文期刊数据库是由荷兰 Kluwer Academic Publisher 出版发行的数据库，该库共收录期刊 805 种，内容涉及社会科学、经济学、考古学、法学、工商管理、教育学、心理学、人文科学、哲学、语言学、材料科学等 24 个学科领域。该库电子期刊的文件全部采用 PDF 文件格式，使用前须下载 Adobe Acrobat Reader 软件。CALIS 文理中心已引进该数据库，在北京大学图书馆建的镜像站，网址为：http：//kluwer. calis. edu. cn。

（3）EBSCOhost 数据库

EBSCOhost 系统全文网络数据库是美国 EBSCO 公司三大数据系统之一，主要包括学术期刊集成全文数据库（Academic Search Premier，ASP）和商业资源集成全文数据库（Business Source Premier，BSP）。数据库将二次文献与一次文献“捆绑”在一起，为最终用户提供文献获取一体化服务，检索结果为文献的目录、文摘、全文（PDF 格式）。

学术期刊集成全文数据库（ASP）：包括 7 699 种期刊，其中 3 971 种全文刊。学科涉及有关工商经济、资讯科技、人文科学、社会科学、通讯传播、教育、艺术、文学、医药、通用科学等领域。其中，SCI & SSCI 收录的核心期刊为 993 种（全文有 350 种）。

商业资源电子文献全文数据库（BSP）：包括 4 432 种期刊的索引和文摘。其中，全文刊约占 4/5，为 3 606 种，涉及的主题范围有国际商务、经济学、经济管理、金融、会计、劳动人事、银行等，著名的如《每周商务》(Business Week)、《福布斯》(Forbes)、《哈佛商业评论》(Harvard Business Review)、《经济学家预测报告》(Country Reports from the Economist Intelligence) 等。全文最早收录时间为 1990 年，有图像。其中，SCI & SSCI 收录的核心期刊为 398 种（全文刊有 145 种）。

该数据库电子期刊的文件采用 PDF、html 格式，网址为：http：//search. ebscohost. com。

（4）Springer Link 全文数据库

德国施普林格（Springer-Verlag）是世界上著名的科技出版集团，以出版学术性出版物而著名。Springer Link 是 Springer 公司推出的重要电子期刊数据库。2002 年 7 月开始，Springer 公司在中国开通了 Springer Link 服务，通过该系统提供其学术期刊及电子图书的在线服务，是科研人员的重要信息源。Springer Link 所有资源共包含 483 种学术期刊，其中近 400 种为英文期刊，划分为 12 个学科：建筑学、设计和艺术，行为科学，生物医学和生命科学，商业和经济，化学和材料科学，计算机科学，地球和环境科学，工程学，人文、社科和法律，数学和统计学，医学，物理和天文学。

（5）Wiley InterScience 电子期刊

Wiley InterScience 由 John Wiley & Sons 出版。John Wiley & Sons 是有近 200 年历史的国际知名的专业出版机构，在化学、生命科学、医学以及工程技术等领域学术文献的出版方面颇具权威性。目前 Wiley InterScience 平台和 Blackwell 合并，平台上共有

1 350 种电子期刊可供访问，具体学科涉及：生命科学与医学、数学统计学、物理、化学、地球科学、计算机科学、工程学、商业管理金融学、教育学、法律与心理学等。该出版社期刊的学术质量很高，是相关学科的核心资料，数据可访问年限为 1997 年至今。网址为：http：//onlinelibrary. wiley. com。

（6）OCLC First Search 基本数据库

OCLC（Online Computer Library Center，即联机计算机图书馆中心）是一个有国际影响的非营利性质的信息服务机构，总部在美国俄亥俄州。OCLC First Search 数据库可检索到 80 余个数据库，其中有 30 多个数据库可检索到全文。这些数据库大多由美国的一些国家机构、联合会、研究院、图书馆和大公司提供。数据库的内容包括文献信息、馆藏信息、索引与名录。文献类型包括图书、期刊、报纸、胶片、计算机软件与音频资料等。网址为：http：//firstsearch. oclc. org。

3. 学位论文电子信息资源利用

（1）中国学位论文数据库

中国学位论文数据库（CDDB）是由中国科技信息研究所和万方数据公司联合推出的产品，收录了自 1977 年以来我国自然科学领域的硕（博）士研究生及博士后论文。论文著录的字段包括：论文题目、作者、作者专业、授予学位、导师姓名、关键词、文摘、授予学位单位、原文馆藏号码、中图分类号、文摘语种、出版时间、论文总页数等。除论文总页数外，其他字段均为检索入口。

（2）中国优秀博硕士学位论文全文数据库

中国优秀博硕士学位论文全文数据库（CDMD）是由中国知识基础设施工程（CNKI）推出，是目前国内相关资源最完备、收录质量最高、连续动态更新的中国博硕士学位论文全文数据库，每年收录全国 380 家博士培养单位的优秀博硕士学位论文约 28 000 篇，收录范围包括理工 A（数、理、化、天、地、生）、理工 B（化学、化工、能源与材料）、理工 C（工业技术）、农业、医药卫生、文史哲、经济政治与法律、教育与社会科学、电子技术与信息科学。网络版数据每日更新，专辑光盘每季度更新。

（3）CALIS 高校学位论文数据库

CALIS 高校学位论文数据库由 CALIS 全国工程文献中心（清华大学图书馆）牵头组织，协调全国 80 余所高校合作建设的文摘索引数据库。内容涵盖自然科学、社会科学、医学等各个学科领域。已有 70 多家大学签订了参加项目建设的协议，有 50 多家已经建立了本地学位论文提交和发布系统。网址为：http：//www. calis. edu. cn。

（4）ProQuest 博硕士学位论文全文数据库

ProQuest 博硕士学位论文全文数据库（ProQuest Digital Dissertations，PQDD）是在美国 ProQuest 信息公司“PQDD 博硕士论文数据库”的基础上开发研制的数据库，是世界著名的学位论文数据库，主要收录有欧美 2 000 余所大学文、理工、农、医等领域的博士、硕士学位论文，所收录的学位论文回溯时间极长，是获取国外博士论文资源最佳的数据资源库，是科学研究中十分重要的信息资源。该数据库收录 PQDD 博硕士论文文摘数据库中部分记录的全文。网址为：http：//www. lib. pku. edu. cn/portal

(北京大学镜像)；http：//www. lib. sjtu. edu. cn（上海交通大学镜像）。

4. 网络图书数据资源利用

(1) 书生之家图书检索

书生之家（http：//ss. hnadl. cn）是由北京科技有限公司创办，是电子书门户网站，是领先的电子书阅读、销售和交流平台。下设有中华图书网、中华期刊网、中华报纸网、中华CD网等子网，集成了图书、期刊、报纸、论文与CD等各种出版物的（在版）书（篇）目信息、内容提要、精彩章节、全文，是著书、出书、售书、购书、读书、评书的网上交流园地。

(2) 超星数字图书检索

超星数字图书馆（http：//www. chaoxing. com）成立于1993年，是国内专业的数字图书馆解决方案提供商和数字图书资源供应商。超星数字图书馆，是国家863计划中数字图书馆示范工程项目，2000年1月在互联网上正式开通。它由北京世纪超星信息技术发展有限责任公司投资兴建，目前拥有数字图书80多万种，涉及哲学、宗教、社科总论、经典理论、民族学、经济学、自然科学总论和计算机等各个学科门类。该馆已订购67万多册。

(3) Apabi高校教参系统

北京方正阿帕比技术有限公司（http：//www. apabi. cn）是方正集团旗下专业的数字出版技术及产品提供商。方正阿帕比公司自2001年起进入数字出版领域，在继承并发展方正传统出版印刷技术优势的基础上，自主研发了数字出版技术及整体解决方案，已发展成为全球领先的数字出版技术提供商。电子图书资源库是方正阿帕比数字内容资源的核心部分。截止到2010年初，在销电子图书达70万种，其中，2006年后出版的新书占到了70%，涵盖了社科、人文、经管、文学与科技等，已经形成最大的文本电子图书资源库。

5. 网络信息资源的检索与利用

网络信息资源（network information resources）是计算机网络中可以利用的各种信息资源的总和。网络信息资源包罗万象，内容极其丰富，涉及农业、生物、化学、数学、天文学、航天、气象、地理、计算机、医疗和保险、历史、大学介绍、法律、政治、环境保护、文学、商贸、旅游、音乐、电影等几乎所有专业领域，它是知识、信息的巨大集合，是人类的信息资源宝库。

搜索引擎是一种利用网络自动搜索技术采集、索引计算机网络上的各种信息资源，并为用户提供检索服务的工具，其功能包括信息采集、信息加工、信息检索。下面介绍几种常用搜索引擎。

(1) 独立搜索引擎

独立搜索引擎是指仅在自身数据库中查询的搜索引擎。每个独立的搜索引擎都拥有自己的数据库。它根据用户的检索指令，从数据库中反馈出相应的信息结果。

1）国外搜索引擎。

① Google（http：//www. google. com）是当今最流行的搜索引擎，拥有巨大的检索数据库，可用于英语、日语、荷兰语、法语、意大利语、德语、西班牙语、简体中文、繁体中文和朝鲜语界面。

② Excite（http：//www. excite. com）是一个功能很全面的搜索引擎，能提供全文检索服务。最大特点是采用“智能概念抽取”的专用查询软件，允许使用自然语言提问。这就给 Excite 更大的灵活性。

③ Lycos（http：//www. lycos. com）收集了 Web、FTP、Gopher 等网络资源信息，提供关键词检索、网络主题、热点新闻、热点网址、城市导游、在线公司、找人、道路地图、股市等多种服务。具有多语言搜索功能，共有 26 种语言供选择。最大特点是采用了 CentiSpeed 技术，每秒可处理 4 000 个查询请求。

④ Teoma（http：//www. teoma. com）是 Ask Jeeves 搜索引擎的索引源。Teoma 的核心搜索技术是以主题分类为基础的目录集。

2）中文搜索引擎。

① 百度（http：//www. baidu. com）是中文搜索引擎中的后起之秀，其目标是成为全球最大的中文搜索引擎，目前的数据库中收录的中文页面已经过亿，而且在以每天数十万页面的速度增加。其最大特点是不会拆散词组，如查询“北京地铁”，返回的结果一定包含“北京地铁”，而不是“北京”和“地铁”。

百度也提供相关搜索和网页快照等功能，高级搜索中还可以按地区（中国的省、市、自治区）进行搜索以及限定网站（site:）、限定地址（url:）、限定在网页标题(intitle:）中搜索。另外，百度还提供专项搜索，如 mp3/音乐/歌词、图片、Flash 动画、新闻等；还设有信息快递栏目，提供就业、房屋出租等信息。

② 天网（http：//www. sowang. com/beidatianwang. htm）由北京大学计算机网络研究室设计开发，它是中国教育和科研计算机网示范工程应用系统课题之一，被列入 CERNET“九五”攻关项目。网页查询简单，多个关键词之间自动作“AND”处理，同时支持精确短语匹配以及网页缓存。FTP 查询除了速度快，还支持文件名通配符、多文件名的逻辑算符“与”的操作；高级搜索中还能限定文件大小、文件类型、文件日期、国内服务器优先或国外服务器优先等。网站首页还提供分类文件探索，有电影/动画、mp3 音乐、程序下载、文档资料等。

③ 中国搜索（http：//www. chinaso. com）（原慧聪搜索）拥有全球领先的中文搜索引擎技术，先后被新浪、搜狐、网易、TOM 四大门户以及 1 400 多家联盟成员网站和 5 000 多家网站所采用。与一般的搜索引擎相比，中国搜索具有网页覆盖率高、数据更新快、支持中文模糊查询、强大的个性化查询、智能查询、内容相关性分析、便利的专业信息查询等优势，被公认为第 3 代智能搜索引擎的代表。

④ 一搜（http：//www. yiso. me）是雅虎中国推出的一个中文搜索网站，目前设立了网页、图片、mp3 和网址 4 个频道。一搜采用 YST（Yahoo Search Technology）技术，用户可以搜索全球 50 亿网页。网页搜索支持 38 种语言，可搜索 15 亿全球图片，1 500 万中外文 mp3，是中国最大的图片及音像搜索引擎。一搜具有简洁、专业、海

量、客观精准、国际化、稳定高速等特点。搜索界面分为简单查询和高级查询，支持布尔逻辑检索，高级搜索有限定专业文档搜索，站内按内容、时间范围搜索等选项。

⑤ 北极星（http：//beijixing. 8tops. com）是中国最早的搜索引擎站点之一，它的研制被列入国家“九五”重点科技攻关计划，由中国科学技术信息研究所负责项目的执行。具有内容丰富、分类准确、检索速度快、版面简洁等特色。其分类浏览、快速检索、高级检索、站点注册、新站推荐等功能与栏目一目了然，并提供中国 Internet 网站录、电子信箱搜索服务等。

（2）目录式搜索引擎

1）目录式搜索引擎（directory search engines），一般又称为网络目录（Web director）、分类式搜索引擎、主题指南等，它是将所收集的网络信息按一定的分类方法进行加工整理，建立以分类查询和分类导航为主，并集成关键词检索方法的搜索引擎。

2）Yahoo（http：//www. yahoo. com）（雅虎），是互联网上最著名最流行的目录式搜索引擎，主要收集网址、网页、新闻组、FTP 等资源，突出的特点是多语言和本地化。

3）Looksmart（http：//www. looksmart. com），成立于 1995 年，其目标简单，就是在互联网上帮助人们找到他们要寻找的东西，现在 Looksmart 已经成为网络产品目录和定位搜索市场的目录导航工具。

4）The WWW Virtual Library（http：//vlib. org. uk），可以称得上是虚拟图书馆的元老，曾获 GNN 网络最佳奖提名。VL 提供的是一个分布式的 WWW 信息目录服务，在主页提供按字顺排列的信息总目录，将信息分为 16 大类，每个大类指向专题子目录的链接，通过层层目录的链接检索，可获得所需的文献。

5）网易搜索引擎（http：//www. 163. com），自 1997 年 6 月创立以来，凭借先进的技术和优质的服务，深受广大网民的欢迎。网易搜索引擎的网络目录也十分出色，它采用主题分类法，将一个主题的相关内容全部集中在一起。“分类目录”主要包括娱乐休闲、情感绿洲、电脑网络、文学、艺术、教育学习、医药健康、政法军事、体育竞技、经济金融、公司企业、生活资讯、科学技术、少儿乐园、社会文化、旅游自然、新闻出版。

6）新浪网搜索引擎（http：//search. sina. com. cn），是面向全球华人的网上资源查询系统，它收集大量的中文网站，内容丰富，分类详细，是目前互联网上最大规模的中文搜索引擎之一。新浪搜索提供“分类检索”和“关键词查询”两种查找方法。目前共有 16 个大类目录，1 万多个细目和 20 余万个网站，它将网络信息分为娱乐休闲、计算机与互联网、商业经济、生活服务、文学、艺术、体育健身、医疗健康、教育就业、社会文化、科学技术、社会科学、政法军事、新闻媒体、参考资料、个人主页、国家与地区、少儿搜索。大类下提供了二级类目，从而形成一个等级列举式目录。

7）搜狐（http：//www. sohu. com），成立于 1996 年，目前已从中国首家大型分类查询搜索引擎，发展成为综合门户网站。它能够帮助用户快捷地查询网络资源，特别是中文信息。搜狐提供的分类检索途径将网络资源分为娱乐与休闲、教育与培训、体育与健身、旅游与交通、工商与经济、生活与服务、公司与企业、文学、电脑与网络、艺术、社会科学、国家与地区、卫生与健康、新闻与媒体、科学与技术、社会与文化16个大类。

6. 常用自然科学信息检索工具

（1）美国《科学引文索引》

美国《科学引文索引》（Science Citation Index，SCI），网址为：http：//www.soci.org，是由美国科学情报研究所（ISI）出版的一部世界著名的综合性检索工具，于1961年创刊，其出版形式包括印刷版期刊、光盘版及联机数据库，现在还发行了互联网上Web版数据库。SCI（印刷版，双月刊）收录全世界出版的数、理、化、农、林、医、生命科学、天文、地理、环境、材料、工程技术等自然科学各学科的核心期刊约3 600种，也收录一些会议录、专著丛书、图书等；ISI通过它严格的选刊标准和评估程序挑选刊源，而且每年略有增减，从而做到SCI收录的文献能全面覆盖全世界最重要和最有影响力的研究成果。SCI网络版全称为：Science Citation Index Expand，每周更新，收录全球5 700多种科学技术期刊（即外圈），从外圈中再精选3 600种期刊组成内圈（即核心期刊），这些期刊统称为源期刊。随着科学技术的发展，收录的源期刊不断吐故纳新，内圈保持总量不变，外圈每年有所变更和增加。

（2）美国《工程索引》

美国《工程索引》（The Engineering Index，EI），是由美国工程信息公司（The Engineering Information Incorporation）编辑出版的大型综合性检索刊物。EI收录了世界上50个国家25种文字的出版物，包括期刊论文、会议文献、科技报告、学位论文、政府出版物、图书等，以期刊论文和会议文献较全，但不收录专利文献。EI报道的学科范围较广，包括工程技术各个领域、各有关学科及管理方面的出版物，但不收录纯理论方面的文献。EI有多种出版形式，包括印刷版、光盘版和网络版。

（3）英国《科学文摘》

英国《科学文摘》（Science Abstracts，SA），是由英国电气工程师学会（The Institution of Electrical Engineers，IEE）下设的物理和工程信息服务部（International Information Services for Physics and Engineering Communities，INSPEC）编辑出版的，主要包括物理学、电子学、计算机科学与信息技术等方面的文摘型检索工具。

SA收录了来自于80多个国家的图书、期刊、科技报告、会议文献、学位论文等文献，其中以英、美为主。1977年以前，还收录英、美两国的专利说明书。学科范围包括物理学、电工与电子学、计算机与控制科学、信息技术等方面，每年报道量20万篇以上。其电子版为INSPEC。

（4）美国《数学评论》

美国《数学评论》（Mathematical Review，MR），是由美国数学学会（American Mathematical Society，AMS）等17个国家或地区的28个数学学会联合主办、美国数学学会出版的数学领域内最著名的文摘性检索工具。收录的文献类型有期刊论文、图书和会议文献，所收录的数学文献数量占世界数学文献总量的60%以上。收录内容以纯粹数学和应用数学为主，也包括相关领域中有价值的文献。现为月刊，每年一卷。

（5）美国《化学文摘》

美国《化学文摘》(Chemical Abstracts，CA)，是美国化学文摘服务社（Chemical Abstracts Service，CAS）的出版物，是目前世界上最具权威的化学化工文献检索工具。CA 的收录范围非常广泛，摘录了 200 多个国家 60 多种文字的 15 000 多种期刊、会议录、科技报告、学位论文、图书等文献和视听资料以及 26 个国家和两个国际组织的专利文献。CA 将全世界 98%的化学化工文献都收录其中，文献量达到每年 60 多万条。除化学化工文献外，CA 还报道生物、食品、医药、纺织、冶金、能源等领域的文献。出版形式有印刷版、光盘版和网络版。

（6）美国《生物学文摘》

美国《生物学文摘》（Biological Abstracts，BA）的前身为《细菌学文摘》（Abstracts of Bacteriology）和《植物学文摘》（Biological Abstracts），由两刊合并而成，是世界上生命科学方面最大的检索工具。BA 是由美国国家研究委员会（NRC）、美国地物学联合会（UABS）和美国科学促进会（AAAS）联合创办，美国生物科学信息服务社（BIOSIS）编辑出版的专业性文摘刊物，收录了世界 110 多个国家和地区出版的 9 000 多种期刊以及近万种图书、科技报告、会议文献、学位论文、专题资料等，文种达 41 种。报道的内容除了涉及动物学、植物学和微生物学等领域外，还包括生物医学工程及仪器等一些边缘学科和相关领域。BA 的出版形式包括印刷版、光盘版和网络版。

（7）英国《农业工程文摘》

英国《农业工程文摘》(Agricultural Engineering Abstracts，AEA)，是由国际英联邦农业局（CABI）编辑出版的。创刊于 1975 年，月刊，英文版。CABI 由 30 个成员国组成，下设十个分局和四个研究所，共出版 58 种检索刊物，其原始资料来自 150 多个国家、70 多个语种的 11 000 多种期刊和其他出版物。每种检索刊物均包括农业方面的一个主要学科，其中，AEA 是唯一详细介绍农业工程方面重要文献的检索刊物，它收集了 70%以上的全世界农业工程方面的文献。由于采用机编，报道及时，而且收集范围广，内容专一，著录简单，查阅方便，质量可靠，可替代原文，是不可忽视的检索刊物。

经验证与整理，Internet 能获取的国内外一次文献的方法与途径，见表 4-2。

表 4-2　Internet 能获取的国内外一次文献的方法与途径

检索类型	常用数据库	网　址	数据库情况
外文期刊	国家科技图书文献中心	http：//www. nstl. gov. cn	提供外文科技期刊、外文会议文献、外文图书、中文会议文献、中文学位论文等数据库
	中西日俄文期刊联合目录	http：//union. csdl. ac. cn	检索近 600 家图书情报机构的馆藏，浏览世界 10 000 余种网上期刊的目次文摘/全文
	EBSCO 数据库	http：//www. ebsco. com	提供了近 100 多个在线文献数据库，涉及自然科学、社会科学、人文和艺术等多种学术领域
	OCLC 期刊联合目录	http：//firstsearch. oclc. org/FSIP	包括数千种期刊的馆藏情况，有 3 905 万条记录，半年更新一次

续表

检索类型	常用数据库	网　址	数据库情况
学位论文	万方数据知识服务平台	http：//www. wanfangdata. com. cn	收藏论文文摘近113万余篇，全文40万余篇
	高等教育数字图书馆	http：//www. calis. edu. cn/cweb/reference/xwlw/xwlw. htm	学位论文10万余条记录，正在加紧全文数据库的建设
	ProQuest Digital Dissertation（PQDD）学位论文数据库	http：//search. proquest. com	收录欧美2 000余所大学文、理、工、农、医等领域的240万篇博士、硕士论文的摘要及索引，可免费看论文的前24页
网上会议信息及会议	学术会议信息网	http：//www. meeting. edu. cn	提供国内会议、国际会议、会议预报、会议报告，报道所涉及的学科齐全
	上海数字图书馆	http：//www. library. sh. cn	1958年起征集入藏各种科技会议文献，形成专业收藏
	技术会议信息中心	http：//www. techexpo. com/events/evnts-p1. html	根据会议名称、内容、组织单位、国家、城市及州等来查找即将召开的有关科技会议的信息
	美国电气与电子工程师学会	http：//www. ieee. org	可搜索2001年后的会议信息和未来几年内要召开的会议情况
科技报告	惠普实验室技术报告	http：//www. hpl. hp. com/techreports	提供1990年以来实验技术报告，包括计算机科学、通信网络、应用数学等
	麻省理工大学交叉学科中心工作论文	http：//ccs. mit. edu/wpmenu. html	报道该校交叉学科方面的研究成果，可看到较详细的文摘和部分全文
	虚拟报告中心	http：//www. lib. umd. edu/ENGIN/TechReports/Virtual-TechReports. html	查找全球各协会的技术预印本、技术报告，相当部分是全文
	美国政府报告数据库	http：//www. ntis. gov	美国国家技术情报局出版，包含AD、PB、NASA、DOE等美国4大报告

第五章　学术论文特点与写作流程

学术论文的写作，对于检验科研水平、科研工作者的科研能力，乃至对于国际间的科学技术和文化交流，都具有十分重要的意义。学术论文的写作过程是在围绕选题进行资料收集、整理、分析、鉴别，并初步形成自己的学术见解的基础上所进入的研究过程。本章在对学术论文性质和特点进行阐述的基础上，进而对学术论文的写作流程即拟定提纲、写作初稿、实施论证、修改论文和论文定稿五个环节进行论述。

第一节　学术论文性质与特点

一、学术论文的性质

现代的学术论文起源于古代的论说文。它继承了论说文运用概念、判断、推理、证明或反驳等逻辑思维手段来分析、研究某种问题的方法；同时，也延续了论说文由论点、论据、论证构成，通过三者密切相连、相辅相成的逻辑关系来表达思想、阐明道理的独特的说理性文体。

追溯到我国古代，论说文的应用范围极为广泛，从政治、经济、军事、哲学、文艺，到思想、道德、修养等方面，都有许多著名论文。各种不同的体式也相继出现，如论、辩、说、难、谏、议等。近代又出现了社论、杂文、短评、文学评论、思想评论、学术论文等形式。

学术论文就其本质特性来说，就是科学论文。这取决于它的内容的创新性和表达方式的科学性。

由于时代的发展、科技的进步、生产力的提高，特别是我国改革开放以来，学术论文从一般的论说文中脱颖而出，成为一种不局限于用来描述研究成果，阐述学术观点的新型的科学文体——科学论文。特别是当代，人文社会科学和自然科学成果的不断出现、研究环境的不断改善，使科学论文基本上形成了自己独有的格式。

作为信息时代的科研人员，其基本能力应包括以下几个方面：自学能力、思维能力、研究能力、创造能力、组织能力和表达能力，其中的表达能力与其他各种能力有着密切关系，是其他各种能力的综合反映和具体表现，在现代科研中发挥着日益凸显的重要作用。

学术论文写作，对于一个科研人员来说，是其表达能力的直观表现，是有效地完成本职工作必须掌握的最基本的能力之一；对于本科生及研究生来说，是运用已经学到的知识对未来新知识进行探讨和研究，锻炼和培养独立分析、解决问题的方法。作为一个科学研究工作者，如果只懂得专业知识，而在表达上没有过硬的本领，那么就会束缚他的聪明才智的发挥，使他无法将才华很好的展现出来，也会影响他对社会科学文化的传播所做出的贡献。

因此，撰写学术论文是衡量一个学术工作者能力的标准条件之一，学术论文撰写的好坏，也是衡量一个学术工作者水平高低的标志。

学术论文是用来进行科学研究和描述科学研究成果的文章。既然是描写和研究科学研究成果的文章，就要把握两个要点：其一，论文是研究科学问题、探讨学术争议的一种工具；其二，论文是描绘研究成果、进行学术交流的一种手段。

相信大家都有这样的经验，在思考一个比较复杂的问题时，往往要用文字语言或简单图表把思考的问题、过程一一记录下来，这是因为在纸面上视觉化了，更便于反复地推敲、修改，使思考更深入、更确切、更完善。科学研究是一种相当复杂的思维活动，要想把这种思维活动描述出来，使它为别人所了解，就离不开写作。人们进行科学研究，思考问题，只凭脑子想，是很容易出错和混淆的，这就需要在思考过程中，不断地记录、整理、推敲、修改，只有这样，才能做创造性的思考，层层深入，步步展开，逐渐臻于完善，最终达到课题的完成。整个过程离开写作是办不到的。

陈望道在《作文法讲义》中指出："用文字传达意思的制作，就是文章。"写作就是文章的制作，即将思想转化为语言符号，并以一定的体式表达出来的复杂过程。因此，写作实际也是一种生产，是一种精神产品——文章的生产。学术论文写作即学术性文章这一精神产品的生产，与物质生产的程序相似，它有着采集原料、加工制作、总体组装等流程，也有着原料鉴别、材料筛选、技术设计、产品检验等工序。所不同的，只是学术论文写作这种复杂的精神产品的生产，是以各自不同的科研成果作为原料，以无比复杂的大脑思维作为设备，以编辑制造的各种程序作为储备，以变幻无穷的文字符号作为工具，构造出不同体式的论文，令人叹服。这就是学术论文的性质。

作为一个科研工作者，应该有这样的本事——能用普通的语言讲解本行业的专业知识；不仅应当会读书、做研究工作，还应当会教书和写书，做学问深入固然不易，浅出更是困难，不会表达，不会写文章，行之不远，必然存之不久。学科学的不学好语文，写出的东西文理不通，枯燥乏味，让人难以看下去，这不利于交流和科学事业的发展。培养科学工作者的老师，要教会年轻人学会表达，这是青年知识分子必须具备的一项基本功，关系到我国科研成果能否很好的总结、交流和推广、普及，关系到科技事业能否得到整个社会的支持，也关系到科技工作者自身的成长和作用的发挥。

无论是人文社会科学的工作者，还是自然科学的科研人员都要学些文学、历史知识，这既对提高一个人的文化、思想素养和语言、文字表达能力有莫大好处，又对科研工作有开拓思维等意想不到的帮助作用。

二、写作目的和意义

学术论文的写作，经过一代又一代的科研工作者的不断实践、探索、再实践、再探索，已总结出一些带有规律性的经验和体会，有的已经上升到一定的理论高度，可以用以指导学生，帮助他们少走些弯路，不用再经过很长的时间去探索，就能写出符合要求的较高质量的科技学术论文。因此，早在 20 世纪初，国外有的大学已经开设论文写作这门课程，并把它作为一门科学来研究。现在论文写作在美国已经发展成一些专业，设置了学士、硕士和博士学位。有的人认为，只要学好语文就成了，产生了不需要学什么学术论文写作课程就能写好论文的观点，其产生的原因可能是对学术论文的写作知识还缺乏深入、全面的了解。因此，有必要对学术论文写作的目的和意义做一个全面的归纳，才能深入地了解论文写作的重要性，从中理解它的性质。

1. 体现自己劳动的价值

科学研究是一种创造出前所未有的新知识的活动，撰写学术论文，纪录新的科学研究成果，将新的科学研究用语言文字记录下来，储存在人类科技宝库中，体现出科研水平的继承性，在全社会共享作者的科研成果的同时，也就体现出科研工作者自身的劳动价值。

不管是从事人文社会科学工作，还是进行自然科学研究，甚至在校学生，在生活和学习中都会遇到文章撰写工作。例如，科技管理人员要经常草拟、审定各种计划、报告、条例、简报、合同、协议等科技文书；科研人员要经常草拟报告，撰写学术论文、实验报告、科研简报、提要、文摘等学术论文；工作人员都会经常草拟各种生产计划、评定职称报告、设计方案、施工方案、技术总结、产品说明书、技工操作指南以及培训讲义等；高等院校教师要经常编写讲义、教材和指导学生写作报告和论文等；学生（包括学士、硕士、博士）要写出有创造性的论文。以上种种都是通过自己的劳动得来的，具有一定的使用价值。

2. 学术和技术交流工具

21 世纪，科学技术发展已经进入了一个日新月异的时代，通过全世界成千上万的科研工作者夜以继日地进行研究和探索，每时每刻，都有各种各样新的发现、发明、创造和成果涌现、更新。

任何一个科研工作者都不是从零开始，他们首先在前人研究成果的基础上进行研究和探索，经过不断地琢磨、思考、实践、提炼，一旦有所发现，就能够及时地写出思路清晰、结构严谨、论证有力、文笔流畅的论文报告。科学研究成果，特别是社会科学研究成果大都是以文献的形式反映出来的，而在所有的学术文献中，可以说，学术论文又是反映研究成果的最简便、最适用的工具。

一个有所成就的科研工作者，要使科学研究的社会效益得以实现，就必须凭借一定的外在形式将其反映出来，如果不能及时地、恰到好处地把成果发表出去，得到同行的支持并交流传播出去，这不仅对个人是很大的损失，对国家，甚至对人类都是一个极大的损失。因为学术论文不仅有储存信息、传递情报的功能，而且能使人们从中汲取知识，并在此基础上不断地创造和发明，从而具有“再创造”的功能。学术论文的公开发表，能够交流与推广科研成果，促进向现实生产力的转化或推动科学技术的发展。正因为学术论文的发表不受时间和空间限制，所以，它是国内、国际进行学术和技术交流的有力工具。

3. 记录科学研究的成果

文字的出现，是人类进化过程中的划时代的里程碑，“言传”逐渐替代了“意会”式的思维方式，使人能通过语言符号记载研究对象活动的历史经验，以便于总结成败得失，指导其劳动实践。

学术论文最直接显著的功能，即在于有条理地记录人类认识并改造自然、社会及自身的创造成果，历史上有许多新的见解、新的创造，都是借助学术论文这个研究手段与描述工具表现出来，并储存在人类科技宝库中的。口头传说将无济于事。学术论文的发表是研究成果公之于世，从而得到社会认可的一种最有效的记录方式。

4. 促进科研工作的深化

培根在《人生论》中指出：“我写书不是为了消度空闲时间和供人们娱乐消遣，我所关心的是人类生活中的各种问题和困难，这是我愿意借助于正确健全的理智思考来加以改进的。”他在自己的求职信中又说：“我无意于功名利禄，升官发财。我只希望能得到个职业可以谋生，并有足够的业余闲暇使我从事我所热爱的科学研究……我想清扫那些无意义的哲学争论，而探索一种可以通过观察、思考和发现，去达到真理的新途径，使人类知识得到进步。”

我们从中不难发现，科学研究的任务是揭示事物发展的客观规律，探求客观真理，引导人们认识世界，指导人们改造世界。作为科学研究的一个有机组成部分，学术论文必须具备科学性，这是由科学研究的任务所决定的。无论是社会科学还是自然科学都必须根据科学研究这一总的任务，对本门学科研究的对象进行深入的探讨，揭示其规律。

在科学技术的发展过程中，经常会遇到一些不同观点的论争，这种论争往往是理论上、方法上的，有时也会有技术上、措施上的，在实际中常常形成不同的方案。在这种情况下，论争的一方能否战胜其他一方或几方，不仅关乎真理是掌握在谁手里，还要看是否言之有理，以理服人，提出一些无可争辩的论点和论据。否则，即使真理在你一边，你无法说服别人认同你，那么得不到有关方面的理解与支持，有时也会受到挫折，甚至导致有的科研工作人员放弃研究。这种科技发展史中不同观点、不同学派、不同方案的论争屡见不鲜，大至天体的运行、生物的进化、人类的起源、环境的污染等重要理论问题，小至一个地区的开发、一个项目的上马、一个技术的引进、一个产品的改革和推广，许许多多的实际问题往往会进行一场激烈的论争。这种论争，不能长期的持续下去，现在国内外解决这种论争的最好办法就是把论争的双方或几方约到一起，经过几番科学的论证或者可行性研究，然后由权威的部门拍板定案。因此，你的建议、方案、措施能否得到承认，能否得到支持，直至通过采纳，除了它本身是否合理、是否可行、是否完善之外，在相当程度上取决于是否言之有理，论证有力。这不仅看你的口头表达能力，更注重文字表达能力，即论文的写作水平。因此，论辩能促进科研工作的深化。

通过论文的写作，往往可以发现自己科研工作的不足，补充或继续深入地进行研究。这样，既能进一步提高研究水平，又能促进自己科学素质的提高，甚至开拓新的研究领域。

5. 益于培养和发现人才

写作学术论文，对人类社会的进步、科学技术的发展具有举足轻重的意义。只要回顾一下历史，无论在社会科学领域，还是在自然科学领域，许许多多卓有见识的科学论著在人类历史发展过程中所起的重要作用，就不难理解了。而许多思想和观点、创造和发明，没有学术论文这个研究手段与描述工具的帮助，是无法思考和表达出来的。因此，撰写论文水平的高低也直接反映了一个科研工作者思想和学识的优劣，这样既方便用人单位发现寻找人才，也给予研究者一个展示自我的平台。

进行科学研究、撰写学术论文不仅是高校在校学生的事情，而且是科研工作者、各行各业有志青年的事情。

大学生的基本任务是学习。为了适应毕业后的工作任务，在学习期间，要学习好基础课和专业课，系统地掌握专业基础知识、基本理论，打好基础。但是，掌握理论知识不是目的，目的是对将来创造性的工作做好准备。为此，就要求学生在学习期间掌握已经学到的理论知识和培养解决实际问题的能力。这就要求学生通过学年论文、毕业论文和学位论文的写作，运用已学知识对未知知识进行研究和探讨，锻炼和培养独立分析和解决问题的能力。

在大学教育中，应当尊重和提倡知识的丰富性和深入性，同样需要培养学生的独创能力。社会需要培养的人才应该是既能独立工作，又能发挥创造力，而且善于解决实际问题的专门人才。

了解科学研究的过程和方法，懂得怎样搜集和整理材料，怎样利用图书馆，怎样检索文献资料，学会科学研究的基本方法，使学生学习如何撰写论文，懂得选题的重要性、选题的原则和方法，使他们能够运用已经掌握的知识来处理某个课题，进行新的探索，在探索中提高他们的认识能力和培养创新精神，使他们的智慧得到开发，智力得到提高，富于创造性。

撰写学术性学年论文、毕业论文和其他各种论文，有助于培养青年知识分子对科学研究的热情和对工作的责任感。学术论文的创造性是衡量学术论文价值的根本标准。在学生撰写论文的过程中，可以培养人才、发现人才，将各行各业的科研人员的科研成果、创造发明用学术论文的形式写出来、发表出来，为社会所承认，转化为社会知识的组成部分，转化为社会生产力，这也是青年知识分子学有所成、学以致用的标志。

6. 晋升学位和职称评定

作为一个正在崛起的东方文明古国，需要培养的科研工作者和专家数以千万计，如何评定、甄选？这就要通过考核来选拔人才，而进行考核的主要内容之一就是撰写论文。一个科研工作者撰写的论文或发表的学术论文的数量和质量，事实上已经成为考核其业务成绩、晋升学位和职称的重要的公认的标准之一。

因此，无论从个人角度，从单位角度，还是从国家的角度来看，都需要培养和提高科研人员写作各类学术论文的能力。国内外许多事实证明，一些著名科学家的社会声望，不仅仅取决于他们的学术成就和工作能力，在同等学识的条件下，一个文笔和口才出众的专家学者往往会赢得社会更大的认可。

作为一名知识分子，写作论文是他毕生从事的最重要的工作之一。在做好科研工作的同时，也应该撰写论文，将自己的科研成果发表出去，不然，只能像茶壶里煮饺子——有货倒（道）不出，空有满腹才华而无人知晓，那是非常遗憾的，要知道留存于后世的大多还是一个人的成果或者作品，而不是他和他的名字。不论大学生、研究生将来从事什么研究，无论将来从事什么职业，也无论职位的高低，都要经常地、或多或少地写些东西。学术论文写作，除了成为业务考核、晋升学位和职称评定的相应条件外，论文水平的提高还带来许多好处，终身受益。

三、学术论文的特点

学术论文必须具有学术性。学术，是指有专门的、系统的学问。由学术论文的性质，必然导致学术论文具有与一般性文章或创作作品不同的特点，可以归纳为以下几点。

1. 内容的科学性

科学性是学术论文的灵魂，就是把在实践过程中积累起来的知识系统化，并加以探索、研究。它可以是推翻某一学科领域中某些旧观点，提出新的见解；也可以是把分散的材料系统化，用新观点和新方法加以论证，得出新结论；还可以在某个学科领域中，经过自己的观察、实验，有新的发现、发明和创造，陈述新的见解和主张，传播科学知识，表述科学观点。科学在揭开自然与社会的奥秘的同时，又为人类适应、利用规律，改变旧环境与创造新世界提供对策和措施。自然科学为人类创造了丰富的物质财富，改变了人类的衣、食、住、行；人文社会科学引导人类改造不合理的旧制度和秩序，建立新型的理想社会，让人们过上幸福欢乐的生活。

科学研究的任务是探求客观真理，达到正确认识世界、改造世界的目的。作为表达科学研究成果的学术论文，如果没有了科学性，也就丧失了学术论文的基本品格，不仅不能发挥应有的社会效能，还会给社会造成危害。

学术论文的科学性，要求论文观点正确、材料真实、论证严密，这一切又缘于科学的思想方法，要用辩证唯物主义和历史唯物主义的态度和方法去观察问题、分析问题，做到实事求是，不感情用事，客观公允，不主观臆断。因此，研究者必须具备良好的科学素养、一定的理论水平和严谨的治学精神。

学术论文的科学性，要求作者在立论上要客观，不得带有随意性，不得带有任何个人偏见。这与一般的议论文任意表达作者的观点是截然不同的。

学术论文的科学性，要求作者在论据上要有说服力，不得凭空捏造，要通过作者缜密地观察、调查、实验、研究，尽可能多地占有材料，以最充分的事实、确凿的证据、可靠的数据作为立论的依据。

2. 理论的逻辑性

由于科学对象或现象的复杂性，决定了学术论文写作必须运用科学的概念、判断、推理、证明或反驳等手段，来分析、表达在实验、理论、观测方面的研究成果或见解；而由于其科学性，不同于一般论文比较自由地展开议论，学术论文写作要求作者经过周密的思考、严谨而富有逻辑效果的论证。

说某某学者具有较强的逻辑思辨能力，主要表现在其行文的逻辑性强。

培根说："写作使人严谨。"人是有理智而又善辩的，写作学术论文的过程也就是作者思维能力得到锤炼与提高的过程，在文章的写作和反复修改中，认识真理，真理犹如春风细雨，滋润心田，让人在不知不觉中思维变得缜密，语言变得严谨。

作为一名大学生，或者一名科研人员，如果你撰写的论文有较强的逻辑性，表现出较好的思辨能力，往往会使你的论文，以至你的事业获得成功。

中外历史上这类成功的范例是不胜枚举的。

李斯就是其中一个例子。秦始皇驱逐客卿，身为客卿的李斯上书力谏，秦始皇改变初衷，重用李斯，对秦统一中国起了较大的作用。这篇上书就是著名的《谏逐客书》。这篇名著是李斯被逐时在路上写给秦王的。他把逐客放在是否能使秦国富强的高度考察、立论，不但表明了他很有远见卓识，而且深知秦王心愿。逐客对秦王的统一大业不利，用这种利害关系来打动秦王，最有说服力，因为他知道统一是秦始皇梦寐以求的目标和头等关心的问题。果然，当秦王接到李斯这篇上书后，让他担任了全国最高司法官。

《谏逐客书》这篇文章，在论证时，几乎全是摆事实讲道理，不发空议论。文章的说服力主要在这里，为什么现在要逐客？秦王喜爱的珍宝、美色、音乐皆可来自诸侯国，对人才却要"非秦者去，为客者逐"，这种重物轻人的做法难道是帝业者所应为的吗？接着才进入道理和阐发。正面指出，"王者不却众庶"；反面指出，如果却宾客以业诸侯，其结果必然如"藉寇兵而赍盗粮"，秦国必将没有安宁的日子。在论证中，作者始终正反述论，利害对举。正面强调纳客之利，反之推论远客之害，反复论证，对比鲜明，有很强的逻辑性，以事理本身使得秦王不得不信服。

爱因斯坦和萨克斯博士劝说罗斯福总统制造原子弹也是其中一例。第二次世界大战中，美国一些科学家提出了制造原子弹的建议，但遭到拒绝。爱因斯坦写信给罗斯福总统，罗斯福也未顾及此事。科学家又求助于对罗斯福非常有影响力的萨克斯博士。博士动了一夜的脑筋，最后决定用拿破仑不信科学拒造帆船，招致特拉法加海战惨败的故事，终于说服了罗斯福。对比爱因斯坦和萨克斯博士，不难看出说理论证的重要性，即使是名人，撰文时不能有效的组织文章，使其富于逻辑性也是无法打动人、使人信服的。

在使用论据上必须选择使用那些确凿的、典型的事实。事实不确凿，没有广泛的代表性，不仅会使文章缺乏说服力，有时还会导致论点的片面或模糊，甚至会得出错误的结论。引用实践检验的理论材料作为论据时，必须注意引文本身的精神含义，注意材料与观点的统一，否则也会缺乏说服力，得出错误的结论。

论证，就是用"论据"来证明"论点"的过程。论证的目的在于"论点"与"论据"之间的逻辑关系。这些，就是理论的逻辑性。

3. 结果的创新性

科学的本质是创造，科学研究的生命是创造。文贵创新，学术论文尤其如此。学术论文的创新性，就是继承原有的、研究现代的、探索未知的、发现那些尚未被人认识的客观规律。有价值的学术论文往往是探索某一学科领域中前人未提出过或没有解决过的问题。步前人的后尘，承袭与重复别人的观点称不上科学研究，莫泊桑曾经有过这样一句话："一个人以学术许身，便再没有权利同普通人一样的生活法。"

普通人即循规蹈矩的人；创造者即有创新的人。要在前人的基础上有所突破，提出新的见解。学术论文要创新，必须做到两点：一是要认真查阅资料，积累知识。这主要是了解他人在这个领域中已经有了哪些发现、哪些成果。二是要有积极的思索。不思索怎么能有新的创见？思索必须有的放矢。要在前人已有的观点中接受启发，找出自己的独有见解，这种见解才是创新。

学术论文要求作者有独自的见解，有创造性。创新性大，其价值就高；创新性小，其价值就低；如果没有一点创新性，就没有必要写学术论文。这是学术论文所必须具备的一个条件。

科学研究是处理已有信息，并获取新信息的一种创造性的精神劳动，需要不断开拓新领域、探索新方法、阐发新理论、提出新见解。由于科学研究的复杂和艰巨，不可能每篇学术论文都涉及新的发现和发明内容。因此，学术论文不是每篇都要有新发现、发明的内容，事实上，每篇论文，只要有一点新的东西就称得上有独立见解了，即新观点（或评论他人的观点）；新论据，如调查结论、实验结果、未公开的典型资料数据等；新研究方法；新研究角度；等等。

但以此为标准要求在校学生，特别是本科以下学生的学术研究则是不切实际的。学生的学术论文（多为毕业论文），只要能对前人的研究成果进行实事求是的补充和修订，或观点上有新的突破，或材料上有新的发现，或论证上有新的进展，或选题上有新的角度，或认识上比前人有新的提高，都是创新性的表现，只要持之有据，能自圆其说，就都是值得肯定的，具有一定的学术价值。

4. 表达的简明性

语言是人们用以交流思想的工具。在一般情况下，语言的简明与否是以逻辑分析为依据的。这是因为语言原是用以进行思维活动，并表达思维的结果的。思维是否合乎逻辑，决定着语言是否得当，这就是问题的实质。

写文章最基本的要求，即要读者能看懂。有人说，对一篇文章看不明白，这是最大的缺欠，这是很有道理的。写出来的文章，人家看不懂，那写它还有什么用处呢？特别是学术论文的写作，要描述相当复杂的科学道理，这就要求要写得容易理解。要尽量做到不仅本学科的专家看了能懂，就是只有一定知识文化的人看了也很清楚。这将有利于普及科学知识和学科的发展。

一般的，思维不借助语言不可能进行，更不能表达了。但决定语言优劣的主要原因是思维。想不清，说不明，想不深，说不透。因此，从论文语言就可以鲜明地反映作者的研究水平和思维深度。

对于语言的简明性可以用两个词来概括：言简意赅、深入浅出。语言精练而浅近，内容深刻而完备，这是需要下一番工夫的。

（1）业精于勤

要反复实践，要多练笔，加强语文修养，提高表达能力。法国作家司汤达说："应该鞭策自己每天写作。"俄国作家契诃夫说："我们大家都应该写、写、写，写得尽量多。你写得多，尽量多写，要是你完全没有写好，也不要紧，日后自会好起来的。"多写不是盲目求多，而是要把它和现有的写作水平的突破结合起来，要有明确的练习目的和主攻方向。

写作水平的提高是有阶段性的。总的来说是循序渐进的，但这中间却有不同层次、不同境界。这不同层次、境界的每一次转换，就可以说是一次突破，即"量变"后的一次"质变"。这种突破，从训练上说，是从基本功关到文字顺关；从水平上说，是从粗识文笔关到明白流畅关。一个论文撰写者，特别是初学者，写作进步的显示往往表现为这种阶段性的突破。要自觉地抓住这种突破，使它达到一个新的境界。事情往往是这样的，越是深入地掌握了写作的本质，就越可以用浅显的语言把道理表达出来。在这种情况下，"深入"就成了"浅出"的前提。同时，"浅出"又是"深入"的标志，是一种本领、能力。这种能力是要经过努力才能获得和提高的，自然科学、人文社会科学等方面的论著都可以向这个方向努力。

（2）读者为重

论文的作者心中要有读者，阐述一个观点要考虑读者能不能理解。特别是在当前，社会经济发展较快，交叉学科的运用越来越普遍。不仅在大学的学科门类里各个学科间要相互交叉、渗透，就是人文社会科学和自然科学间在思想和方法上也相互渗透。一些自然科学里的特定概念，日益被人文社会科学所吸引和运用；一些人文社会科学的传统思想和观点，则为自然科学所借用。一篇学术论文发表后，往往在其他学科领域中还拥有众多的读者。因此，把学术论文写得容易理解，就是科学工作者迎接发展交叉学科的新时代的需要。

5. 论述的专业性

学术论文选题都是专业性的，作者都是有关的专业人员。每一门学科，无论是人文社科还是自然科学，都有自己的专门研究。论文的交流、发表等，也都带有明显的专业性。

学术论文主要是运用专业术语或专业性图表、符号来表达内容，它的阅读对象大都是研究同仁，只要把学术问题表达得简洁、正确、规范就可以了，因此学术论文专业术语较多，论述具有专业性。

6. 格式的规范性

如果说过去是靠权威证明学术结论，现在则是靠规范化的学术过程、详尽的文本来证明。这种规范化的证明过程，已经发展成为各学者的学术人格，并且得到越来越多人的认同和遵守。

从某种意义上说，没有规范就没有学术论文，没有规范就会损害学术论文的学术价位，影响学术论文的交流。为了适应文献信息传播现代化的需要，1987 年以来，国家标准局发布了《科学技术报告、学位论文和学术论文的编写格式》、《文后参考文献著录规则》和《科学技术期刊编排格式》等一系列国家标准规范文件。

这些规则，对学术论文的内容、论证步骤、写作的规范、参考文献的规范、标点符号的规范、注释形式及作者署名等都有相应的规定。在撰写论文时必须严格遵守这些规定，学术论文写作，特别是学士、硕士、博士学位论文写作，是学术规范训练的第一步。表面上，学位论文在内容上追求创新，在形式上遵循规范；但在更深刻的层次上，学术论文在形式和内容上都是“规范”的，只有通过这种“规范”和“程序”，知识才成为知识。一方面，最大的“规范”就是“创新”；另一方面，“创新”必须以技术层面的“规范”为前提。

第二节　学术论文的写作流程

学术论文的写作过程大体可分为拟定提纲、写作初稿、实施论证、修改论文与论文定稿五个环节。按照学术论文的研究方法不同，学术论文写作形式和格式也有所不同，但其写作规律或写作过程基本相同，见图 5-1。

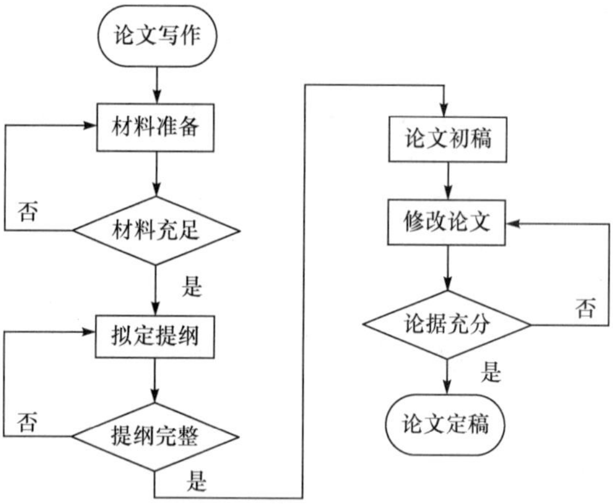

图 5-1　论文写作过程

一、拟 定 提 纲

提纲的拟定是进一步完善论文构思的过程。提纲是论文写作的蓝图，是全篇论文的框架结构。拟定提纲的过程，就是理清思路、形成粗线条的论文逻辑体系、构建论文框架的过程。按照编写好的提纲来展开文章结构，是组织文章的一种有效方法。

1. 提纲的作用

提纲是论文的前期形态和简化形式。编写提纲的主要作用是帮助作者从全局着眼，树立全篇论文的基本骨架，用序号和文字显示出论文的主要内容及逻辑体系，明确层次和重点，使文章简明具体、一目了然。通过提纲，把自己初步酝酿形成的思路、观点、想法用文字固定下来。写起来就会全局在握，目标明确，思路开通，会避免松散零乱、脱节游离，甚至“下笔千言，离题万里”。依据提纲行文，随着文思的畅游和思路的深化，会有许多新的想法、新的发现，会使原来的设想得到修改、补充，甚至扬弃，文章就可能更为理想，更为完善。

拟定写作提纲，可以为论文的写作发挥重要作用：是作者思路定型的过程，是作者借助文字符号使思路系统化、定型化的过程；是把论文格局形态化的过程，从而形成一个中心突出、层次井然、疏密适宜、结构严谨的论文框架体系；为论文的写作和修改提供依据与参照，会更清楚地意识到行文中存在的不足与缺陷，找到修改的恰当方法。

编写论文提纲不是浪费时间，做无用功，实际上，编写一个详尽的论文提纲，虽然会占用了不少时间，却给后期写作铺就了通畅大道，最终还是节省了时间，保证了论文的质量和水平。那种急于求成，不写提纲，甚至在调查研究还很不充分的情况下就匆忙动笔的文章，往往写出来后连自己看着都觉得文章不像样子，结果不得不推倒重来，欲速则不达。

古人说：“晓其大纲，则众理可贯。”有了一个好提纲，文章就写好了一半。因此，必须在分析研究材料、认真构思的基础上，编写论文提纲。

2. 提纲的要求

(1) 提纲的内容

主题和材料是论文的内容，结构和语言是论文的形式。为了表现主题，展示思想，必须合理安排内容结构。提纲要根据主题需要，勾勒出文章结构的大块图样，并把材料分配到文章的各个部分（见图 5-2）。提纲的拟写要项目齐全，能初步构成文章的轮廓，尽量写得详细些。

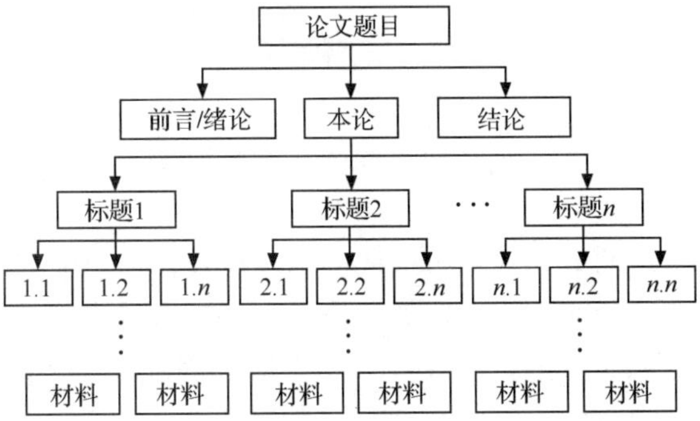

图 5-2　提纲拟定

内容包括：题目（暂拟）、论文的宗旨目的、中心论点、所隶属的各个分论点、各个分论点所隶属的小论点、各小论点所隶属的论据材料（理论材料和事实材料），每个层次采取哪种论证方法、结论和意见等。这样的提纲纲目清楚，主题明确，较全面地写出了文章的观点。在拟定提纲时，还要考虑各章节含意是否相当，相互之间是怎样联系的，各部分在文中起什么作用，该用多大篇幅，并且要注意拟写提纲的详略。有些作者对思考比较成熟的部分在提纲中写得详细，对尚未成熟的问题则写得很简略，这样就发现了薄弱环节，进而可对提纲进行补充和修改。因此，提纲一般来说是由略到详，经过反复思考、逐步修改完成的。

（2）内容的详略

从内容要求出发，论文提纲有详细与简略之分，两种提纲的采用，既和论文涉及内容的范围、复杂程度和篇幅长短有关，也和作者的喜好、习惯相关，作者可以根据实际需要去选择，但是一般说来，论文的提纲宜详不宜简。

3. 提纲的方式

（1）从提纲的格式来看

常见的提纲编写方式有3种：纵贯式、并列式、递进式（见图5-3）。

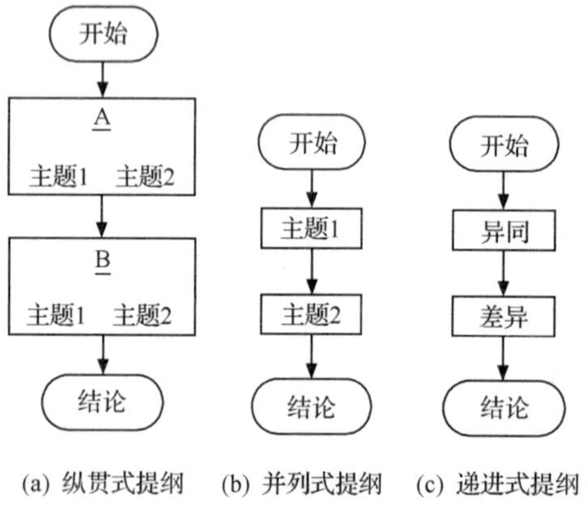

图5-3　编写提纲

1）纵贯式提纲。

纵贯式提纲是以进行研究的先后顺序，或以事物发展变化的前后时间为依据来罗列各个部分的。自然科学研究中，这种提纲格式用得多一些。

2）并列式提纲。

并列式提纲是根据表达中心论点的需要，从课题的不同角度、不同层面而组织安排，平等列出各个部分的内容。

3）递进式提纲。

递进式提纲又可称之为“三段论”式，这是围绕中心论点，依据阐明事理必须遵循的逻辑推理关系，逐层深入地列出各部分内容。

（2）从提纲的内容来看

标题式提纲常见的编写方式有两种：标题式和提要式。

1）标题式提纲。

标题式提纲是以简短的语句或词组构成的标题形式，扼要地提示论文要点，编排论文目次。这种写法简洁、扼要，便于短时间记忆，是应用得最为普遍的一种写法。

标题式提纲常见格式：提纲名称/格式，又可细分如下。

项目式提纲：题目/基本论点/内容纲要（中项目、小项目、中分论点、小分论点）。

成分式提纲：引论/材料与方法/过程及结果/论证与分析/结论/参考文献/外文摘要/附录。

三段论式提纲：分论点之一（论据、论证方法、本论、展开论证）/分论点之二（论点、论据、论证方法）/分论点之三（论点、论据）。

2）提要式提纲。

提要式（中心句）提纲，是把提纲中每一内容的要点用一句或几句话概括，对论文全部内容作粗线条的描述。提纲里的每一个句子都是正文里某一个段落的基础。这种提纲概括地写出各个层次的基本内容，其写法具体、明确，实际上是文章的雏形或缩写。

总的来说，提纲的写法有定则，也无定则，应根据论文的学科特点、复杂程度和个人的写作习惯来确定。拟定提纲的意义在于启发作者的主动性和创造性，写作时既要遵循提纲，又不要过分受提纲的束缚，要边写边思考，不断开拓思路，才能写出高质量的论文来。对于初学论文写作的大学生，由于驾驭材料的能力和熟练程度不高，应尽可能编写内容详细一点的提纲。

二、写 作 初 稿

1. 初稿写作的作用

提纲拟定之后，接下来就要进入具体的行文写作了。初稿的写作就是依据提纲，将课题研究获得的结果、形成的结论，以书面语言按照学术论文要求的规范表述出来。拟定提纲时，更多思考的是如何构建论文的骨架，如何安排论证的逻辑关系和具体环节。待执笔写作时，更多考虑的则是如何按照学术论文写作的格式，恰当地使用材料，如何运用多种论证方法严谨而又充分地表述自己的观点。

初稿的写作是论文形成过程中最艰苦的工作阶段。它既是对论文内容精雕细琢的过程，又是作者思想认识不断深化的过程。初稿的目的是要把所有想写的内容全部表达出来，对全部实验数据和资料进行详细的分析、归类。从初稿的写作过程中还可及时发现前期的研究工作有无不足或错误。从这个意义上讲，初稿写作是研究工作的重要部分。

2. 初稿写作的方法

初稿的写法主要有严格顺序法、分段写作法和重点写作法。

（1）严格顺序法

严格顺序法是论文的一般的和最常用的写法，即作者按照研究课题的内容结构，根据一定的顺序，如论文的结构顺序、研究内容顺序等逐一展开论述。首先提出问题，然后进行论证，最后给出结论。运用严格顺序法时不必担心文章篇幅太长，因为论文的最后形成还有待于修改、加工。

（2）分段写作法

分段写作法指作者从最先考虑成熟的内容开始动笔，先完成此段内容的写作，其余内容在考虑成熟或进一步研究后再行写作。全文写完后，再进行前后对照检查，使前后文风格保持一致，层次间衔接紧凑、自然，避免冗余。当论文的主要论点已经形成，但论点的说明或阐述需分若干段落、层次，则可采取分段写作法形成初稿。用这种写法，每一次最好完成一个完整的部分，以便下次接着往下写时，大体考虑一遍已写过的内容，就可顺势写下去。

（3）重点写作法

重点写作法指从论文的核心章节开始的写作。若作者对论文的主要论点及论据已经明确，但一气呵成的条件还不十分成熟，则可采用重点写作法。这种写法不是按论文的自然顺序写，而是根据自己的构思，分解出主次，分别写作，最后组装成篇。尽管作者对资料经过反复研究、精心设计布局，但在动笔时，很难对全篇内容的每一细节想得十分透彻、周密。因此，可以先把最想写的重点内容写出来，再对各个细节逐一补充，使全文“有血有肉”。

以上关于初稿写作的方法，并不是对任何作者都适用，因为每个人的思维方法和方式可能不同，论文构思、写作习惯、风格自然不同，所以不可能用几个简单的模式要求每一位作者都去遵循。有的作者写作习惯于考虑充分后一气呵成，而有的作者写作的过程往往持续很长，作者只有通过反复的写作实践，才能总结出适合于自己风格的一套写作方法。一般的论文写作方式也只有通过作者的具体实践，并与作者自身思维方式相结合才能产生较好的写作效果。

3. 初稿的注意事项

（1）初稿内容要尽量充分

要尽可能在初稿中把自己事先所想到的全部内容写进去，即使有些重复也不要紧。如果初稿写得单薄、瘦弱，就会给修改增加麻烦。当然，也要防止不加分析地进行资料和数据堆砌，形成“材料仓库”。

（2）行文要符合论文规范

论点、论据、论证等内容，应项目齐全、纲目分明、逻辑清楚、详略得当。论文中量的符号、单位、图、表、公式的书写也要符合规范要求。

（3）成熟见解顺利地表达

写初稿应该放开胆量，那种“十步九回头”，过于在枝节上花费心思的写法，反而容易打乱思路，影响全文的周密思考和组织安排。

（4）书面应写得干净清楚

为便于日后修改，也便于指导教师审阅、提出意见，初稿若是手写稿，最好使用页面字数不多的稿纸，四周有足够的空白之处，或者使用活页纸，便于以后增删和修改。

三、实施论证

1. 论证的作用

论证是用论据来证明论点或反驳谬论的推理形式和思维过程（见图 5-4）。从逻辑学上讲，论证是用一个或几个真实命题来确定另一个命题真实性的逻辑形式。这是写学术论文必不可少的环节，也是引用其他已知为真的判断，来确定某一判断的真实性或虚假性的思维形式。论证过程是论文的核心，论证是否有力关系着论文的成败。

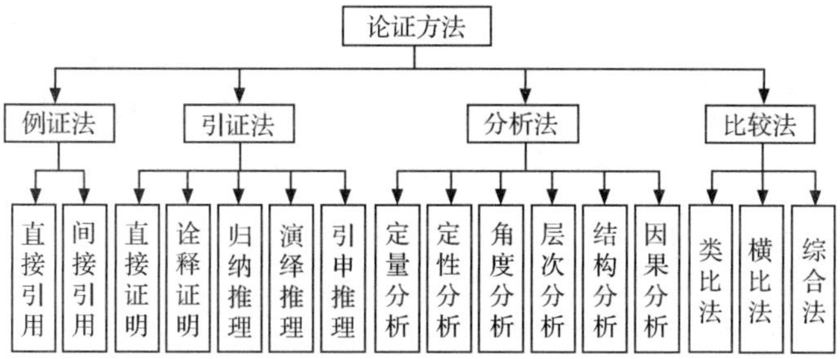

图 5-4　实施论证

2. 论证的要求

(1) 论点和论据相统一

论点和论据的统一是对学术论文进行论证的最基本的要求。只有论点和论据紧密结合，得出的结论才会有足够的说服力。

要做到论点和论据统一，必须把握好论证这个重要环节，所有论证都必须在论点所包容的特定范畴内，要剔除那些游离于论点之外的论证。论点是统领论据的“灵魂”，论据是为论点服务的，要重视论据的选择。做到论点和论据的统一，要充分挖掘论据的内涵，使论据尽可能全面地为论点服务，让论据的作用得到全面发挥；还要做到论点和论据一致，相辅相成，相得益彰；在运用例证时，需要对所用事例进行仔细地分类整理，排列适当的顺序，一定要避免事例的混乱。

论点和论据不统一的情况有：有观点而无材料；有材料而无观点；观点与材料间的关系不统一、不严密。较难克服的是最后一种情况，这也是论文写作中常出现的一种毛病。

(2) 步骤分明逻辑严谨

学术论文的论证逻辑性相当强。一要考虑论证顺序，周密安排，这种安排要把握所论问题的内部层次间的联系，从中寻找论证的突破点；二要符合人们认识问题、解决问题的思维规律，按一定顺序由浅入深地进行论证。

1) 抓内部层次间联系。

了解事物本身所含矛盾间的联系，从而把握事物的本质，抓住具有稳定性的特殊矛盾，在安排论证时，突出这种特殊矛盾，从事物间的对立统一中找到内在的规律性，论证的过程便容易安排了。

2) 由浅入深善于推理。

人们认识问题一般都是由易到难、由简单到复杂，抓住了这一轨迹，论证时可以逐层深入，最后推出论点也就水到渠成了。此外，要注意运用逻辑思维，使论证环环相扣，使条理变得清晰也就顺理成章了。

保持论点和结论的一致性是做到层次清晰的前提。在同一思维过程中，每个思维对象必须保持内容统一，所用概念、判断都必须保持其自身内容的确定性，不能任意改变。论题如果随意变换，前后不呼应，文章层次清楚就无从谈起。

3. 论证的原则

论证本身有一定的规律，要遵守一定的法则，否则就会导致错误，使整篇论文的写作前功尽弃，论点难以成立。学术论文追求科学的逻辑力量，而科学的逻辑力量必须依赖充分的论证来体现。有的论文，观点也新，论据也不少，然而却没有说服力，原因就是缺乏严密的逻辑性，论证不充分。

因此，论证时要坚持以下原则：

(1) 忌论点不明

论点是学术论文的思想灵魂，没有一个明白、确切的论点，其他便无从谈起。论点若含糊不清，就犯了“论题不明”的逻辑错误。论点不明还存在中心论点和分论点关系混乱的问题，它同样会让人不知所云。

(2) 忌偷换论点

论点必须贯穿全文，前后要保持高度的一致。在论证过程中，要围绕同一中心论点证明，不能任意扩大或缩小论点范围，更不能偷梁换柱，环顾左右而言他。

(3) 忌论据虚假

论据必须是真实可靠的，绝不能为论证而不加鉴别地乱用，假论据是得不出真结论的。

(4) 忌循环论证

循环论证就是用论据证明论点的同时，又用论点来证明论据的可靠性，或用论点的变相说法做论据。显然，这种论证不过是绕圈子捉迷藏，实际上什么也不能证明，论证只能以失败告终。

(5) 忌草率论证

论证过程就是推理过程，论点必须从逻辑推理中获得，论据应是论点的充足理由。当然，论证还要遵循辩证逻辑的推理规则，按辩证逻辑思维方法分析和研究事物的矛盾及发展，切不可草率从事，匆忙下结论。

4. 论证的结构

议论文的基本结构模式是：提出问题（引论）—分析问题（本论）—解决问题（结论）。重点是本论部分，又可分为：

(1) 并列结构式

该结构指本论的主要部分是并列、平行的关系。一般来讲，这类结构都有若干个小标题，这些小标题相互独立，都有各自的基本观点，共同阐述论文的中心论点，从理论到事实，从具体到抽象，从个别到一般，形成一个完整的论证体系。这些小标题也横向地反映了论文内在的逻辑关系。并列结构式的优点是显而易见的，它使本论条理清晰，结构分明，便于作者论证和读者理解。同时，采用这种结构把总论点分成若干分论点，便于向深度挖掘，触及事物的本质。

(2) 递进结构式

这种结构是采取一种直线推动、层层深入的方式进行论述。可先提出中心论点，然后逐层剖析，步步推进，最后得出结论。本论部分各分论点是层层深入的纵向关系。使用这种结构时，要把握两点：一是对各分论点进行全面分析。把复杂的事物分解为简单要素，并分别加以研究。这种分析不能点到为止，而要深入事物内部，了解各要素的性质和特点。二是处理好各分论点之间的关系。各分论点之间是一种递进关系，论述时要注意它们的连贯和内在逻辑关系，这并非各分论点的简单相加，而是在分析研究的基础上，依照它们的有机联系，从总体上寻找事物的本质和规律，得出中心论点。

（3）综合结构式

本论写作多是综合运用上面讲的并列和递进两种结构方式来论证的。这种综合结构尤其适用于篇幅较长的论文。本论的结构形式各异，但都必须服从于内容的需要。事实上，本论的安排和论证层次有严密的逻辑性，论点和论据的联系，论述的先后顺序，文章的层层推理，这些都要根据研究对象的内在规律，并考虑论证效果来组织安排。因此，单纯运用并列式或推进式有时不能全面地论证中心论点，需要综合运用并列、递进结构才能取得好的效果。

运用综合结构式要注意两点：一忌混乱。采用这种结构的论文都较长，分论点也会较多，并列和推进两种结构套用，容易造成混乱。因此，在运用时一定要理清顺序，合理地根据内容要求安排，不能玩花架子或乱了方寸。二忌空洞无物。结构再好仅是一种形式，重要的是内容充实、论证有力。运用综合式结构可以辅助论证，但绝不能代替确凿的材料、严密的推理。

总的说来，以上所讲的这几种基本的本论论证方式，究竟采用哪种好，还需要作者依据内容和对论证技巧的熟悉程度来决定。

四、修改论文

1. 修改的作用

修改是对论文初稿所写的内容不断加深认识，对论文表达形式不断优化选择直至定稿的过程。“不改不成文”，这句话说明了修改在论文形成全过程中的重要作用。一篇论文的修改，不仅仅是在语言修辞等枝节上自找毛病，更重要的是对全文的论点及论据进行再次锤炼和推敲，使论文臻于完美。学术论文的写作过程就是一个不断修改的过程，即使运用电脑写作，随写随改，也仍然需要最后通篇阅读、修改。一篇论文，只有经过反复推敲、修改，誊清定稿后，才算是最后完成。因此，论文修改是科学研究的继续与深入，是提高论文质量的有效措施，是科学研究者严谨的科学态度与对读者和社会高度负责的体现。

2. 修改的范围

由于修改的目的是使文章能够更准确、更鲜明地表述研究成果，那么，就修改的范围而言，总的说来就是发现什么问题修改什么问题。具体地说，内容上包括修改观点、修改材料；形式上包括修改结构、修改语言。

（1）修改观点

观点体现着论文的价值，是修改时应该首先注意的问题。对论文观点要注意修正错误的观点、主观片面的观点和陈旧的观点。

修改观点应从两方面进行：一是观点的订正，检查全文的论点及由它说明的若干问题是否带有片面性或表述不够准确，进行反复斟酌和推敲。如发现问题，应重新查阅资料，对实验方法及数据，给予增补、改换。二是观点的深化，应检查自己的论点是否与别人雷同，有无新意。如果全篇或大多数观点都是别人已经阐述过的，没有自己的见解和新意，则应从新的角度提炼观点，形成自己的见解；否则，宁可“报废”，也不勉强凑合成文。

（2）修改材料

初稿中的材料一般只是按序罗列。修改材料就是通过对这些材料的增、删、改、换，使文章“骨肉”丰满、观点明确、论点和材料达到和谐统一。

“增”是为了使支持和说明观点的材料更充分，需要多种层次、多种属性的材料做多方面的论证。如果材料单薄、属性不全，则论点立论就不稳，应当再次选材、增加内容，弥补缺陷，使之丰润饱满。例如，对于实验性论文，不能仅靠很少的几个实验数据，便展开主观想象或得出希望得到的实验曲线，这种做法是违背科学规律的。如果发现这种情况则应及时增补实验内容，获取更多的实验数据，真正使论点立于不败之地。

“删”即净化和精炼材料，突出重点。成功的论文不是材料的堆砌。若干观点所用材料如果有相似的情况，应适当归类合并，保留精华，去掉累赘。最后纵观全文，所用的材料应该是充分而必要的，质量可靠、数量适度的。

“换”即初稿中的材料一般并不都是最令人满意的、最恰当的，为了使所用材料更准确、更有说服力，可对材料进行适当改换。改换材料，一是改换材料在全文中的位置，使各部分材料遵旨定位，强有力地支持论点，增加论证的逻辑效果；二是改换新的材料，丢掉不甚典型、不甚新颖和说服力不强的材料，使文章内容精练、中心突出。

（3）修改结构

结构是论证的逻辑展开形式，也是论文内容的组织安排形式，它反映了作者对论题的思考步骤和推理逻辑过程。因此，结构的修正，就是要理顺作者的思路，使全文各部分间脉络清晰、层次井然、详略得当、逻辑严密、中心突出、主题明确、浑然一体。

结构的优劣，直接关系着文章整体大局和内容的表现效果。初稿完成后，首先要看是否符合论文的结构要求、是否举纲辑要；论点、论据、论证三要素是否全部具备、得当，是否层次分明、脉络清楚。其次，要看结构的各部分安排是否妥当。开头、结尾、段落、层次、主次结构的各个环节是否合适。如发现中心论点或分论点需要变化，层次不够清楚，段落不够规范，内容松散无力，则应进行修改。如果论文准备投送杂志发表，则应按照所投刊物的要求，再检查论文的标题、署名、单位、摘要、关键词（或主题词）、正文、参考文献、外文摘要等各个部分是否符合该刊要求。但是，不论怎样，结构是为表现内容服务的，修改结构要从大处着眼，抓住主要矛盾，务必以鲜明、准确地表现文章的内容为基本准则。

(4) 修改语言

要把自己的研究成果很理想地描述出来，就必须在语言修辞上反复斟酌、修改。作为学术论文，对语言的要求首先是具有准确性，其次才是可读性。因此，论点及论据的表述均应实事求是，切忌夸张；对自己的成果或结论，作者不应做出过多评价。例如，有的作者常把自己的成果说成是“国内首创”、“填补了某某空白”，这些语言一般不应出自作者之口，否则将给读者自骄自傲、自高自大的感觉；论文一般不用第一和第二人称。第一人称往往给读者以“听讲演、受教育”的感觉，容易引起读者反感；第二人称则给读者以咄咄逼人的论战姿态，使人敬而远之。即使是批驳性论文，也应以“商酌”的口气，摆实事、讲道理，不要以大话压人。语言的可读性也不容忽视，初稿中的语句难免出现重复、生涩的现象，这就需要进行加工修改。

论文修改时对语言的锤炼，首先是对字词的推敲选择，使用字词必须准确，富有文采；其次，要注意句段的修改，切忌出现语法错误；并力求句式富于变化，长短相间，具有气势，增强感染力、说服力；同时，应注意语言的规范和书写格式的合理。

此外，修改论文时，还应订正注释，并注意按学术论文的规范要求调整、修改其他各个组成部分。图表是学术论文的特殊语言，在进行语言修改时，还应检查一下文章中图表数据是否可靠、形式是否规范、符号是否符合要求、标点是否合理等。

总之，修改语言的目的是使文章的观点得到准确、鲜明、简练、生动的表达。

3. 修改的方法

修改论文很难有一个固定的方法，每个人的思维方式、写作习惯不同，修改的方法自然不同。根据学术论文的特点，一般有效的修改方法有下列几种。

(1) 整体着眼，通篇考虑

修改时，首先应反复阅读初稿，注意从大的方面发现问题，不要被枝节上的毛病纠缠住。所谓大的方面即指论文的基本观点、主要论据是否成立；全文布局是否合理；论点是否明确；结论是否自然恰当；论证是否严谨；全文各个部分是否形成了一个有机的整体。

(2) 逐步推敲，精细雕琢

初稿完成后，可逐字、逐句、逐段审看，挑瑕疵，找毛病，发现问题及时解决。一般地讲，这种修改方法需要事先对全文作大体上的通读，对文中各个部分的表述基本上做到心中有数，如果盲目进行，则效果甚微，甚至会越改越乱，越改越不称心。

(3) 虚心求教，请人帮助

初稿写成后，作者头脑里已经形成一个定式，修改时自己很难从这个框框里跳出来。同时，作者对自己煞费苦心写出的初稿往往十分偏爱，很难割舍，这种心理是正常的。这时，为了保证论文的质量，最好的办法就是虚心向别人求教，把自己的稿子送给同行专家或导师看，请别人提意见。然后，认真分析所提意见，再做修改。实践表明，这种方法可以避免较大的失误。

(4) 暂时搁置，日后再改

这是一种灵活的修改方法。初稿写完，头脑往往仍处于高度兴奋状态或者疲惫不堪，思想常常陶然于论文的内容，或者混沌不清。此时急于修改，往往不容易发现主要问题。一个有效的方法是先把原稿搁置起来，让紧张的头脑暂时轻松一下，以后再改。

五、论文定稿

1. 定稿的要求

学术论文的初稿写成以后，必须经过反复修改，才能最后定稿，就是电脑写作，仍然需要最后通篇阅读、修改。文不惮改，反复修改的过程，其实是科学研究的继续和深入，是提高论文质量的有效措施，也是科学研究者严谨的科学态度，对读者和社会高度负责的体现。因此，学术论文的写作过程，不能轻视这一重要环节。初稿起码应达到以下几点方能定稿：观点正确，富有新意，论据充分可靠，论述层次清楚，逻辑性强，语言准确、生动，具有感染力，能为读者所接受。简单地说，论文修改的理想效果，首先是自己满意，其次是能让读者满意。

2. 初稿的压缩

学术论文一般有字数规定，并不是越长越好，所以常常要对初稿进行压缩，即对论文做进一步的提炼、精简。一般来说，压缩可从以下几方面入手。

（1）压缩引言

撰写论文时，往往会在引言中先交代课题研究背景、研究动态、写作目的及主要研究方法和手段，这对支持论点是有重要作用的，但毕竟不是全文的核心。因此，引言的语言应力求简练；否则，会有喧宾夺主之感。一般而言，引言部分只要起到辅助论点的作用即可。

（2）压缩图表

图表是学术论文常用的一种特殊语言。好的图表，应当是结构合理、项目清楚、大小合适。一般在初稿写作中很难达到这个要求，这就需要进一步修改、压缩、调整。图表不宜过大，文字尽可能清晰好看、言简意赅。图表中已表达清楚的内容，一般不再作过多的文字叙述；过分简单的图表，则应改为文字描述，避免图表排版的困难。

（3）压缩论证过程

学术论文不是教科书，对论点的论证不必从基本的原理说起。有的作者唯恐读者看不懂，或担心论证有漏洞，在论证时，不惜笔墨从基本知识讲起，原想使论文天衣无缝、顺理成章，结果却恰恰相反，降低了论文的学术价值。一篇好的论文，其论证应是简洁有力，读后使人耳目一新、心服口服。因此，对初稿中那些被公认的事实，要尽量压缩。

（4）压缩参考文献

参考文献是论文的一个组成部分，它可以使读者从不同的角度对论文观点进行分析、鉴别。但是，参考文献也不是越多越好，过多反而使读者无所适从。一般应录入对论点、论据、方法及结论等有关联作用的文献。

(5) 压缩正文

对正文中那些含糊不清、模棱两可的字句也要尽量删改、压缩。压缩的方法主要有自己压缩和请别人压缩两种。自己压缩需要一定的勇气，要忍痛割爱。实际上，自己喜欢的东西，别人看了并不一定都满意，此时作者应当考虑到读者的心理和需要，把读者最需要的东西保留下来；请别人压缩，则主要是通过指导教师和责任编辑（投稿时）审阅原稿后提出压缩意见，再由作者执笔压缩。有些论文，编辑可以直接压缩，但发表前一般要征得作者同意。

总之，压缩的目的是使论文变得更加简练、明了。围绕这个目的，作者可采取多种方法压缩，根据体裁合理取舍。当然，有时在最后的定稿过程中，在做初稿压缩的同时，也可能会存在补充或扩展内容。

定稿是学术论文写作的最后程序。稿件经过反复修改后，作者已经感到符合有关要求，便可定稿。现在，无论是期刊论文还是学术论文一般都要求提交打印稿，因此，定稿的学术论文要严格按照有关的规范清稿、打印，并复制电子文件留存。

第六章　学术论文的写作方法

本章阐述社会科学与自然科学的学术论文的标题、摘要、关键词、引言、正文、结尾等常用写作方法与写作技巧；考虑到本科生和研究生学位论文开题报告前，要求撰写文献综述，简介文献综述论文的写作方法；要求学术论文的文稿标准化和规范化，介绍文献引用、数字、表格、图示、标点、符号、字体、字号及文稿的打印、印刷与装订等方面的写作规范。

第一节　社会科学论文的写作方法

社会科学论文的写作过程强调撰写人在确定选题、拟定写作提纲以后，将自己所积累的知识和所检索阅读的资料融会贯通，综合运用于初稿的撰写，在论证、修改、定稿的过程中，都要求有效利用系统化的知识与高度抽象的思维方法。

社会科学论文也称文科论文，是指以社会现象为研究对象的科学论文。它的任务是研究并阐述各种社会现象及其发展规律。社会科学范围广泛，其研究领域有政治学、教育学、语言学、文艺学、哲学、宗教学、法学、经济学、军事学等。社会科学论文大致可以分为两类：一类是学术理论类，即所论及的问题属于纯粹的学术理论范畴，它可以与现实问题有密切联系，也可以与现实问题保持某种距离；另一类是现实问题类，即所论及的问题是现实生活所面临的迫切需要解决的问题，它强调的是与当前的现实生活紧密相关。由于类别不同，论文的论证方式也就有所差别。学术理论类论文，大多是对某些长久的、没有得到公认的命题进行分析论证，或者是对某些已经得到公认的理论观点，指出其理论建构的缺陷，进行新的质疑与辨析。这类论文所提出的解决问题的方法，大多是引经据典，理论运演。现实问题类论文，大多是就现实生活中存在的某一迫切需要解决的问题，进行分析并提出解决办法，其特点是所论及的问题对于社会具有现实利益性和亟待解决性。这类论文所提出的解决问题的方法，大多以具有可操作性为特征，如为决策部门提出建议性意见等。按不同的研究方向和描述对象，社会科学论文又可以分为教育学科论文、语言学科论文、历史学科论文、经济学科论文等类型，它们各有各的研究领域、写作要求和特点。由于研究方法的差异，社会科学论文出现了各种不同的类型，如论证型、评论型、综述型、考证型、诠释型等。这些不同类型论文的写作，既有共性，又有个性，各有各的写作特色，其提纲、初稿、论证、修改与定稿都有不同的要求。

一、社会科学论文的基本写法

社会科学论文，是社会科学领域里研究成果的载体，是为认识社会和改造社会服务的。正如毛泽东所说："一篇文章或一篇演说，如果是重要的带指导性的，总得要提出一个什么问题，接着加以分析，然后综合起来，指明问题的性质，给予解决的办法。"因此，"提出问题、分析问题、解决问题"既是学术论文论证的思路，也是论文构成的基本形式。

社会科学论文构成的基本型，是由绪论、本论、结论构成的"三段式"。这是人们在长期写作实践中积累起来的共同思维规律的反映。这种写作格式有利于作者开篇和展开论证，也有利于读者轻车熟路，容易领会论文的构成脉络，掌握论文的基本观点。

社会科学论文的构成格式，除绪论、本论、结论外，还有标题、作者，有时包括摘要、致谢、参考文献等。由此可见，社会科学论文的基本构成格式与自然科学论文大体相似，差异的只是形式上，在本质上具有相同性，即它们都是逻辑思维的产物，目标都是求真。但是社会科学论文变化较多，写法更为灵活多样，格式要求也不如自然科学论文那么规范、全面。

1. 绪论

绪论又称引论，是学术论文的开头，有统领全文的作用。精彩的开篇，既使作者思路大开，下笔如行云流水，一发而不可收，又如磁石吸铁，激发读者阅读的兴趣和欲望。

绪论的作用，一般是交代写作动机、目的和意义，提出主要问题，揭示中心论点，对全文做概括性的论述。具体地说，绪论重点表述：说明研究的背景，从而衬托出所论问题的重要性；简述写作的缘由，试图解决哪些问题；指出研究这一课题的价值和意义；精练论述本论部分的中心内容，为下文的全面展开创造条件。

如果是驳论一类的论文，则是先摆出不同观点，以作为反驳之靶。

绪论的关键是提出问题，以便在本论中加以分析和论证。因此，要言简意赅，禁绝一切空话、套话，也不要废话连篇，离题千里。一般采用开门见山、单刀直入的写法：可以开宗明义，提出论点；可以交代背景，说明缘由；可以树立靶子，介绍不同观点；也可以设问的方式提出问题。此外，还可以根据需要，简要介绍所撰论文采用的论证方法；或精当概括所撰论文的精髓，或对结论略作提示；或作简要历史回顾，引入所撰论文的论证。

2. 本论

本论是学术论文的正文，是论文的核心和主体部分。它逻辑严密地表述作者课题研究的结果，因此篇幅长、分量重。

社会科学论文的本论是根据调查或统计结果，运用某种特定的理论，引用经典文献，进行逻辑推理来构成的。本论的内容，是对提出的问题从各个角度，各个方面进行分析、论证、阐释，并从这些问题的结构联系之中阐明中心论点。一般说来，本论由若干论证单元组成，每个论证单元都有一个分论点，在中心论点统率之下分层展开论证，从而详细阐述作者的见解和观点，集中揭示论文要旨。本论涉及以下几个方面：自己的观点及其论据。

观点是从研究大量材料中形成的，所以各个观点都要以充实的材料加以佐证。在运用材料时，要注意目的性、典型性和真实性。如果目的性不明确，材料和观点就统一不起来；如果使用的材料不具有典型性，就缺少说服力，无法从局部材料、个别情况做出全局性、普遍性的结论；如果粗心大意，照抄别人搞错的材料，就会以讹传讹。总之，各种材料要用心搜集、细心筛选、精心辨别、耐心考证。

论证是在论点和论据统一的基础上层层展开的，由此及彼、由表及里、由点到面、由简到繁、由因到果、由量到质、由浅入深、由始至终。对各个问题细加分析，其中要蕴涵一些深奥的哲理，不仅令人折服，还能使人读后余味犹存，反复思索。全文从开头、主体到收尾，各个章节、各个段落、各个句子之间，结构、布局和叙述的逻辑都要十分严密，一环扣一环，不能有漏洞，不能自相矛盾，或者相互抵消。写好一篇论文不能只着眼于主体，还要注重开头和收尾。古人评判佳作有所谓“豹头、熊腰、凤尾”之说。例如，著名的《共产党宣言》，不仅其主体具有深刻的说服力，而且开头就有很强的吸引力——“一个幽灵，共产主义的幽灵，在欧洲游荡”，收尾提出“全世界无产者，联合起来”的口号，有何等强烈的号召力！

别人在这方面做过的研究情况，与自己不同或截然相反的观点及其材料，研究这个课题所应把握的重点、难点，这个课题研究的历史、现状及其发展趋势等。当然，不是每一篇论文都得按同一个模式生搬硬套，但是为了增强论文的针对性和说服力，上述内容还是应该尽量有所考虑，只不过地位和分量可以有主次、详略之分。

本论写作中须特别注意的是，主体内容的表述要有严密的逻辑性和明晰的条理性。首先，要准确把握文章内容大小层次间的各种内在联系（总分、主次、并列、因果、递进……），再用适当的小标题或序号加以区分，即论文的内在逻辑结构，要以具有结构作用的形式给予标志和显示。

本论内容的展开，常见的有两种形式：一种是自然顺序法，即顺着作者对事物认识的脉络，或按照研究工作的进程依次写下来。这样顺着作者本人认识问题的阶梯行文，一层一层地阐述，自然层次分明，段落清晰。另一种是逻辑顺序法，即按照事物或问题的内在联系，根据逻辑推理的线索安排层次，或纵向推动，按照历史发展性的纵向深入，按照问题性质上的深入，一个分论点接着一个分论点地论述，循着结构的线索向前推移，一环紧套一环；或并列分论，把从居于中心论点的若干分论点横向并列起来，一个接一个地分别论述。

但是，内容比较复杂或篇幅较长的论文，往往同时把纵向推动与并列分论结合起来，在纵向推动中揉进并列分论，在并列分论中照应纵向关系，时而纵向，时而并列，组成一个严谨的结构体网络。本论内容在这样综合展开时，必须十分缜密地布局，做到错落有致，必要时标上序码或加上小标题，使层次分明，眉目清楚。

3. 结论

结论是一篇论文的收束部分，是对研究结果的概括与总结。耗费了那么多的心血，经历了那么多的艰难坎坷，终于到达了彼岸。山重水复，云遮雾绕，在这里终于豁然开朗。一种新的思想、新的理论、新的规律终于浮出水面。应当高屋建瓴地对研究过程加以归纳、提炼、总结，用精确无误的语言来描述这一研究成果。它是本论部分分析论证的必然结果，文字宜干净利落。然而，有相当多的论文，其结论部分，要么是对自己的研究成果未能予以归纳总结，要么是用情绪化的语言表述某种愿望，使结论变成了空洞的豪言壮语。例如，"我们相信，只要我们坚定不移，不懈努力，就一定会……"，"随着经济时代的到来，企业竞争将会更加激烈，我们一定要……"，这些套话是完全不必要的，它给人以虎头蛇尾匆忙收场的感觉。结论部分的主要内容是对论文作概括综合、综述论证的结果，介绍研究成果的意义以及对论证的结果做出结论，并说明其适用范围，指出解决问题的途径，对课题研究进行展望，提出需要进一步解决的问题。

结论应是绪论中提出的问题和本论中论证结果的自然答案，是经过本论严密论证、水到渠成得出来的，使绪论、本论、结论三者相互呼应，首尾一贯，成为完美的逻辑构成。结论不应是一般意义上的研究结果，而是在研究的基础上由感性认识上升到理性认识。因此，结论的逻辑要严密，文字要简洁，措词要慎重，观点要鲜明。结论在语句表达上必须十分明确，不能有多种含义，不要轻易放弃应该坚持的观点和独特的见解，但也不要轻率和武断，不能根据不充分的数据得出过大的结论，要留有余地，掌握分寸。在论据不充分时，不要拼凑结论，也可以只写出结果，而不加过多的主观见解。

二、社会科学论文写作特点与方法

社会科学论文的撰写和格式比自然科学更为多样化，写法也比较自由，但同样有一种基本格式。例如，文科学位论文的基本格式，包含文前、主体、附录、结尾四部分。

文前：包括封面、封二、摘要和目录。

主体：包括绪论、正文、结论或建议、参考文献。

附录（必要时）。

结尾：包括索引、可供参考的文献题录、附记或说明、封三和封底。

1. 论证型论文的写作特点与方法

论证型论文在社会科学论文中占据主导地位。这类论文的写作只能是对学术问题加以探讨和阐释的研究过程，也就是从理论研究的角度对某个学术问题加以解决的过程。如果对一般社会问题泛泛而谈，或者采取处理政治问题的方式去处理学术问题，就会使学术论文变成一般的社会理论或政治理论文章，失去学术论文的基本特征。

论证型论文的最大特点就在于它的理论性。本来，一般学术论文就是要"论"，而论证型论文则要求具有更高的理论思维，即严密的逻辑性，以达到"无懈可击"、"不容置辩"的说服力。

论文的理论性，是指对获得的事实材料进行归纳、分析、抽象、概括，形成概念、判断和进行推理，实现认识上的飞跃，对现象做出理论解释和理论分析，形成一定的科学见解或建立相应的理论，因为"感觉只解决现象问题，理论才能解决本质问题"。只有这样，论文所表达的研究成果或结论，才具有学术意义或实用价值，对实践也才具有理论上的指导作用。

为此，语言学家王力强调指出："撰写论文，第一点，也是最重要的一点，就是要运用逻辑思维。如果没有科学头脑，就写不出科学论文。所谓科学头脑，也就是逻辑的头脑。常常说，科研有两个条件，一个条件是时间，一个条件是分析能力。”

逻辑是研究思维的逻辑形式和逻辑规律的科学。要进行科学研究，要撰写社会科学论文，就要运用逻辑思维的方法和遵守思维的规律。

逻辑方法是科学研究的理论思维方法。在科学研究中，常用的逻辑思维方法有：归纳和演绎、分析和综合、具体到抽象等。众所周知，理性认识比感性认识更真实，更深刻，更接近真理。正如列宁所说：“一切科学的（正确的、郑重的、不是荒唐的）抽象，都更深刻、更正确、更完整地反映着自然。”恩格斯也说过：“没有理论思维，就会连两件自然的事实也联系不起来，或者连二者之间所存在的联系都无法了解。”

在进行理论思维中，既要运用形式逻辑，即通过认识、判断和推理，把感性认识上升为理性认识，又要运用辩证逻辑方法，对抽象概念和一般认识进行再加工，形成把握事物整体的具体概念。也就是说，不仅要从感性具体到理性抽象——形式逻辑，还要从理性抽象到理性具体——辩证逻辑，使认识进一步深化。

论证型论文，可以采用以下多种论证方法：例证法、引证法、归纳法、因果法、演绎法、归谬法、反证法、排除法、类比法、对比法、喻证法等。

2. 考证型论文的写作要求和方法

《现代汉语词典》对“考证”的解释是，“研究文献或历史问题时，根据资料来考核、证实和证明”，这可以作为理解考证型题目议论文的基本思路。议论文，尤其是学术论文，有时难免要研究历史文献或历史问题，从历史资料中寻找证据。这样的论文题目就是考证型题目，就这样的题目写成的文章就是考证型论文。考证在学术研究中是一门重要的学问。考证即考据，是根据文献资料对历史、语言等进行核实、证明、研究的一种方法，着重对古籍的文字音义及古代的名物、典章制度进行考核辨释。它的主要任务是运用直接或间接的材料，考定事物的真实性，或推导出具有真实性的论断。从古籍真伪的辨别到名家世系的探究，从文字异同的考证到历史事实的考辨，往往具有发展、补充以及纠正历史定见、定论的价值。

（1）考证的方法

考证的方法，主要是根据事实的考核和例证的归纳，提供可信的材料，做出一定的结论。考证的方法主要有事实考证法和例证归纳法两种。

事实考证法，即通过对直接事实或间接事实的考核，取得直接或间接的可信材料，来订正前人不确切的或错误的结论。

例证归纳法，即通过考察所获得的大量文献资料，经过归纳、对比、鉴别，来订正或补充前人的意见、观点或定论，得出新的结论。这种例证归纳考证法，除了对事实考证外，还要对事实进行归纳、对比、分析，才能得出可信的结论，因此带有论证的特点。

（2）要求和方法

由于考证型论文以研究辨别事物的真伪为主要任务，因此在写作之前，必须搜寻足够的事实和论据，不然无法进行写作。为了考证的说服力强，搜寻的可靠事实和确凿证据越多越好，因为“事实胜于雄辩”，事实最有说服力。

考证型论文的构成和格式，和其他社会科学论文大致相同，即“三段式”：先亮明质疑（绪论），再例证归纳（本论），最后得出结论。

3. 诠释型论文的写作特点与方法

(1) 诠释型论文特点

诠释就是对客观事物的详细解释，阐明事理，并揭示真谛。诠释型论文所作的诠释，不单指对词义作诠释，而是对某学科领域的有价值的问题作科学的诠释。这种诠释应是对事物因果关系的概括以及对规律、作用的揭示，如对科学理论、原理，原则做出周密阐释，对社会现象、规律作精当的说明，对史实、事实、事件做出客观的解释。一些现象一经理论解释，人们对其本质和规律的认识就会前进一步。因此，科学的诠释有时就成为科学的结论；对一些司空见惯的现象的解释，正是理论与实践结合的表现，甚至可能是理论发展的表现。

科学的诠释是为了解决理论或实际问题，不是为了诠释而诠释，不能总是在抽象的、内涵贫乏的概念上兜圈子。例如，欧洲中世纪经院哲学家不联系具体实际，在亚里士多德的概念诠释中，消磨了一代又一代人的宝贵年华，结果导致经院哲学的灭亡。同样，中国从汉代以来的经学也是如此，以诠释所谓的“至贤之道”为大业，其结果也是葬送了经学。

(2) 写作要求与方法

诠释型论文的诠释，是科学的诠释，应是全面的、本质的、客观的，而不是片面的、表象的和主观臆造的，因为它所追求的是一种科学的必然。所以，诠释型论文的写作必须有充分的事实根据、科学的理论指导和客观求是的科学态度。

以权威理论和充分的事实作为诠释的依据。无论对理论的诠释，还是对事物的说明，都必须有充分的依据。这样才能准确、完整地说明诠释对象是什么、不是什么、为什么是、为什么不是等一系列问题。诠释中对概念的内涵和外延都要做明确的规定，毫不拖泥带水，其内容一清二楚，不能有半点含混不清之处。

表达要求具有准确性、平实性和科学性。诠释型论文以陈述、阐述和阐释为主要表达手法，语言的运用要准确、明白、规范、平实、浅近。在表达时一般不发或少发议论，不采用描写、形容、渲染、夸张的手法，论证的文字也要有节制。这类论文的可读性，主要是通过阐述的精确、深刻和例证的典型来体现以及可能做到的生动、形象、活泼。

诠释型论文的构成格式，与一般社会科学论文大体相近，也是由绪论、本论、结论的“三段式”组成，即提出对象、诠释对象和结尾三部分。但根据诠释对象所涉及的范围和项目的需要，有时结论的内容不一定放在结尾，而是分散在诠释对象的各个具体项目之中，诠释部分也就是结论部分，二者合一。

三、不同专业的社会科学论文写作

1. 语言学科论文的写作

语言学科论文，是对语言学科范围内某个理论问题或应用问题作系统性探讨，并发表个人见解，进而形成的书面文本形式。语言学科的论文写作，选题范围比较广泛，现代汉语、古代汉语、语言学理论，都包括在内。其中古代汉语、现代汉语又都包括语音、文字，词汇、语法、修辞等方面的内容。语言学科所涉及各方面的内容，都可以作为选取的对象。

写作语言学科的论文，要考虑如下几点：从语言现象出发寻找规律；从比较中揭示特点；从民族的自然环境、文化传统揭示语言的特点。

2. 文学学科论文的写作

文学学科论文研究范围广，研究的层次多样。举凡古典文学、现代文学、当代文学、外国文学、儿童文学、民间文学、文艺理论等。总之，古今中外的文学现象或问题都可以作为选题的对象。按文学的不同种类又可分为小说、戏剧、诗歌、散文、词、曲、赋等。研究文学现象离不开研究作品，离不开文学发展的历史和现状。研究的角度也是多种多样，是多层次、多侧面、多角度的，可以选取心理学、情感现象学、形象思维学去审视，也可以从语言学、修辞学、文体分类学、风格学角度去研究作家的作品。

（1）写作文学论文着重研究的问题

作品产生的时代背景；作家的生平和创作道路；研究某一作家。

（2）从文学的内外部规律进行研究

即从文学与政治基础、意识形态各部门的关系，文学的外部规律方面进行研究；从文学本身的特点、文学本身表达方式等，如作品的思想倾向、艺术构思、情节安排、人物塑造等方面的表现，文学的内部规律方面进行研究。

（3）多层次多角度研究作家的作品

要多层次、多侧面、多角度研究作家作品。

3. 历史学科论文的写作

历史学科论文的写作要求作者在辩证唯物主义和历史唯物主义理论的指导下，通过对历史材料的分析、研究，得出合乎历史实际的科学结论。写历史论文要注意以下几个问题。

（1）搜集历史的资料

老一辈学者研究历史，强调要掌握“四把钥匙”，就是目录学、年代学、历史地理学、官制史。这四把“钥匙”对研究历史关系密切。搜集材料、选择材料，这是厚积薄发的过程。任何人的科学研究都有一定的继承性，都是在前人研究的基础上的发展和提高。当然，引用他人著作或论文中的观点、材料与方法作为自己论述的根据，一定要予以明确的标记。

（2）鉴别史料的真伪

对史料真伪和价值的判断直接关系到论文的成败和论文质量的高低。怎样去鉴别史料的真伪呢？梁启超在其所著《中国历史研究法》和《古书真伪及其年代》两书中总结的经验和方法可供借鉴。其中，主要观点是：见到一本可疑的古书，首先去查阅《汉书·艺文志》和历代《经籍志》，看看该书是否已有著录，弄清它何时出现或何时佚缺，以明源流；然后看该书同时代或后代的著作对该书有无引用和发挥；用该书使用的语言、文体风格与同时代的同类著述对比，看看其中有无差异；看看该书所记载的事迹是否与当时的实际相符合。上述的答案如果都是否定的，那么就可以判定该书是伪作。这四条经验不仅对辨识古书的真伪有用，对于辨识现代史书的史料真伪也具有参考价值。

(3) 要与理论相结合

占有史料是论文写作的基础。但是仅仅有史料这个基础，还不能形成论文，因为史料只提供研究的素材，而不是研究本身。要形成论文，还得对史料进行分析研究，加工提炼，形成概念和理论体系，得出科学的结论。

(4) 运用历史比较法

历史的比较研究，是指对历史上的事物或概念，包括事件、人物、思潮和学派等，通过多种方法进行比较对照，判明其异同，分析其缘由，从而寻找出共同规律和特殊规律的一种方法。

4. 经济学科论文的写作

经济论文是学术论文的一个种类，它是专门用来进行经济科学研究和表述经济科学研究成果的文章。经济论文不同于经济报道，它不在于反映经济活动的外观，而是着力于探究和揭示经济活动的内涵。经济论文也不同于一般议论文，它不是仅就某一具体问题议论是非得失，而是站在一定的理论高度来观察和分析带有学术价值的经济现象，引述各种事实或道理去论证自己的新发现、新见解，汇报自己研究的新成果。经济学科论文选题的范围也是十分广泛的，有经济理论问题、经济发展战略问题、经济经营和管理问题、经济改革问题、基础经济科学问题，也有应用科学问题，还有经济技术等方面的问题。总之，各色各样的经济问题都可以作为选题的对象。

撰写经济论文要注意以下问题：① 用马克思主义经济学说去分析、说明，概括新的历史条件下出现的经济问题；② 要符合客观经济规律；③ 用系统论、信息论、控制论的方法来研究经济活动规律。

第二节　自然科学论文的写作方法

自然科学论文，包括理、工、农、林、医等学科，每一学科又分为若干专业，各专业的研究对象、手段和方法又各不相同。有的学科以实验为研究手段，利用实验发现新现象，寻找规律，验证某种理论和假说。这类学科是以实验结果作为自己的主要成果，如农、林、医等。有的学科是先提出假说，进行逻辑推理，借助数学等手段进行研究。这类学科的理论要依靠实验结果来检验，它的研究又以实验结果为前提，如化学、物理等。有的学科是理论的研究，而不需要实验，如数学。由于学科不同，研究方法不同，就构成了它们的相异点。但是它们异中有同，还是有共同规律可循的。

自然科学论文的组织，最有效的方法是回答 4 个方面的问题：① 问题是什么，回答就是引言；② 如何研究这个问题，回答是材料和方法；③ 有何发现，即结果与分析；④ 它们意味着什么，即结论与讨论。

论文包括（按顺序）：题目（不超过 20 个汉字）、作者署名（多位作者的署名之间应用逗号“,”隔开，不同单位的作者，应在姓名右上角加注阿拉伯数字序号）、作者单位（写明地址和邮政编码，并在其单位名称之前加与作者姓名序号相同的数字，各单位之间连排时以分号“;”隔开）、中文摘要（300～500 字为宜）、关键词（3～8 个）、中图分类号、文献标识码、文章编号、英文题目、作者（汉语拼音）及英译单位、英文摘要（Abstract）、关键词（Key words）、正文、致谢、参考文献。

写论文一般步骤：选题（有某些见解）→进行研究熟悉相关的文献→确定“需要深入研究的信息”（假设是什么，结论是什么）→构思（想到内容逐一写成段落）→确定论文的基本格式→简短提纲（扣题）→写作（内容上要立论正确，简明扼要，有创造性；在结构上要系统化，条理化，脉络清楚。思索新素材，尽可能考证你的论断，做不到则删去）→检查（修饰）→进行英文编辑→选择投稿的期刊，对期刊有所了解（熟知投稿须知）→对稿件进行自我审稿和交给他人审稿→确定潜在的评审人→在线提交稿件和申请函。

一、标题的写法

标题又称题名或题目。标题是以最恰当、最简明的词语反映论文中最重要的特定内容的逻辑组合。每篇论文首先映入读者眼帘的便是该论文的标题。人们从文摘、索引或题录等情报资料中，先找到的也是论文的标题。通常浏览论文，也是先以标题作为最主要的判断来决定是否有阅读的必要，是否登录文摘刊物或数据库。因此，标题是一篇论文的缩影与代表，是“提纲的提纲”，对于论文内容，具有重要的提示作用。好的标题，能使读者透过它而了解论文的全貌，从而诱导读者的注意和兴趣，使读者在看标题的一瞬间触发其阅读全部论文内容的兴趣，进而阅读全文。

1. 标题的类型

从功能的角度看，学术论文的标题一般可分为 3 类：总标题、副标题和分标题。总标题是标明论文中心内容的句子或词组，一般来说，论文的总标题可作为论点；副标题是用来进一步对总标题的内容说明或补充，一般在总标题不能完全表达论文主题时采用，如《种群动力学中的一类数学模型——基于微分方程的方法》；分标题是论文的段落标题，也是论文的内容提纲。

从表现形式上看，学术论文标题可分为问题式、叙述式、比较式、对比式等。问题式是用提问的形式来做标题，特点是向读者提出问题，以触发读者的好奇心；叙述式是将论文的主旨直接说出来，可分为肯定叙述和否定叙述两种；比较式是用较好的和最好的来说明论文主题，从而吸引读者；对比式的特点是把两种或两种以上的研究对象放在一起对比，形成反差，从而吸引读者去看原文。例如，《如何确定证券投资决策的自由边界的几种方法》（问题式）、《雾化器对喷射成型的影响》（叙述式）、《动态数据校正方法的若干改进》（对比式）、《林业绞盘机与土建卷扬机的比较研究》（比较式）。

2. 标题的要求

对论文题目的要求是：准确表达、力求通俗、简短精练、规范鲜明。所谓准确表达，就是要求标题如实地表达论文最主要的特定内容，恰当反映所研究的范围和深度；既能概括全篇内容，又能引人注目。

常见问题是标题过于笼统（如把研究对象扩展到同类对象，或把一个问题扩充到整个学科等），文题不符。例如，《移动式承载索设计》显得过于笼统，若改为针对研究的具体对象来命题，效果会好得多，如《移动式承载索应用于特大桥吊装工程的设计》。

力求通俗就是在确定学术论文标题时，应注意尽量避免使用不常见的符号和特殊术语、外来语、化学式、专利商品名、缩写词和代号等，以免妨碍读者的理解。

简短精练是说，学术论文的标题像一种标签，务必精练、简明和醒目。按我国国家标准要求，论文标题一般不宜超过 20 个汉字。不过，不能由于一味追求字数少，而影响题目对内容的恰当反映，在遇到两者确有矛盾时，宁可多用几个字也要力求表达明确。如果根据论文内容需要，总标题在不可能简短的情况下，可加副标题，用以辅佐主题，或作补充说明。

3. 注意的问题

1）标题要能吸引不一定会读这篇论文的读者。

2）标题中避免同义词和近义词连用，如“……的研究与探讨”等。

3）标题不要太绝对。

4）标题不是一个带有主、谓、宾完整结构的句子，而是短语和词组；避免用动宾结构；题目中至少有两个以上的关键词。

5）标题不要太长，标题一般不用标点，并列关系用空一字表示。

6）标题应尽量避免使用抽象的结构式或同行不熟悉的符号、缩写语等。

7）多数编辑部反对主标题、副标题的安排以及连续小标题的使用。

8）分标题中的层次设置尽量要一致，不要出现层次缺失现象。

9）分次标题的字数不要太多，其中尽量不用标点符号。

10）分次标题使用排比句。

二、署名的写法

1. 署名的意义

（1）作为拥有版权或发明权的一个声明

版权是指对某一著作物的出版权。拥有这种权力的是著作人，他可以与出版者订立合同，转让或收回版权。在论文（或其他著作物）上署名，就是宣布拥有版权的一个声明。一般来说，这种署名一旦履行了一些必备的程序（如公开发表或经公证）就受到了法律的保障。从发明创造的角度来看，论文的写作过程是一种重要的创造过程，是脑力劳动的一种重要形式。论文的完成意味着某个新科学理论成果的完成或者一项新技术的发明。在论文上署名，就是宣布拥有这种发明权。从这个角度来看，也可以把署名视为作者通过辛勤劳动所应得的一种荣誉，借此求得社会的承认和尊重。

（2）反映了作者文责自负的一种精神

所谓负责，一是要负法律责任，二是要负学术责任，三是要负道义上的责任。如果论文存在剽窃、抄袭、损害国家利益或者在科学上有严重错误，并导致严重后果或被指控有其他不道德的和不科学的问题，那么署名者就理应担负全部责任。从这点看来，署名是一件非常严肃和庄严的事情。

有利于读者同作者进行联系及文献检索（作者索引）。

2. 署名的方式

（1）署名的主要形式

署名的主要形式有集体署名与个人署名两种。其中个人署名是最基本的形式。

集体署名有两种形式：一是多作者的集体署名。多作者的论文署名多达十几名，甚至几十名。二是团体或单位的署名形式，一般与个人和集体署名形式并存，但绝大多数只表示个人或集体作者的所在单位，如某研究所、某研究室、某研究小组等。

在科学研究中，任何集体研究和大集团性的研究，都是建立在个人努力的基础上的。因此，学术论文理应尊重客观事实，反映个人所做的劳动，这是个人署名形式依然存在的客观原因之一；另外，一项大的科研成果往往是由许多人的小成果组成的，大成果可集体署名，但小成果却可以独立地写成论文发表，个人署名形式自然被所撰论文所采用；再者，现代自然科学实际上还存在着一些可以采用单独的科研活动来完成的项目。例如，数学以及主要用数学方法来进行研究的理论物理、理论力学等学科，还有好多理论性较强的边缘学科等，常常是可以采取单独的科研活动来完成的，这是个人署名形式存在的又一原因。

（2）作者署名的条件

美国《内科学纪事》中指出作者署名的 5 个条件：必须参与过本项研究的设计和开创工作，如在后期参加工作，必须赞同研究的设计；必须参加过论文中的某项观察和获取数据的工作；必须参与过观察所见和所取得的数据的解释，并从中导出论文的结构；必须参加过论文的编写；必须阅读过论文的全文，并同意其发表。这些原则对学术论文的署名，有一定的参考价值。

（3）署名的注意问题

多数杂志要求只限主要贡献者，一般 5～8 人。如有需要，其他贡献人可加注在文章正文末致谢；作者顺序按对文章贡献大小排序，地位最高的作者并非第一作者。

作者单位署名应写标准全称，内容包括作者单位的名称、单位所在市（县）和邮政编码。

三、摘要的写法

1. 概念和作用

摘要又称提要，是以提供文献内容梗概为目的，不加评论和补充解释，简明、确切地记述文献重要内容的短文。其基本要素包括研究目的、方法、结果和结论。具体地讲就是研究工作的主要对象和范围，采用的手段和方法，得出的结果和重要的结论，有时也包括具有情报价值的其他重要信息。摘要应具有独立性和自明性，并且拥有与文献同等量的主要信息，即不阅读全文，就能获得有关论文的必要的信息。

摘要的主要作用：一是让读者尽快了解论文的主要内容以补充题名的不足。现代科技文献信息浩如烟海，读者检索到论文题名后是否会阅读全文，主要就是通过阅读摘要来判断。二是为科技情报文献检索数据库的建设和维护提供方便。论文发表后，文摘杂志或各种数据库对摘要可以不做修改，或稍作修改后使用，从而避免他人编写摘要可能产生的误解、欠缺甚至错误。同时论文摘要的索引是读者检索文献的重要工具。因此，论文摘要的质量高低，直接影响着论文的被检索率和被引频次。

2. 摘要的分类

摘要主要分为报道性摘要、指示性摘要和报道—指示性摘要。

(1) 报道性摘要

报道性摘要是指明一次文献的主题范围及内容梗概的简明摘要，相当于简介。报道性摘要一般用来反映学术论文的目的、方法及主要结果与结论，在有限的字数内向读者提供尽可能多的定性或定量的信息，充分反映该研究的创新之处。因此，学术性期刊多选用报道性摘要，用比其他类摘要字数稍多的篇幅，向读者介绍论文的主要内容，篇幅一般在 300 字左右。

(2) 指示性摘要

指示性摘要是指明一次文献的论题及取得的成果的性质和水平的摘要，其目的是使读者对该研究的主要内容（即作者做了什么工作）有一个轮廓性的了解。创新内容较少的论文，其摘要可写成指示性摘要，一般适用于学术性期刊的简报、问题讨论等栏目以及技术性期刊等，只概括地介绍论文的论题，使读者对论文的主要内容有大致的了解，篇幅一般在 100 字左右。

(3) 报道—指示性摘要

报道—指示性摘要，是以报道性摘要的形式表述论文中核心部分的内容，其余部分则以指示性摘要形式表达，篇幅一般在 100～200 字。

3. 写作的要求

(1) 排除本学科领域已成为常识内容

切忌把应在引言中出现的内容写入摘要，也不要对论文内容作诠释和评论（尤其是自我评价）。

(2) 不得简单重复题名中已有的信息

例如，一篇文章的题名是《天然次生林考虑伐后环境损失的多目标决策评价》，摘要的开头就不要再写："为了……对天然次生林考虑伐后环境损失的多目标决策进行了评价……"

（3）结构严谨，表达简明，语义确切顺畅

摘要先写什么，后写什么，要按逻辑顺序来安排。句子之间要上下连贯，互相呼应。摘要慎用长句，句型应力求简单。摘要的每句话要表意明白，无空泛、笼统、含混之词，摘要不分段。

（4）摘要不使用引文，要采用第三人称

不用引文，除非该文献证实或否定了他人已出版的著作。

要用第三人称的写法，应写成“对……进行了研究”，“报告了……现状”，“进行了……调查”等；不要写成“本文……”，“作者……”，“我校……”等。

（5）不使用非公知、非公用符号和术语

新术语或尚无合适汉文术语的，可用原文或译出后加括号注明原文。

（6）一般不用数学公式和化学结构式

除了实在无法变通以外，一般不用数学公式和化学结构式。

（7）论文摘要写作时应注意其他事项

如采用法定计量单位、正确使用语言文字和标点符号、缩略语等，也同样适用于摘要的编写。

内容概括全文；结构上用最准确、最简洁的语言表述研究的时间、目的、试验方法、结果和结论；具备独立性，二次检索将单独发表，自成体系，能清楚地解释论文中论述的内容，是一篇完整的短文；绝对不出现论文里没有叙述的内容或结论；不能在摘要中引用参考文献。

不用图与表；如果可能，在撰写完论文之后再写摘要。

4. 英文的摘要

与中文摘要相对应。提倡独立于中文摘要，篇幅可长到1个版面：内容要概括研究目的、方法、结果和结论（或讨论），其中包括主要数据、新观点、新结果等，以使英文读者可直接从英文摘要和图、表中了解到该文的核心内容。

文章最好采用第三人称表述，一般用被动语态，时态以一般现在时或一般过去时为宜，最好不用过去完成时态。

动词应与主语保持一致，注意代词主格与宾格的使用，最好不用介词结束全句，不要使用双重否定。

四、关键词与正文前其他

1. 关键词的作用

关键词是为了文献标引工作，从论文中选取出来，用以表示全文主要内容信息的单词或术语。学术论文的关键词是从其题名、层次标题和正文中选出来的，能反映论文主题概念的词或词组。关键词包括叙词和自由词。叙词指收入《汉语主题词表》等词表中可用于标引文献主题概念的经过规范化的词或词组。自由词是反映该论文主题中新技术、新学科尚未被主题词表收录的新产生的名词术语或在叙词表中找不到的词，如关键词“原子能”(其规范的主题词是“核能”)。

关键词是为了适应计算机检索的需要而提出来的，位置在摘要之后。早在 1963 年，美国的《化学文摘》从第 58 卷起，就开始采用电子计算机编制关键词索引，提供快速检索文献资料主题的途径。在科学技术信息迅猛发展的今天，全世界每天有几十万篇学术论文发表，学术界早已约定利用主题概念词去检索最新发表的论文。作者发表的论文不标注关键词，文献数据库就不会收录此类文章，读者就检索不到。关键词选的是否恰当，关系到该文被检索和该成果的利用率。学术论文一般写 3～8 个关键词。

2. 关键词的选择

(1) 关键词的原则

关键词应按《文献主题标引规则》(GB/T 3860－2009) 的原则和方法，参照各种词表和工具书选取。未被词表收录的新学科、新技术中的重要术语以及文章题名的人名、地名也可作为关键词标出(自由词)。

选择关键词时，一般在作者完成论文写作后，纵观全文，先选出能表示论文主要内容的词或词组。这些词或词组，可以从论文标题中去挑选，也可以从论文内容中去挑选。

(2) 关键词的标引

标引指对文献和某些具有检索意义的特征，如研究对象、处理方法和实验设备等进行主题分析，并利用主题词表给出主题检索标识的过程。对文献进行主题分析，是为了从内容复杂的文献中通过分析找出构成文献主题的基本要素，以便准确地标引所需的叙词。标引是检索的前提，没有正确的标引，也就不可能有正确的检索。学术论文应按照叙词的标引方法标引关键词，反映文章最主要内容的标准名词术语，并尽可能将自由词规范为叙词。

3. 正文前其他

(1) 中图分类号

中图分类号，是指采用《中国图书馆分类法》对科技文献进行主题分析，并依照文献内容的学科属性和特征，分门别类地组织文献，获取分类代号。按 2010 年北京图书馆出版社出版的《中国图书馆分类法(第五版)》查找确定。

(2) 文献标识码

据 2006 年中国学术期刊(光盘版)编辑委员会颁布的《中国学术期刊(光盘版)检索与评价数据规范》(CAJ-CD B/T 1－2006) 规定：为便于文献的统计和期刊评价，确定文献的检索范围，提高检索结果的适用性，每一篇文章或资料应标识一个文献标识码。本规范共设置以下 5 种：

A——理论与应用研究的科研报告、综述报告、学术论文、文献综述与专题讨论。

B——实用性技术成果报告(科技)、理论学习与社会实践总结(社科)。

C——业务指导与技术管理性文章(包括领导讲话、特约评论等)。

D——一般动态性信息（通信、报道、会议活动与专访等）。

E——文件、资料（包括历史资料、统计资料、机构、人物、书刊与知识介绍等）。

不属于上述各类的文章以及文摘、零讯、补白、广告与启事等不加文献标识码。

英文文章的文献标识码以“Document code”作为标识。

(3) 文章编号

为便于期刊文章的检索、查询、全文信息索取和远程传送以及著作权管理，凡具有文献标识码的文章均可标识一个数字化的文章编号，该编号在全世界范围内是该篇文章的唯一标识。文章编号由各期刊编辑部给定。

文章编号由期刊的国际标准刊号、出版年、期次号及文章的篇首页码和页数等 5 段共 20 位数字组成。其结构为：XXXX-XXXX（YYYY）NN-PPPP-CC。其中：

XXXX-XXXX 为文章所在期刊的国际标准刊号（ISSN）。

YYYY 为文章所在期刊的出版年，NN 为文章所在期刊的期次，PPPP 为文章首页所在期刊页码，CC 为文章页数，“-”为连字符。

期次为两位数字。当实际期次为一位数字时需在前面加“0”补齐，如第 1 期为“01”。仅 1 期增刊用 S0，多于 1 期用 S1，S2，…。

文章首页所在页码为 4 位数字；实际页码不足 4 位者应在前面补“0”，如第 139 页为“0139”。文章页数为两位数字；实际页数不足两位数者，应在前面补“0”，如 9 页为 09。转页不计。

文章编号由各期刊编辑部给定。例如，文章编号：1671-6922（2011）03-0086-05 对应于发表在《福建农林大学学报》(哲学社会科学版）2011 年第 3 期第 86～90 页（共 5 页）上题为《“工程索道”国家精品课程建设》(作者：周新年等）一文的文章编号。

(4) 英文部分中的题目、作者署名、作者单位和关键词内容

均应与中文部分相对应。

(5) 首页注脚

来稿首页注脚应注明课题来源及课题名称，获得基金资助产出的文章（省部级以上重大课题基金资助产出的文章予以优先考虑刊用)，应以“基金项目:”作为标识注明基金项目名称，并在圆括号内注明其项目编号。多项基金项目应依次列出，其间以分号“;”隔开。

“作者简介”：姓名（出生年份)、性别、籍贯、职称、学位、研究方向。

“收稿日期”和“修回日期”：以编辑部收到日期为准。

五、引言的写法

论文的引言也称导言、前言、序言，是论文的开始部分。引言的作用在于补充和强化主题，介绍论文的写作背景，强调论文的观点、方法、理论和成果，其目的可以归纳为：激发读者的兴趣，提出研究的理由，阐述研究的目的，陈列研究的假设。

1. 引言内容

引言的内容主要有：研究主题、研究目的和研究理由（属于哪一方面的课题，确定课题动机、背景、起因，希望解决什么问题，有何作用和意义，理论依据和实验设备基础，预期目标，本课题在学科领域中所占的地位，研究所涉及的界限、规模或范围，对他人已有成果的评价及相互关系，新概念和新术语的定义等）。在学术论文里，上述内容不必逐一涉及，可按具体情况取舍。

2. 写作要求

要简短、风趣、吸引读者；以简明扼要的文字叙述文章的背景信息、目的和意义，说明前人已经做过的相关工作，研究工作的基本原理、采用方法、预期效果、性质和范围，回顾有关的文献，需要解决的问题以及描述研究方法、研究的主要结果等；凡引用前人相关的研究成果，如观点、方法、公式、图、表等，必须注明出处，所引用的参考文献必须是由正式出版物已经公开发表的。引言部分不设标题，不加题号。

（1）突出重点

引言应言简意赅，各项内容应一语道破。教科书上有的知识或人所共知、显而易见的功用或含义，在引言中不必赘述。在引言里，应重点写好目的、理由和背景。

（2）客观评价

在引言中谈到自己的工作时，要注意实事求是，切忌武断地说，“前人没有研究过”、“达到了国内先进水平”、“接近世界水平”、“填补了一项空白”等。对于前人在相关领域已做的工作，要客观地介绍，不应有意贬低，以免引起不良效果。

（3）不用套话

在引言中一般不要使用“才疏学浅，水平有限”、“疏漏谬误之处，恳乞指教”、“抛砖引玉”这些客套话。

（4）避免雷同

引言与摘要有很大区别，不要与摘要雷同，或者把引言变成摘要的注释。

（5）首尾呼应

在一些学术论文中，经常存在着开头与结尾不能照应的现象。例如，在论文的引言中提出了论文的主旨和目的，但却未在论文的结语（结论）中说明目的实现的情况，得出了什么结论，解决了哪些理论的或实际的问题；在论文的引言中谈到历史背景和前人的工作，但在论文的结语（结论）中却未说明对前人或他人有关问题做了哪些检验，哪些与本文研究结果一致、哪些不一致，作者做了哪些修改、补充、发展、证实或否定，还有哪些未解决的遗留问题，等等。因此，学术论文的写作也应学习文学作品的写作手段，讲究首尾呼应。

六、正文的写法

1. 内容及要求

一篇论文的正文部分是指介于论文的第一部分“引言”和最后一部分“结束语（结论）”之间的内容。正文是一篇论文的本论，属于论文的主体，它占据论文的最大篇幅。论文所体现的创造性成果或新的研究结果，都将在这一部分得到充分的反映。因此，要求这一部分内容充实，论据充分、可靠，论证有力，主题明确。一般来说，正文总是包括以下部分或内容：调查与研究对象、实验和观测方法、仪器设备、材料原料、实验和观测结果、计算方法和编程原理、数据资料、经过加工整理的图表、形成的论点和导出的结论等。当然，其中的结论可以单独设一部分（或一节）展开叙述。正文的段落和划分，应视论文性质与内容而定。《科学技术报告、学位论文和学术论文的编写格式》指出：“由于研究工作涉及的学科、选题、研究方法、工作进程与结果表达方式等有很大差异，对正文内容不能作统一的规定。但是，必须实事求是、客观真切、准确完备、合乎逻辑、层次分明、简练可读。”

2. 正文的写法

（1）标题式写法

采用标题式写作正文的方法，就是要把写的内容在论文的总标题下分别设计出若干小标题，然后将搜集的资料分别按小标题的意思归纳整理出文字，即成论文。小标题可以是单词或短语，它们在语法上是平行的，属于同一层次。小标题越具体越好，否则写出的内容也同标题一样空泛。

编写提纲，首先，要考虑拟写的提纲应能从最佳角度说明主题。例如，根据占有的资料，是从实验角度、计算角度还是从理论角度，才能更好地说明论题。经过分析之后，再拟出恰当的分标题。其次，要考虑文章的布局如何有利，先说什么、后说什么，才能使论题一清二楚、层次分明。再次，应考虑什么样的分标题（提纲）可以最大限度地利用搜集的资料，这实际上也是写作的构思问题。构思巧、立意新，写出来的论文说服力与吸引力就强。要尽量使拟定的标题（提纲）有利于揭示材料之间的内在联系，有利于揭示论证的内在本质属性，并能紧密围绕中心论题。

拟定标题（提纲）时还要考虑论文的结构，使正文写出来以后能够反映与论文有关的科学研究的推理过程，文章本身的逻辑性自然也在考虑之中。文章的结构如何直接影响论文的布局，而布局对于组织应用写作材料是非常重要的，这些都要在拟定提纲时加以注意。通常，都把论文的主旨放在开头，把论证的细节依次展开，而把结论部分放在末尾。这样就形成了如下提纲：引言、方法、讨论、结果等。

（2）中心句式写法

中心句式写法，就是在拟就提纲时先根据论题与论据提炼出若干表达论文主要内容的句子（即中心句），然后按照层次，即按照论文展开的逻辑理顺和选择中心句，列出句子式写作提纲。通常，一个中心句可以展开为一个文章的段落，把与中心句有关的

“细节”补充到段落中，也就是用各种细节支持中心句所表达的意思，即可写成论文。

中心句是一个完整的句子，表示一个完整的意思。它的提炼应该比设计分标题更难一些。但是，拟就了中心句（提纲）以后，文章也就好写了。这种写作方式近年来应用得很多。

中心句提炼得好，可以使读者在阅读论文时，知道这些文字说明什么意思，帮助读者很快地理解这一段落的内涵。

细节的描述（即对中心句起着支持性、补充性作用的描述）非常重要，它们用各种方式、从各种角度对中心句进行强调和支持。凡是与中心句所表达的意思有关的原理、定律、定义，有关的表达式、计算式、函数式，有关的原理图、线路图、曲线图，有关的设备、装置、线路，有关的试验、数据、资料，有关的注释、说明、参考文献等，都可以看做是论文的细节。也就是说，一个中心意思的展开，可以用文字强调、解释，用定律、定义从理论上证明，也可用计算进行验证，用图表进行表达。细节的搜集就是材料的搜集，细节的组织就是对占有材料的利用，细节的描写就是对占有材料的表达技巧。对于中心句式（提纲）的论文的写作方法，可以归纳为中心句的提炼与细节的描写。

显然，与提纲相比较，中心句与正文有着更直接的联系，其对正文的写法与写作深度都有决定性的作用。

(3) 理论型论文写法

理论型论文的正文没有固定格式，它的结构形式千变万化，但论文各个部分之间应该有紧密的联系，体现一定的逻辑关系。这种逻辑关系可以是并列的模式关系，即将研究的问题划分为若干并列的方面进行论述；也可以是逐层深入的纵式关系，即按照从现象到本质、从原因到结果或从结果到原因等逻辑顺序进行论述；还可以是并列和层次相结合的纵横交织的关系。

完全以抽象的理论为研究对象的理论型论文，其正文常见的结构形式有：证明式、剖析式和运用式。证明式是先给出定义、定理，然后逐一证明；剖析式是将原理或理论分解为一些方面逐项研究；运用式是先给出公式、方程或原理，然后进行计算推导，最后运用于实例进行测定。

以观测资料和文献资料为研究对象探讨规律的理论型论文，其正文常见的结构形式有：时间式、空间式和现象本质式。时间式是以写作时间先后和事物发展过程为顺序的结构；空间式是以事物的方位和构成部分为顺序的结构；现象本质式是先摆出观测的现象和有关资料，然后进行分析，找出本质和规律。

除上述结构形式外，还有以因果、特征、组分、性质、种类、功能、作用与意义为顺序的各种结构形式。这些结构形式有时还会复杂地交织在一篇论文中。不管理论型论文的正文结构怎样复杂，都应该是事物本身的逻辑顺序和人们认识的条理性的反映。

(4) 实验型论文写法

实验型论文的正文一般有“材料和方法”、“结果与分析”和“结论与讨论”3个部分。有时方法和结果可以合为一个部分，有时结果和讨论可以合为一个部分；有时只需有结果和讨论，有时只需有方法和结果。

1）材料和方法。

“材料和方法”是为了向读者介绍获得成果的手段和途径，也是作者从事研究工作的思想方法、技术路线和创造能力的具体反映。一般来说，要获得创造性研究成果，首先要有创造性的实验和方法。当然，也有一部分研究工作是利用别人的实验而观察到别人所没有观察到的结果，在这种情况下，材料和方法这一部分便可省略，只需在结果部分作简略说明。“材料和方法”这部分的内容包括：① 介绍实验用的材料，包括材料的来源、产地，材料的制备、加工方法，材料的性质、特性，材料的代号、命名等。如果实验的对象是人，应将小标题改为“对象和方法”。② 介绍实验的设备、装置和仪器，包括它们的名称、型号、精度、纯度、生产厂家、性能、特点等。使用的装置和仪器不是标准设备时，必须注明，并对其测试精度做出检验和标定。如果是自己研制的设备或对已有设备作了改进，应着重说明，讲清设计的理论根据，并画出原理图或构造示意图。③ 介绍实验的方法和过程，包括创造性的观察方法、观察结果、结果的运算处理方法和公式、实验过程中出现问题的处理方法、操作应注意的问题、观察结果记录的方法和使用的符号等。其主要内容包括准确的技术规格、数量及来源或制备方法。介绍文章的实验地点的地理位置、规模及其他特征，实验时间的长短，实验重复次数，使用材料的特点、数量等，具体描述实验设计、数据的观测和统计方法等；说明研究（数据、现象等）结果的来源。

上述内容，是撰写一篇实验型论文所能包括的项目。具体到某一实验时，并非要一一列出，写作原则是能提供给读者重复该实验时所必需的信息。在这个原则下，力求简洁明快，一些常见的实验材料，可不介绍或只介绍规格和型号；一些尽人皆知的方法可略去；材料很多、装备复杂、方法抽象时可用图表来简化说明。

2）结果与分析。

“结果”是实验过程所观测到的现象和数据，是实验型论文的核心内容。一篇实验型论文只要报道的结果真实无误，读者可以自己去分析讨论。专家阅读这类论文的正文时，首先关注的是结果，其道理就在这里。

“实验结果”部分包括实验的产品，实验过程所观测到的现象，实验仪器记录的图像和数据以及对上述现象、数据进行初步统计和加工后的有关资料等。这部分的写作要求是：① 准确、精细。有时观测结果的微小差错都可能摧毁分析结论。② 论文中写的结果不是实验结果的照抄，要经过认真的处理和选择。处理时要注意防止两种有害的倾向：或者为我所用，符合主观想法的就拿来，否则一律砍去；或者离开论文要说明的中心问题，将资料一一列出，以显示实验的水平。③ 实验结果要按一定的逻辑顺序编排，这样做不仅能使论文条理清楚，增强可读性，而且体现着论文的科学性。在很多论文中，结果排列的顺序本身就明显地反映出一定规律。④ 要尽量通过图表表达。结果部分要罗列大量数字和资料，采用单纯叙述的方法，往往使人感到枯燥、厌烦，复杂的资料也很难叙述清楚。采用图表说明则可获得满意的效果。使用图表时要注意，凡是图表已清楚表明的问题，不要再用语言文字重复详述，只需作扼要归纳，结果有时同方法合为一个部分。这种情况主要由于材料和方法部分比较复杂，篇幅较长，而结果却相当简单，没有必要独立为一个部分。

结果与分析要准确表述，内容严谨，形式活泼；如果只需要给出少数结果，则用文字表达，把它写入正文；重复性的结果则列表或绘图；不要图、表、文并用，三者择一。

图、表的选用：如果数据表现出显著趋势，那就绘一个有趣的图；如果数据摆在那儿，没有明显的趋势，那就制一个表。图要求线条粗细均匀、清晰，图中注释所涉及的变量、拉丁文用斜体，法定计量单位用正体，图中注释字体一律用小 5 号宋体，并将所有的图采用激光打印，再附于文后，便于排版扫描；若仅有 1 个图（表），则图（表）序可定名为“图 1（表 1）”；图（表）注在图（表）下方。图（表）与正文间空 1 行。通常每篇论文图不超 5 张，表格采用“三线式”，表不超过 6 个；图序、表序要准确。

3）讨论与结论。

“讨论”是对实验方法和结果进行的综合分析和研究，又称“分析和讨论”。只有通过讨论，才能获得对结果的规律性认识，并借以指导一般。因此，讨论部分体现着论文写作的基本目的。实验结果同经过讨论后所获得的认识或结论不同。前者是具体的现象，而后者是理论升华；前者是感性认识，而后者是理性认识。作者创造性的发现和见解主要是通过讨论部分表现出来的，讨论部分一般包括对方法和结果两方面的研究。要从论文内容需要出发，决定讨论什么、不讨论什么、什么要着重讨论。有时要详写，或进行严密的推理，或引经据典给予说明，或同其他人的研究进行比较，或运用数学公式演算推导；有时只要略写，或对结果进行简洁的归纳，或说明结果的作用和意义。虽然写法上有繁简之分，但都必须以实验结果为基础，以理论为依据，进行科学的分析。既不要局限于旧说和成见，又不要轻易否定别人的观点。要防止武断和感情用事，防止凭个别的材料得出不合逻辑的一般结论。不要回避存在的问题，对不符合预想的实验结果要作说明和交代。

论文有时将“讨论”同“结果”合在一起写，其原因一是讨论内容单薄、无需另列一个部分；二是实验的几项结果独立性大、内容多，需要逐项讨论。这时，先说明一项结果，紧接着进行讨论，再说明一项结果，再进行讨论，条理更清楚。

结论不可含糊其辞，模棱两可。讨论是指新观点、新理论、新技术提出新的途径和探讨；揭示未解决的问题；研究结果与以前发表的论文是一致，还是相反并解释。建议是设想下步工作方法、步骤和措施。

结论应该在论文中重复 3 次，一次在摘要中（最简练），一次在引言中（适中），一次在结论中（稍长）。注意语言表述不一，但内容的实质是一致的。

（5）描述型论文写法

描述型论文正文的结构形式，一般来说比较固定，它由描述和讨论两个部分组成。有些论文标明“描述”和“讨论”，有些不标明。论述动物、植物、微生物新种发现的论文，一般都标明。其“描述”部分的主要内容有：新属种的名称、新属种的产地、新属种的形态特征、生活环境、分布等；“讨论”部分的内容主要是进行比较分析，即与相邻近的属种进行比较，说明它们的主要区别，有时还要指出新属种的意义和价值。如果同时介绍几个新种，应逐个描述。有些论文虽然不标明“描述”部分，但描述观测对象的内容仍然是论文的核心部分，如化学学科中反映新的实验方法和过程的论文，天文学中反映发现新星和新现象的论文，这类描述型论文结构比较灵活。

要写好描述型论文的正文，必须掌握描述的方法。同一般说明、叙述、议论方法不一样，描述要求形象具体地描画出对象的形态、颜色、亮度、声音与动作等。必须精确描述的地方，要丝毫不差。但是，这里的描述同文学里的描写不同，它不要求写得活灵活现、栩栩如生，而要准确真实地刻画出对象的主要特征。善于抓住特征、突出重点，是写好描述部分的重要条件。

描述型论文的讨论部分要简略，条理要清楚，无需进行大量的分析和推理。

3. 写作的技巧

学术论文的写作手法很多，如叙述（顺叙、倒叙、插叙等），说明（定义、定性、分类、比较和举例等），论证（例证、验证、引证等），阐析（释义、分类、辨正——辨析正误等），推理（演绎、归纳、类比等），反驳（反驳论点、反驳论据、反驳论证、反驳论证方法等），以及其他一些手法，如图表、注释，等等。在此，简述几种主要的手法和技巧。

（1）定义概念

要善于用大家都懂的用语或专业用语下定义，否则会使读者越来越糊涂。论文中什么地方需要定义，要视读者情况而论，只有大多数读者可能不懂的地方才必须定义。定义有正式定义和通俗定义两类：正式定义对于被定义的事物作严谨、科学的描述，对事物的属性、特征要给予说明；通俗定义对于被定义的事物往往只做浅显的比喻性的说明。当然，也可以同时用两类定义说明描述的对象。对某事物已有定义，可从不同专著或百科全书中，寻找最适当最严谨的概念；若对某事物下新定义，更要严谨，特别要注意对其内涵和外延叙述清楚。

（2）善用实例

例子可以加强论文的“可信度”，又为作者利用第一手资料创造了条件。对于读者尚不熟知的例子，可以写得详尽一些，对于大家熟知的，可以一语带过。举例进行论证（即例证）是撰写论文常用的手法，所谓“例子”就是事实或证据。这种方法运用得好，不仅说明了道理，还可以增加文采使论文变得生动深刻。

（3）比较对照

比较对照是用类推法（将未知事物与已知事物进行对比）写论文时常用的技巧。比较对照可以达到两个目的：① 表明某一事物如何类似另一事物；② 表明某一事物如何区别于另一事物。例如，在写作某种与新工艺、新材料、新试验、新方法有关的论文时，强调比较对照手法最易说明问题。此外，要注意选择比较对照的内容与要点（这也是选择论证的技巧），如要比较两种设备，就要比较它们的成本、性能、效率、寿命、维修的难度等；还可以纵向比较，即把一个事物的过去和现在比较、和将来比较。和横向比较一样，纵向比较要抓住事物的特征进行对照，因为比较对照的目的是从中找出本质性和规律性的东西，并以此说明主题。

（4）因果分析

在论文中常有这类命题，如 z 是 y 的原因，y 是 x 的结果。因果分析是常用的推理方法。论文的论点和结论，都是通过推理而得出的，写论文也是顺理成章完成的，所以掌握推理的方法非常重要。从结果到原因的推理，也叫做从特殊到一般的因果分析；反之，称为从一般到特殊的因果分析。

(5) 有效说明

有效说明就是抓住事物本质的说明。例如，说明两个圆的面积大小，当然是选择直径的大小进行比较；说明保温材料的优劣，就应该指出它们的导热系数多大。

(6) 段落过渡

段落的过渡就是论文意思的过渡。通常，一个段落有一个中心句，也就是有一个中心意思。段落过渡得好，通篇行文流畅，文章的逻辑性强，而且层次分明有节奏感。段落的过渡常常借助于文字的承启作用，如“综上所述”、“由上可知”、“这种方法”、“其次”、“再次”以及重复上一段落结尾的语句等。但是，段落过渡主要应当琢磨事物内在的联系和发展规律，或者按认识的层次逐一展开，或者按照研究、实验、计算的过程依次阐述。总之，要有逻辑性。在拟写提纲或提炼中心句时就要考虑文章各个段落的过渡。

(7) 使用图表

图表是学术论文中常见的组成部分，是科学内容重要的表达方式。图表安排得好，文章的布局有层次，往往可以起到文字无法起到的作用，它可以美化版面，调节读者阅读的心理，还可以促使读者尽快接近作者的思路，接受作者的论证，相信作者的论点。图表还可以强调重要的数据，帮助读者记忆，方便读者查用。某些照片则会给读者以更为直观鲜明的印象。绘制图表对于理科学生来说并不困难，问题是在撰写论文时，如何使这些图表紧密与内容相容，与文字组成有机的整体。应当注意：图表提供的资料和数据，往往都带有结论性，必须是十分可靠的，图表的取舍必须服从论文内容的需要，为了清晰地表达图表的用途与用法，必须辅以必要的文字说明，图表的布局必须承接上、下文字，不能割裂文章的内容。

七、结尾的写法

一篇论文的结尾通常由结论、致谢、参考文献和附录等部分组成。由于论文的结尾应该与论文的开头相呼应，所以结尾的主要内容大致有三种：结论性结尾，是作者对论文研究课题做出的答案；探索性结尾，是作者未经证实的结论，是一种展望或是理想；设想性结尾，是作者在研究和实验中对一时尚未解决的问题，提出一种设想性意见，以引起当代或后代的兴趣，加强对这一课题的研究。

1. 结论

(1) 结论定义及作用

结论部分，又称为结语、结束语。它是在理论分析和实验结果的基础上，通过严密的逻辑推理而得出的富有创造性、指导性、经验性的结果或讨论。它又以其自身的条理性、科学性、客观性，反映了论文研究内容的价值，与摘要和引言相呼应，同样可以起到便于读者阅读和便于专业检索工作的作用。

结论不是前述部分的简单重复，也不是研究成果的罗列，它是作者在理论分析和实验结果的基础上经过分析、推理、判断、归纳的过程而形成的更深入的认识和总观点。因此，应重点说明研究结果说明了什么问题，得出了什么规律，解决了什么理论或实际问题，对前人或他人的相关问题做了哪些检验，与自己的研究结果相比有哪些一致、哪些不一致，自己做了哪些修改、补充、发展、证实或否定，自己的研究有哪些不足之处，遗留了哪些未解决的问题以及对解决这些问题有何设想，等等。论文的结论可以是一条或一组结论，也可以是讨论建议、说明或总结，这主要取决于论文的内容与性质。

(2) 结论的写作要求

结论应该准确、完整、明确、精练，其写作要求是：措词严谨、逻辑严密、文字具体，不能模棱两可、含糊其辞。文字上也不应夸大，对尚不能完全肯定的内容注意留有余地。结论的语句只能作一种解释，一句话只明确地归结为一个认识、一个概念、一条规律或一个结论。在论述新发现和新见解时，用词要准确、鲜明，在肯定或否定某一论点时，不使用“大概”、“或者”、“可能是”、“也许”等词。

(3) 结论的写作格式

在写作格式上，如果内容较多，每一项内容可以分条标出序号，每一条单独成一段；如果内容较少，就不需要分条编号，一些重要的数据也可以作为结论出现。

2. 致谢

对文章的构思、试验、撰写等有贡献，但又受到作者名额的限制，可在正文末致谢。一项科研成果或技术创新，往往不是独自一人可以完成的，它总要学习、借鉴前人或他人的研究成果，还需要各方面的人力、财力、物力的支持和帮助。因此，在许多论文的末尾都列有“致谢”一项。

3. 参考文献

(1) 参考文献的目的

在论文的正文部分之后，要列出本篇论文在研究和写作中可参考或引证的主要文献资料。在学术论文后列出参考文献的目的有3个：为了能反映出真实的科学依据；为了体现严肃的科学态度，分清是自己的观点或成果，还是别人的观点或成果；为了对前人的科学成果表示尊重，同时为了指明引用资料出处，便于检索。

(2) 参考文献的基本要求

列举参考文献的基本要求是：所列举的参考文献应是正式出版物，以便读者考证；所列举的参考文献，要标明序号、作者姓名、著作或文章的名称、出版单位、出版时间（或版次），章节与页码也都要标明；所列举的参考文献，应按文章参考或引证的文献资料的先后顺序，依次列出，不应以文献重要与否或名人名家、非名人非名家的顺序排列。

参考文献体现科学具有继承性，引用的主要理论、观点、数据要注明出处，要规范齐全。参考文献有两种体系：顺序编码制和著者出版年制，详见学术论文示例。

多数期刊根据参考文献类型，在引文标题后要标注文献类型标识，参考文献类型与文献类型标识，见表 6-1。

表 6-1 参考文献类型与文献类型标识

参考文献类　型	专著	期刊文章	学位论文	论文集析出文献	报纸文章	报告	标准	专利
文献类型标　识	M	J	D	C	N	R	S	P

电子参考文献类型	数据库	计算机程序	电子公告	电子邮件	网络地址
电子文献类型标识	DB	CP	EB	DU	WZ

电子参考文献类型	联机网上数据库	磁带数据库	光盘图书	网上期刊	磁盘软件	网上电子公告
电子文献类型标识	DB/OL	DB/MT	M/CD	J/OL	CP/DK	EB/OL

参考文献中有多位作者的，列出前 3 位作者，超过的则在第 3 位作者后加“，等”，或者“，et al.”，英文文献作者一律姓先名后，缩写名后不加“.”。

参考文献条目数量的一般要求：国内期刊的研究论文 10 条以上，综合述评文 30 条以上；国外期刊的研究论文 20 条以上，综合述评文 50 条以上；学士学位的研究论文 15 条以上，综合述评文 50 条以上；硕士学位论文 100 条以上；博士学位论文 150 条以上，其中外文参考文献 50 条以上。

4. 附录

(1) 附录的作用

为了体现整篇论文材料上的完整性，凡写入正文可能有损于行文的条理性、逻辑性或精练性的这类材料，则可写入附录。附录是学术论文的补充项目，附于参考文献之后，并非每篇论文所必备。

(2) 附录的内容

下列内容可以作为附录编排于论文之后，也可以另编成册：比正文更为详尽的理论根据、研究方法和技术要点的深入叙述，建议可阅读的参考文献、题录，对了解正文内容有用的补充学术信息等；由于篇幅过长或取材于复制品而不宜写入正文的材料；不便写入正文的罕见的珍贵材料；某些重要的原始数据、数学推导、计算程序、框图、结构图、注释、统计表、计算机打印输出件等。

一篇学术论文可能长短不一，但从格式上讲，标题、作者及其所在的单位、摘要、关键词、引言、正文、参考文献等 7 项，是学术论文必不可少的内容。

第三节 文献综述论文的写作方法

文献综述是对某一方面的专题搜集大量情报资料后，经综合分析而写成的一种学术论文（或报告），它是科学文献的一种。文献综述是反映当前某一领域中某分支学科或重要专题的最新进展、学术见解和建议的，它往往能反映出有关问题的新动态、新趋势、新水平、新原理和新技术等。综述文章的目的是归纳以前发表的文献，并将其置于某种展望之中。通过文献回顾，对已发表的文献加以分析、评论，得出重要结论。可大大扩充引言，删除材料与方法，删去结果，扩充讨论。必须在写作前准备提纲，综述文章的引言部分对读者的影响颇大。扼要回顾总结以往的有关信息，尤其重视该专题的新信息的综述。出色的小结和摘要终将会探寻到易将其编入教科书的途径。综合述评文以阅历资深且对某一领域有突出造诣者撰写为佳。

人们无论是从事科研还是教学，都需要检索与利用文献，借以吸收情报，获取信息；同时，已取得的科研成果与教学经验，需要成文与发表，借以表达思想，促进交流。由此，文献的利用与创作，再利用、再创作，使得科技文献利用与写作互相依存、互相促进，共同推动了科学事业的发展。至今，它们已成为科研与教育工作者所必须掌握的共同基本功。

本科生和研究生学位论文开题报告前，要求先撰写文献综述，再撰写毕业论文（设计）的开题报告。第四章介绍的信息检索与利用，主要以计算机检索为主，本节主要简介已有的科学文献的利用与综述文献论文的写作方法。

一、科学文献的利用

文献是记录有知识的一切载体。具体地说，文献是将知识、信息用文字、符号、图像、音频等记录在一定的物质载体上的结合体。文献是记录、积累、传播和继承知识的最有效手段，是人类社会活动中获取情报的最基本、最主要的来源，也是交流传播情报的最基本手段。正因为如此，人们把文献称为情报工作的物质基础。由此定义可以看出，文献具有三个基本属性，即文献的知识性、记录性和物质性。它具有存储知识、传递和交流信息的功能。文献的利用，就是参考文献中有价值的情报，以资使用。文献利用范围很广，内容较多，现归纳为文献的搜集与积累、鉴别与筛选、加工与整理、分析与阅读等几个方面。

1. 文献的搜集与积累

文献的搜集与积累是文献利用的基础，人们从事科研与教学，都是从搜集与积累文献做起。文献的搜集是文献的聚集，反映为文献量的累加；文献的积累则包含着知识单元的凝聚与质量的升华。二者是略有区别的。

（1）文献搜集

各类文献的产生和流通渠道不同，搜集方法也就不同，概括起来，有如下几种。

1）选购。

选购有预订、现购、网购和邮购等几种方法。利用文献征订目录，选出所需要的文献，向征订单位订购为预订。预订能保证订购率，但在得到文献之前不能直接鉴别文献情报的价值。未预订的书刊，可到书店及出版部门现购。现购能直接看到文献内容，故质量有保证。有些资料、书刊可能在你所在城市找不到，可以通过网上搜索进行网购。一般外省、市出版的书刊或某些单位内部发行的资料，可以汇款，向外地书店、出版单位邮购。

2）索取与交流。

根据线索从文献所有者那里免费取得文献的方法，可以通过索取或建立文献交流关系来实现。它特别适宜于尚未发表的内部资料，或已经发表但内容不够详细而需进一步了解的文献资料。

3）现场搜集。

搜集者在各种活动场所就地搜集文献资料的方法。这种方法速度快、可靠性大，除取得文献资料外，还可以对有价值的新产品、新工艺、新设备等进行拍照甚至索取样品，对于重要的报告和发言还可以录音，向相关专家进行咨询，提出相关问题以获取资料等。

4）委托搜集。

对于一些既采购不到，又难以用其他途经获得的文献资料，可通过委托他人或有关单位承办获得。可以承接这方面工作的单位或人员有：科技情报机构、文献服务机构、科技咨询服务机构；专业图书馆和综合性图书馆；资料出版单位或资料工作者；学术团体；出国研究生、进修生、出国考察团及工作人员等。

5）复制。

文献资料的复制是一种快速、准确，而且方便地获取文献资料的方法。复制方式主要有静电复制、缩微复制及照相复制等。

6）计算机的联机订购。

一些国内没有的文献资料，可以通过国际联机检索终端向国外联机中心订购原文复制件或订购复制缩微件。

7）互联网搜集。

中国知网CNKI数字图书馆全文数据库、万方数据资源系统、维普中国科技期刊数据库、超星数字图书网、书生数字图书网等收集有关书籍和期刊文章。

总之，文献搜集方法很多，既可以通过正式途径，利用科技新书目从新华书店、邮局订购书刊，利用图书馆目录系统、情报服务系统、科技档案系统及各种检索工具查找搜集所需文献；还可通过非正式途径，在同科学家或朋友交谈中获得，与学者及研究人员的往来信件、科技文献中的预印本、单行本、参观访问实验室、展览馆、学术报告会中也可获得情报资料。

（2）文献类型

科技文献类型，见图6-1。

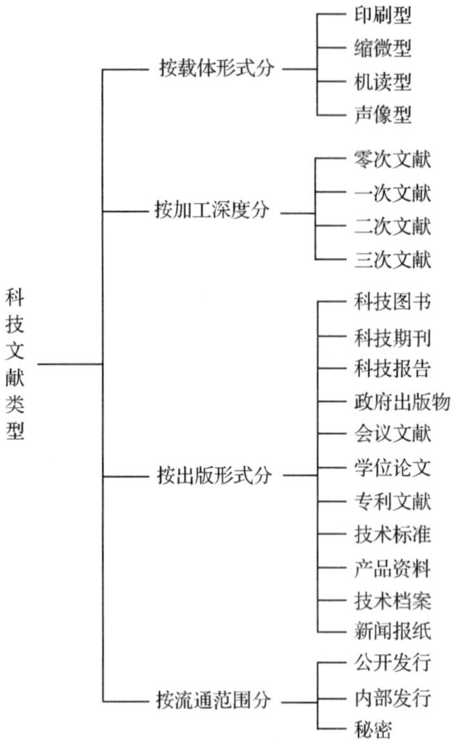

图 6-1　科技文献类型

(3) 文献积累

搜集来的文献资料，来源不一、类型各异，内容十分分散，欲以利用，还需进一步有效地加工、积累，将其转换成便于存储与利用的记录形式。文献资料的记录形式，按不同标准，大体上划分为如下类型：按内容加工层次划分，有索引式、摘录式、提要式、心得式、全录式；按所使用的记录载体划分，有稿纸式、笔记式、卡片式、活页式、剪报式和无纸式等。

1）稿纸式。

利用稿纸，其容量可大可小，但记录容易散失，查找困难。所以使用稿纸，一要标明页码，二要及时装订，如必要时还要编制目录和索引。

2）笔记式。

利用笔记本记录资料，可多可少，不易散失，携带方便。但笔记不便分类和查找使用。补救的办法是按类单独成册。

3）卡片式。

利用卡片记录资料，便于分类，便于灵活调动，可以按不同项目加以排列，易于查找使用，但篇幅小，不能记载较长的资料。此时，只能一则多卡，同时存储卡片，需配置卡片箱。

4）活页式。

利用活页记录资料便于分类，而且摘录文字数量不受限制，宜于携带，同类资料积累到一定程度还可装订成册，便于保存。但其排列、调动、查找不如卡片方便灵活。

5）剪报式。

剪报，是把有用的文献资料，经过裁剪后贴在贴报上。这种方法可节省抄写时间，内容准确率高，但只限于自购资料，数量有限。剪贴后，尚需注明资料出处。

6）无纸式。

计算机的应用，使用了无纸化式存储档案。书籍、期刊、报纸、文档等皆采用，多了要使用目次建档，以便查询。

此外，还有复印式、磁带式、缩微式等现代记录形式，它们具有方便、迅速、规范的特点，由于耗资较大，不易做到。

2. 文献的鉴别与筛选

文献情报对于用户存在有关与无关之别、代表性与一般性之分，欲要利用，就离不开对文献的鉴别与筛选。文献资料的鉴别，主要是分析判断文献的可靠性、先进性和适用性。筛选则是在鉴别的基础上，对文献资料及其情报内容进行取舍。将陈旧的、重复的、无关的资料与部分内容剔除出去，保留或提炼出有价值的文献和知识内容，以上两者紧密关联，往往在对文献进行鉴别的同时，又对文献进行筛选，二者几乎同步进行。为此，以下着重从文献资料的鉴别入手来概述这部分内容。

（1）可靠性判断

文献资料的可靠性，主要表现在文献资料的真实性。通常可从以下 7 个方面来判断。

1）从文献的内容来判断。对于报道科研成果的文献，要看它逻辑推理是否严谨，有无实验数据为依据；对于有关应用技术的文献，要看它是处于实验室研究阶段，还是生产应用阶段。

2）从文献的密级程度来判断。秘密和内部资料比公开资料的可靠性大。

3）从文献的类型来判断。科技图书、科技报告、专利文献、技术标准、技术档案比其他类型的文献可靠性大；最终报告比进展报告的可靠性大。

4）从文献来源的渠道来判断。官方来源比私人来源的文献可靠性大；从专业研究机构来的文献比一般社团来的文献可靠性大。

5）从文献出版单位来判断。著名大学、著名科研单位、著名出版社出版的文献可靠性大；一些著名学会、协会所创办、出版的期刊论文也比较可靠。

6）从文献作者的身份来判断。国内外知名学者、专家、教授、工程师撰写的文章所提供的情况比较可靠。

7）从文献的引用率高低来判断。引用率高的文献可靠性大。

（2）先进性判断

先进性是指在科学技术上有某种创造或突破。可从以下 4 个方面来判断。

1）从文献资料发表的时间来判断。发表或出版的时间越近，可能越先进。

2）从文献资料的来源来判断。技术先进国家发表的资料先进；世界有名望的期刊互相转载的资料先进。

3）从经济效果来判断。通常从产量、质量、品种、成本、劳动生产率、利润等技术经济指标来衡量一项技术的经济效果优劣。经济效果优者，较为先进。

4）从有关评论来判断。一项技术出现后，国内外有关专业期刊往往要加以评论。从这些评论中一般可看出它是否先进。

（3）文献适用性

文献资料的适用性是指文献资料对用户适合的程度，可从以下两个方面来判断。

1）从文献资料的内容来判断。主要看文献资料中介绍的技术和提供的原料、工艺、产品等是否合乎国情。来自科学技术发展处于同一水平、同一发展阶段、自然条件相似的国家或地区的文献资料，适用性较大。

2）从文献资料的读者面来判断。文献资料的读者面，反映了文献资料的适用面。读者的人数越多，使用价值越大；读者的职业面越宽，说明该项技术适用范围越广。

以上鉴别还只是定性的、经验性的，如何实施，还需综合考虑，多加实践。

3. 文献的加工与整理

搜集与积累的文献资料，经过鉴别与筛选后，还需进一步加工整理，使之系统化与条理化。文献资料的整理可分为外部整理与内容整理两个阶段，外部整理通常是指文献资料的记录、分类与建档。内容整理则多指文献资料的情报研究，这里只介绍文献的外部整理，即文献的记录、分类与建档。

（1）记录

对于搜集与积累的文献资料，必须及时记录下来，按其内容加工层次划分，有索引式、摘录式、提要式、心得式和全录式等。文献资料记录形式，见图 6-2。

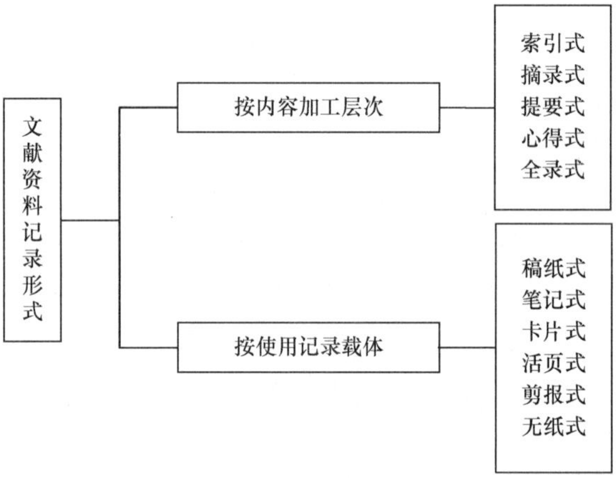

图 6-2 文献资料记录形式

1）索引式。

对于某些一时来不及细读，但有参考价值的资料，可只记录篇名、作者和出处等几个简单项目，这是最简单的摘记方式。它既可节省时间，日后需要时，又可根据记录的线索查找，详读时还可补记，这样积累起来的资料便是一个可供借鉴的自学书目。

2）摘录式。

文献中独到的论点、新颖的见解、精辟的论证、翔实的数据以及名词术语都可作为摘录对象。摘录要绝对忠实原文，不可根据主观需要改动。同时注意上下文联系，不能断章取义。此外，还应说明资料来源。这样摘录的资料，使同一专题往往能容纳百家之言，零散的内容得以系统化，犹如一套小百科全书，以供备查。

3）提要式。

提要式又称纲要式。这是在精读全书的基础上，用纲要的形式列出中心论点、论据，在大小标题下列出所探讨的问题。如此处理后，便于看出文章的逻辑系统，把握各章节大意和全书中心思想。多做提要，能训练综合归纳和论文构思能力。

4）心得式。

心得式是阅读文献后的感想、体会、收获及意见的记录，是经过头脑周密思考加工改造的产物。它包括对所读文献进行质疑、补充、分析、述评等。其中不乏新的思想闪光，即使一得之见，几经思考深入钻研之后，也能形成一种较完整的思想。实践表明，许多有价值的研究成果都是在这一基础上完成的。因此，这一工作又往往是研究工作的起点。

5）全录式。

对于重要文献，特别是经典、标准和法律性文献，宜作全文记录，以保持原件风格和严肃性。

以上诸法，务须注明资料来源，以便日后重读原文、核对和引用；找不到直接来源的材料，则应注明转引出处。

（2）分类

记录下来的文献资料还要进行分类。所谓文献分类，就是按文献所反映的内容逐一根据其学科性质和其他特征的异同，分门别类地系统组织文献的一种方法。文献的分类一般采用学科分类和主题分类两种类型。学科分类是以各学科的从属关系而建立的分类形式，比较科学、简明、方便，主要可资利用的分类工具有《中国图书馆分类法》、《中国图书资料分类法》、《中国科学院图书馆图书分类法》和《中国人民大学图书馆图书分类法》等。而主题分类则是以文献的主要内容——主题而建立的分类形式，较适于专题所涉范围较窄、内容较深的内容，撰写综述论文前文献的加工与整理，属于主题分类。

（3）建档

原始文献资料经过记录、分类、排序，即建立起资料日录，再编制有关辅助索引，实际上已经组成了一个便于查找、便于利用的文献存取系统，可称之为文档。建档的目的在于加强资料的规律性，便于文献的分析研究。

4．文献的分析与阅读

文献的分析，是指对文献内容的情报研究，它是文献利用的最后一步工作，也是一项创造性劳动，相对前面几道工序难度更大、要求更高。文献的阅读，贯穿着文献利用工作的始终，并对之产生重要的直接影响。现将其分述如下。

（1）文献分析

文献分析，实质上就是文献的情报研究，它是在充分占有材料的基础上，通过综合分析，对比推理，“去粗存精，去伪存真”，从中找出合乎规律的、有参考价值的情报信息的研究过程。文献的分析方法很多，常用的有以下几种：

1）历史法与交叉法。

它们分别是从文献论及课题内容的纵向和横向两个方向进行分析研究。前者从纵向分析来研究课题的历史、现状与发展趋势；后者从横向方向分析本学科、本专业、本课题与相关学科、相关专业之间的联系。两者可以单独进行，也可以结合起来运用。

2）对比法。

对比法是最常用的分析方法，“有比较，才有鉴别”。通过对比可以分清优势，评价好坏，比较高低，看到差别，找出差距。对比法，要注意事物的可比性。不看比较的基准，机械地对比，常会导致错误的结论。

3）推论法。

推论法是对文献论及事物的产生、发展过程及客观存在的因果关系和内在联系进行分析和推理，从而推论和预测事物发展的趋势和未来。推论和预测应有确切的依据，不能凭空想象，以免得出错误的结论。

4）剖析法。

剖析法是剖析文献论点及事物的层次，分析科研成败的原因，寻找解决问题的办法，得出合理的结论。

5）归纳法。

归纳法是文献情报研究中常用的一种方法。这种方法首先是把搜集到的文献情报进行分析综合，然后归纳共性的东西，从而揭示事物的内在联系，并根据资料的典型事例，从不同的角度说明事物的规律、特点。

6）统计法。

利用统计法对所搜集的文献情报进行定量分析，从而揭示在某种条件下量的发展过程及相互关系。通常采用的统计分析方法有平均统计法、动态统计法及图示统计法。利用这些统计法可以一目了然地说明问题，可以从量变到质变的角度说明事物发展的规律性。

7）系统法。

系统法是一种战略性情报的分析方法。其主要内容是对课题作尽可能详尽的定量定性分析比较，在综合分析的基础上，提取几种可供选择的最佳方法和方案，提供建议，以供决策。具体地说，系统法主要回答：干什么，为什么；何时为宜，谁来承担；何地为宜，如何进行；等等。

在文献分析研究的基础上，若将其研究成果撰写成文，进行必要的文字加工，便可以形成综述、述评、年鉴、手册、消息与快报等文献情报的形式。

（2）文献阅读

在自然科学文献利用的过程中，文献的阅读一般要经过粗读、通读、精读三个阶段。

1）粗读。

粗读的目的主要是为了进一步决定资料的取舍和选定重点文章。在粗读阶段，一般来说，应该先看目录、摘要、引言、小标题、结论，确定是否要进一步全篇通读。

2）通读。

通读的目的是全面掌握文献的内容，分析与摘录文献的重点。通读的次序，最好先阅读最新出版的国内外有关综述、述评等评论性文章，再通读专题性论文和研究报告之类。文献经通读后，要将其重点摘录下来，摘录应尽可能详细，做到不看原文即可掌握文章的主要内容。

3）精读。

对于在通读阶段摘录出的重点文献，还应反复加以精读。精读是为了熟悉重点文献的内容，掌握其主要论点、论据、结论等，以便进行思考、推理与论证。精读时要善于提出问题、思考问题；要分辨真伪。精读的过程也是对文献资料进行校核、鉴别、分析、归纳的过程。

二、综述文献的写作

综述文献的写作是综述信息的书面存储活动，它除了具有一般写作的基本规律之外，还具有其自身的特点、程式和要求。文献综述是研究者在研究报告中对选题领域的研究状况和主要问题做出综合阐述与评价，以说明本研究的背景和基础，文献综述可以先写，整理出关于研究现状的明确述评。注意与自己的研究观点相同或相反的资料，为不同研究的结论提供某些说明，并合乎逻辑和顺畅地从一个问题转到另一个问题上。因此，仅仅经过了基础写作训练，具有一定的写作能力，仍不能既快又好的写出像样的综述文献来，还必须学习综述文献写作知识，懂得综述文献写作的过程以及常用综述文献文体的格式要求等，这些对于理工科大学生和科学工作者都是必要的。

1. 综述文献的写作程序

综述文献的写作，一般可分为选题、取材、拟定提纲、撰写初稿、修改与定稿等几个工作程序，分述如下：

(1) 选题

选题就是确定综述文献的主题。撰写综述文献通常出于某种需要，如为某学术会议的专题、从事某项科研、为某方面积累文献资料等，因此综述文献的选题，作者一般是明确的，不像科研课题选题那么困难。综述文献选题范围广，题目可大可小，大到一个领域、一个学科，小到一种疾病、一种方法、一个理论，可根据自己的需要而定。初次撰写综述文献，特别是初习者所选题目宜小些，这样查阅文献的数量相对较小，撰写时易于归纳整理；否则，题目选得过大，查阅文献花费的时间太多，影响习作，而且归纳整理困难，最后写出的综述大题小做或是文不对题。综述文献选题，一般没有固定模式，为确保选题恰当，且有一定的科学价值和现实意义，这里再次强调，综述文献应遵循以下原则：科学性原则，体现在选题上应能揭示客观世界的发展规律，正确地反映人们认识与改造世界的水平；创新性原则，应能反映人类认识与改造世界的创造性成果，即产生了新观点、新思想、新方法、新工艺、新技术、新产品等，这是衡量选题价值大小的重要标准；应用性原则，是指所选课题应能应用于生产实践，因此选取课题时要认真考虑有无应用价值和经济效益的大小，对于国计民生等有重大价值的课题理应放在首位，当然这并不意味着放弃那些有科学价值的纯理论课题；可行性原则，体现在为获得写作成功所应具备的主客观因素。

(2) 取材

综述文献必须通过一定的材料来表现。因此，在课题确定下来之后，就要考虑选用哪些材料，即所谓取材。取材应遵循以下 3 条原则：

1) 必要而充分。

必要就是必不可少的材料，缺了它就无法表现主题；充分就是要有足够的材料，缺了它就难以很好地表现和支持主题。必要是指质而言，充分是指量而言；质是根本要求，量是质的保证，两者是相辅相成的。只有材料十分丰富，才能从中选出足够必要的材料。

2）真实而准确。

真实就是材料没有一点虚假，完全是客观存在，并反映着事物的本质；准确就是材料没有一点错误，如实地反映客观实际。真实和准确是对材料的最基本要求，应该注意：引用别人的材料要注意鉴别，要注意核对原文，不能断章取义，更不能歪曲原意；凡引用别人的材料均应注明出处；不能用道听途说之类的材料，更不能以讹传讹。

3）典型而新颖。

典型就是材料能够揭示事物的本质，代表事物的特征，这样的材料能把道理具体化，把过程形象化，有最强的说服力；新颖就是所选用的材料别人没有见过、没有听过、没有用过，这样的材料才能使主题富有新意。材料应同时具备典型性和新颖性，有的材料虽较典型，但比较陈旧，如果继续使用就会使读者厌腻；而有的材料虽然很新，但缺乏典型性，说明不了本质问题，也不能用。要使材料具有典型性，就须深入挖掘，认真比较，精心选择；要使材料具有新颖性，就要努力去选择最新创造的成果。

（3）拟定提纲

撰写综述文献文章要设计好结构，全篇分为几大部分，各部分写些什么内容，互相之间怎样衔接等都要事先筹划好。按照拟定好的综述文献提纲来展开文章结构，是组织文章的一种有效方法。

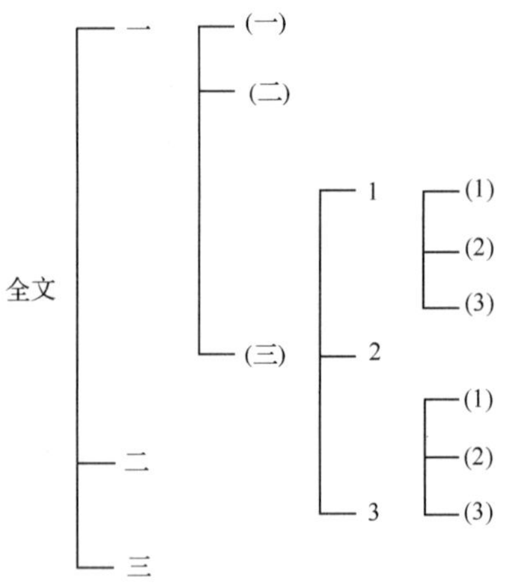

图 6-3　社会科学论文点序

写作提纲，实际上相当于由序码和文字所组成的一种逻辑图表，社会科学论文常用点序，见图 6-3。

由图 6-3 可知，一、二、三表示最大的论点。（一）、（二）、（三）表示从属论点，1、2、3 表示下位从属论点。以下据此类推。这样一来，就可以组成一个逻辑严密、条理清晰的文章总体框架。其中，提纲的项目有两种写法：一种是标题写法，另一种是句子写法。前者是大小标题，显示分论点或段落大意；后者则是句子的形式，将分论点或段落大意的意思加以说明。这两种写法各有长短。作者可根据自己的习惯酌情采用。

自然科学论文常用分层次表述，标题结构层次一律用阿拉伯数字连续编号，取左顶格书写，编号如“1”、“1.1”、“1.1.1”。

（4）撰写初稿

由于体裁不同，综述文献撰写的其结构项目有所不同。例如，对自然科学的综述文，常按发展历史、研究现状、存在问题、研究对策与发展前景来写。

（5）修改与定稿

综述文献初稿写成之后，便进入修改阶段，修改是对文章初稿的再加工、再创造、再提高，目的在于进一步提高文章的质量。修改时应着重检查论点是否明确，条理层次是否清楚，结构是否完整、紧凑，布局是否合理，前后是否照应，各部分之间的联系是否连贯自然，题目是否贴切，字、词、句、标点符号是否正确，语言是否准确、鲜明、简洁。修改宜在文章写好搁置一段后再进行，应先大后小，由全局到个别。具体就是采用增、删、换、移，使文章渐臻完善。

2. 综述文献的写作格式

综述文献是总结某一科技领域在一定时期内的进展情况、做出综合性描述的情报资料。其写作格式为：

标题

作者及工作单位

引言　主要内容包括写作的目的、基本过程、供哪些单位参考使用。

目录　由正文中的大小标题组成，用以揭示本篇综述所要叙述的内容。

概述　综述正文的引言。其基本内容包括：历史回顾；目前状况和存在问题、发展趋势；指出利用了哪个时期、哪些性质的资料。

正文　综述主要内容的叙述部分。

结束语　报道内容的总结。

参考文献

3. 综合述评的写作格式

综合述评是对某一特定课题的科技发展水平的叙述分析、综合以及评论的情报资料。其写作格式为：

标题

作者

概述　阐述述评的基本状况。内容包括：课题的提出；此项新科学或新技术的作用；历史回顾及目前状况。

正文　分析和评论问题部分。内容包括：技术经济水平对比（一般以表格形式为好）；根据对比做出分析和评论；对其发展趋势做出评论。

建议　述评的结束语，是根据前面的分析和评论做出结论。内容包括：阐述采用此项新技术或新产品的重要性；应用于本国、本地区或本单位的可能性；应创造哪些条件才能使这项新技术得以推广。

参考文献

述评惯用的表达方法，是先述后评和边述边评两种方法。

三、综述与述评的写作要点

综述与述评是情报研究成果最重要的两种表现形式。关于它们的写作程序及各阶段应注意的事项可参照科技论文部分的论述，下面简介这两种形式的特点。

综述与述评是对大量文献进行浓缩的一种科技文体，是科研成果，也是科研工具。

综述即综合叙述，是经过对大量文献的筛选、比较、分析、综合、提炼而成的情报产品。综述是科技情报研究成果之一。综述的研究是把一次文献、二次文献变成三次文献，它具有研究和服务的二重性。研究是手段，目的是服务。

综述的特点主要表现在综合性、浓缩性和叙述性。综述的特点决定了它在科学研究中的作用。一般文摘只是对某一种或某一科文献内容的压缩、摘要，而综述则是对某一批文献、文摘的压缩，有选取、有摒弃。浓缩的结果增加了情报知识的密集化。它把同时期、同地域，或不同地域、同课题，或某个专题的大量散乱无序的文献集中化、条理化。节省了使用者大量地搜集文献资料的时间，使读者及时获得某学科的发展水平、存在问题和发展方向等信息，给领导者的决策和科技工作者选择课题提供依据。

综述的内容结构一般包括引言、正文、结语和附录等几个部分。引言中说明编写的原因、编写的原则和使用对象、资料来源、参与单位；正文是科技综述的主体部分，一般是叙述某学科或某专题某时期的情况和当前的成就，此外还要客观摆出悬而未决的问题、不同学派的观点和争论等；结语部分应简明陈述编者在综述情报研究中所得出的结论，概括本研究的意义、存在的分歧意见和问题等；附录部分应列出参考文献资料，这既是对他人研究成果的尊重，又可供读者核对或据以追踪检索，作进一步研究时用。由综述的定义、任务、内容、结构等可以看出，科技综述的编写是一项极为复杂的科研劳动。要经过选题、确定情报源、搜集资料并认真筛选和鉴别，构思并拟定提纲，撰写初稿、修改与定稿等。

述评是情报性的科技研究产品。述评的重点在“评”，通过大量的情报资料为读者献计献策。述评与提要不同，提要仅是对一种文献的介绍和摘要，而述评则是对一批文献的揭示和评述。科技述评多由著名学者、专家和专职情报研究人员撰写。他们根据学科理论和科技政策，对科技成就的现实水平、发展动态、存在问题进行比较、分析后，发表自己见解提出有根据的建议，既可为领导决策提供依据，又为科技人员选题定向时提供有力的逻辑基础，起引领和指导作用。

科技述评的内容结构一般由绪言、发展史、现状分析、建议、预测方向、结束语和附录等几部分构成，其中建议和预测方向是述评的核心。综述是对已有的研究成果进行概括，展示已解决的问题和存在的问题；而述评则重点论述解决问题的方法、途径，预测将来可能出现的问题，提出解决方法。

科技述评的编写过程大体上与科技综述相同，但述评的选题更注重开拓性、决策性和技术性的课题。述评写作是交代事实，陈述观点，发表议论，提出建议的过程。在表述方法上可先述后评，也可边述边评。“预测”部分较多地出现在对比分析之后，或和建议同时提出。有时，根据内容需要，建议也可出现在开篇和结语，首起处的预测多是趋向性或影响性的。“建议”一般自成章节，分项表述，一般用“关于……建议”、“……意见”之类的小标题提示，提出建议后须加以论证。对说明建议的理由、原因之类的情报资料，应列于各项建议之后。

写作科技述评，难度大，要求高。既要说明问题，又要分析透彻。除科技写作的一般要求外，述评写作要特别注意评价的角度，要明确区别作者的观点与文献本身的观点，除了要求作者必须熟悉本学科、本专题的基本情况外，还要有足以反映主题范围内的较全面的最新动态、最佳水平的情报资料，这样才能写出高质量的有说服力的科技述评。

第四节　学术论文写作规范

一、学术论文写作规范概念

学术论文写作规范，是指学术论文写作时通常要遵守的约定俗成的“规定”和明文规定的标准。所谓标准，是技术标准的简称，是由一定权威组织对经济、技术科学中重复出现的共同语言和技术事项以及产品规格、工程质量、检验方法等统一规定的技术准则，是人们进行经济和科学技术活动共同遵守的技术依据。

二、常用标准的分类及使用

我国的现行标准分为国家标准、行业标准、地方标准和企业标准 4 级。以下是撰写文稿时最常用的国家标准：《量和单位》（GB 3100-3102）、《文献主题标引规则》（GB/T 3860）、《学位论文编写规则》（GB/T 7713.1）、《科技报告编写规则》（GB/T 7713.3）、《校对符号及其用法》（GB/T 14706）、《标点符号用法》（GB/T 15834）、《出版物上数字用法》（GB/T 15835）和《文后参考文献著录规则》（GB/T 7714）等。1992 年以后发布的国家标准中，代号为 GB 的是强制标准，代号为 GB/T 的则是推荐性标准。

由于计算机的普及，目前学术论文都要求提交类似于出版物的计算机打印稿，一些优秀的学术论文还可以向期刊投稿。因此，了解一些正式出版物的出版规范方面的知识是非常必要的。

三、学术论文写作规范要求

1. 文献

(1) 引用文献

学术论文文稿经常需要引用其他书籍或杂志等出版物中的内容，称为引用文献。引用文献标示应置于所引内容最末句的右上角。所引文献编号用阿拉伯数字置于方括号“[　]”中，如“预测控制[2]”。当提及的参考文献为文中直接说明时，其序号应与正文排齐，如“由文献 [8，10～14] 可知”。使用引文时应注意以下几点：

1）引文的来源，必须是公开出版的著作或报刊等出版物上发表的文章。

2）不得将引用文献标示置于各级标题处。

3）别人的言论，常常是在某一特定的时间和条件下，针对某一特定问题或对象发表的，引用时应做出必要的交代。

4）使用引文，务必逻辑清楚。要与自己文章阐述的观点一致，不能互相矛盾。

（2）参考文献

参考文献是指为撰写或编辑论著而引用的有关图书资料。按规定，在各类出版物中，凡是引用前人或他人的观点、数据和材料等，都要对它们在文中出现的地方予以标明，并在文末（或书末）依次列出，这项工作叫做参考文献著录。由于其表列在文末(或书末)，更确切地说，是“文后参考文献著录”。

1）参考文献著录的作用。

对于一篇论文或一本说明书、一部专著，文后参考文献著录是不可缺少的。参考文献有以下作用：

参考文献著录可以反映作者的态度。今人的研究工作都是对前人的研究工作的继承和发展，文后列出阅读的与论著内容有关的参考文献，不仅反映出作者严肃的科学态度，而且反映出作者尊重他人劳动成果的态度。

参考文献著录可以反映论著的水平。现时的研究都是在过去研究的基础上进行的。引用过去的参考文献，不仅可以反映论著的真实性、科学性，而且可以反映论著的起点、深度与广度。

参考文献著录有利于节省论文篇幅。论著中涉及参考文献所载的内容，都不必详述，只要注明出处即可，这不仅节省了篇幅，而且反映出所编论著的新观点、新内容、新成果、新结论。

参考文献著录有利于他人研究。读者通过著录的参考文献，可以方便地查阅有关资料，进一步了解有关情况。科技情报人员通过著录的参考文献，可以方便地进行文献计量学等的研究。

2）参考文献著录的要求。

参考文献确实起到重要作用，著录应符合下列要求：

公开发表的文献可以著录，未公开发表的资料不可著录。例如，保密文件、内部消息以及不能公开发表的资料等，均不可著录。

在亲自阅读过的文献中，精选出在论著中直接引用的、主要的、最新的文献著录，对一般的众所周知的内容、陈旧的资料等则不著录。

参考文献的著录一定要简单、清楚、准确。著录要按《文后参考文献著录规则》(GB 7714－2005)进行。

3）参考文献著录的格式。

常见的参考文献有6种，期刊著录格式如下：

① 期刊。

[序号] 作者. 文章名 [J]. 刊名，年，卷（期）：起止页码.

例如：

[1] 周新年，巫志龙，周成军. 我国工程索道技术装备及其发展趋势 [J]. 林业机械与木工设备，2010，38（12）：4-12，23.

[2] 周新年，邱荣祖，张正雄，等. 环境友好型的木材物流系统研究进展 [J]. 林业科学，2008，44（4）：132-138.

② 专著。

[序号] 作者. 书名 [M]. 出版地：出版者，出版年：起止页码.

例如：

[3] 周新年. 工程索道与柔性吊桥——理论 设计 案例 [M]. 北京：人民交通出版社，2008：1-18.

③ 论文集中析出文献。

[序号] 作者. 文章名 [C]. //编者. 文集名. 出版地：出版者，出版年：起止页码.

例如：

[4] 冯辉荣，周新年，李正红，等. 构建"多功能"例题创新教学模式的尝试 [C]. //曲淑英，杨正光. 中外力学思维纵横. 北京：大众文艺出版社，2009：235-244.

④ 学位论文。

[序号] 作者. 论文名 [D]. 授予学位地：授予学位单位，出版年.

例如：

[5] 郑丽凤. 闽北天然次生林择伐强度的阈值和择伐策略研究 [D]. 福州：福建农林大学，2008.

⑤ 电子文献。

[序号] 作者. 题名 [EB/OL]. (发表或更新日期). [引用日期]. 网址.

例如：

[6] 人民网. 我国森林覆盖率达 20% [EB/OL]. (2009-11-18). [2011-08-16]. http：//politics. people. com. cn/GB/1026/10397213. html.

⑥ 标准。

[序号] 发布部门. 标准编号. 标准名称 [S]. 出版地：出版者，出版年.

例如：

[7] 国家质量监督检验检疫总局，中国国家标准化管理委员会. GB 7714－2005. 文后参考文献著录规则 [S]. 北京：中国标准出版社，2005.

2. 数字的规范

(1) 数字用法

汉字数字和阿拉伯数字的使用，应按国家标准《出版物上数字用法的规定》执行。总的原则是凡是可以使用阿拉伯数字而且又很得体的地方，均应使用阿拉伯数字。遇特殊情形，可以灵活变通，但应力求保持相对统一。

1) 数字使用阿拉伯数字。

公历世纪、年代、年、月、日、时、分、秒，如公元前 440 年、21 世纪、上午 8 点。另外，在书写年份时不能简写，如 2012 年不能写成 12 年，2010～2015 年不能写成 10～15 年或 2010～15 年等。

统计表中的数值，包括正负整数、小数、百分比、分数和比例等，如 34.059、6.3∶1、－17 ℃。

物理量量值，如 0.59 安［培］。

编号、文件编码、证件号码和其他序号，如曙光 2000 超级计算机，Z59/Z60 次列车等。

引文标注中版次、卷次、页码，除古籍应与所据版本一致外，一般均使用阿拉伯数字。

2）数字的书写方法。

量值中的数值一般应采用阿拉伯数字，并且尽量避免用分数，而用小数。

数值小于 1 的小数必须写出小数点前定位的 0。小数点是齐底线的黑圆点，并占半个汉字的位置，如 0.104 kg。

阿拉伯数字采用国际通行的 3 位分节法书写，小数点前或后若超过 4 位数时（包括 4 位数），则从小数点起，向左或向右，由 3 位分节，节与节之间应空半个字的位置（不是用逗号），如 44 125、0.141 65、54 461.674 1。不用千分撇“′”分节。

若整数后有 3 个以上“0”，或者纯小数而在小数点后面有 3 个以上的 0，均可采用 10^n（n 为正、负整数）的形式写出，但有效位中的“0”必须全部写出，如 360 000，则应写成 360×10^3 或 36×10^4。

一个用阿拉伯数字书写的多位数，不能移行。

参数范围符号统一用“～”表示。例如，五至十可写成 5～10，100 kg 至 150 kg 可写成 100～150 kg；但 $2\times10^2\sim6\times10^2$ 不能写成 $2\sim6\times10^2$，20%～50%不能写成 20～50%。

一个数值的书写形式要照顾到上下文。不是出现在一组表示科学计量和具有统计意义数字中的一位数（一、二……九）可以用汉字，如一个人、四种产品、六条意见。

5 位以上的数字，尾数零多的，可改写为以万、亿作单位的数。一般情况下，不得以十、百、千、十万、百万、千万、十亿、百亿、千亿作单位（千克、千米、千瓦、兆赫等法定计量单位中的词头不在此列）。

例如，345 000 000 km 可改写为 3.45 亿 km 或 34 500 万 km，不能写做 3 亿 4 500 万 km 或 3 亿 4 千 5 百万 km。

其他规则。数量的增加，可以用倍数、分数和百分比表示，如增加了 5 倍，即原来是 1，现在为 6；增加了 20%，即原来是 100，现在是 120。数量减少只能用百分比和分数表示，不能用倍数表示，如“减少了 2 倍”、“降低了 3 倍”等表示法都是错误的。正确使用数字前后表示约数的字，如约、近、左右、上下等，不能同时并用两个以上的近似数的词，如“大约 10 cm 左右”的表示法是不对的。最大数和最小数不应与约数运用，例如“最大值为 10 cm 左右”是不对的。

3）数字使用汉字数字。

我国清代以前的历史纪年，各民族的非公历纪年用汉字，如清咸丰十年九月二十日（1860 年 11 月 20 日）。

中国干支纪年和夏历（农历）的年、月、日，如农历癸酉年二月十九日。

数字作为词素构成定型的词、词组、惯用语、缩略语或者具有修辞色彩的语句时用汉字，如三叶虫、一律、一元二次方程、四氧化三铁、“十三五”规划等。

邻近的两个数字并列连用表示概数，或者带有“几”字的数字表示约数，要用汉字，如三五天、一千七八百元、十之八九、十几天、几十万分之一等。

星期几一律用汉字，如星期六。

古籍文献标注中版次、卷次、期次、页次，均用汉字数字。

并列的阿拉伯数字与其复指数相连时，复指数用汉字，如几组数据中都含有 2、4、6 三个数（“三”是复指数）。

数字后为形容词时，用汉字，如“该方法有四大优点”（“四”用汉字数字）。

使用汉字“一”的几种情况：“一”后边为名词时用汉字，如“一汽车”；“一”前为指示代词，当用“每”、“某”等词开头时，用汉字，如“每一个数据……”；“一”与量词组成数量词组做定语用作泛指时用汉字，如“他提出了一种全新的实验方法”。

（2）计量单位

1）学术论文中的计量单位必须采用国务院发布的《中华人民共和国法定计量单位》以及国家标准《国际单位及其应用》。

2）表达量值时，在公式、图表和文字叙述中，一律使用单位的国际符号，且无例外地用正体。只在通俗出版物中才使用单位的中文符号。单位符号与数值间要空出 1/4 个字长。

3）关于量的符号，一般为单个拉丁字母或希腊字母，并一律采用斜体（pH 除外）。为了区别不同情况，可在量符号的右侧上、下方用上、下标标识。其中，以量符号和代表变动性数字的字母作角标时用斜体，其他角标（包括数字）用正体。

（3）公式规范

1）基本规则。

公式原则上居中书写。若公式前有文字（如“解”、“假定”等），字空两格写，公式仍居中写。

公式的序号用圆括号括上，写在行末顶格。公式和序号之间不加连点。

公式的序号，一般由两组数字组成，前面的为章数，后面为本章公式的序号，两组数字之间用半字线连接。

公式中表示参数的拉丁字母要用斜体，公式中属于数学术语的拉丁字符要用正体。

2）注意事项。

如果公式较长，一行放不下时须转行，最好在紧靠“＝”、“＜”、“＞”、“≈”、“＋”、“－”号的后面断开转行，而在下一行开头不应重复该记号。上下行最好在“＝”对齐。

3 层以上的公式，应有主线和辅线之分，写稿时应注意。主线要长于辅线，并且在“＝”号的同一水平线上。凡属于一个公式的主体文字，应写在一个水平线上。

凡属于有算子（算符）号、积分号、集合号或连乘号等的式子，有上、下限时，不可将其左右两侧的另一单元字符交叉抄写。

公式中的根号，一定要写准确。

对于算例，可以先写出公式，在等号转行之后代入相应的数字，进而写出结果。这样书写，既不多占篇幅，又整齐美观。

（4）乘号使用

在诸多数学符号中，乘号用得最多，而且也很复杂，这里列出一些使用方法。

量符号组合为乘积时，不用乘号，也不用中圆点“·”。

数字相乘时，数字之间只能用“×”。

当数字和字母符号共同组成乘积时，如果数字在前，符号在后，二者直接连写，中间不加任何符号，视同量符号的乘积，如 48Rtz；如果符号在前，数字在后，视同数字相乘，在数字前加“×”，如 $RP\times 10^{-3}$。

分式相乘时，使用“×”号。

乘式中，以双字母表示的无量纲参数要用圆括号括起，表示它同前后参数相乘，不然，容易被误认为不是无量纲参数。

表示点积、叉积和张量积之间的“·”、“×”并不是普通乘号，不能随意添加、省略或互换。

3. 表格的规范

表格是论文文字表达的组成部分，它必须同文字叙述有直接联系，不得有同文字叙述不相关的表格。表格应写在离正文首次出现处最近的地方，不应超前和过分拖后。表格还应有“自明性”，即只看表题、表格的内容就可理解表意，因此表格的内容与图、文字表述的内容不应重复。

（1）制表规则

要科学精选表格，可要可不要的表格尽量不要，能用文字说明的内容最好不用表格来表示。表格内容要重点突出，简明扼要，删去不必要的中间环节。选择适合的表格形式，科学安排表格内容，使表格保持应有的逻辑对比功能。

1）文章中的表格要有表序和表题，表格一般按章排序。例如，“表 6-1”，其中，横线前数字代表章的编号，横线后数字为表格在这一章中的顺序号，即第 6 章第 1 个表。两数字之间的连线为半字线，占半格。表格编序方法，应与本稿公式的编序方法统一。表号的后面空一格写表题，居中放在表格的上面。

2）表格内的数字一律用阿拉伯数字，同一项目保留小数位数应一致。表格中的小数点应对齐。位数多时，应以小数点起，向左、向右每 3 位空 1/4 字距，而废除用千分撇的写法。

3）表格内如遇上下或左右数字相同时，应在相应栏重复写出，不得使用“同上”、“同左”等字样。在填写表格内数据时应注意：因故未测出或未统计出的数据栏应空白；本栏无意义的用“—”表示；实测或计算结果是“零”的项目栏就填写“0”；杜绝不加区别，一律把上述 3 种情况用空白或“—”符号代替的现象。

4）表内不用“备注项”，如需注释，可书写在表的下方，表内相应位置用“（1）、（2）……”表示。

（2）表格类型

按表格的结构形式，可分为圈框表、卡线表、横线表和无线表。

卡线表由表号、表题、表头和表身组成，如表 6-2 所示。若在它的左右两边加上竖线连成框，则为圈框表；若不加竖线，并除去所有的竖线，则为横线表。若把横线也删去，则为无线表。显然，无线表只能用于较简单的情况，还要特别注意上下各项对正，左右各栏对齐。

表 6-2　卡线表样表

时　间	样　本	回收率/%	测得总量/μg	…
…	…	…	…	…
…	…	…	…	…

现在较为提倡使用横线表。横线表保留传统卡线表的几乎全部功能，而且最大限度地减少了卡线表编排上的某些缺点，它的栏头取消了斜线，表格内不出现竖线；也省略了横分隔线，醒目自然。另外，要尽可能多地使用计算机辅助作图工具，如 Excel 等。

4. 插图的规范

插图是文稿的组成部分，应与正文内容紧密配合。

(1) 制图规则

图位不应远离正文。图幅的大小应能准确、清楚地反映图的内容。图号与图题，居中写在插图下边。图也应具有“自明性”。而且，图与表格、文字表述的内容不应重复。

1）文章中的问题能用文字说明的就不要再安排插图；文章中无关紧要，可有可无的插图，应尽量除去；凡能用表格说明问题的，也不必用插图。

2）凡能用线条图表示的就不要用照片和美术图；凡能用单色图表示的就不必用多色图；凡能用小幅面图表示的就不必用大幅面图；凡能用简图表示的尽量不用复杂图。

3）设计插图时，应注意突出其主体部分，而对作用不大的或曲线没有覆盖的多余的部分，要做适当的调整或删除，以便图面紧凑、美观，同时可节约版面。如果一个插图有若干个分图，且又分布集中时，应考虑最好使其大小尺寸一致。插图的幅面尺寸、注字和符号、线条箭头、剖面线的画法等都必须符合国家标准的有关规定。

4）图序应统一编号，用阿拉伯数字标注。例如，图 6-1 是表示第 6 章第 1 图。两数字之间的连线用对开线，占半格。如果有若干个图，不要用“上”、“下”、“左”、“中”、“右”等字样表示，所有分图都要规定出符号，如图 2（a）、图 2（b）、图 2（c）等。图题要简单明了，表达一个完整的含义，但也要防止太简单，如仅用“示意图”、“框图”、“函数关系图”等泛指的图题是不妥当的。写法上，图序和图题之间空一个字，而不加标点。图序与图题应在图下方，居中排。

5）论文插图要符合保密及有关规定。地质、地貌等专用地理图或涉及国界的中国地图应尽可能采用文字说明。必须用地图时，应采用中国地图出版社印制的中华人民共和国地图。

(2) 插图分类

理工科专业学生学术论文中所用的插图，可分为线条图和照片图两大类。

1）线条图。

线条图图样中的线条，要求线型正确，粗细分明，箭头匀称。笔画要清晰流畅，不允许有毛刺、分叉等现象。曲线连接处线条粗细应均匀一致，而且光滑整洁。线条图包括工程图、立体图、示意图、坐标图等。绘坐标图时应注意：

定量图的坐标必须有数值分度和量的单位。其分度必须准确，分度处画出分度线，标出相应数值。分度线应互相平行或垂直。物理量与计量单位之间要用斜线“/”隔开，也有用逗号隔开的，在一本文稿中，应统一选用一种表示方法。物理量与计量单位应写在相应的坐标处，单位不加括号（若用斜线隔开，对组合计量单位则须加括号），单位后没有标点。定量坐标不画表示增量方向的箭头。

非定量坐标图，必须画出表示增（或减）重力向的箭头。

一幅图中有两条以上的不同意义的曲线时，应用阿拉伯数字标注，并用图注形式说明曲线的意义，或者以不同符号表示，另用“图例”说明。

2）照片图。

照片图是指建筑物、车间厂房鸟瞰、设备外观、零部件实物、显微组织和低倍组织、示波图、艺术作品等的照片。

学术论文原件中的照片图均应是原版照片粘贴，不得采用复印件。照片要求主题和主要显示部分的轮廓清晰、层次分明、重点突出。对显微组织照片必须注明放大倍数。应尽量采用计算机辅助绘制图稿。

5. 标点符号与名词术语规范

（1）标点符号

标点符号简称标点，由点号与标号两部分组成，是辅助文字记录的语言符号，是现代书面语里不可缺少的组成部分。

在《标点符号用法》中，点号有 7 个，表示说话时的停顿和语气；标号有 9 个，表示需要标明的词、短语和句子，有的标号也表示某种停顿和语气。

要特别注意有些特殊标点符号。例如，横线符号的长短不一，有“对开”、“全身”和“双连”之分，务必书写清楚。圆点符号的位置不同，则其作用不一样，务必把位置写准确。另外，还要注意把句号“。”与阿拉伯数字“0”等容易混淆的字符区别开。

标点符号，各个国家的习惯不同，用法不一样，查阅翻译外文资料、写外文摘要时，一定要注意。另外，不同学科都有各自专用符号，使用时应参看有关手册和文献。

（2）名词术语

科技名词术语是反映科技专业概念的一种形式与意义相结合的语言符号。科技名词术语的统一和规范化，有助于科技知识的传播与交流、文献的存储与检索和人类的资源共享。

1）学术名词术语，应以全国科学名词审定委员会审定的为准。新兴学科的术语及尚无通用译名的术语，应根据本学科习惯确定，在第一次出现时加以注释或附原文，并力求统一。由缩写的外文字母组成的术语，可保留外文缩写，如氧气顶吹转炉炼钢法（basic oxygen furnace，BOF）。基本理化量，应按国家标准《量和单位》中的名称使用。

2）国内机关、单位、工厂、学校的名称，应写全称，不要写简称。外国公司、工厂、团体的名称，应按全称译成中文，文稿中首次出现时要用括号附注原文和缩写外文，再次出现时可直接用外文缩写。

3）外国人的姓名，已有通用译名的，按习惯写出，如牛顿、爱因斯坦、门捷列夫。用拉丁字母和俄文字母拼写的外国人名，应将姓译成中文而名不译，在文稿中第一次出现时要用括号注明原文，写法是：先写姓（首字母大写，其余小写），后写名的大写缩写字母，加缩写点，在姓和名之间用逗号隔开。例如，William George Harkins 应写成哈金斯（Harkins W G）。

4）中国现地名以地图出版社最新版本的《中国地名录》为准。与现今地名不同或位置不同的中国古代地名，应加注今地名。外国地名应按中国大百科全书出版社最新版本的《世界地名录》译成的中文写出。

5）所有的名词、术语、人名、地名以及单位等名称，在同一文稿中必须前后一致。

6. 外文字母正斜体和黑白体

外文字母符号主要指拉丁字母和希腊字母，有白体、黑体、草体和花体之分，有正体、斜体（大写与小写）之别，它们各有特定的用途，表示不同的概念。应用最多的是白体，一般讲的正斜体，均指白体的正斜体，而将“白体”省略了。

（1）正体字符使用场合

1）全部法定计量单位、词头和量纲符号，如 kg、m、s、μ、L。

2）化学元素符号和某些化学代号，如 Fe（铁）、pH（酸碱度）、e（自由电子）、X 射线。

3）某些数学符号，包括全部三角函数符号，如 tan、cos、csc、arcsin；对数、极限符号，如 log、ln、lg、exp、lim、max、min，伽马函数 Γ、贝塔函数 β 等具有特殊定义的函数；某些数量的代号，如圆周率 π、自然对数的底 e、K（计算机的内存容量），微分符号 d、偏微分符号 ∂、连乘符号Π、连加符号Σ、增量符号和拉普拉斯算子 Δ。

4）金属材料牌号，如 32Mn2SiA（防弹钢板）。设备型号、元件型号、产品型号、仪器仪表型号和试验编号、试样编号等。

5）国家标准、部颁标准的代号，如 GB、LY 等。

6）地质时代及地层单位代号，如 O（奥陶系）、Z（震旦系）。

7）方位和经纬度符号，如 N（北）、E（东）、W（西）、S（南）、E. L.（东经）、W. L.（西经）、N. L.（北纬）、S. L.（南纬）。

8）人名、书名、地名和机关企业的名称和不表示量符号的外文缩写字。

9）表示非物理量的角标符号和定量数字的角标符号。

10）生物学中拉丁学名的定名人和亚族以上（含亚族）的学名。

（2）斜体字符使用场合

1）物理量的符号，如电阻率 ρ、磁导率 μ、压强 p、体积 V、温度 T。

2）数学符号，如 f（函数），点 A、B，线 AB，弧 AB，$\angle M$，$\triangle ABC$，变量 x、y、z，概率 p，均数 $\bar{x}$ 等。

3）电气线路图中的元件代号，如 A（安培表），R（电阻）等。

4）机械制图中的剖面符号，如 A-A 等。

5）无量纲的参数和常数，如 Fo（傅里叶数）、Pr（普朗特数）等。

6）化学中表示旋光性、分子构型、构象、取代基位置等的符号。

7）生物学中属以下（含属）的拉丁学名。

8）表示物理量的角标和不定量数字的角标字母，如定压比热容 c_p 中的角标 p 表示压强，系数 a_n 的角标 $n=1$，2，3，…。

（3）大写体的使用场合

1）来源于人名的计量单位符号首字母，如 Pa（帕［斯卡］）、Hz（赫［兹］）、V（伏［特］）、dB（分贝）。

2）化学元素符号的首字母。

3）量纲符号：L（长度）、M（质量）、T（时间）、I（电流）、N（物质的量）、J（发光强度）。

4）科技名词术语的外文缩写。

5）外国人名字、父名和姓的首字母。

6）国家、单位以及报刊、会议文件等名称的每一词的首写字母（由四个以下字母组成的前置词、冠词、连词除外）。

7）地质时代及地层单位的首字母。

（4）黑体字符使用范围

矢量用黑斜体表示，如矢量 $\boldsymbol{a}$、矢量 $\boldsymbol{b}$。有时也用白斜体，在字母上加一个箭头表示，如 $\vec{a}$，这种表示方法供“书写用”。张量和矩阵符号用黑斜体，如二阶张量 $\boldsymbol{T}$、位矩阵 $\boldsymbol{E}$。

（5）外文书写使用要求

外文字符的书写，要特别注意下列几点：

1）注意正斜体的区分，如 a 与 a、g 与 g 的区分。

2）注意大小写的区别，特别是那些大小写相似的字母，如 C 与 c、O 与 o、S 与 s、X 与 x、Z 与 z。

3）注意角标同主体字母的区分。

4）注意希腊字母与拉丁字母的区别，如 α 与 a、γ 与 r、η 与 n、ρ 与 p、υ 与 v、ω 与 w、χ 与 x、κ 与 k。

5）注意外文字母与汉字的区别，如 λ 与人、Φ 与中。

6）注意外文字母与阿拉伯数字的区别，如 g 与 9、O 与 0、h 与 6、Z 与 2。

7. 打印与装订

（1）文稿的打印

文稿定稿后，便可打印。论文打印常用字体、字号，见表 6-3。

表 6-3　论文打印常用字体、字号

标　　题	字体字号
论文标题	小二号宋体
一级分标题	小三号黑体
二级分标题	四号黑体
三级分标题	小四号黑体
正　文	小四号宋体

论文版面一般采用 A4 纸，版心大小为 175 mm×250 mm，页码在版心下边线之下隔行居中放置；学术论文各页也可加页眉，在版心上边线隔一行加粗、细双线（粗线在上，宽 0.8 mm），其上居中打印页眉。

(2) 印刷与装订

学术论文一般要求双面印刷。论文封面一般要求统一制作。学术论文装订的顺序依次为：封面、内封、中文摘要、引言、正文、致谢、参考文献、附录、英文摘要。

第七章 毕业论文的答辩与评价

学术论文包括学位论文，学位论文包括本科生与研究生的毕业论文。毕业论文是高等院校本科生、研究生通过总结性的独立作业，提交的一份具有一定学术价值的文章。答辩是毕业论文主要的“发表”形式，是作者以演讲的形式阐发自己的论点和论据，是完成毕业论文的最后一个环节，是对论文作者学术水平和科学研究能力的综合考核，答辩结果是授予学位的主要依据。因此，除了需完成毕业论文写作这一答辩的基础工作外，掌握答辩的技巧将有助于有条理地阐明自己的论点，获取最大的成功。本章简介毕业论文选题与写作，讨论如何进行毕业论文答辩，如何评价毕业论文答辩质量等。

第一节 毕业论文的答辩

一、选题与写作

1. 如何科学选题

毕业论文是一种学科论文，是作者对所学学科的相关知识、理论进行探讨、分析、整理、研究的文章，属于论说文的一种。在选题上首先要注意不要脱离所学专业，在这个范围内，结合自身特点（如思维能力、兴趣爱好等）选择能够体现本人知识水平的题目进行研究。选题的途径与步骤在第二章作了详细的介绍，其范围包括：

1）对本学科的某一分支或某项研究专题，对其发展概况研究动向进行综合性评述，提出自己的独立见解和对未来的展望。

2）对前人研究结果，从发展、提高的角度进行一些质疑、订正、深化和提高等。

3）对所学学科之间及与其相近学科的联系进行研究，探讨本学科知识在其他学科的应用问题。例如，运用物理学的理论、方法和技术研究生物科学，运用数学的方法研究社会科学中的定量评价问题，运用马克思主义的哲学理论研究自然科学学科发展规律等。

4）选择本学科具有创新意义的研究内容为题。例如，对科学界目前存在的尚未解决的难题的探索，通过实验研究发现一些新的规律，提出新的实验结果等。

可运用学到的新技术、新方法，就其在生产实践中的应用问题阐述自己的设想、建议，提出应用改进的方案。

总之，毕业论文选题应能反映本人对所学知识的掌握程度，并力求创新，应能体现本人独立思考、分析问题和解决问题的能力。

大多数本科生的毕业论文题目是指导教师给定的，因此通过下达毕业论文（设计）任务书（见表 7-1），可较简便地进行毕业论文（设计）的指导和安排。

表 7-1　毕业论文（设计）任务书

＿＿＿＿学院　　填写时间：＿＿＿＿年＿＿＿＿月＿＿＿＿日

课题名称			
学生姓名		专业、学号	
论文（设计）基本要求、重点需要研究的问题			
计划进度安排			
应收集的资料及主要参考文献			

指导教师（签名）：＿＿＿＿＿＿　　职称：＿＿＿＿＿＿

系（教研室）主任（签名）：＿＿＿＿＿＿

院长（签名）：＿＿＿＿＿＿

2. 怎样安排写作

毕业论文写作的基本要求与学术论文一致，即要具有科学性、独创性，文字表达上要明确简洁，并且按照本学科所习用的规范格式写作。

由于学科和研究内容的不同，毕业论文的写作特点也不同。但从总体上来讲，毕业论文属于论说文的范畴，所以有论说文的一般写作特点，即要有明确的论点、充实的论据和严密的论证。作为一种学科论文，它同时有区别于论说文的其他特点。概括起来，主要有以下几点：

1）毕业论文是作者对某一学科问题的研究结果的总结，因此必须以客观事实和科学理论为依据。客观事实包括从文献资料上收集到的有关历史事实和在现实中通过观察、实验、调查所得到的第一手资料和数据。这些数据和资料必须真实可靠，不能凭空杜撰或任意夸大渲染，而且要保证实验过程能够重复验证，文献资料具有明确出处。

2）毕业论文逻辑推理要严密，表达要准确。任何假想、推断或概括都应以足够的证据作基础，并且应与本学科一切已知的知识相一致。对于自然科学研究来说，严密的论证是科学理论建立的基础。反之，任何疏漏都会影响科学理论的完善，或导致科学研究的失败。

3）毕业论文的言语表达应简洁易懂，叙述应完整。例如，计算过程、实验步骤、调查方法等，应尽量详细地列出，以便于指导教师了解作者的思维和研究过程。

4）毕业论文应遵循本学科特有的体系和规格模式进行写作。例如，对于数学公式、定理的推导性论文，一般由论证前提（即本学科的理论基础，包括前人的最新研究成果等）、论证过程、论证结果三部分构成；现象观察性论文一般分为：引言、材料和方法、结果与分析、结论与讨论四部分；调查描述性论文一般分为：引言、地理环境、材料与方法、结果与分析、讨论与结论。在这一点上毕业论文与一般学术论文写法类似。

毕业论文的写作过程是作者对自己所学知识整理提高的过程。通过开展科学研究工作，进而将研究资料进行分类整理，分析取舍，形成自己的论点，不仅知识体系得到了进一步深化提高；同时，通过“初稿→修改订正→完成手稿”的写作训练，熟悉了学术论文的写作步骤和方法，为毕业后走向工作岗位打下了基础。由于这方面的知识是课堂上、书本上难以学到的，因此应认真对待。若要写好毕业论文，需掌握论文的写作技巧，还应虚心向有经验的人学习，包括向指导教师寻求帮助和指导。选题准确，科学性强，有独创性的毕业论文，也是一篇优秀的科学论文。

为了确保本科生毕业论文的质量与进度，往往必须安排毕业论文（设计）中期检查，检查要求与内容，见表 7-2。

表 7-2　毕业论文（设计）中期检查

课题名称			
学生姓名		专业、学号	
毕业论文（设计）中期完成情况			
是否更换题目，说明更换的理由			
能否按时完成论文（设计）。若不能，请说明理由			

检查组组长（签名）：____________　填表日期：________年________月________日

3. 撰写注意事项

（1）重视论文

由于高校毕业生就业压力问题突显，有的应届毕业生将重点放在就业问题上，认为毕业论文的优劣与今后的工作无甚关联，对毕业论文抱以敷衍了事的态度，导致论文质量下滑。这种情况应避免，必须重视，才能撰写出好的毕业论文。

（2）科学选题

选题是写好一篇论文的基础，在一定程度上决定论文的质量。选题好，不但容易入手，而且理论创新多，实践意义强，反之亦然。选题应从自己的兴趣出发、考虑自己的强项、从现实与理论的结合中取材，从小题入手。

（3）充分准备

在撰写论文前应对前人的研究成果进行收集、学习、整理与概括。这样，不仅可以节约时间，更能明确自己的写作方向，资料和研究成果的收集，可通过学校图书馆和网络数据库。

（4）合理安排

大多数院校都将本科学位论文的撰写工作安排在最后一个学期，时间安排大概是 15 周。扣除调研与收集资料时间，真正撰写时间只有 10 周左右，时间比较紧迫，而且许多同学在前期撰写过程中不够重视，进展缓慢，到后期又慌慌张张，这样将严重影响论文的质量，因此必须合理安排毕业论文的进度。

（5）围绕主题

撰写应注意始终围绕主题，防止偏离主题，杜绝随意扩展，避免做无用功。

（6）注意文字

学位论文具有一定的专业性，在避免语言晦涩难懂的前提下，应注意专业性表述。表述应注意由浅入深、由此及彼、由表及里。此外，还应注意引文的准确性，不应曲解原意。做到语言准确、鲜明、简练、生动。

二、答辩的意义

毕业论文答辩是毕业论文写作全过程中的重要组成部分，完成了毕业论文的撰写，并不意味着能顺利通过答辩，因为说和写不是一回事。写作只是作者将收集的文献资料、数据、成果和观点变成了文字，而答辩是将书面语言变成口头语言，需要掌握某些技巧。毕业论文答辩，其目的是通过学生的口述回答答辩委员会委员（下文简称答辩老师）所提的问题，是对学生的专业素质、学术水平、工作能力、口头表达能力和应变能力等进行考核，它有“问”有“答”，还可以有“辩”。通过对学生知识面的宽窄、对所学知识的理解程度和能否创造性地应用做出判断，以此作为能否毕业和授予相应学位的依据。只有充分认识毕业论文答辩的多方面意义，才会以积极的姿态、满腔热忱地投入毕业论文答辩的准备工作，满怀信心地出现在答辩会上，以最佳的心境和状态参与答辩，充分发挥自己的才能和水平。

毕业论文考察的是学生在校学习阶段全部学业的综合成果，包括是否具有与学历水平相当的系统和完整的专业知识、较高的理论分析水平和解决实际问题的能力、较强的文章写作能力和语言表达能力。毕业论文答辩除了辅助考察以上内容外，重点考察语言的口头表达能力和思维的敏捷程度。其作用可概括为“检查”、“交流”和“拓展”。

1. 毕业论文答辩是信息交流的过程

论文作者在答辩前，就要积极准备，对自己所写文章做进一步的推敲，仔细审查文章对基本观点的论证是否充分，有无疑点、谬误、片面或模糊不清的地方。如果发现问题，就要继续收集与此有关的各种资料，做好弥补和解说的准备。这种准备的过程本身就是知识积累和增长的过程。在答辩中，答辩小组成员也会就论文中的某些问题阐述自己的观点，或者提供有价值的信息。如此，学生又可以从答辩过程中获得新的知识。

2. 毕业论文答辩是学习的大好机会

毕业论文答辩委员会，一般由具有较丰富实践经验和较高专业水平的教师和专家组成，他们在答辩会上提出的问题，一般是该论文中涉及的基本性问题，是论文作者应具备的基础知识，也是论文中没有阐述周全、论述清楚、分析详尽的问题，即文章中的薄弱环节和不足之处。通过专家组的提问和指点，可以了解自己撰写的毕业论文中存在的问题，为今后研究其他问题提供参考。对于疑惑之处和理解模糊的问题，还可以直接请求指点。总之，对答辩会上提出的问题，无论作者当场是否能做出正确、系统的回答，都是对作者一次很好的帮助和指导。

3. 毕业论文答辩是展示自己的良机

毕业论文答辩是应届毕业生学习、锻炼辩论艺术，全面展示自己的勇气、才能、智慧、风度和口才的一次良机。在当今社会，能言善辩已成为高素质人才必备的重要素质。一个人如果掌握了高超的辩论技巧，具有雄辩的口才，在事业上和人际交往中就会如鱼得水。正因为如此，自古以来那些胸怀大志的人，都非常重视辩论素质的训练和培养，把拥有精湛的辩论艺术视为其事业成功的得力臂膀，毕业论文答辩是即将跨出校门的大学毕业生学习、提高辩论技巧和展示辩论艺术的重要机会。

三、答辩的准备

毕业论文答辩是一种有计划、有组织、有鉴定的比较正规的论文审查的重要形式。为了搞好毕业论文答辩，在举行答辩会前，院（系）、答辩委员会、答辩者三方都要做好充分的准备。

1. 院（系）的准备工作

院（系）要做的准备工作，主要是做好答辩前的组织工作。这些组织工作主要有：审定参加毕业论文答辩学生的资格、组织答辩委员会、拟定毕业论文评价标准、布置答辩会场等。

(1) 审定答辩的资格

参加毕业论文答辩的学生，要具备以下的条件：已修完高等学校规定的全部课程，所学课程全部考试考查及格，并取得学校准许毕业的学分；所写的毕业论文必须经过指导教师指导，并有指导老师签署同意参加答辩的意见。以上两个条件必须同时具备，才有资格参加毕业论文答辩。

(2) 组织答辩委员会

答辩委员会是负责毕业论文答辩的组织、领导的临时机构，是审查和公正评价毕业论文、评定毕业论文成绩的重要组织保证，全面负责答辩过程中的各项工作。一个答辩委员会一般由5～9位专家组成，另设秘书一人，其中多数具有高级职称，从中确定一位学术水平较高的委员为主任委员（主席），负责答辩委员会会议的召集工作。根据各专业学生人数和课题性质，答辩委员会可组成若干答辩小组，答辩小组由3～5人组成，设答辩小组长一人，具体负责答辩工作。答辩委员由系主任或系学位分委会负责聘请。答辩委员会的专家应提前阅读、熟悉要答辩的论文、指导教师的评语及相关情况。答辩安排及答辩委员会成员名单要提前数日公布。秘书应做好答辩记录。答辩小组的具体职责是：审阅毕业论文或毕业设计、对学生的答辩资格予以审定、主持答辩、讨论并确定最后成绩与评语。

(3) 答辩程序的制定

制定严密、有序、全方位的毕业论文答辩程序。将答辩前的毕业论文的撰写和答辩后的总结列入答辩程序之中。答辩的具体环节应科学化、规范化，对保证答辩工作的顺利进行和提高答辩质量有着举足轻重的作用。

(4) 拟定评价的标准

毕业论文答辩以后，答辩委员会要根据毕业论文以及作者的答辩情况，评定论文成绩。为了使评分宽严适度，应事先制定一个共同遵循的评价标准。

（5）布置答辩的会场

毕业论文答辩会场的布置将影响论文答辩会的气氛和答辩者的情绪，进而影响到答辩会的质量和效果。因此，答辩会场应布置得朴实、庄重，尽量创造一个良好的答辩环境。

（6）答辩氛围的营造

答辩过程中气氛不够轻松，容易造成同学心理紧张。同学都怕在答辩过程中出现卡壳，而最终影响答辩成绩。这也归因于同学在论文撰写过程中，理解不够透彻，而导致自信心不足，出现怯场现象。另外，平常类似的锻炼太少，也是原因之一。因此，在答辩过程中要尽量营造轻松的氛围，让同学可以发挥更佳的水平。

2. 答辩委员会的准备

在答辩会举行前，至少要有论文指导教师以外的一名答辩委员作为主答辩人，对学生上交的论文进行审阅，提出评阅意见，并初步拟定答辩时提问的问题。

（1）提问的原则

以论文内容为基础，兼顾相关的知识内容；难易程度适中、大小适中；明确、具体、容易理解；针对学生、突出个性；适当启发、深入引导；考察性而非询问性、答辩性而非辩论性；避免与简介内容相重复；提关键性问题；先易后难、逐步深入等。

理论与应用相结合的原则。对某一篇论文所提问题的深浅难易程度，应与指导老师的建议成绩联系起来。凡是指导老师建议成绩为优秀的论文，答辩老师所提问题的难度就应该加大一些；建议成绩为及格的论文，答辩老师提的问题应相对容易一些。坚持点面结合、深广相连的原则，形式多样、大小搭配的原则。

（2）提问的类型

可分为“事先提出”（答辩前完成）和“临场抓题”（答辩中随时提出），后者还分为“复述型”（死题）和“引申型”（活题）两类。“事先题”在答辩前 10 分钟给学生，让学生有个短时准备；“临场题”随时提问，以考察学生的思维敏捷程度。“引申题”的难度比“复述题”要大，可对学生进行更深入的考察。

由于每一篇论文各有自己的内容、形式、特点和不足，答辩老师拟出提问的问题也就必然是千差万别的，即使是同一篇论文，不同的答辩老师所要提问的重点也会有所不同。首先，答辩老师拟题有个大范围，即答辩老师在论文答辩会上所提出的问题应在论文所涉及的学术范围之内，一般不会也不能提出与论文内容毫无关系的问题。在这个大范围内，主答辩老师一般是从检验真伪、探测能力、指出不足三个方面提出三个问题。

1）检验真伪，是指围绕毕业论文的真实性拟题提问。它的目的是要检查论文是否是学生自己写的。如果论文是抄袭他人的成果，或是由他人代笔之作，就难以回答出这类问题。

2）探测水平，是指围绕探测学生水平高低、基础知识是否扎实、掌握知识的广度深度如何来提出问题，主要是针对论文中涉及的基本概念、基本理论以及基本原理运用等方面的问题。

3）指出不足，是指围绕毕业论文中存在的薄弱环节，如对论文中论述不清楚、不详细、不周全、不确切以及相互矛盾之处拟题提问，让作者在答辩中补充阐述或提出解释。

3. 毕业论文作者准备

（1）准备内容

毕业答辩的听众是导师和同行专家，他们将通过听取答辩者所做研究工作的报告，对答辩者的研究能力和学术水平做出评价。答辩前的准备，最重要的是答辩者的准备。要保证论文答辩的质量和效果，关键在答辩者一边。论文作者要顺利通过答辩，在论文提交之后，还应从以下几方面抓紧时间积极准备论文答辩。

1）明确答辩目的、过程和要求。为此，应熟读有关规定，若能事先旁听他人的论文答辩总结经验则更好。

2）熟悉自己所写论文的全文，尤其是要熟悉主体部分和结论部分的内容，要仔细审查文章中有无自相矛盾或模糊不清的地方等。如发现有上述问题，就要做好充分准备——补充、修正、解说等。如此才能做到答辩时心中有数、临阵不慌、沉着应对。

3）编写论文报告提纲。

4）准备其他辅助表达方式，如论文自述过程需要的多媒体课件、图表、照片、挂图、幻灯片、样品以及当场演示的实验等。

5）默讲和试讲。最好模拟正式论文答辩，请几位同学作为与会者，进行试讲。在规定时间内，重点突出、条理清楚、层次分明、从容自然地自述完论文主要内容。论文自述时，应充满信心，讲究口语表达技巧，叙述避免平铺直叙；用生动的语言、声调的抑扬顿挫和姿态语（如加手势等）来增强表达效果，引起与会者的兴趣和注意力。自述时应注意与会者的表情变化，随机应变，灵活处理。例如，与会者感到疑惑时要加以解释；发现自己说错时，应及时改正。

（2）答辩提纲

准备毕业论文答辩提纲是答辩成功的重要一环。因为答辩的时间限制，对论文的内容必须提纲挈领地表述，切忌照本宣科。答辩提纲首先要确定讲述的要点，然后围绕这个要点按照逻辑顺序列出：为什么要进行这项研究？研究是怎样进行的？通过研究发现了什么？根据这个提纲分别从论文中提取有关内容简要地记述于每一条细节。需要注意的是，不要过多地罗列细节。提纲的内容，一般应包括：

1）论文的选题意义。主要回答：为什么选择这个课题（或题目）；研究这个课题有什么应用价值或理论意义；本课题的研究历史和现状，即前人做过哪些研究、取得哪些成果、有哪些问题没有解决、自己有什么新的想法、提出并解决了哪些问题等。

2）论文写作过程中使用的研究方法，包括实验是怎样设计的、数据是如何获得的、论文结构的安排等。

3）论文的主要成果，包括主要说明或解决了什么问题、成果有何创新之处、有何理论或应用价值等。

4）主要参考文献。

5）老师可能提出的问题及回答要点。

论文报告提纲与论文写作提纲主要不同之处在于，它不是一个书稿提纲，而是一个讲稿提纲，因此最好写成演讲语体。随着多媒体在毕业论文答辩中的广泛使用，论文报告提纲将以幻灯片（PowerPoint）的形式投映在屏幕上供与会者观看。编写这种提纲应注意以下几点：总字数不能过多；幻灯片应清晰简洁；连接层数不能太多；文面一般都应写成标题式提纲的格式。

（3）准备讲稿

除了预先准备和熟悉讲稿外，可以预先进行答辩模拟，熟悉具体流程和细节，以缓和紧张情绪。讲稿写完后，要进行多次的校核，以确保用语上的准确性。可通过在同学面前的预先演讲，进一步熟悉自己的讲稿，保证演讲时可做到脱稿且能控制好各点的演讲时间。在演讲中有时需要适当的重复已经说过的话，简便的办法是用色笔画出需要重复的内容，并在页边做好标记，标明演讲次序。

（4）制作图表

宣讲用的图表数量应适当。图要选可视性强、趋势明显者，不同曲线最好用颜色加以区别。表格项目应尽量简化，在论文中使用的表格不一定适合演讲时用。一般横项目栏不要超过 4 项，竖项目栏以 10 项内为宜。说明趋势、表示差距的表格可改用图表示，因为图比表容易理解，解释起来节省时间。

（5）科学预演

可预先准备一份口语化的讲稿，以避免宣讲时因一时紧张想不起合适的词而出现过多的停顿。讲稿写完后，要进行多次的校核，以确保用语上的准确。研究生可以与导师和其他人员组织一次预答辩。进一步熟悉自己的讲稿，保证宣讲时可做到脱稿且控制好各点的宣讲时间。正式答辩前的预答辩非常重要，它可让自己“八面受敌”，以补论文所缺，标出谬误等，达到处处设防，滴水不漏，往往在预答辩中提出的问题，很可能成为正式答辩时专家提出的问题。

（6）相关知识

例如，自己所研究的论题学术界的研究已经达到的程度、存在的争议，自己倾向哪种观点及理由；重要引文的出处和版本；论证材料的来源渠道等。这些方面的知识和材料都要在答辩前做到有比较好的了解和掌握。论文有哪些应该涉及或应该解决的内容，哪些方面在论文中未涉及或涉及很少等，要加以认真总结和分析，判断是否是在研究过程中确已接触到并有一定的见解，还是力所不及而未能接触的问题，或是由于觉得与论文表述的中心关联不大而没有写入的问题等。

四、毕业论文答辩

1. 毕业论文答辩一般程序

本科生学位论文答辩的流程，见图 7-1；硕士研究生毕业论文答辩的流程，见图 7-2。

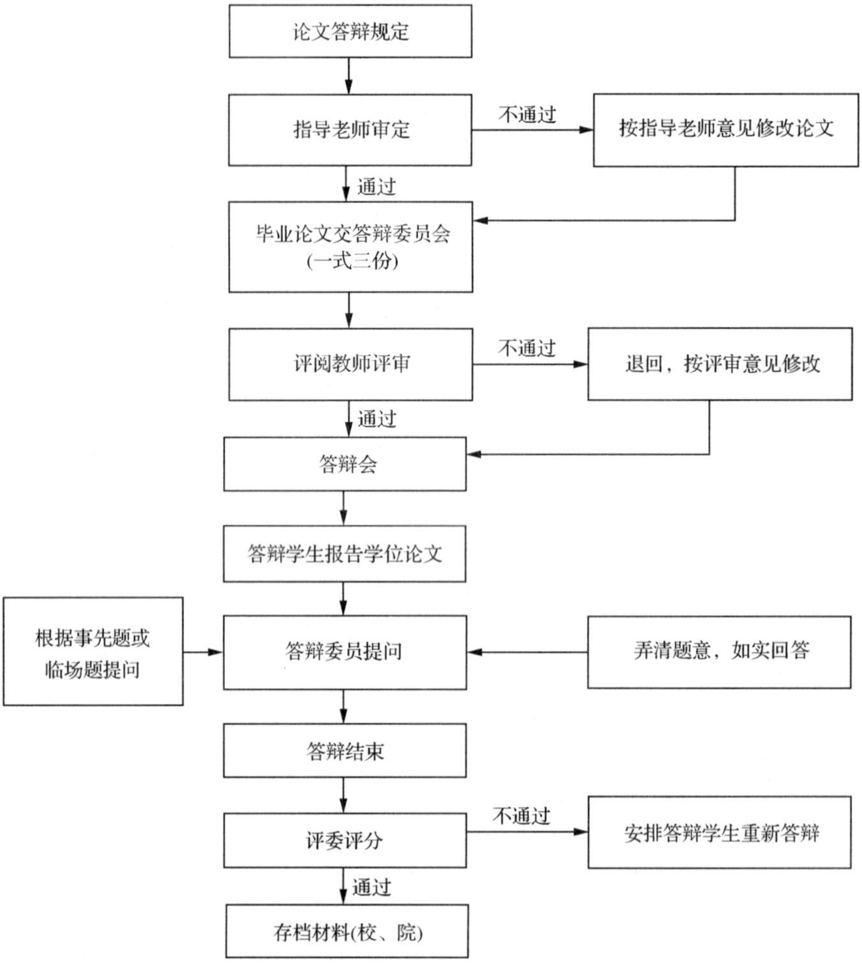

图 7-1　本科生学位论文答辩流程图

（1）答辩开始

答辩开始，由答辩委员会主席宣布答辩会场纪律、参加答辩人员名单、答辩次序及其他安排和要求等事项。

（2）答辩报告

答辩者先做自我介绍，包括：姓名、专业、年级、班级。然后按提纲进行论文情况介绍，包括：选题的背景、意义，论文的观点，使用材料，论证过程，得出的结论，进一步的设想、建议。必要时可进行板书、演示，建议边演示边介绍，根据事先准备的讲稿，尽可能脱稿发言，时间本科生一般为 15～20 分钟，研究生一般为 20～30 分钟。对于可演示的课题，答辩委员会可以要求学生在计算机房或在实验室，对成果加以演示，时间一般不超过 10 分钟。

（3）问题答辩

论文报告完毕，主答辩老师一般提 3 个问题。老师提问完后，可以让学生独立准备

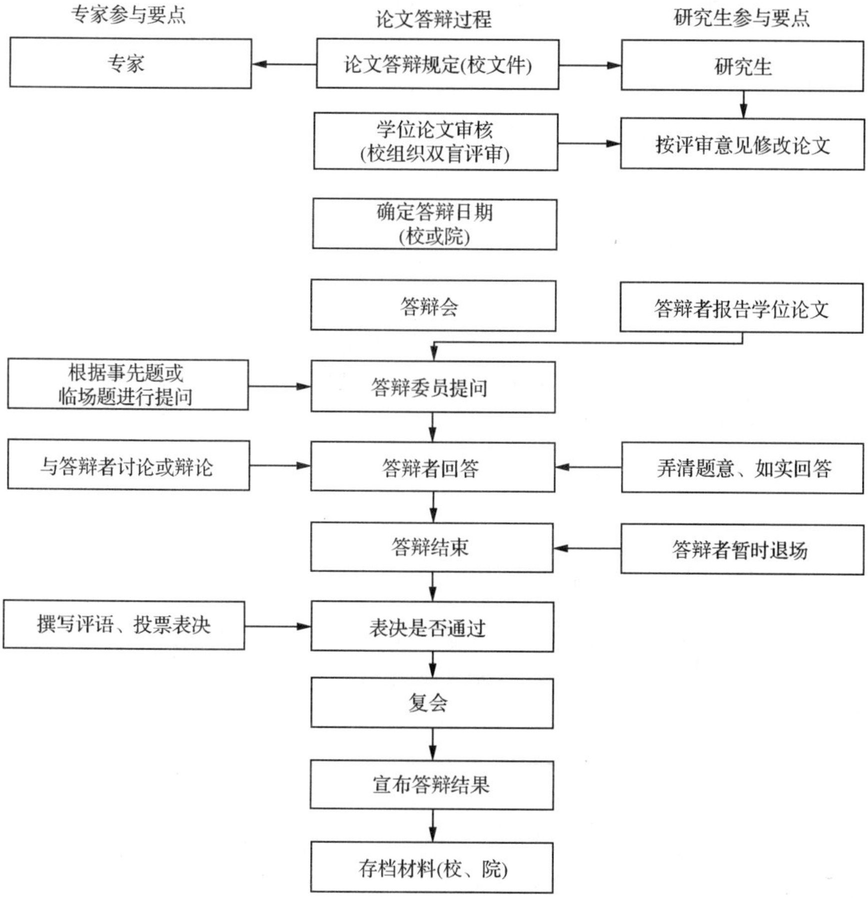

图 7-2 硕士研究生毕业论文答辩流程图

数分钟后，再进行当场回答，也可以边问边答。根据学生回答的具体情况，主答辩老师和其他答辩老师随时可以适当的插问。答辩时间一般为 5～10 分钟。

答辩时，答辩人仍然要站在讲台上，面对答辩老师。当答辩老师提出问题或建议时，答辩人应做笔记，这样有助于答辩人完整的答复。无论问题如何苛刻，答辩人都必须耐心认真解释，尽量做出圆满的回答。经验证明，在这种场合下，绝大多数问题的提出都是合理的、有根据的，答辩老师不会故意刁难答辩人。而有些看起来似乎是不着边际的提问，恰恰能反映出答辩人对本学科知识的了解程度。

问题回答应当简短扼要，实事求是。答辩人可以重述自己讲过的相关内容，也可提出新的证据加以补充。除非有绝对事实依据，否则不要试图用反驳代替回答。要有自信心，不要紧张；听清问题后经过思考再作回答；回答问题要简明扼要，层次分明；对回答不出的问题，不可强辩；当论文中的主要观点与主答辩老师的观点不一致时，可以与之展开辩论；要讲文明礼貌。

(4) 结束答辩

答辩者在回答完所提问题后，按答辩委员会主席的示意，礼貌地表示谢意后退场。

答辩委员会集体根据论文质量和答辩情况，商定论文是否通过，并拟定成绩和评语。

2. 主答辩老师的提问方式

在毕业论文答辩会上，主答辩老师的提问方式会影响到答辩会组织目的的实现以及学生答辩水平的发挥。主答辩老师应注意采用适当的提问方式。

1）提问要贯彻先易后难原则。主答辩老师一般给每位答辩者提 3 个或 3 个以上的问题，这些问题按先易后难的次序提出较好。

2）提问要实行逐步深入的方法。为了正确地检测学生掌握的专业基础知识情况，有时需要将一个大问题分成若干个小问题，并采取逐步深入的方法提问。

3）当答辩者的观点与自己的观点相左时，应以温和的态度、商讨的语气与之开展讨论，即要有“长者”风度，施行善术，切忌居高临下、出言不逊。

4）当学生回答问题时，偏离重点或者一时答不上来，可采用启发式、引导式的提问方法。

3. 论文答辩演讲辩论技巧

论文答辩作为毕业论文写作的一个环节，对每个参加答辩的毕业生来说是非常重要的。如果要顺利通过答辩，照本宣科，从头到尾宣读论文，是行不通的，因为论文答辩具有一定的灵活性。所以，不仅要在答辩前做好充分准备，而且要在答辩过程中灵活运用各类演讲辩论技巧，发挥自己真正的水平。

（1）材料齐全，信心十足

尽管，毕业论文答辩是不可或缺的一个环节，答辩场合是严肃而庄重的，但是，每个参加答辩的毕业生在答辩前要避免过度紧张，出现慌乱的情绪。

首先，学生参加答辩前，应检查资料是否携带齐全，包括论文底稿、答辩演讲稿、演示的幻灯片和主要的参考资料等。在答辩的过程中，齐全的资料，不仅能增强答辩者的自信心，而且在回答问题的过程中，可以通过翻看论文底稿和查阅相关参考资料，避免由于紧张而一时忘记相关知识点，而出现问题答不上来的尴尬和慌乱。

其次，应带上相应的辅助工具，包括笔、笔记本和成果实物等。在答辩过程中，利用笔和笔记本，可以将答辩委员所提出的问题、有价值的意见和见解记录下来。通过记录，不仅可缓解紧张心理，而且可更好地理解老师所提问题的要害和实质，同时可边记边思考，使思考的过程变得自然。在答辩过程中相应的成果图片和实物等可以作为答辩者强有力的事实论据，进一步增强答辩的信心。

（2）开宗明义，消除紧张

毕业论文答辩时气氛比较严肃，参加答辩的学生一定要注意自己的仪容举止，要做到衣着整洁，表情自然，落落大方，充满信心。答辩人可组织一个好的开头，在一开始便能吸引听众的注意力。讲述文章各部分时，应尽快涉及要点，语速适中。在演讲过程中，可尝试用恰当的表情语言吸引听众，时刻引起他们听的兴趣，但应避免过分夸张渲染，恰当地使用身体语言，包括恰当的手势、眼神等，控制整个答辩过程气氛。

答辩过程中应充满信心，答辩时必须克服容易出现的一些心理障碍，如胆怯分心、萎靡不振、畏首畏尾、情绪紧张、表情呆滞、语无伦次、手脚不自觉地做小动作等；还要注意消除胡乱揣摩、投机取巧等不良心态，否则将会分散注意力，以至造成判断上的失误，影响问题回答。

学位论文答辩对每位毕业生的一生都是很有意义的，因此答辩时应充满信心，身体站直，精神饱满，声音洪亮，语言清晰，语速流畅。答辩时，由于缺乏锻炼、对论文理解不够等，加之现场气氛较严肃，容易造成学生情绪紧张。以致答辩时声音过小，或者说话含糊不清，甚至始终不敢抬头，害怕与观众视线交集。解决途径就是在答辩前做好充分准备，答辩时可将视线集中在台下听众的额头部分，这样可避免视线的交集，消除紧张情绪，也给人以自信十足的感觉。

(3) 时间灵活，演示多样

如何在有限的时间内既能完成论文内容的阐述，又能让听众理解你所讲的内容，是答辩成功的关键。而答辩者要在有限的时间里，完成简单介绍研究的目的和过程，然后阐述要点，围绕要点提出有关论据（包括直观演示），最后在宣讲快要结束时总结主要论点，从而引出结论。这就要求答辩者应根据时间注意调整语速和叙述的详略，不要等到演讲末尾时才关注时间。可在正式答辩前进行多次试讲，并灵活安排各部分演示时间，以免正式答辩时，时间安排不合理，而出现慌乱的现象。

由于毕业论文答辩持续时间较长，如果在整场答辩过程仅用一种演示方法，就会造成现场气氛低迷，使得听众的注意力无法集中。因此，如果能在答辩过程中使用多种多样的演示方式，既能吸引听众注意力，又能调节现场气氛。

多媒体或幻灯片是较为先进的演示工具，其优越性已越来越为许多科学工作者所认可，并在现今的报告会、答辩会等汇报场合中得到广泛应用。因此，合理地使用幻灯片，不仅可节省时间和精力，而且可以掌控现场气氛，调节听众情绪，使演讲生动活泼，同时答辩者也能够通过幻灯片灵活组织答辩过程。但是，在制作幻灯片的过程中，应注意幻灯片不宜过多，建议根据演讲的需要制作电脑幻灯片，一般结合讲稿，根据论文需要将论文浓缩成 15～20 页（硕士生 25～30 页）的电脑幻灯片，在准备演讲稿时，最好连同幻灯片的放映顺序一起确定好。幻灯片内容不宜太多，主次感应分明，尽量避免按论文的目录顺序罗列论文，应用最简练的语言概括整篇论文的核心内容；每一张幻灯片表述一项内容，并使要表达的内容简洁而又清楚，每张应不超过 200 字，少用宋体，注意加粗，突出重点，便于听众能迅速理解；最好给每张幻灯片加一个简洁的标题；幻灯片放映前要检查一遍，以保证其顺序不被颠倒，位置和方向绝对正确，文字与背景颜色是否协调；换片速度应适中，解说要简洁明快，要给听众留出浏览幻灯片的时间等。

虽然，黑板是比较原始的演示工具，但是，富有经验的演讲者能恰当地使用板书，这样既省时又省力。有时突然断电，又能采用板书继续演讲，将能收到很好的效果。例如，同音词、方言或某些新词用板书不仅便于听众理解，也可省去若干次口头重复。但使用黑板应注意以下问题：

1）用黄色或白色粉笔书写最清楚醒目。

2）任何人都比你离黑板远，所以要用大而清晰的字写出。

3）在绘图前要预先在纸上设计好添画顺序，避免因作图次序紊乱而打乱人们的视线。例如，有些曲线图，在黑板上随画随讲，一部分一部分地添画，最后成为完整的画面，比用多媒体或挂图一下子端给听众要生动得多。

4）在写或画的时候，不要讲话，如果你想讲话，那就要转身看看听众，弄清楚他们是否在看你希望他们看的东西。有时人们可能需要时间静静地研究一下你绘制的图形，而不愿受到你声音的干扰，此时以少说为佳。

5）保持黑板整洁，不要到处乱写，以使人们注意力集中，字迹和图要给人醒目的感觉。

除了幻灯片、黑板，还有其他演示方法，如挂图、动态画面与成果实物等，如果能将多种演示方法合理结合起来，不仅体现了答辩者对各种设备的灵活应用能力，而且能时刻吸引听众的注意力，调节现场气氛。

(4) 言语简练，口齿伶俐

答辩演讲过程中，言语应简练，口齿伶俐。但由于答辩会场严肃的气氛，而造成答辩者情绪紧张，会出现结巴、重复习惯口头语、手脚小动作等现象。这就要求答辩者，在答辩前应熟悉讲稿内容，并进行重复练习，达到脱稿为宜。如果在答辩过程中出现结巴，应尽快发现问题，调整心态，否则听众不仅听不清楚你所说的内容，而且容易出现厌烦的情绪。对于日常养成的习惯口头语，应避免重复出现，否则容易分散听众对你正在讲述内容的注意力。多数情况下，如果出现上述现象，仅说明演讲准备不充分，决不会给听众留下好的印象。另外，应避免使用说教性的口头语，这些会使人觉得你是在说教，会给人留下虚张声势的印象。当然，不要过多地使用谦词，好像你对要讲述的问题本来就没有信心。要让听众听清楚讲话中的每一个词，讲话的声音大小和速度要与听众的人数相吻合。要抑扬顿挫，避免干巴巴地像背书。

报告的结尾要给人以深刻印象。如果时间允许，最好扼要地复述一遍你的主要论点和结论，以便加深听讲人对你的论文的理解。注意结尾不要太长，假如你讲的太长，那么听讲者只会厌烦感到过于啰嗦，希望你尽快结束讲话。

(5) 思路清晰，沉着应对

毕业论文答辩除了论文演讲外，还要进行论文的辩论，即答辩委员就论文提出相应的意见、建议和问题，答辩人必须就这些问题做出回答或解释。因此，在答辩时，面对答辩老师的提问，答辩人要全神贯注，认真仔细地倾听。最好是边听、边想、边记，防止遗漏。如果没有听清，可请老师重说一遍，决不可贸然回答，也可把自己对问题的理解说出来，请教老师是不是这个意思，得到老师肯定答复后再作答。答辩者在回答问题时要认真审题，梳理出一条清晰的思路，果断分析：该题重点考核的是什么、从哪几方面论述、其中有什么难点、如何回答，要抓住关键核心问题，胸有成竹。回答问题要简练得体，具有针对性地突出重点，不要含混不清、模棱两可，过多使用“大概”、“可能”、“也许”等词语。有时老师也可能故意提出一个反面论点或似是而非的问题，以检验学生是否真正弄懂问题内涵，或者老师提出的问题有的不仅需要“答”，有时还需要

“辩”。面对这些情况，千万不要慌张，应沉着冷静弄清真意，防止答非所问。答辩过程中要注意用语的礼貌性与准确性，回答问题时语气应肯定流畅并充满自信。

答辩时应认真领会题意，针对问题答其所问。答不上来或没有理解清楚的问题，应向专家如实讲明或把自己的理解说出来，请教专家问题真正含义，等得到肯定答复后再做回答。不要不懂装懂，胡乱对付。回答问题时要谦虚，对于没有把握的，可以申明理由进行答辩。答不上或答不好的问题，不一定会降低答辩成绩，因为专家看某个答辩者的论文写得好，答辩也不错，有时有意提出一两个学术难度大和争论多的问题，与答辩者交流；有时对答辩学生所作的回答不太满意，还会进一步提出问题，以求了解学生是否切实搞清和掌握了这个问题。遇到这种情况，答辩学生如果不太有把握，可以谨慎地试着回答，能回答多少就回答多少，即使讲得不是很确切也不要紧，只要是与问题有所关联，老师会引导和启发答辩学生切入正题；如果确是自己没有搞清的问题，就应实事求是地讲明，并表示今后一定认真研究这个问题，切不可强词夺理，进行狡辩。学生在答辩会上，被某个问题问住并不奇怪，因为答辩委员一般是本学科的专家。当然，所有问题都答不上来，一问三不知就不正常了。

（6）论证有据，礼貌辩论

答辩中，有时老师会提出与论文基本观点不同的观点，然后请答辩学生谈谈看法，此时就应全力为自己观点辩护，利用相应的事实证据反驳与自己观点相对立的思想。答辩老师在提问的问题中，有的是基础知识性的问题，有的是学术探讨性的问题，对于前一类问题，是要答辩学生做出正确而全面的回答，不具有商讨性；后一类问题，是非正误并未定论，持有不同观点的人可互相切磋商讨。如果答辩学生所写的论文的基本观点是经过自己深思熟虑，又是言之有理和持之有据，能自圆其说的，就不要因为答辩成员提出不同的见解，就随声附和，放弃自己的观点。否则，等于是答辩学生自己否定了自己辛辛苦苦完成的论文。应清楚地知道，有的答辩老师提出的与答辩学生论文不同的观点，并不是他本人的观点，他提出来无非是想听听答辩学生对这种观点的评价和看法，或者是考察答辩学生的答辩能力或答辩学生对自己观点的坚定程度。退一步说，即使是提问老师自己的观点，答辩学生也应该抱着“吾爱吾师，吾更爱真理”的态度，据理力争，与之展开辩论。不过，与答辩老师展开辩论要注意分寸，运用适当的辩术。一般来说，应以维护自己的观点为主，反驳对方的论点要尽可能采用委婉的语言、请教的口气，用傍说、暗说和绕着说的办法，不露痕迹地把自己的观点输入对方，让他们明理而诚服或暗服。让提问老师感受到虽接受答辩学生的意见，但自己的尊严并没受到伤害。这样的辩论，答辩老师不仅不会为难答辩学生，相反会认为答辩学生有水平，基础扎实。

所有毕业论文答辩完后，答辩委员会应根据答辩情况，按毕业论文（设计）答辩成绩表（见表7-3）的评价指标，进行成绩评定。

在整个答辩完后，由答辩委员会根据指导教师对学生情况的汇报、评阅人的意见和学生在答辩会上的表现，通过讨论，依据评分标准，评定学生毕业论文成绩，写出评语，并在规定时间内将答辩成绩通报给学生。

表 7-3 毕业论文（设计）答辩成绩表（答辩委员会用）

学生姓名：__________ 学号：__________ 填表日期：__________年__________月__________日

题目			
评价内容	评价指标	评分权值	评定成绩
论文（设计）质量	综述简练完整，有见解；立论正确，论述充分，结论严谨合理；实验正确，分析处理科学；语句通顺，技术用语准确，符号统一，编号齐全，书写工整规范，图表完备、整洁、正确；论文结果有应用价值；图纸绘制符合国家标准，质量符合要求；工作中有创新意识；对前人工作有改进或突破，或有独特见解	0.6	
答辩自述报告	思路清晰；语言表达准确，概念清楚，论点正确；分析归纳合理，结论严谨；讲述时间符合要求	0.2	
回答问题情况	回答问题有理论根据，基本概念清楚；主要问题回答准确、深入	0.2	
合计		1.0	
答辩小组评语			

答辩小组组长签名：____________________

根据有关规定，毕业论文不及格者不发毕业证书，也不能授予学位证书，可按结业处理。但允许这些学生在毕业以后的一年内，再回校补做毕业论文并参加答辩，具体课题和时间由各学院（系、所）安排。学生补做毕业论文及格，并通过答辩后，应换发毕业证书和补发学位证书。

第二节　毕业论文的评价

论文评价是一个复杂而困难的问题，这是由于论文的性质、类型不同，如人文社会科学论文与自然科学论文、理论性论文与应用性论文、学术论文与学位论文等，论文评价的标准与方法也有所不同。论文属于精神产品，对其进行量化十分困难且难以准确，但不进行量化也难以准确地进行比较和评选。

尽管如此，论文评价也有其基本的标准，即学术价值与应用价值，各类论文都可以从这两方面进行衡量。在自然科学领域里，国家评定发明专利的标准是新颖性、先进性和实用性。国家三大科学技术奖（国家技术发明奖、国家自然科学奖、国家科技进步奖）的标准是：科学技术水平、社会效益、经济效益和对科学技术进步的作用大小。在社会科学领域里，同样要看论文的学术性（理论性）和实用性。因此，学术价值与应用价值基本概括了各种论文的评价标准，只是不同性质、类型的论文，侧重与强调的方面有所不同。下面主要以毕业论文为例，对其评价进行论述。

一、毕业论文评价步骤

毕业论文的考核及成绩评定，是一件十分严肃的工作，它不仅反映了学生的学习质量，而且在一定的程度上反映了学校的教学质量。因此，必须强调毕业论文考核及成绩评定的程序化和规范化。严格要求，合理评定成绩，这对鼓励公平竞争，培养和发现人才，养成严谨治学的学风，调动教师和学生的积极性、创造性，促进教学改革，都有积极的意义。按照教育行政部门的规定，毕业论文的考核及成绩评定，必须通过“审阅”、“评阅”、“答辩”三个环节，分别写出评语，给出分数，然后综合起来评定学生的毕业论文成绩。

学生必须在论文答辩会举行之前，将经过导师审定并签署过意见的毕业论文一式3份连同提纲、草稿等交给答辩委员会。答辩委员会的评阅老师在仔细研读毕业论文的基础上，确定初评成绩，并拟定要提问的问题，然后举行答辩会。

1. 指导教师审阅

学生毕业论文或毕业设计说明书完成后，指导教师应对毕业论文或毕业设计说明书进行认真、负责的审阅，写出评语，提出成绩评定的初步意见。审阅的内容包括：任务的难度、分量及完成情况；综合应用所学基础理论和专业知识进行实践的能力；创新性；查阅资料、获取信息的能力；工作态度和工作能力；存在的问题及错误。

指导老师评阅毕业论文后，可根据毕业论文（设计）指导教师评阅表（见表7-4）中的评价指标进行成绩评定，并针对论文的具体情况提出修改意见。

表7-4　毕业论文（设计）指导教师评阅表

学生姓名：____________　学号：____________　填表日期：____________年____________月____________日

题目			
评价内容	评价指标	评分权值	评定成绩
开题报告	能独立查阅文献和从事其他调研；能正确翻译外文资料；能较好提出课题的开题报告；综合分析的正确性和设计、计算的正确性；论证的充分性	0.1	
业务水平	有扎实的基础理论知识和专业知识；能正确设计实验方案（或正确建立数学模型、机械结构方案）；独立进行实验工作；能运用所学知识和技能去发现与解决实际问题；能正确处理实验数据；能对课题进行理论分析，得出有价值的结论；有较好的专业外语水平	0.3	
论文质量	立论正确，论述有据，结构合理，层次分明；实验设计合理，分析处理科学，测试与计算结果准确；格式符合规范	0.4	
工作量、工作态度	按期完成规定的任务，工作量饱满，难度较大；工作努力，遵守纪律；工作作风严谨务实	0.2	
合计		1.0	
导师评语			

指导教师签名：____________________

2. 评阅人的评阅

在指导教师审阅后，于毕业论文答辩前 5～7 天，学生应将毕业论文或毕业设计说明书送答辩委员会约请的评阅人进行评阅。评阅人应认真、细致地对毕业论文或毕业设计说明书进行审阅和评定，写出评语，提出成绩评定的意见。评阅的内容如下：选题是否符合专业培养的目标，深度和广度是否适当；是否正确、严密，有无独创性；设计、计算及主要图纸的质量；文字表述及其他附件的水平；译文质量。

评阅人评阅后，可根据毕业论文（设计）评阅人评阅表（见表 7-5）中的评价指标对论文进行成绩评定，并填写论文评阅意见。

表 7-5　毕业论文（设计）评阅人评阅表

学生姓名：__________　学号：__________　填表日期：__________年__________月__________日

题目			
评价内容	评价指标	评分权值	评定成绩
开题报告	查阅文献的广泛性，翻译外文资料的准确性，综合分析的正确性和设计、计算的正确性，论证的充分性	0.2	
论文（设计）质量	综述完整性、立论科学性、结构合理性、语言逻辑性、图表规范性、应用性与创新性	0.6	
工作量、难度	工作量大小、难易程度	0.2	
合计		1.0	
评阅人评语			

评阅人签名：__________________

3. 答辩会的评价

答辩完后请学生暂时离开会场，答辩委员会根据论文质量和答辩情况进行讨论，以决定学生是否通过答辩、答辩的成绩以及对该论文的评语。

（1）投票表决

答辩委员会用无记名投票表决是否通过，至少要有 2/3 的答辩委员通过，才能确定学生通过论文答辩，投票结果要记录在案。

（2）答辩成绩

答辩委员会根据学生的毕业论文初评成绩和答辩成绩给出论文综合成绩。毕业论文的答辩成绩按分项计分，最终以百分制统分。成绩可按优秀、良好、中等、及格与不及格五档进行评定，优秀和良好的界线在于是否有独创性见解。在评定成绩时，可根据文献综述、业务水平、论文质量、工作量、难度等几项指标进行考核。

（3）拟定评语

就论文质量和答辩过程中的情况加以小结，肯定其优点和长处，指出其错误或不足之处，并加以必要的补充和指点，内容包括：对论文内容和论文结构的评述、指出论文存在的问题、对该同学论文写作态度的评价等。

（4）宣布结果

学生重新进场，由答辩委员会就学生论文和答辩过程中的情况加以小结，肯定其优点和长处，指出其错误或不足之处，并加以必要的补充和指点，并当面宣布论文成绩及评语。对不能通过答辩的学生提出修改意见，允许学生待半年后另行答辩。答辩学生应该认真听取答辩委员会的评判，进一步分析、思考答辩老师提出的意见，总结论文写作的经验教训。一方面，要搞清楚通过毕业论文写作，自己学习和掌握了哪些科学研究方法，在提出问题、分析问题和解决问题以及科研能力上得到了哪些提高，还存在哪些不足，作为今后研究其他课题的借鉴；另一方面，要认真思索论文答辩会上，答辩老师提出的问题和意见，精心修改自己的论文，加深研究，求得纵深发展，取得更大的成果，使自己在知识上、能力上有所提高。毕业论文经审阅评定成绩后，由系保存一段时间后送院档案室存档。

通过答辩固然是毕业生参加毕业论文答辩的首要目标。但如果毕业生对答辩的认识只是局限在这一点上，其态度就会是消极、应付性的。只有充分认识毕业论文答辩具有多方面的意义，并对答辩的整个过程深入理解，才会以积极的姿态，满腔热忱地投入毕业论文答辩的准备工作中去，满怀信心地出现在答辩会上，以最佳的心境和状态参与答辩，充分发挥自己的才能和水平。如果在论文答辩中能学会运用论辩技巧并获得成功，就会提高自己参与各类辩论的自信心，就会把它运用到寻找职业或工作的实践中去，并取得成功。

4. 学位论文存档

学位论文篇幅较长，一般应以单行本递交学位审定委员会，最后以单行本存档，因此要求有封面。封面应做到整洁大方，其主要内容有：论文题目、作者及单位、指导老师的姓名和职称、申请的学位专业名称、完成论文的日期等。

为方便阅读，一般要求学位论文要有目录，包括论文的篇、章、条和页码等。

学生毕业论文的资料要以纸质形式装入学生毕业论文资料袋；同一专业所有毕业生的毕业论文汇总资料要以纸质形式和电子文档形式（光盘）装入毕业论文专业汇总资料袋。学生的毕业论文要长期保存。

学生个人毕业论文资料袋材料包括：① 毕业论文任务书；② 毕业论文开题报告；③ 指导教师中期检查报告；④ 毕业论文正文；⑤ 导师评阅表及评阅人评阅表；⑥ 毕业论文答辩成绩表；⑦ 毕业论文成绩评定表。

专业汇总的毕业论文资料袋材料包括：① 按专业汇总的毕业论文任务安排情况表；② 学院有关毕业论文的补充规定；③ 毕业论文评分标准；④ 毕业论文组织安排（包括答辩委员会的组成名单及参加大组和小组答辩教师名单、学生分组名单和答辩时间安排表等）；⑤ 同一专业学生的毕业论文成绩汇总表；⑥ 同一专业所有学生毕业论文正文的电子文档（光盘若干张）。

二、毕业论文评定标准

毕业论文成绩的评定，一般采用五级计分，设优秀（90～100分）、良好（80～89分）、中等（70～79分）、及格（60～69分）、不及格（59分及以下）五个等级。其中，"优秀"一般不超过15%，"优秀"和"良好"合计比例不超过75%。

毕业论文完成后，先后通过"审阅"、"评阅"和"答辩"三个环节，由指导教师、评阅人分别写出评语，待毕业答辩结束后，再由答辩小组及时进行合议，综合评定，写出评语（包括对毕业论文文字部分和答辩情况进行评价，指出其优缺点），报答辩委员会最后审定。毕业论文的成绩，一般采用"结构分"进行综合评定，由指导教师的审阅分、评阅人的评阅分、答辩小组的答辩评分组成，三部分比例是3∶2∶5或3∶3∶4。毕业论文的成绩虽是在答辩现场由答辩小组定的，但不能只以答辩的优劣为唯一标准。在评定毕业论文成绩时，要特别注意学生运用所学基础理论、知识、专业技能分析和解决实际问题的能力，毕业论文或设计内容的依据及其可信程度、科学精神、科学态度、科学作风等，有无独立见解，理论意义和实用价值如何。评定成绩主要看毕业论文或毕业设计的正文部分，同时考虑学生在撰写论文过程中的表现（如指导思想、独立工作能力、创新精神等），全面衡量学生的真实水平，切不可以对学生过去的印象或指导教师的职称、水平来决定学生毕业论文的成绩，见表7-6。

表7-6　毕业论文（设计）成绩评定表

学生姓名：__________　学号：__________　填表日期：__________年__________月__________日

题目			
项目	评定成绩	权值	计算结果
指导教师评定成绩		0.3	
评阅人评定成绩		0.2	
答辩成绩		0.5	
总评成绩		1.0	

学院分管院长签名：________________

1. 优秀的基本标准

1）学习主动，工作努力，遵守纪律，表现好。

2）能按时独立圆满完成毕业论文的撰写任务，能熟练地运用所学基础理论、专业知识、基本技能；有较强的综合分析问题和解决问题的能力；在某些方面有自己独到的见解。

3）立论正确，材料充分，有典型性，论证有力，结论合理；独立工作能力强、科学严谨。

4）毕业论文结构完整，条理分明，概念清楚，论述充分，文笔流畅，语句通顺，符合有关规范。

5）答辩时思路清晰，论点正确，回答问题有理论根据，基本概念清楚，对主要问题回答正确、深入，口齿伶俐。

2. 良好的基本标准

1）工作努力，遵守纪律，表现较好。

2）能按时独立圆满完成毕业论文的撰写任务，能较好地运用所学基础理论、专业知识、基本技能；有较强的综合分析问题和解决问题的能力；结论有一定新意。

3）立论正确，材料丰富，论证有力，结论合理；有一定的独立工作能力，科学作风良好；有一定的水平。

4）毕业论文结构完整，条理分明，概念清楚，论述正确，语句通顺，符合有关规范。

5）答辩时思路清晰，论点基本正确，能正确地回答主要的问题，表达比较清晰。

3. 中等的基本标准

1）工作较努力，遵守纪律，表现一般。

2）基本上能按时独立完成毕业论文的撰写任务；能较准确地运用所学的基础理论和专业知识，基本技能掌握较好；有分析问题和解决问题的能力。

3）立论正确，材料充分，能阐释、论证问题，结论基本正确；有一定的独立工作能力，水平一般。

4）毕业论文结构完整，层次比较清晰，内容基本正确，但论述有个别错误（或表达不清楚），概念较清楚，语句通顺，基本符合规范。但质量一般或小有缺陷。

5）答辩时对主要问题的回答基本正确。

4. 及格的基本标准

1）工作态度及工作表现一般。

2）在指导教师的指导和帮助下，能在规定时间内完成毕业论文的撰写任务，基本上达到教学要求；独立工作能力较差，且有一些小的疏忽或遗漏；在运用基础理论和专业知识中，无大的原则错误；大体上掌握了基本技能；缺乏自己的见解。

3）论点、论据、论证基本成立；总体上达到毕业论文的基本要求。

4）毕业论文结构基本完整，语句通顺，但叙述不够恰当和清晰，文字、符号有值得推敲的地方。

5）答辩时对主要问题能回答，或经启发后才能回答出，但回答内容较肤浅。

5. 不及格基本标准

一般说来，凡有下列情况之一者，其毕业论文或毕业设计可评为“不及格”。

1）工作不努力，有违纪行为，表现差。

2）文章的结论有较严重错误。

3）有论点而无论据，或死搬硬套教材和参考书上的观点，未能消化吸收。

4）弄虚作假，有抄袭行为；或其中部分内容由他人代做。

5）毕业论文多处概念不清、语句不通，书写格式不符合有关规范。

6）在答辩中回答问题有原则性错误，经提示不能及时纠正。

三、毕业论文质量评价指标体系

2000年以来，笔者先后主持“毕业论文（设计）环节的教学指导、改革与实践”和“毕业论文（设计）教学指导的理论与实践系列研究”课题，通过对毕业论文进行“统筹规划，合理安排；精心准备，夯实基础；围绕主题，反复撰修；检验评价，公平竞争；分题严管，集中引导”的大胆教学改革与实践，显著提高了毕业论文的教学质量。同时，在组织毕业论文教学工作，推动教学及教学管理改革，加强教学基本建设，开展质量保证与监控工作，建立自我约束、自我发展的机制，为高等教育的教学工作水平评估，实现毕业论文教学管理现代化等方面提供科学决策依据。

结合广大教育工作者对毕业论文（设计）质量评价的研究，综合数十年指导毕业论文（设计）质量评价的教学实践。评价毕业论文（设计）的质量，要从毕业论文（设计）选题、运用基础理论和专业知识能力、研究内容与研究成果、文献引用和写作能力等方面进行综合考虑。

如何合理运用毕业论文（设计）的各质量指标，如何合理分配各评价指标的权重，对毕业论文（设计）质量进行客观、准确和定量评价，是毕业论文（设计）质量评价所要解决的问题。综合各项指标，结合毕业论文（设计）的实践指导经验，将各一级指标细化为二级指标，以利于论文的最终评价，得出毕业论文（设计）质量的最终评价的量化方法：以各项指标得分与其权重的乘积求和而得。具体评价指标和权重，见表7-7。

表7-7 毕业论文（设计）质量评价指标体系

一级指标	分值	二级指标	权重/%	各指标得分
毕业论文（设计）选题	20	指导思想	25	
		难度	25	
		工作量	20	
		结合实际的程度	30	
运用基础理论和专业知识能力	20	论文是否与专业紧密相关	40	
		是否综合运用了专业知识	60	
研究内容与研究成果	40	研究理论、内容与方法的创新性	30	
		是否有确切的科研成果	30	
		研究分析深度与广度	20	
		研究成果的实用性	20	
文献引用	10	参考文献数量是否达标	30	
		参考文献格式是否正确	30	
		是否引用研究的最新成果	40	
写作能力	10	论文是否语句通顺 表述是否完整准确	70	
		图、表、文是否规范	30	
毕业论文（设计）总得分	100		100	

建立科学合理的毕业论文（设计）的质量评价指标体系，可以客观地评价学生毕业论文（设计）的质量，促进学生在完成毕业论文（设计）时投入更多时间和精力，提高自身综合素质，为以后参加社会工作打下坚实的基础；对指导老师来讲，也是一种鞭策。

四、指导教师的条件和职责

毕业论文的指导教师要有良好的思想素质和业务素质，有较强的责任感。一般由系或教研室选派有经验的、讲师以上职称的教师担任。部分新专业可根据实际情况，聘请校外同行专家、教授担任指导教师。

毕业论文实行指导教师负责制，指导教师应对毕业论文撰写的全过程的教学活动全面负责。充分发挥指导教师的作用，是提高毕业论文质量和水平的关键因素。

1. 指导教师的条件

为确保指导教师指导毕业论文的质量，每位教师指导毕业生人数一般不超过 6 名。各教研室、学院（系）可根据学生的具体人数，选定符合基本条件的教师担任毕业论文指导教师，其基本条件是：

1）为人师表，思想作风正派，有责任心。

2）身体健康，能承担指导工作任务。

3）具有讲师以上职称或硕士及以上学历。

4）懂得并了解学术论文的基本格式和要求。

5）有较高的业务水平能力和具体实践经验。

6）鼓励硕士生导师、博士生导师担任本科生毕业论文指导教师。

2. 指导教师的职责

指导教师对于学生尽快掌握论文写作方法，提高资料检索能力、创造能力和毕业论文质量，都有着重要的作用，甚至对学生以后的人生道路都有着重要的影响，所以指导教师一定要有强烈的责任感和事业心。指导教师的职责如下：

1）帮助学生合理、准确、科学地选定毕业论文题目。

2）协助并指导学生进行材料的选取、收集、整理，注意培养学生的资料收集能力和综合能力。

3）指导学生制定论文写作的具体进度和计划，按统一格式填写《毕业论文计划任务书》，包括题目、条件、要求、质量、预期结果、完成时间等。

4）帮助学生选择观察、实验、调查、试验项目与有关资料的获取方法。

5）及时掌握学生毕业论文的进展情况，定期甚至随时解答学生提出的各种疑难问题，多与学生接触（一般要求每周与学生见面两次）。

6）正确引导学生拟定论文提纲，对学生写作过程中出现的问题给予必要的指导。

7）指导学生掌握毕业论文写作的基本格式和规范要求。

8）积极配合校、院（系）、教研室对学生进行论文检查或抽查，考查学生的工作态度、出勤情况、纪律情况等，根据学生的具体表现，写出毕业论文评语。

9）抓好关键环节指导，既不能放任自流，也不能包办代替，注意调动学生的积极性，充分发挥其主动性、创造性，做好指导育人工作。

10）审阅毕业论文，评定论文初步成绩。

11）向答辩委员会报告毕业论文的任务、要求、质量、价值和有争议的问题以及完成情况。

12）根据院（系）安排，积极主动参加毕业论文的答辩工作。

3. 指导教师的选择

毕业论文的课题以命题和自选题相结合的方式让学生来选择。如采用命题形式，公布命题的同时公布指导教师的名字，学生可以根据自己的研究方向和兴趣爱好，来确定指导教师和选题；如采用自选题形式，学生可以根据平日对教师情况的了解，向教研室提出申请，选定某位教师来指导自己的毕业论文写作。

每位指导教师都承担一定的基础课和专业课的教学工作，并学有专攻、各有所长。如果学生能得到一位对自己所选的研究课题有专长的教师的指导，那对研究工作是大有裨益的。经导师的点拨，有时甚至会使学生的一个朦胧看法，形成一个颇有学术价值的观点、定理或结果。

学生可以从同班同学、高年级同学或辅导教师以及其他方面了解到一些教师的研究专长。这样不仅平时可以向那些教师求教，而且能在写毕业论文时选择一个理想的指导教师。如果学生毕业论文的选题，恰是某位导师正在研究的一个大课题中的一部分，那么在毕业论文的写作中将会得到该教师很好的指导。毕业论文写得好，不仅是学习论文写作的一次成功的实践，还有可能对科学的发展做出自己的贡献，甚至为自己以后投身于此方面的科学研究奠定基础。

第八章　学术论文示例

范文一　我国工程索道技术装备及其发展趋势（参考文献顺序编码制）

我国工程索道技术装备及其发展趋势

周新年　巫志龙　周成军

（福建农林大学，福建　福州　350002）

摘　要：阐述我国工程索道技术装备研究进展，包括绞盘机、跑车及索道附属装置的开发研究；重点分析绞盘机5大技术参数和跑车4大工作机构以及在各种工程索道中的应用效果；指出工程索道技术装备在木材集运、水利水电、公路桥梁和土建施工等吊装工程中的发展趋势及应用前景。

关键词：工程索道；绞盘机；跑车；索道附属装置；发展趋势

中图分类号：S776　**文献标识码**：A　**文章编号**：1001-4462（2010）12-0004-09

Engineering ropeway technology and equipment and its development trend in China

ZHOU Xinnian　WU Zhilong　ZHOU Chengjun

（Fujian Agriculture and Forestry University，Fuzhou，Fujian　350002，China）

Abstract：The research progress of engineering ropeway technology and equipment in China，including the development and research on winches，carriages and ropeway attachment，is stated. Priority is given to the five technical parameters of a winch，four working mechanisms of a carriage and application effect of various kinds of engineering ropeway. The development trend and application prospect of engineering technology and equipment in such hoisting operations as timber skidding，water resources and hydropower，highway and bridges，civil construction and so on，are pointed out.

Key words：engineering ropeway；winch；carriage；attachment of ropeway；development trend

---

基金项目：国家自然科学基金资助项目（30972359）；“工程索道”国家精品课程资助项目（教高函［2010］14号）；福建省科技厅重点科学基金资助项目（2007N0002）。

工程索道可划分为客运索道、货运索道、林业索道和缆索起重机等 4 类。林业索道采用动力绞盘机、点接触钢丝绳，而客运索道采用大圆盘驱动机、线接触钢丝绳，二者大多采用循环式和往复式索系，悬索理论相同；货运索道全面移植客运索道的技术装备，使输送能力和可靠性大大提高；缆索起重机一般用于地形较复杂的地方架设刚架拱、桁架拱类桥梁。这里主要介绍林业索道和货运吊装索道技术装备及其发展趋势。林业索道和货运吊装索道的技术装备主要包括绞盘机、运载跑车及其附属装置等，由于其结构组合形式不同，所以工作原理和索道索系也有所区别[1]。

绞盘机是工程索道的主要设备，在它的驱动下，工程索道可完成对荷载沿缆索方向水平和垂直的位移输送。这种位移输送不受地形条件的限制（跨河流越沟谷），不受荷重条件的限制（从物料吊装到人员载运），与常规的物流运输相比，其具有投资少、效率高和安全可靠的特点。因此，广泛应用于林业、矿业、客运和各种土建工程的无支架施工作业。伴随着工程索道的发展，各种驱动装置应运而生。据记载，早在公元前 258 年我国就有了最简单的手摇绞车；1868 年第 1 个驱动缆索的动力机在苏格兰出现。我国是 20 世纪 50 年代中期从国外引进的技术。1955 年，国家森工部在黑龙江省带岭林区组织了 BTY-1.5 索道试生产，1956 年 10 月，这套设备被调往四川省马尔康林区安装使用。此后，我国又引进过一些林业索道设备，研制了 J_3 绞盘机和 K_2 跑车、QJ-11 绞盘机和 ST-2 运材索道，选用了 21-A 绞盘机以及配置增力式装车索道等，并进行了一系列生产性试验。20 世纪 60 年代前期这些林业索道设备在我国全面推广，到 60 年代后期已初具规模。进入 20 世纪 70 年代，我国林业索道技术进入高速发展时期，相继研制了“东风”（液压）、“湘林”、“红旗”、SJ-23、YJ_3 和 JT-1.5 等各类绞盘机。20 世纪 70 年代以后为自主发展时期，开展了移动式绞盘机和遥控索道新技术以及南方中幼林抚育间伐索道配套设备的研究试验[2]。至今，我国已生产和研制近 40 种（包括传统型、轻型、液压传动型、自行式、架杆式和便携式）绞盘机。由于高性能多用途驱动机的发展，促进了索道索系的开发和应用，所以极大地提高了工程索道的效率和适应能力[3]。近几年在工程索道实践中又出现了行业“交叉”，即林业绞盘机和土建卷扬机的相互渗透，取长补短的发展和应用趋势。

遥控跑车是国内外森林工程界公认的高性能全自动跑车，它具有无需依靠止动器即可在索道沿线任意点自动起落吊钩集运材的功能。国外自 20 世纪 80 年代开始出现遥控跑车，尤以日本的 RCC-13、HR-300、H750B 及 RCF-20 为代表。我国于 1983 年由福建林学院自主研制成功 $YP_{2.5}$-A 遥控跑车，此后历经了近 30 年的试验研究，研制出 $YP_{0.5}$-A、YP_1-A、YP_2-A、YP_3-A 和 YP_5-A 等系列机型，并配套研制出 JS2-0.4、JS2-0.8和 JS3-1.5 绞盘机[4-8]，形成 YP-0.4/2 等轻型遥控索道系列，并在福建省 10 余个县市、15 个林场（林业采育场）架设 30 余条索道进行生产性试验和推广应用，通过试验不断总结经验，对绞盘机和遥控跑车进行改进设计[9,10]。

1　索道技术装备

1.1　绞盘机

1.1.1　绞盘机种类划分

绞盘机分索道绞盘机和装车绞盘机 2 大类。索道绞盘机作为索道的驱动设备，其按动力可分为电动机、汽油机和柴油机 3 种；按工作机构分，可分为单卷筒、双卷筒和 3 卷筒（包括起重卷筒、回空卷筒和摩擦卷筒）3 种；按应用领域又分为林业、水利水电、客货运和交通土建工程施工用的绞盘机。由于行业称谓的原因，应用于林业的称为绞盘机，应用于土建工程的称为卷扬机。传统林业绞盘机功率大，卷筒多，配有变速和逆向牵引装置，牵引速度变化范围大，卷筒容绳量也大，能用于长距离集材，其自爬装置（爬犁），便于在复杂地形条件下移动，对使用条件要求不高；而电动卷扬机则注重功率的匹配性，使用条件有局限（需要有电源及其配电装置），工作机构为单卷筒或双卷筒，配有减速增力装置，牵引方向可逆但速度变化范围不大[11]。林业绞盘机与土建卷扬机的比较分析，见表 1。

表 1　林业绞盘机与土建卷扬机的比较分析

名称	优越性	局限性
林业绞盘机	利用“爬犁”自爬上山，移动性好；3 卷筒，同步性好；具有正倒各 4 个挡位，速度变化范围大，高效运行；功率为 15～18 kW，可满足常规索道集运材和路桥施工等吊装需要；容绳量常为 600～1 000 m，可满足缆索吊装作业要求	在缆索运行中一般只控制油门大小而不必停机；传统的 3 卷筒绞盘机功率为 51.5 kW，体大笨重（整机自重大于 2 t）
土建卷扬机	适应缆索各工序时间不连续作业；故障率较低，能正反转，操作简单，便于远距离自动控制	底架不利于搬迁移动；只有单卷筒或双卷筒，同步性要求高；速度变化范围小；吊装要架设电源线路及其附属设施（配电箱等），费用昂贵；卷筒容绳量大多数小于 300 m，不能满足桥梁吊装作业需要

1.1.2　绞盘机技术改进

20 世纪 80 年代，内蒙古自治区旺业甸林场与昭盟林科所在 YZ-22 型绞盘机的基础上，改进研制成 YZ-36 型全液压自行式绞盘机；福建省林机厂在闽林 721 型绞盘机的基础上改进研制成闽林 821 型绞盘机；福建林学院在 J_3 型绞盘机的基础上改进研制成 J_3-B 型绞盘机[12]。20 世纪 90 年代，福建林学院研制成 JSX3-1.5 型绞盘机和以手扶拖拉机为主机改制成 JS3-2 型绞盘机[13]；黑龙江省山河屯林业局在原有的 195 型绞盘机基础上，研制新 195 型小绞盘机代替人力搞山地小集中。各改进绞盘机型的改进思路、创新与改进关键技术和主要特点，见表 2。

表 2 绞盘机改进设计技术及其特点

型号	年度	改进思路	创新与改进技术	主要特点
YZ-36	1981	为适应抚育间伐及小面积皆伐集材需要，实现索道快速拆装	采用液压马达驱动、液压无级调速、液压操纵，配有行走限速阀和储能器等	结构简单、布局紧凑、使用方便和工作平稳等；增设安全防护装置和适当增加地隙
闽林 821	1984	为降低油耗，节约集材成本，与 GS_3 配套成拐弯索道	以 $495Q_1$ 柴油机代替 NJ-70 汽油机；增加卷筒容绳量；配备预热开关；加强底架爬犁强度和刚度	基本能满足我国林区集、运、归、装等作业需要
J_3-B	1985	长距离多跨集材索道日趋减少，中、短集距的增力式索道得到广泛应用	将其回空卷筒作牵引卷筒使用，改进回空卷筒各挡性能参数、传动和制动性能参数以及卷筒尺寸和输出轴性能参数等	牵引力增大，提高传动、制动和操作系的可靠性和安全性；根除原机链传动输出轴断轴；广泛适用于单线三索增力式索道集材
JSX3-1.5	1994	森林资源转型为以人工林为主导，单株材积小、伐区面积小且分散	改进倒挡速度；设置双轮槽摩擦卷筒，解决闭式牵引索压股或磨损问题；减小卷筒长度，使绞盘机尺寸及整机质量得以减小	轻型化、适应性强、通用性好、高效率和低能耗等；适应南方森林和人工林集运材
JS3-2	1997	满足“小型、多用、简便、节能和价廉”以及“发展中小型农用机械和提高农用拖拉机利用率”的林业机械发展需要	利用手扶拖拉机左、右牙嵌式离合器，3 个卷筒（含 1 个摩擦卷筒）可独立工作；右半驱动轴安装摩擦卷筒，内置内涨蹄式制动器；左半驱动轴为 2 个缠绕卷筒提供动力；各个卷筒均配置独立的锥形盘离合器和带式制动器	以“东风-12 或 15 型”手扶拖拉机为主机；3 卷筒（2 个缠绕卷筒、1 个摩擦卷筒）绞盘机可实现一机两用，农林兼顾
195	1999	受资源锐减，地形复杂，单位出材率低，林木疏散等条件制约，不能一次完成集材作业，需使用小型集材绞盘机代替人力进行小集中后才能完成集材	在原机基础上，全部改用齿轮传动，底座改用型钢制作，解决原机机械传动效率低和底座不坚固的问题	体积小、重量轻、拆卸搬迁容易、造价低，使用方便、经济效益好
JS3-2 JSD3-2	2008	获得最佳功率匹配、投资效益最优，适应于广大林区、路桥工地、水电站和矿山等工程索道应用领域	一轴双筒（1 个缠绕卷筒＋1 个多环槽摩擦卷筒）型 3 卷筒（2 个缠绕卷筒、1 个摩擦卷筒）绞盘机	机构和操作简单；3 卷筒可满足任何索道索系及作业需要；功率匹配满足工程索道应用领域的要求；体积小，质量轻

1.1.3　绞盘机整机构造

绞盘机以手扶拖拉机为原型机的（属于农林两用集材机械范畴）占近 60%，初步形成系列，成为中小型集材机械的主流[14]。其整机构造简单，分为手扶拖拉机部分、工作卷筒和底架部分。它全部保留（或基本保留）原型机的发动机、离合器、变速箱和操纵系统，将原型机从底架上卸下，装上胶轮，即恢复为一台完整的手扶拖拉机。

最简单的组合形式是“手扶拖拉机＋卷筒”形式，见图 1。如 JS2-1 型，在工农-10 手扶拖拉机左轮轴上安装 $D=300$ mm 的摩擦卷筒，右轮轴安装直径 $D=300$ mm，长 $L=200$ mm 的缠绕卷筒[15]，JS2-0.4 和 JS2-0.8 则在两半轮轴上安装摩擦卷筒，各卷筒设置脚踏内涨蹄式制动机构[5,16]。

较为完善的是卷筒（起重、回空和摩擦卷筒）设计成类似传统 3 卷筒绞盘机结构，见图 2。起重、回空卷筒的扭矩由手扶拖拉机一轮轴传递；摩擦卷筒则直接设置在另一轮轴或机架的其他位置，其扭矩来自另一轮轴[6,17]。具有 3 个卷筒的这类绞盘机基本上符合国家标准 GB/T 15103—2008《林用绞盘机》要求，每个卷筒都有独立的离合和制动系统。

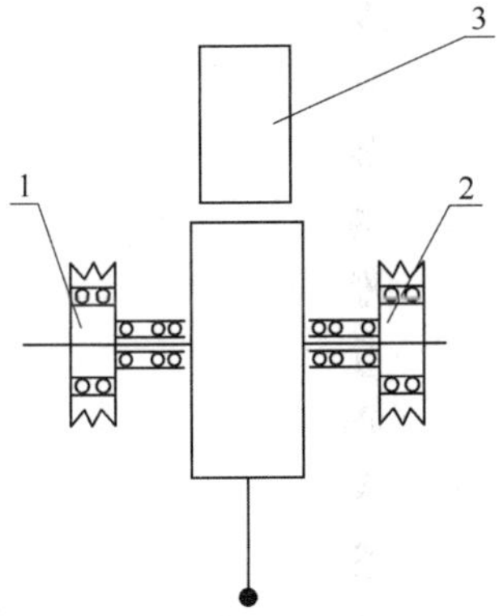

图 1　简单绞盘机结构

1. 左轴摩擦卷筒；2. 右轴摩擦卷筒；3. 主机

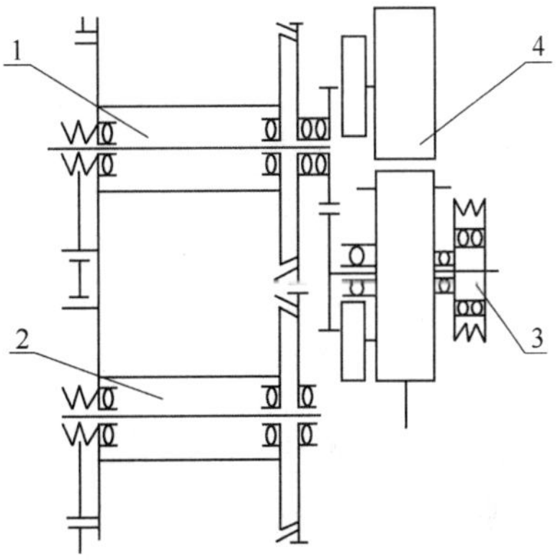

图 2　三卷筒绞盘机结构

1. 起重卷筒；2. 回空卷筒；3. 摩擦卷筒；4. 主机

一轴双筒型 3 卷筒（2 个缠绕卷筒、1 个摩擦卷筒）绞盘机如图 3 所示，其整机由动力机、传动系、工作装置、操纵机构和底架组成。与传统绞盘机不同的是，其在前轴上设有 2 个卷筒，1 个缠绕卷筒和 1 个摩擦卷筒。这种独特的结构减轻了整机质量，缩小了尺寸。

较完善的机型底架设计为整体式爬犁结构，其整机稳定性好且有利于山场转移，如 JS3-1.5 型。由拖拉机结构原理可知，单轴拖拉机无法平衡驱动轴的阻力矩，容易造成扶手或机头的“翻转”现象，因此在原型机上设置了前后支撑装置，以便其平稳运行和安全操作。

从整机质量看，简单式的为 300 kg 左右，3 卷筒式的为 600～800 kg，均属于轻小型设备。

以手扶拖拉机为原型机的集材绞盘机工作原理分为两类：一类是简单式，把卷筒直接安装在轮轴上，扭矩直接取自于轮轴；另一类是 3 卷筒式，摩擦卷筒的扭矩也直接取

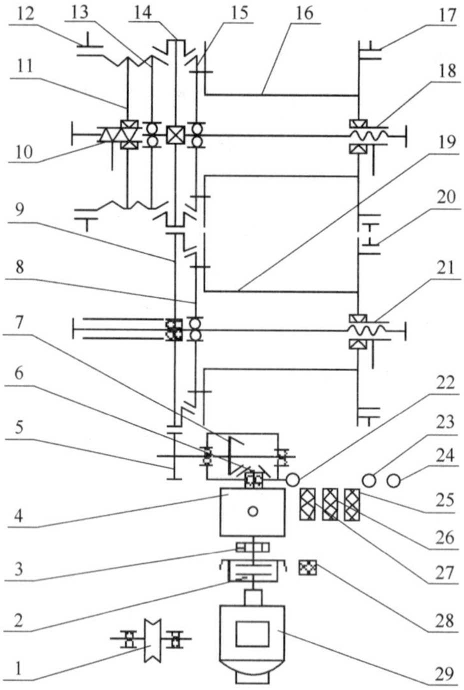

图 3　一轴双筒型三卷筒绞盘机结构

1. 转向轮；2. 离合器；3. 联轴器；4. 变速器；5. 主动小齿轮；6. 小锥齿轮；7. 大锥齿轮；8、13、15. 锥形离合器；9. 传动大齿轮；10、18、21. 螺旋套；11. 多功能摩擦卷筒；12、17、20. 外带制动器；14. 多功能齿轮；16、19. 缠绕卷筒；22、23、24. 分离把手；25、26、27. 制动踏板；28. 离合踏板；29. 电动机

自于轮轴，如 JS3-1.5 型，或通过传动机构（链轮）取自于轮轴，如 JS3-0.8 型。2 个缠绕卷筒由以下路线传递扭矩：轮轴上的主动齿轮→起重卷筒齿轮→卷筒离合器→起重卷筒；起重卷筒齿轮→回空卷筒齿轮→卷筒离合器→回空卷筒。其工作原理与传统双筒绞盘机类似，利用原机变速箱内的牙嵌式离合器（转向离合器），可方便地实现摩擦卷筒轮轴或缠绕卷筒轮轴的动力切断或传递，以适应不同索道索系作业工艺，对参与工作卷筒类型的要求。一轴双筒型 3 卷筒绞盘机由以下路线传递扭矩：电动机→主离合器→变速器→转向减速器→主动小齿轮→传动大齿轮→锥形离合器→上卷筒；传动大齿轮→多功能齿轮→右锥形离合器→下卷筒；多功能齿轮→左锥形离合器→多功能摩擦卷筒。

1.1.4　绞盘机主要参数

我国 20 世纪 70 年代后自行研制开发的常用中小型绞盘机的技术性能，见表 3[4-6,14-25]。

① 发动机功率。研制以手扶拖拉机为主机的各机型前，应针对相应集材作业所需发动机功率（即所选原机型动力）进行设计计算。从表 3 看，所选功率有 3.7 kW、4.4 kW、4.9 kW、5.9 kW、7.5 kW、8.8 kW，已形成系列，且有的已具备了 3 个卷筒（1 个为摩擦卷筒）；实践应用也表明，基本上能满足人工林或中小径级天然林的主伐、间伐及装车作业的使用需要。在我国南方，有的用户要求配置 11 kW 发动机（东风-15 型手扶拖拉机），以满足较大径级木材生产或小矿山、采石场、小水利、电力和路桥施工等的起重运输作业要求。

表 3　中小型绞盘机系列的技术性能

型号	研制单位	原机	年度	功率/kW	提升力/kN	卷筒数	挡位	牵引力/kN/速度/(m • s^{-1})			自重/kN	集距/m	容绳量/(ϕmm×m)	
								起重	回空	摩擦			起重	回空
JS2-1.0	广东木运公司	手拖	1978	7.5	10	2	正 6 倒 2	10/0.5	—	10/0.5	—	—	—	—
JS3-0.8	四川林科所	手拖	1983	8.8	11	3	正 6 倒 2	8/0.64	8/0.64	5/1.0	8.5	400	9.3×430	7.7×500
JSJX3-1.5/2	四川林科所	柴机	1990	20	15	2	正 4 倒 1	11/0.8	1.8/5.2	—	31	500	9.3×580	—
JS2-0.4	福建林学院	手拖	1991	3.7	—	2	正 4 倒 2	—	—	1.3-5.8 /3.3-0.8	2.3	—	—	—
JJX-1.5	哈尔滨林机所	汽机	1991	7.4	—	1	正 1 倒 1	15/0.37	—	—	3.0	—	9.3×80	—
JJX1-2.5	哈尔滨林机所	柴机	1991	8.8	—	1	正 1 倒 1	25/0.35-0.70	25/0.38-0.76	—	8.0	—	10.5×100	—
JSX2-0.4	福建林学院	手拖	1991	4.4	5.8	1	正 4 倒 2	—	—	5.8/0.7	2.3	500	7.7(摩擦卷筒)	
JSX2-0.4	黑龙江采运所	手拖	1992	4.9	—	1	正 6 倒 2	4/0.66	—	—	3.4	—	9.3×70	—
JS2-0.8	福建林学院	手拖	1993	5.9	9.3	2	正 4 倒 2	—	—	2.0-9.3 /3.3-0.7	2.3	500	7.7(摩擦卷筒)	
JT3-1.5	原中南林学院	柴机	1993	16	15	3	正 2 倒 2	16.7 /0.58	5.5/2.2	3.1-7.6 /3.9-1.27	15	600	11×650	9.3×1 300
福建架杆	福建林科所	—	1995	22.4	10	—	正 4 倒 1	架杆 7 m			26	500	9.3×580	7.7×800
JS-0.8/2 遥控索道	福建林学院	手拖	1995	5.9	8	—	正 4 倒 2	正 2:9/0.23　倒 1:9/0.66			4.2	500	7.7×500	—
JSX3-1.5	福建林学院	手拖	1997	8.8	15	3	正 6 倒 2	14/0.51	2.2/3.38	17/0.42	6.5	500	9.3×868	7.7×1 133
JS3-1.5	福建林学院	手拖	1997	8.8	—	3	正 6 倒 2	14/0.5	14/0.5	3-8/3.2-0.4	6.8	—	—	9.3×800
195	黑龙江林业厅	柴机	1999	8.8	10	2	正 4 倒 2	/0.85	/2.2	—	6.5	800	12.5×250	9.3×500
CD-16	哈尔滨林机所	汽机	1999	11.8	—	—	—	正:25/1.53　倒 1:25/0.69			7.5-11	—	11×50	—
JS3-2	福建农林大学	手拖	2000	11	—	3	正 6 倒 2	1.2-17/7.6-0.5	1.2-17/7.6-0.5	1.8-18/5.0-0.5	6.8	—	12.5×700	—
JSD3-2	福建农林大学	电动	2008	15	—	3	正 4 倒 2	20/0.5-4	20/0.5-4	20/0.5-4	9.8	—	12×700	—

② 牵引力、牵引速度。额定牵引力和起重速度、回空速度的设计计算，是从内涵上区别某机型是属于“手扶拖拉机＋卷筒”的简单机型，还是具有“真正”意义上的集材绞盘机的关键。从这个意义看，我国以手扶拖拉机为主机改制的绞盘机中，JS2-1 是前者的典型设备；JS3-0.8、JSX2-0.4 虽然整机结构较为完善，但都存在回空速度慢的问题[24]，而 JS3-1.5 则是后者的典型设备，无论在整机结构上，还是牵引力、牵引速度设计上，都可以和传统绞盘机相媲美，但其存在功率偏小及未实现操作人性化等问题。JS3-0.8 和 JS3-1.5 为技术性能类似传统绞盘机的机型，但 JS3-0.8 是照搬了手扶拖拉机的变速系统，未考虑集材生产工艺中全程动力平衡及经济速比，技术指标落后，传动结构不甚合理；整机布置上，发动机与操作位相邻，振动及噪声干扰大，功率偏小，对各种作业要求的适应能力较差，研制后少有其推广应用的报道。JS3-2 则吸取我国手扶拖拉机改制绞盘机及工程实践的经验，在典型索道绞盘机总体动力学分析的基础上，进行了主机选型及功率匹配，并充分考虑一机多用、速度和经济速比、卷筒容绳量、新型摩擦传动及人性化操作等主要因素。JSX2-0.4、JJX-1.5 和 JJX1-2.5 为轮式或履带式小集材绞盘机。其中，JJX1-2.5 自行式绞盘机结构紧凑，质量轻、操作简便、转向灵活、越野性能好、绞盘机牵引力大、工作可靠，集材时可有效地保护地表及幼树，是一种较理想的生态型小集中设备，主要用于主伐或抚育间伐的原条或原木的小集中作业。195 型绞盘机既可进行山地小集中作业，又可以进行索道横向收集作业，其属于经济适用的小型机械[25]。

在绞盘机牵引力、牵引速度的设计上应遵循两个原则[26,27]：一是全程动力平衡。集材工艺中各工序（拖、提、运、降）荷载不同，应有相应的牵引力和牵引速度，以保证发动机最大效能的发挥，对此可从多挡位设计来解决。二是为获得较高的生产率，应设计最佳经济速度。理论研究认为，当起重速度与回空速度的比值为 1∶6.5 时为最佳经济速度[27]。由于手扶拖拉机原型机倒挡速度过低（快挡仅为 0.99 $m \cdot s^{-1}$），远不能满足回空作业要求，这是简单式机型的重大缺陷，从 JS2-1 到 JSX2-0.4、JS3-0.8 等机型都是如此。JS2-0.4、JS2-0.8、JS3-1.5 等系列机型则弥补了简单机型的不足，在对原机不做较大改动（不影响原机恢复）的前提下，对变速箱、倒挡齿轮和倒挡齿轮传动副做了改进设计，配合带轮和卷筒齿轮传动副的改进，使倒挡速度比原机提高 3.3 倍，与起重速度的比值达 6.6 为经济速度。

从起重提升力来看，以 JS3-1.5 绞盘机为例，设计载量为 2.0 m^3（约 1 860 kg），以应用最广泛的全悬增力式索道（III 11 型索系）为例，索道弦倾角为 25°时的最不利条件下集材，若以额定牵引力 14 kN 计算，扣除全线路各种集材阻力还有约 1 kW 的动力储备。该机用于水利水电施工吊装和楞场装车作业，起重量为 2～2.5 t，说明所设计的牵引力是适宜的。

③ 工作卷筒。卷筒数越多，作业功能越多（如架杆绞盘机）。20 世纪 70 年代以前，我国传统绞盘机多为双卷筒型，即 1 个起重卷筒 和 1 个回空卷筒，也有在回空卷筒上附装剖分式摩擦卷筒的，如 JS-23（东方红机）。从林业绞盘机的实际使用情况来看，3 卷筒（含 1 个摩擦卷筒）是较佳的设计，它可与任何跑车组合成各种索道索系类型，完成多种作业，甚至能形成组合式索道索系类型[28]。因此，超过 3 个以上的卷筒设计，

既不必要，又会使整机构造复杂笨重，与小型机的简便原则不符。

根据绞盘机相关标准 GB/T 15103—2008、LY/T 1289—2006 的规定，绞盘机 JS2-1.5、JS2-0.8、JS2-0.4 型容绳量分别为 1 000 m、300 m、120 m。自 20 世纪 80 年代中期以来，在福建设计或调查过几十条集材索道，从跨距来看均小于 500 m。以中小型索道跨距 500 m 计算，得出容绳量为 1 060 m，与国家相关专业标准一致，但人工林伐区面积小，集材索道大多数跨距为 300 m 左右，本着集材机械应小型化、轻型化的原则，卷筒几何尺寸和容绳量可比常规绞盘机更小一些。按照相关标准，JS2-1.5 绞盘机的容绳量为 1 000 m，这显然与上述相矛盾。从实际集材生产来看，当跑车回空到上支点时，卷筒上的钢索仅为一个坡长，即 300～500 m。只有当拆卸索道时，才可能将布设在线路上另一半钢索全部收回，而此时属于无负载工况，可充分利用安全距离 S（$S=2d$，d 为钢索直径）。这意味着在卷筒外层还有 2 层的钢索容量可供机动利用，这对减少卷筒尺寸很有意义[28]。JS3-1.5 型绞盘机第 2 代机的容绳量为 ϕ29.3 mm×750 m（比原设计少 120 m），卷筒长度由 600 mm 减为 550 mm，使 JS3-1.5 绞盘机更趋于轻型化。卷筒长度缩短后，使钢索容易排列整齐且不至于压卷和乱卷，利于延长钢索使用寿命。

传统的摩擦卷筒为曲面摩擦形式，如 JS2-1、JS3-0.8、JS2-0.4。这类卷筒的缺点是钢索的磨损很大。因此，在 JS2-0.8、JS3-1.5 机型上采用双环槽结构消除这一弊端，实践证明效果较好[28,29]。

1.2　运载跑车

跑车是在集运材架空索道上吊运木材的装置，跑车的结构与索道的种类有密切的关系，每种索道都有与其相应的跑车结构，可分为集材跑车和运材跑车。K_1 型、K_2-2 型、K_2 型和 GS_3 型等集材跑车的结构特点、适用性及要求，见表 4，这些跑车的结构形式及其工作原理详见文献［1］。吉林省临江林业局 1992 年研制的 PCB-300A 型运行式索道跑车采用双轮摇辊式滑轮组，其集材索带卡锁装置可在集材作业中自动打开开闭机构，实现了集材索道在跑车上固定与打开的自动化，解决了运行式索道不同步及集材索道不能自动摘挂的两大难题，台班产量比普通跑车集材提高 30%[13]。运材跑车只具有运的功能，结构较简单，国内大多采用单轮或双轮的简易运材跑车，如江华索道跑车和工农型索道跑车[1]。

在美国、日本、挪威和奥地利等林业发达国家，早已将遥控技术应用到林业索道集运材生产上，各种形式的遥控跑车已相继问世，且在木材生产中发挥了很大作用。1983 年，福建林学院自主研制了 $YP_{2.5}$-A 型全自动遥控跑车，到目前已发展到 YP_5-A、YP_3-A、YP_2-A、YP_1-A 和 $YP_{0.5}$-A 型等不同起重系列的遥控跑车，其结构形式及其工作原理，见表 5。$YP_{2.5}$-A 型遥控跑车遥控距离达 1 500 m，其主要特点是无线电遥控，液压传动操纵的止动（握索）机构，取代了半自动跑车索道线路中的止动器，使跑车可在索道沿线任意点停留、自动落钩进行集运材生产作业；适应于长距离单线双索多跨闭合式牵引索道；采用无线电遥控装置直接指挥绞盘机手操作。该跑车是我国林区首次研制成功的自动化设备，为我国林业索道集运材自动化提供了技术储备[1,8]。在遥控装置方面，采用数字锁相频率合成技术自行研制的 JL-0.5 型遥控接收机；此外还有北京遥控技术开发公司的 BRC-7 型遥控接收机等。

表 4　集材跑车结构特点及要求

<table>
<tr><th rowspan="2">型号</th><th rowspan="2">型式</th><th colspan="4">4 大机构</th><th rowspan="2">特点</th><th rowspan="2">适用性</th><th rowspan="2">要求</th></tr>
<tr><th>行走</th><th>起升</th><th>托挂</th><th>止动</th></tr>
<tr><td>K_1</td><td rowspan="2">简易跑车</td><td>4 个行走轮</td><td rowspan="2">滑轮组＋载物钩</td><td>靠悬架（“U”形梁）托住载物钩，运行中会摇摆</td><td rowspan="2">索道索系完成</td><td rowspan="2">结构简单，索系复杂，可增力，不用止动器</td><td>适用于单跨或多跨直线索道</td><td rowspan="4">具有拖、提、运、降功能；能沿索道线路任意点停留，可横向拖集木材（目前单侧 50～80 m，理想 100 m）；适应性强，可直线或拐弯集材，侧向集材拖钩轻，捆摘木材易，劳动强度小；结构先进、紧凑；工作可靠，故障少；重量轻，维修、保养方便；坚固、耐用</td></tr>
<tr><td>K_2-2</td><td>2 个行走轮</td><td>靠起重索吊住吊重轮，吊重轮上挂有吊钩，运行中会摇摆</td><td>仅适用于单跨索道</td></tr>
<tr><td>K_2</td><td rowspan="2">半自动跑车</td><td>2 组摇辊式的行走轮（4 个）</td><td>起重轮＋载物钩</td><td>靠曲面托钳（夹杆）承托吊钩的锥形头，承托牢靠，运行平稳不摇摆</td><td rowspan="2">止动器的钩子钩住跑车，使其停止在承载索上，跑车的钩子钩住装置的止动器</td><td rowspan="2">结构复杂，索系简单，不能增力，用止动器</td><td>适用于单跨或多跨直线索道</td></tr>
<tr><td>GS_3</td><td>2 组行走轮（4 个）与跑车体用螺栓连接，可拐弯（30°内）</td><td>起重卷筒＋载物钩</td><td>起重索＋吊钩</td><td>与闽林绞盘机配套使用，可拐弯</td></tr>
</table>

表 5　全自动遥控跑车结构形式及其工作原理

<table>
<tr><th>结构</th><th>组成</th><th>功能</th><th>工作原理</th></tr>
<tr><td>行走机构</td><td>行走轮、支架和螺栓等</td><td>支承跑车与载荷，使其在承载索上运行</td><td rowspan="6">接收机按发射机指令，启动加压电磁阀，蓄能器压力油释放，向握索油缸和刹车油缸供油，跑车的握索板紧握住承载索，摩擦卷筒解除制动；循环牵引索的运行转变为摩擦卷筒的转动；通过减速机构带动起重卷筒转动，完成起钩、落钩的动作；摩擦卷筒通过一组齿轮，带动柱塞泵工作，向 2 个工作油缸和蓄能器提供稳定的压力油。接收机按指令启动卸荷阀，2 个工作油缸（握索和刹车油缸）的压力油流回油箱，在弹簧作用下握索板开启，跑车在承载索上的固定（握索板紧握住）解除；同时，摩擦卷筒被制动，循环牵引索的运行变为跑车的重载或回空。由于蓄能器已充油，可保证在下 1 个工作循环向工作油缸提供足够的压力油</td></tr>
<tr><td>起升机构</td><td>摩擦卷筒、起重卷筒、制动系统、减速机构和传动轴等</td><td>强制吊钩起落，方便山场捆挂，吊载时经减速机构，增大吊载能力</td></tr>
<tr><td>止动机构</td><td>握索板、夹索块和工作油缸等</td><td>靠无线电遥控，液压推动夹索块握紧承载索</td></tr>
<tr><td>托挂机构</td><td>起重索＋吊钩</td><td>木材重量由跑车承担，承托装置</td></tr>
<tr><td>液压传动系统</td><td>高压轴向柱塞泵、蓄能器、球状电磁阀、各液压元件和油管道等</td><td>适时地向握索机构提供压力油，保持正常工作</td></tr>
<tr><td>无线电遥控设备</td><td>集材点与卸材点各 1 台发射机，跑车与绞盘机房各 1 台接收机及信号指示器材</td><td>根据山场作业需要，遥控液压系统的控制阀，并指挥绞盘机操作</td></tr>
</table>

握索机构是遥控跑车的核心，它决定了遥控跑车的先进性和工作的可靠性，设计要求其完成一次握索动作时间短，握索力大，动作灵敏可靠，故障率低。起重机构是遥控跑车的主要工作机构，其传动齿轮、摩擦卷筒和握索板的早期损坏是一个突出的问题。通过对功率传递形式及工作特点、构造和安装特点进行分析，探讨其发生机理，提出改进设计[9]。由于齿轮的模数增大，使齿轮的抗弯强度提高，能传递较大的扭矩；减速比的适当增加，也在一定程度上减轻了齿轮及动力机的负载；单级传动结构简单、可靠，没有顶齿、卡齿现象，齿轮传动的功耗较小，传动系统运转平稳，改进后 $YP_{0.5}$-A 遥控跑车的起重性能以及整个索道系统功能都有一定程度的改善。实践证明，改进后的新机由于故障少、起重量和集材生产率均有很大的提高（约 30%），投放林区使用后完全能够满足用户的需求。

1.3　附属装置

索道附属装置包括各种滑轮、载物吊钩、鞍座、止动器、通信和支架等。各种滑轮有导向滑轮、承托滑轮、托索滑轮、省力滑轮、加载滑轮和复式滑车等，其对钢索均起着承托、转向和拉紧等作用；载物（吊）钩用于吊运货物，有 K_1 载物（吊）钩、K_2 载物钩、GS_3 载物钩和增力式载物钩等；鞍座有直线鞍座、拐弯鞍座、接线鞍座和分岔鞍座等，其用于承托承载索；止动器有集材止动器和卸材止动器等，可使跑车在预定位置停止，以便拖集木材和卸材；通信有旗语信号、手摇电话机、对话机、无线电收发报机和手机等[1]。此外，1988 年四川省林科院研制的 STY-1 型架空钢索涂油器，由储气罐、储油室、减压阀以及紧贴钢索带有喷油管和油刷的工作头等组成；1993 年黑龙江省木材采运研究所提出了 CZ-1 型承载索注油器，采用跑车运行的动能转换成机械能驱动油泵的方案。这两种涂（注）油器不仅结构简单，造价低，使用维修方便，涂油质量好，而且省工省油省时，具有很大的实用价值。其不仅在林业索道上使用，而且还推广到矿山索道和旅游索道上使用。

2　工程应用

进入 21 世纪，人工林已成为可采森林资源的主导林分[11]。以传统的大中型索道技术装备为主体的木材采运技术，已不适应这种森林资源条件的转变，索道废弃、设备闲置，担筒、板车拉辘及传统的手工具及其作业再度兴起，南方集体林区部分林业采育场、集体所有制木材生产单位的木材采运作业，又重新回到手工作业或单工序机械作业的阶段。这种作业方式，既导致了企业利润微薄甚至亏损，又不利于保护生态环境。发展中小型、多用途、方便、节能和价廉的集运材机械，已成为我国林区木材生产的迫切要求。以手扶拖拉机为原型机的中小型绞盘机系列，具有机动性强和农林兼顾的特色，其技术性能和经济性能不仅可以完全代替传统的大型索道绞盘机，而且还具备了向手工作业挑战的实力[14]。采用技术经济学上价值工程分析评价的办法，对国内几种轻型集材机械进行分析评价结果表明，JS3-2、JS3-1.5、JS2-0.8、JSX2-0.4 均为适用的人工林集材机械[11,30]。

绞盘机的使用功能、应用的索道索系类型取决于卷筒的型式和数量。我国近半个世纪的缆索工程实践表明，绞盘机应具有不少于 2 个缠绕卷筒和 1 个摩擦卷筒。从对

2 871条林业索道的统计分析[31]，以及数十条土建（房建、路桥）的工程实践来看，具有3卷筒（2个缠绕卷筒+1个摩擦卷筒）的绞盘机，可满足各种索道索系类型的生产使用要求。我国早期生产的绞盘机多为单筒、双筒型式，或在缠绕卷筒上加装剖分式摩擦卷筒（如SJ-23）；1972年，生产出了真正意义上的3卷筒绞盘机——闽林721型，此后又相继生产出JS3-3苏林绞盘机和YJ-3金沙江绞盘机，它们都具有2个缠绕卷筒和1个独立的摩擦卷筒。1997年福建林学院研制成功以手扶拖拉机为主结构的3卷筒绞盘机——JSX3-1.5，在林业、水利水电、路桥以及建筑施工中得到广泛的应用[6]。新型的一轴双筒结构绞盘机（JSD3-2），具有结构紧凑、体积小、重量轻、造价较低等优点；同时克服了传统绞盘机运转时振动和噪声大、功耗高等缺点，使3卷筒绞盘机的整机结构和工作性能更好[32]。目前我国已研制出多种中小型索道绞盘机，初步形成系列，并有成功的应用实例。对其在设计理论与工程实践中的问题进行总结和分析研究，有利于对现有机械进行完善及指导新机型的开发研究[33-37]。几种常见中小型索道机械设备的工程应用与使用效果，见表6。

3　发展趋势

3.1　轻型集材索道技术装备的研制和推广

采运机械化的关键是集材机械化，索道集材对地面生态环境破坏最小，在山地林区为减少生态破坏，集材方式提倡采用索道集材[38]。研制和开发既适应当前木材生产工艺，又能保护生态环境的生产设备是十分必要的，也是今后伐区木材生产设备发展的趋势。由于索道集材工艺比较复杂，技术要求较高，对伐区木材的蓄积量、分布和采伐方式都有一定要求。随着我国林区单位面积蓄积量的减少、伐区分散、地形复杂，以及国家保护天然林工程的实施，大型森工企业的职能发生了转变，采伐已经不是森工企业的主要职能，而是以保护天然林和营造人工林为主，停止重点生态公益林区的经营性采伐，调减木材产量，这些都是从根本上解决林区生存与发展的有效措施。现在木材采伐由天然林转为以人工林为主，树龄在30年左右，木材采伐量也越来越少，山地林区索道集材设备在现在的中小森工企业中使用较少[39]。正是由于森林资源少，伐区分散，我国应发展自行式绞盘机，以提高索道安装和生产效率以及其机动性能，采用简易或无承载索的承载-牵引式索道；由于地形复杂，为减少修路费用，可采用集运材索道相互衔接的方式，构成索道网，实行联运，提高索道集运材的生产效率。采伐方式已由过去的皆伐改为现在的大面积、低强度择伐和抚育伐，集材方式由大面积原条集中绞集改为分散型单株绞集，劳动组织形式也由大面积集中作业改为作业组（或家庭）承包形式，为适应这些变化，急需一种轻型集材设备。森工企业在制定采集工艺时必然要考虑经济效益，在选择集材机械时，企业希望有适应山地林区作业的集材机械，而国内现有的大型集材机械价格昂贵、功能比较单一，使用这类机械集材生产效率低、成本高，很难发挥在山地林区作业的优势。因此，人工林轻型索道集材技术的开发和推广应用，是山地林区集材生产亟待解决的问题。注重森工采运技术人才培养是林业发展的需要，也是保护林区生态环境的需要；另一方面研制和开发适应当前山地林区，特别是山地人工林所需要的轻型集运材索道系统。应充分考虑到山地人工林资源特点和采伐模式的需要，研

表 6　中小型工程索道技术装备的工程应用与使用效果

绞盘机	跑车	索道/索系	工程应用	使用效果
195	转向滑车		黑龙江省山河屯林业局	减轻劳动强度，与人工相比，生产效率提高了 1.77 倍；降低生产成本，较人力集中降低 7.56 元·m^{-3}；扩大索道横向收集面积，从 6 000 m^2 提高到 10 000 m^2 左右；减少索道转移次数
JS3-2			京福高速南平市土地洋大桥吊装	单车混凝土重量 2 t，总吊重量 12 000 t，与塔吊相比，效率提高 20%，成本降低 10%
JS3-2			福建省莆田市壁院水电站导流管逆坡铺设	单车吊重量 1 t，总吊重量 200 t，人工或其他机械无法吊装，综合效益显著
JS3-2			福建省南平市王台国有林业采育场	单车吊运量 2 m^3，总集材量 360 m^3，比手工效率提高 2 倍，成本降低 26%
JS3-2		III 11+I 03 组合式	福建省三明市莘口水电站大坝建筑材料及安装电机吊装	单车吊重量 1.5～2.5 t，总吊重量 1.8 万 t，工效比塔吊提高 1.5 倍，成本降低 30%
JS3-2			江西省瑞昌市青山国有林场	单车运量 1 m^3，总集材量 1 500 m^3，工效比手工提高 2.5 倍，成本降低 30%，该省首次应用索道逆坡集材
闽林 821	GS_3		福建省松溪县的六墩水利渡槽吊装	安全可靠，顺利完成吊装作业；单车吊重量 9 t，总吊重量 100 t，与手工相比，工效提高 9 倍多，直接费用节约 10 余万元，木材节省 200 m^3
闽林 821	K_8-3	III 13	京福高速公路上洋特大桥双承载缆索吊装	布局合理，安全适用；满足生产率要求，单车吊重量 3 t，最小生产率满足 12 h 连续浇注量最大达到 130 m^3，利用已有旧钢丝绳和管柱支架，节约成本
闽林 821	K_2-2	III 13	武当山玄帝殿修复工程材料吊装	在运送玄帝殿修复工程所需材料中安全、适用、高效，既能保护景区环境与文物，又能满足吊装作业生产率和高强度工作量要求，三大效益显著
JSX3-1.5			福建省南平市王台国有林业采育场	集材时，单车往返时间为 6～7 min，横向集距超过 50 m，集材范围满足生产工艺要求；装车时，单车载量平均为 2.3 m^3，每装一辆汽车原木 30～40 min；单位木材成本与常规绞盘机相比下降 51%，与手工相比下降 45%
JSX3-1.5	K_1	III 13	福建省三明市莘口合资林果场	改善人员及物资运输条件，提高经营效益；在特殊地形地质条件下，进行合理的索道布局及其主要技术参数的选择与校核，安全适用
JS-0.4	$YP_{0.5}$-A	III 43	福建林区 10 个县(市)15 个木材生产单位	轻型化、多功能、高效率；具有较高的自动化程度，能沿索道线任意点进行顺坡或逆坡、全悬空或半悬空、原条或伐倒木集材及山上楞场归装作业，取得较好的生态、经济和社会效益
JSD3-2	YP_1-A	III 43	福建农林大学	国内一流的室内工程索道实验室，实验遥控索道包括最新研制的 YP_1-A 遥控跑车和具有一轴双卷筒独特新颖结构的 JSD3-2 绞盘机，安全可靠，满足实践教学和创新实验要求

制具有结构简单、操作方便、作业效率高、投资小、对林地破坏小等优点的轻型索道技术装备，其有利于森林更新和林地的植被保护，减轻工人的劳动强度，改善作业环境，这样的设备将具有良好的推广应用前景。

近年来，随着新技术的发展，出现了电动林业绞盘机，它是利用卷扬机的功率匹配和林业绞盘机传动的合理性（速度变化范围大）以及卷筒数和形式，综合了林业和土建绞盘机的优点。绞盘机的轻型化、多用性（包括一机多用，农林兼顾）等优点也逐渐应用到卷扬机上，卷扬机的牵引速度最大为 0.82 $m \cdot s^{-1}$，而绞盘机的牵引速度及其变化范围都比卷扬机大。林业绞盘机的应用，扩大了卷扬机的使用功能，这主要是因为增加了卷筒数量。轻型采运技术装备也将有一个大的发展，要根据国情采用适用的技术，在保证经济效益的前提下，应该满足下列条件：① 生产数量和质量的要求；② 有利于充分利用森林资源；③ 有利于保护环境及森林更新；④ 适应当地就业要求；⑤ 符合安全和劳动卫生学的要求；⑥ 与当地的工业和技术水平相适应。我国索道技术装备应走适用技术和先进技术相结合的道路。对于小径木、人工林间伐集运材，应发展轻型、微型多功能的遥控索道；对于天然林择伐、间伐集材生产，应进行新型索道索系研究应用；研制适用山地集材自行式架杆集材机和小型自行式集材绞盘机；绞盘机向自走式、轻型、液压、遥控方向发展；研究应用新材料改善索道附属装置；应用现代计算机技术进行索道的优化设计。

3.2 新型吊装索道技术装备的研制和推广

吊装索道用于吊装较大载重，近年来以其具有的突出优势，在特殊地形地质条件下，采用常规施工方法难以施工的水利水电、公路桥梁、土建及其他工程施工中得到广泛应用[33-37,40-44]。吊装索道施工的成功案例表明，本着技术可行、经济合理和安全适用的原则，因地制宜地选择合理的吊装索道形式及其相关技术参数，创新吊装索道设计和安装架设技术能有效解决施工难题。在这些工程案例中，新型吊装索道均表现出安全可靠、载重量大、跨越能力强、减轻劳动强度、缩短工期、节约成本、适应性广等诸多优势，能克服传统吊装方案的局限性。因此，要加强新型吊装索道技术装备的研制和推广工作。

农村小型水利电力施工工地、小矿山、采石场和路桥工地等地形条件基本上与伐区一致，林业索道技术装备也可以为这些工程服务，这为林业索道的应用和发展，提供了一条新途径[34,45]。要认真总结经验，对林业索道绞盘机、跑车及其附属装置进行改进设计。新型索道绞盘机的一轴双筒结构形式符合我国相关行业标准的要求，传动路线简单，振动、噪音及功耗等技术性能都优于传统绞盘机，各卷筒齿轮的安装和调整也比较容易。目前 3 卷筒绞盘机在林业、水利水电、路桥以及建筑工程施工吊装索道上都有广泛的应用。卷筒作为绞盘机的工作装置，在绞盘机的研制中占有重要的地位，完善现有的 3 卷筒绞盘机和研制新型 3 卷筒绞盘机具有现实意义。可利用简单的滑车增力原理提高跑车的提升能力，解决个别车次超重吊装的问题，挖掘其在缆索吊装领域的潜力。进一步开展以 YP_2-A 型遥控跑车以及由其改进的 YP_3-A 遥控跑车为关键设备，配套以 JSD3-2 或 JS3-2 绞盘机为动力机组成的 SJ-2/2 型遥控索道系统的研究，使之更加完善，使我国在这一技术领域进入国际先进行列。

4　结束语

索道适应于山高坡陡、沟谷纵横以及地形复杂林区的木材集运材作业，它是木材采伐运输机械化的重要手段。然而，近年来索道集运材出现了停滞不前的局面。主要原因如下：一是20世纪以采伐天然林大径木材为主，现以采伐人工林中小径木材为主；二是20世纪林区的可及度（木材集运条件）较差，现在林区小道及小车均可到达采伐迹地；三是以前是计划经济，提倡减轻工人的劳动强度为先，现是市场经济，劳动力充裕，人工工资低，过于追求短期经济效益。

德国、奥地利架空索道集材的比例已由12年前的8%提高到25%；挪威对高山移动式索道集材给予补贴已有10多年之久。今后，我国要以生态效益优先，兼顾经济效益，要大力推广发展轻型、微型集运材索道；研究新型吊装索道索系；研究全自动遥控吊装索道技术装备，采用新材料实现节能减排；改善索道附属装置；研究新型吊装索道设计理论，应用计算机技术进行索道优化设计；林农要像农民购买农业机械一样，由国家贴补一点，集体（企事业单位）再贴补一点，林农会少出一点，这样林农就会愿意购买索道设备，使用轻型索道进行集运材生产。随着工程索道技术装备的不断进步，新型货运吊装索道将向大倾角、长运距和大运量方向发展，其运输能力、运行速度、有效载重量也将分别向输送能力强、运行速度高和有效载量大的方向发展。

参　考　文　献

[1] 周新年. 工程索道与柔性吊桥——理论 设计 案例 [M]. 北京：人民交通出版社，2008.
[2] 单圣涤. 工程索道 [M]. 北京：中国林业出版社，2000：1-21.
[3] 单圣涤，汪斌，邓旻涯. 关于我国架空索道技术自主发展问题的探讨 [J]. 森林工程，2003，19 (6)：18-20.
[4] 冯建祥，刘宏，罗桂生，等. SJ-0.4/2轻型遥控人工林集材索道研究 [J]. 福建林学院学报，1991，11 (2)：159-164.
[5] 冯建祥，罗桂生，陈诚焕. JS2-0.8自行到位式绞盘机集材应用研究 [J]. 林业科技开发，1997，(5)：18-20.
[6] 冯建祥. JSX3-1.5绞盘机的研制 [J]. 福建林学院学报，1997，17 (4)：363-366.
[7] 景林，郭建钢，杨长江，等. 轻型遥控人工林集材索道遥控器的研究与应用 [J]. 福建林学院学报，1994，14 (3)：233-236.
[8] 景林. 轻型无线遥控集材索道的控制原理和工艺实现 [J]. 森林工程，2000，16 (6)：37-39.
[9] 冯建祥，刘宏，罗桂生，等. $YP_{0.5}$遥控跑车起重系统故障及改进设计 [J]. 福建林学院学报，1995，15 (1)：83-86.
[10] 罗才英. JSX3-1.5绞盘机性能分析及改进设计 [J]. 森林工程，2000，16 (6)：34-36.
[11] 胡永生. 人工林集材绞盘机分析与评价 [J]. 森林工程，2004，20 (5)：47-48.
[12] 周新年，王学让，潘仁钊. J_3绞盘机的改进设计 [J]. 林业机械，1986，(4)：37-40.
[13] 周新年. 从科技成果的发表评述我国林业索道科技的发展 [J]. 森林工程，1997，13 (2)：1-5.
[14] 罗才英，周新年，冯建祥，等. 以手扶拖拉机为原型机的集材绞盘机系列研究 [J]. 林业机械与木工设备，2001，29 (3)：14-16.

[15] 广东木材运输公司. 改制简易绞盘机 [J]. 森工科技通讯，1978.
[16] 冯建祥，罗桂生，刘宏，等. JSX2-0.4 自行式绞盘机研制 [J]. 福建林学院学报，1998，18 (2)：117-120.
[17] 四川省林科所轻型索道组. 轻型索道工艺及设备研制初报 [J]. 四川林业科技，1983，(1)：54-56.
[18] 陈洁余. JT3-1.5 绞盘机的研制 [J]. 林业机械，1993，(2)：7.
[19] 兰天奇，马富生，陈建国. JSJX3-1.5/2 架杆索道研制 [J]. 森林采运科学，1991，7 (2)：7-13.
[20] 高扬善. 小型自行式集材绞盘机研制总结报告 [R]. 福州：福建省林业科学研究所，1995.
[21] 冯建祥，罗桂生. 轻型集材机械系列研究 [J]. 森林工程，1998，14 (2)：38-39.
[22] 巫志龙，周新年，张正雄，等. 工程索道特色实验室建设研究 [J]. 实验室研究与探索，2010，29 (4)：148-150，154.
[23] 冯建祥，罗桂生. JS3-1.5 绞盘机及其应用 [J]. 林业科技开发，1998，(5)：27-29.
[24] 黄晓山，刘易善，刘勤. JSX2-0.4 自行式轻型绞盘机生产试验 [J]. 林业机械，1994，(2)：9-10.
[25] 王德福，周英华，魏志强. 195 型小绞盘机的研制 [J]. 森林工程，1999，15 (5)：32-33.
[26] 周新年. 架空索道理论与实践 [M]. 北京：中国林业出版社，1996：36-40，82-102.
[27] 东北林业大学. 林业索道 [M]. 北京：中国林业出版社，1985：82-84，207-210.
[28] 周新年. 林业绞盘机卷筒的标准化 [J]. 林业科技，1990，(5)：56-58.
[29] 李正红，冯建祥，罗桂生. III 43 型索道磨损问题及对策 [J]. 福建林学院学报，1997，17 (2)：158-164.
[30] 何希豪. 森林工业技术经济学 [M]. 哈尔滨：黑龙江林业杂志社，1985：200-208.
[31] 中国林学会采运学会. 中国林业索道图册 [M]. 北京：中国林业出版社，1986：1-116.
[32] 罗才英，李纲. 三卷筒绞盘机卷筒结构研究 [J]. 森林工程，2008，24 (1)：22-24.
[33] 周新年，冯建祥，罗仙仙，等. 受限地段过河索道设计研究 [J]. 福建林学院学报，2003，23 (1)：1-4.
[34] 周新年，张正雄，郑丽凤，等. 林业索道在山区水利吊装工程上的应用 [J]. 林业科学，2003，39 (2)：140-144.
[35] 罗仙仙，周新年，胡永生，等. 双承载索在特大桥吊装工程上的设计与应用 [J]. 福建林学院学报，2003，23 (4)：305-308.
[36] 周新年，官印生，张正雄，等. 武当山特殊吊装索道设计研究 [J]. 林业科学，2007，43 (3)：108-112.
[37] 陈勇. 三明市莘口水电站吊装工程技术方案选优 [J]. 森林工程，2000，16 (4)：14-16.
[38] 张正雄. 山地人工林集材作业技术 [J]. 山地学报，2002，20 (6)：761-764.
[39] 朱德滨，蔡邦智. 发挥集材机械在山地伐区的作用与效率探讨 [J]. 福建林业科技，2009，36 (1)：142-145.
[40] 包立新，喻远良，林惠瑜. 索道吊装技术在悬索桥施工中的应用 [J]. 重庆交通学院学报，2001，(3)：3-6，27.
[41] 罗才英. 以手扶拖拉机为主机的 JS3-2 绞盘机研制 [J]. 林业科学，2010，46 (3)：122-127.
[42] 杨寿忠. 重庆鹅公岩悬索桥主梁索道吊装方案设计 [J]. 市政技术，2005，23 (5)：285-287.

[43] 付宇文，黎卓勤. 浙江千岛湖南浦大桥钢管拱肋吊装方案 [J]. 公路工程与运输，2008，177 (5)：182-185.
[44] 吕建根，张辉. 大跨度钢管混凝土拱桥肋缆索吊装施工技术 [J]. 科学技术与工程，2009，9 (4)：1064-1067.
[45] 张先麟. 林业索道应用新领域的探讨 [J]. 林业勘测设计（福建），1995，(1)：14-19.

发表于：林业机械与木工设备，2010，38 (12)：4-12，23.

范文二　山地森林生态采运研究进展（参考文献顺序编码制）

山地森林生态采运研究进展

周新年　赖阿红　周成军　巫志龙　刘富万　苏春敏
（福建农林大学交通与土木工程学院，福建　福州　350002）

摘　要：为促进山地森林可持续经营，归纳山地森林生态采运理论与技术新进展，国内外采运作业对林地土壤、水源涵养、生物多样性和林分结构等方面的影响，以及森林生态采运综合效益评价的新成果。针对山地森林生态采运理论与技术未能真正推广应用、无普遍适用的山地森林生态采运技术体系、无全面科学的山地森林生态采运的标准评价体系等问题，提出适合山地森林作业的对策：加大宣传力度，加强生态意识；加大科研投入，加强装备研发；加大指标评价，加强体系建立。提出考虑生态的山地天然林择伐及更新作业技术的研究前景：择伐林地群落恢复研究、林地养分含量分析、择伐林分生长动态仿真与景观择伐空间结构分析等。而山地人工林未来应侧重研究基于分类功能的人工林生态采运技术、择伐空间的优化及可视化经营、择伐后生态恢复动态跟踪研究与环境友好木材物流系统的优化模型等，最后提出应加强对山地森林生态抚育间伐及作业技术体系的研究。

关键词：山地；森林；生态采运；存在问题；对策；前景
中图分类号：S782；S718.5　**文献标识码**：A　**文章编号**：2096-0018（2015）02-0185-08

Advances in ecological logging of mountain forest

ZHOU Xin-nian　LAI A-hong　ZHOU Cheng-jun　WU Zhi-long
LIU Fu-wan　SU Chun-min
（College of Transportation and Civil Engineering，Fujian Agriculture and Forestry University，Fuzhou，Fujian　350002，China）

Abstract：To promote sustainable management of mountain forest，advances in theory and technology of ecological logging of mountain forest，impact of logging on soil，water conservation，biodiversity，and forest structure at home and abroad，as well as

---

收稿日期：2015-03-28；**修回日期**：2015-04-15。
基金项目：国家自然科学基金资助项目（30972359）；福建省林业厅科学基金资助项目（闽林科［2012］2号，［2013］5号）；福建省科技厅重点科学基金资助项目（2007N0002）；福建农林大学高水平大学建设资助项目（113-612014018）。
作者简介：周新年（1951—），男，教授，博士生导师，从事森林生态采运、森林经理和工程索道等研究。

the new achievements on comprehensive benefit evaluation in ecological logging of forest are reviewed. In view of the problems that the theory and technology of ecological logging of mountain forest has not been popularized and applied yet in practice, there is no generally feasible technology system for ecological logging of mountain forest, and there is no all-round, scientific and standardized evaluation system for ecological logging of mountain forest, the countermeasures for ecological logging of mountain forest are proposed as follows. Strengthening publicity to foster ecological consciousness. Increasing investment in scientific research to develop equipment. Strengthening indices evaluation to establish the system. Prospects of studies on the technology of ecological selective cutting and regeneration of mountain natural forest are put forward, including the study on community recovery after selective cutting, nutrient content analysis, growth dynamics simulation of selective-cut stands and landscape selective-cut spatial structure analysis. For mountain plantation, researchers should focus more on ecological logging technology of different plantation based on classifying function, selective-cut spatial optimization and visualization management, dynamic tracking study about ecological restoration and optimization model of environmental friendly wood logistics system. At the end, it is proposed to strengthen the study on the technology of thinning for ecological tending in mountain forest.

Key words: mountain forest; ecological logging; problems; countermeasures; prospects

随着全球生态与环境问题的日益突出，可持续发展已成为一种必然趋势，传统的森林采伐以获取木材为主要目的，工业式的采伐方式给森林本身和环境带来了一系列的负面影响。因此，世界各国都积极探索新的采伐方式以减少采伐对环境的破坏，提出不少先进的“森林可持续经营”（sustainable forest management）理论，如德国的近自然林业（forest close to nature），恒续林经营（continuous cover forest management），美国的森林生态系统经营（forest ecosystem management），新林业（new forestry）理论等。中国提出的“生态性森林采运”，以优化森林的生态系统结构，促进森林可持续发展。

2015 年中共中央、国务院发布的《国有林场改革方案》和《国有林区改革指导意见》中指出，森林是陆地生态的主体，同时也是一个国家和民族生存的资本和根基，应坚持生态导向、保护优先。山地一般指海拔在 500 m 以上的地貌，具有起伏大、坡度陡、沟谷深的特点。山地地区居住着世界上 1/8 的人口，为 50%以上的地球人提供多样化的商品和服务。山地地区的大多数物品来源于山地面积 25%的山地森林，在欧洲，森林甚至覆盖了 41%的山地区域[1]。作为森林的最主要组成部分，山地森林占地球陆地表面的 1/4，覆盖 900 万 hm^2 的地球表面。中国是一个多山国家，山地面积占陆地总面积近 70%，居住着全国 1/3 的人口。山地地形复杂，太阳辐射和大气环流作用明显，在中国森林的生长、自然分布和合理开发利用有重要地位，山地集中了全国 90%的森林资源，集中了中国大部分的天然林。因此，研究山地森林生态采运理论与技术，探讨适用中国的山地森林生态采运模式，对实现森林可持续经营有重要意义。

1　山地森林生态采运理论与技术

1.1　山地森林生态采运理论

1.1.1　森林生态采运的概念

森林生态采伐定义为在森林生态理论指导下，通过采伐和更新使森林的开发利用和森林生态系统的健康稳定相协调，使森林的经济效益与生态效益尽可能地达到对立的统一，以实现森林的可持续发展的森林作业[2]。森林生态采运具体而言是通过采取最优作业模式、选用适宜的工艺类型、选择适当更新方式、设计生态型作业设备及建设考虑生态的林道网等作业措施达到森林可持续利用的目的[3]。与森林生态采伐相比，生态采运除了包括采伐和集材作业，还包括木材的运输过程。“生态采伐”或“生态采运”等专业名词被广泛应用于森林采伐的生态环境保护研究中[4]。

1.1.2　森林生态采运的内涵

自生态采运提出后，经过近 30 年的发展，不少学者对森林生态采运理论的内涵进行了延伸。张会儒等[5]认为生态采伐理论应包含 3 个层次，即林分、景观和模拟自然干扰，提出应建立由适用多种森林类型的共性技术原则和针对特定森林生态系统的个性技术指标组成的森林生态采伐更新技术体系，并指出中国森林生态系统在共性技术方面应注重分类制定不同区域的森林采伐作业规程，系统地全面地研究森林生态采伐更新技术，对森林采伐作业模式进行评价及选优，力求将采伐对森林生态系统结构与功能的影响降至最低；在个性技术要求上则应针对不同林分类型制定特定的采伐更新模式，在实现木材的经济效益的同时，尽可能通过采伐对林分结构进行调整，确保森林系统多种功能的有效发挥。赵尘等[6]将工业生态学、工程生态学的理论和方法，引入到采运工程的生态学研究中，集成包含诸如基于清洁生产的采运作业及基于生命周期评价的作业影响分析等先进成果的采运工程生态学。

山地森林生态采运是结合森林生态采运理论和山地森林特征，形成山地森林生态采运理论，以指导山地地区的森林采伐、集材与木材运输作业，为达到既充分利用森林的资源又维持森林生态系统的健康与稳定，实现山地森林的可持续利用，其重点内涵应从林分和景观两大方面把握，包括山地森林生态采运的理论、技术、方法、问题与对策等的研究。

1.2　山地森林生态采运技术

1.2.1　森林作业

皆伐经济效率高，便于经营，在森林经营中广为应用，但伴随而来的是林地地力衰退、生态平衡失调等后果，不利于森林可持续经营。而择伐虽对林地环境因子有些影响，但较皆伐小得多，而且适度择伐可以对林分空间结构进行有效的调整，促进其稳定发展，有利于充分发挥森林功能，实现森林近自然经营，因此择伐越来越受关注。周新年等[7-9]研究指出当前天然林择伐是必要也是可行的，而针对山地人工林由于多代连载、皆伐作业与炼山等不合理经营方式，造成林地地力衰退、生产力下降、林分结构不合理等问题，指出应改革传统经营措施，采用择伐，降低对林地干扰，但同时也指出目前择伐研究缺乏系统性，缺少定位定量研究，在实际应用中，存在择伐技术薄弱、择伐作业粗放问题，对此提出相应对策，如在思想上提高重视度，在行动上加大科研投入，研究适用的森林择伐技术及采集装备等。

为探究合理的择伐强度，林业学者开展了大量研究。郑丽凤等[10,11]研究显示林地干扰程度随采伐强度的增加而增大，弱度和中度择伐迹地经过 10 a 的恢复，土壤理化性质比伐前略有改善，同时对不同山地森林采伐作业的环境成本的分析结果表明，随着采伐强度的增大，单位采伐量的环境成本增加，弱度择伐环境成本较小，其环境成本在 10 a 后基本可忽略不计。胡云云等[12]研究择伐对天然云冷杉林分生长和结构的影响，结果表明，在林分经营中采用强度 20%，以 6 a 为 1 个周期进行择伐，可以加快林分生长，维持林分结构稳定性，实现林分的可持续经营。也有不少学者研究指出低强度择伐可以提高种群的生存期望，使样地内的群落可在较短时间内恢复[13,14]。综合来看，中低强度择伐能够保证山地森林资源的稳定发展，是较为理想的森林作业方式。

1.2.2 森林景观

山地森林景观受海拔和坡向影响明显，斑块形状不规则，斑块平均面积较小并且距离较近，极易因受干扰发生重大变化[15]。采伐对林分的干扰，主要通过修筑集材道及伐除林分中的立木，其干扰结果常常直观地反映在森林景观上，如对一个林分进行皆伐，则景观上立即呈现出一个裸露的斑块，反之，通过合理的伐区布置，可以构建理想和谐的景观格局。采伐对森林景观的影响，通过地理信息系统、马尔可夫模型、空间直观景观模型和二歧指示种分类，以研究森林采伐干扰对动物生境格局、森林景观格局、景观多样性、景观服务功能和景观效果的影响为重点，由微中观层面向宏观、由局部林区向大区域扩展、由采伐因子定性向定量、由景观格局指数向景观模型延伸研究[16]。

张正雄等[17]研究指出，采伐作业对森林景观生态的影响是采伐强度和伐区设置的综合作用，采伐强度越大，对森林景观生态的干扰越大，皆伐的大于择伐的影响，伐区布置越分散，景观破碎度越大，因此径级择伐影响大于集约择伐，带状皆伐、大面积皆伐与伐区间隔排列的影响，分别大于块状皆伐、小面积皆伐和连续顺序排列；森林采伐与集材作业对景观生态的影响，由小到大依次为绞盘机、土滑道、手板车和手扶拖拉机，并且其影响程度随集运材道路网密度的增大而增大；提出可以通过合理确定伐区大小和形状、伐区配置形式、伐区集运材道路网密度，在皆伐迹地上保留一定数量的活立木、迹地清理方式改火烧法为散铺法、伐区木材生产规划以县（市）为单位等方式来减少采集作业对森林生态及景观生态影响。

1.2.3 评价体系

邱仁辉等[18]认为，中国森林生态采运受采伐作业的经济性制约，完善的作业技术是有效减少伐区作业对环境破坏的基础，提出完善采伐技术政策、优化采伐方式与伐区配置、合理选择集材方式、改进集材设备和伐区清理措施等建议，指出应因地制宜地开展生态采运研究，建立伐区作业综合评价指标体系，并建立伐区作业生态损失补偿制度，以支持和鼓励研发新工艺和新设备。董希斌等[19]运用层次分析法建立森林生态系统评价模型，从生态采伐作业方式（包括作业工艺和作业技术），生态采伐对森林生态健康影响评价（包括生态系统活力、组织结构和恢复能力），以及森林生态采运进行综合评价。戚春华等[20]认为，应在可持续原则、森林生态系统综合效益最大化原则下，以森林生态采伐评价为一级指标，森林采伐作业技术、森林生态环境效益和可持续发展等作为二级指标，结合定量与定性分析方法、综合运用确定性评价与模糊评价、效益物替代法、机会成本法与条件价值法等对其进行评价。为探讨山地林道网对森林生态效益和生产效益的负面影响，邱荣祖等[21-23]利用消耗评价法对其进行定量评价，并开发了基于GIS的优选作业伐区决策支持系统和伐区楞场位置决策系统，为合理确定年采伐面积及其采伐量，进行伐区的布设安排，确定最小费用路径和最佳楞场空间位置提供科学依据。

2　森林采伐对环境的影响

2.1　国外研究现状

2.1.1　集运机械对土壤的压实影响

随着林业机械化程度的提高，近年来国外重型设备在森林经营中的应用呈指数增加，对土壤造成严重的破坏[24]。压实很大程度上导致了土壤环境破坏与土壤退化，压实程度与土壤结构、林地坡度、集运材方式、作业时间和次数等有关。Najafi 等[25]研究集材道坡度（＜10％、10％～20％、＞20％）和通过次数（3、7、14、20 次）对山地森林土壤干扰影响。结果显示集材导致土壤孔隙度、土壤含水量及森林地被物显著降低，与坡度＜20％相比，不同交通频率下，坡度＞20％的土壤平均总孔隙度都明显降低了；孔隙度最小的是在集材道坡度为 20％，并经过 14 次运输压实的土壤，试验结果同时指出集材坡度对土壤压实有重要影响。Jaafari 等[26]研究指出，集材道土壤化学性质受坡度和交通强度的综合影响，交通强度越大，坡度越陡，土壤化学性质变化程度越大，并随着交通强度的增大，坡度对土壤性质的影响程度降低。

2.1.2　采伐对生态相互作用的影响

国外不少学者研究指出，人类对森林的干扰，不仅对动植物丰富度造成了影响，同时影响动植物间的生态作用。采伐作业被认为是全球鸟类多样性的最大威胁，尤其皆伐作业，这是由于皆伐很大程度上减少了森林的结构多样性，而鸟类丰富度往往与植物结构多样性相关。择伐较皆伐影响小，但择伐也会破坏关键的生态相互作用（如植物传粉者和植物种子扩散等）。Velho 等[27]报道了择伐样地中食果鸟类的丰富度与结果树种的相互作用都受到了负面影响，采伐样地中体积较大的食果鸟类（如犀鸟）丰富度及相互作用强度降低。Bregman 等[28]指出，在热带森林结构变化，导致食虫鸟类和大型食果鸟类大幅度降低。这一方面是由于森林采伐作业中常出现目标树种和鸟类的食物重叠，导致鸟类种群降低，影响树种的动力学补充，从而进一步影响了群落组成和功能发挥；另一方面则是采伐造成森林景观破碎，导致鸟类的栖息地减少，影响了鸟类的物种多样性。

2.1.3　择伐对林分结构及组成的影响

随着人类对木材的需求增加，未受干扰的森林越来越少，因此国外林业重点放在了如何使经营森林生物多样性价值最大化。在近自然经营理论指导下，外国学者开展了择伐对森林动态和更新影响的研究，尤其是对森林结构及组成的研究。Coveya 等[29]研究指出，经过 10 a 再生，喜马拉雅山脉常绿阔叶林择伐样地物种丰富度并没有降低，但采伐样地中的多样性指标和均匀度指标都较低，并且与原始林相比，采伐样地中分布更随机。Rutten 等[30]对乞力马扎罗山山地森林的研究指出，经过 40 a 的恢复，与未伐林分相比，择伐森林小径木密度及相对丰富度更大，且直径、断面积、树冠面积与未伐林分差异不显著，但由于采伐的主要树种经过多年恢复其丰富度仍较未伐林分低，择伐林分结构仍存在退化，因此可持续择伐要求更长的周期和保留更大密度的林木。

2.2　国内研究现状

2.2.1　采运作业对土壤碳储量的影响

森林是重要的碳源和碳汇，森林土壤碳占全球土壤碳的 73%，在全球碳循环中有着重要的地位。“低碳循环”引起世界各国的高度关注，而如何降低大气中 CO_2 的含量及有效地开发利用 CO_2，更是引起了全世界的普遍重视。森林经营策略越来越倾向于促进碳储量，而森林生态系统固碳能力很大程度上取决于植物的光合作用和土壤的呼吸作用，因此关于土壤呼吸在不同采伐干扰下的响应已成为研究热点。近年来，从定位定量研究不同采运方式对土壤理化性质的影响，转向探究森林作业对土壤碳储量的影响。鲁洋等[31]在不同采伐强度对柳杉人工林土壤呼吸的影响研究表明，轻度的森林采伐（30%）能较好地保持林地的自然状态，对林地土壤影响较小，而高强度采伐作业会增大土壤呼吸速率，导致土壤 CO_2 排放量增加。土壤呼吸与温度、采伐方式等有关，研究表明土壤呼吸与土壤温度呈指数相关，采伐影响了土壤呼吸的温度敏感性，采伐强度越高，环境变化的程度越大，使得土壤呼吸速率对土壤温度具有更高的敏感性[32,33]。

2.2.2　森林作业对林地水源涵养的影响

森林流域由于林冠截留、地被物层过滤与土壤入渗等有效地过滤、吸收和净化了降雨径流中的泥沙、有机物质及污染物等，因此森林中溪流的水质比其他陆地水质一般都更好，但森林经营活动，如皆伐等，都可能影响径流量和水中的沉淀物，从而降低水质。森林采伐不仅影响了水的温度、pH、导电率与浑浊度等物理性质，同时影响了水中的溶解氧等化学性质。森林凋落物具有独特的蓄水功能，能有效拦蓄降雨，减少并过滤因地表径流带走的大量泥沙，涵养森林水源[34]。采伐干扰，尤其是皆伐后采用炼山处理，使得地面覆盖物大大减少，很大程度上影响了森林的截留及凋落物的蓄水功能。在山地地区，由于坡度较大，雨水冲刷作用更为明显，森林采伐极易造成山地森林水土流失。有研究指出山地森林采伐后伴随着森林恢复演替，产水量也将进一步下降[35]。

2.2.3　剩余物处理对生物多样性的影响

炼山是中国山地林区常用的迹地清理方式，张正雄等[36]指出火烧后表层土壤 0～5 cm 的土层温差可达到 5～10 ℃，火烧迹地地表温度比伐前高 44.27%，比散铺法高 31.9%。火烧迹地的地表高温严重破坏了土壤微生物的生存环境，对土壤微生物的生物量及物种多样性都产生极大的负面影响。龙涛等[37]对 37 年生马尾松样地土壤分 3 次取样，时间为采伐前、采伐半年后、采伐炼山后 3 个月，研究结果表明，处理方式对土壤微生物物种多样性都产生重要影响，与采伐前表层土壤微生物（0～10 cm）的物种丰富度相比，采伐后减少了 14 种，降低了 30.43%；炼山处理后的林地土壤比对照减少 16

种，降幅为34.78%，而对10～20 cm土层微生物影响不显著；与采伐前相比，采伐和炼山处理对0～20 cm土壤微生物多样性都造成了不同程度降低，对土壤微生物物种多样性影响大。

2.2.4 森林采运作业的综合效益评价

为促进山地森林生态采运的顺利进行，学者们陆续开展了山地森林采集运综合效益的研究，以确定山地林区最佳采运作业方式。张正雄等[38,39]利用系统综合评价法对山地人工林集材作业方式进行计算，结果表明全悬索道综合效益最优，因此建议在有条件的地方，尽可能采用全悬索道集材；对森林采集运作业模式进行比选，得出山地人工林最佳采运模式为油锯采伐手扶拖拉机集材船运木材，但在无水路运输条件的伐区应优先采用油锯采伐索道集材农用车运材。董希斌等[40]定量计算伐区不同坡度下，不同采伐集材作业模式的作业成本、作业效率、保留木损伤和土壤干扰，以及木材损耗，得出最适宜山地伐区的作业模式是择伐并采用畜力集材。周新年等[41,42]采用多目标决策和层次分析法等定量计算山地伐区6种作业模式的经济效益和生态效益，进行选优，评价结果显示择伐作业—人力集材生态效益最好，但短期经济效益最差；伐区作业采用小面积皆伐—全悬索道集材最佳，但考虑可持续发展，则应改皆伐为择伐。冯辉荣等[43]研究指出与开路集材相比，轻型索道集材表现出生态采运的优势，虽然索道集材前期投入成本较高，但从林业可持续角度出发，索道单位成本低且有利于保护生态环境。因此应因地制宜，合理确定山地森林采运作业方式，尽量采用择伐代替皆伐作业，机械集材应优先考虑全悬索道集材。

3 山地森林生态采运研究存在问题及对策

3.1 加大宣传力度，加强生态意识

虽然中国提出林业可持续发展战略已有一定时间，但在实践中却受到阻碍。一方面原因是市场经济的不断发展，木材的需求不断增多，加之森林生态采运理论与技术较为复杂，成本较高，在缺乏国家补贴支持和短期经济利益驱使下，不少林场仍延续传统的采伐方式；另一方面则是由于国家在采运方面投入的科研经费有限，生态采运并未能真正推广实施。中国森林采运技术在森林可持续经营中具有双重性，应正确认识到森林生态采运技术的发展规律[3]。应把生态采运理论作为森林可持续经营的指导思想，将生态采运技术作为森林可持续经营的手段，并制定一系列的政策法规体系，如奖惩措施，对积极采用生态采运的，给予适当补助；而对无序和过量的采伐行为，进行相应的教育及惩罚。此外，应根据不同地区的森林特点，制定适宜的森林生态采运作业规程，确保山地森林生态采运作业的科学化和规范化，以实现森林资源的合理开发利用。

3.2 加大科研投入，加强装备研发

中国在山地森林生态采运上的研究多是理论方面，要在实际森林作业中进行生态采运，必须要有实用有效的生态技术与工程技术的支持。当前中国对技术体系的研究大多局限于特定地区的特定林分，并且由于专业角度不同，研究内容的侧重点也存在差异并且研究方法较为单一，系统性较差，无法形成一套普遍适用的体系。虽然对森林采集运作业方式的适用范围及其对生态环境的影响已有不少研究，但在实际应用中由于采集运

设备的限制等因素，很多林业生产单位并未采用理论上经济环保的采集运方式。因此，应加大国家与生产单位的合作，如建立生产合作或科研合作机制，由生产单位主要出资、政府按农业机械方式提供一定比例的补助；或以生产单位作为科研基地，国家提供科研基金资助[9]。在科研经费充足的情况下，根据林分类型，设置不同生态采运试验基地，将理论研究成果通过大量的试验进行验证和在实践中推广运用。此外，应加强对已有采集运装备进行改造，并积极研制轻型化实用化机械设备，以节约采集运作业成本，提高采运作业效率。

3.3　加大指标评价，加强体系建立

森林采运作业在不同程度上都对森林生态系统和服务功能产生影响，对这些影响进行科学的评价，有助于确定合理的采运模式及计算生态采运成本，为推广生态采运作业奠定基础。山地森林生态采运评价指标体系涉及多个学科，各个指标量化方法也有所不同，虽然已有不少学者通过数学模型尝试建立森林生态采运评价指标体系，但由于指标考虑的因素及计量方法都有所不同，未形成意见一致的评价原则和评价指标，无法形成体系。只有根据不同地理区域，针对不同功能的森林，建立全面的科学的生态采运的标准评价体系，对山地森林生态采运进行综合评价，才能确定合理的山地森林生态采运技术，促进森林的可持续发展，充分发挥森林的多功能效益。

4　山地森林生态采运的研究前景

4.1　生态的天然林择伐及更新作业技术

4.1.1　择伐林地群落恢复研究

为充分发挥天然林的多种功能，中国天然保护工程的经营目标应是多目标经营，而健康、复层、异龄的混交林具备多功能森林的条件[44]。因此应建立天然混交林择伐与更新长期跟踪试验样地，研究不同择伐强度下生物多样性、林内小气候与林分结构的变化动态，以及伐后群落动态恢复和林分生长情况；开展残次低产天然阔叶林择伐改造的研究；综合评价不同择伐强度的采运成本及环境成本，从而确定最佳择伐与更新作业技术，实现森林的可持续经营。

4.1.2　择伐林地养分含量分析

以未受干扰的天然林为对照，定性和定量分析择伐干扰对林地土壤养分含量、土壤微生物量和生物多样性等的影响，揭示其变化规律；将土壤碳含量作为森林碳循环的源头，对森林碳足迹进行跟踪研究；将择伐林地土壤氮含量的相关研究与土壤微生物多样性结合，研究择伐迹地土壤氮素限制问题；运用动力学原理探讨天然林择伐后林地土壤养分循环的变化规律。

4.1.3　择伐林分生长动态仿真

建立长期连续观测的固定试验样地，跟踪森林不同强度择伐及不同采运作业经营下的林分生长，分析影响林分生长的相关因子，选择最佳林分生长模型对其生长进行拟合，通过计算图形仿真技术及面向对象的程序开发平台，构建面向真实森林的天然林择伐经营模型，模拟不同择伐、不同采运作业下林分的生长，探讨其对林木更新与生长的影响，为制定合理的森林采集运方案提供科学依据。

4.1.4　景观择伐空间结构分析

以健康森林结构特征为指导，确定次生天然林空间优化经营目标，结合空间结构参数及试验样地的空间结构数据，利用计算机编程建立林分空间结构分析及优化模型，以择伐为调整手段，合理确定采伐木，以实现近自然经营；研究择伐前后景观要素的组成特征和空间配置，根据试验样地情况，对其进行林分层次上的空间优化及景观层次上的规划配置，构建景观择伐优化模型，实现森林资源在林分和景观尺度的优化配置，以探索伐后森林景观恢复模式，为森林景观管理提供科学依据。

4.2　生态的人工林择伐及更新作业技术

4.2.1　基于分类功能的人工林生态采运技术

针对人工纯林连载造成生产力衰退的现象，中国积极开展人工林混交造林研究，由于人工混交林的资源条件及林分组成，在生态采运中特别要注意维持树种多样性，避免景观破碎化，合理确定采伐木，促进植被恢复等问题，研究适用于人工混交林生态采运技术。针对如水源涵养林等以发挥生态效益为主要目的人工林应制定择伐计划，确定合理的择伐强度及择伐周期。而对于人工商品林，应将焦点放在如何结合森林三大效益，尤其是如何将缓解经济效益和生态效益的矛盾关系，系统地评价人工林不同的采集运作业模式，以便确定最优作业模式；对人工林采运工艺和作业设备进行改进，研发有利于生态采运和清洁生产的设备；运用工业生态学系统地分析人工林生态采运系统的信息、能量和物质流动模式；研究采伐剩余物的新用途，提高采伐剩余物的综合利用率。

4.2.2　人工林择伐空间的优化及可视化经营

大力发展数字林业，提高林业信息系统技术水平，利用诸如 3S 技术、虚拟现实技术与人工智能技术等，通过森林经营目标制定更合理的经营方案，改变传统的直接依靠林工凭借经验采伐的经营方式；通过样地实测数据，结合林分生长方程及计算机三维模拟技术，构建基于林分可视化模型，模拟林分生长及森林经营模式；以择伐为手段，对林分空间格局、林木竞争与树种混交等空间信息进行分析，对实际林分进行模拟择伐，以实现林分空间配置的优化，并为合理确定择伐木和择伐强度提供科学依据。

4.2.3　人工林择伐后生态恢复长期动态跟踪

除了从空间上开展大量定量研究外，应建立长期动态跟踪的固定试验基地，对林地进行长期定位观测，分析采伐强度对人工林林地土壤理化性质、土壤碳氮储量及其分配格局、土壤微生物多样性及分解作用等的长期影响；不同强度择伐对人工林物种多样性、基因多样性及生物生态作用的动态影响；不同强度择伐后人工林林分结构及组成的影响；不同强度择伐对伐区保留木损伤及更新的动态影响；人工林择伐对景观格局破碎化及生态服务功能的影响；不同强度择伐对人工林的环境成本及林木成长潜力等的影响。

4.2.4　环境友好型木材物流系统的优化模型

环境友好型木材物流系统定义为在木材生态采运的理论指导下，以采运技术的创新为发展动力，以森林资源承载力及生态环境承载力为约束条件的木材物流系统，其最终目的是协调森林三大效益和促进其可持续发展[4]。在林业信息化的背景下，应结合计算机网络技术与数学模型，构建物流决策支持系统与物流信息查询平台，对环境友好型木材物流系统进行优化；利用优化算法如遗传算法与神经网络算法等对木材物流运输与选址进行比选，以确定最佳的楞场位置及集运顺序；应用多种评价法（如模糊综合评价法与可拓学优度法等）对物流系统的三大效益及木材物流成本分析进行评价，并将环境成本考虑到木材物流成本分析中。

4.3　山地森林生态抚育间伐及技术体系

森林抚育能够调整林分组成及结构布局，促进林木生长，提高林分质量。针对山地森林的不同分类，通过间伐调整用材林林分组成及结构，对大径材和珍贵树种进行培育；水源涵养林在维持群落物种多样性的基础上，进行必要的抚育和阔叶化改造；研究抚育间伐对山地森林凋落物分解和土壤呼吸的影响，探讨山地森林抚育间伐与碳储量的关系；综合分析不同时期的抚育间伐对次生林生长发育的影响，合理确定抚育间隔期；研究不同抚育采伐方式对山地森林直径分布、龄级结构、单株材积及林下植被等的影响，对不同森林抚育效果进行综合评价，探讨合理的间伐方式和间伐强度；研制便携式生态型育苗机械，包括整地机具、播种机和筑床机等，以节约抚育作业成本，提高抚育作业效率；构建可视化经营模型，为山地森林抚育经营提供科学依据，让尽可能多的林木实现近自然生长。

参 考 文 献

[1] Price M F, Gratzer G, Duguma L A, et al. Mountain Forest in a Changing World—Realizing Values, Addressing Challenges [M]. Rome: FAO/MPS and SDC, 2011: 8-12.

[2] 张会儒，汤孟平，舒清态. 森林生态采伐的理论与实践 [M]. 北京：中国林业出版社，2000：1-69.

[3] 郭建钢，周新年，刘小锋. 森林生态采运技术与森林可持续经营 [J]. 福建林学院学报，2000，20 (2)：189-192.

[4] 周新年，张正雄，巫志龙，等. 森林生态采运研究进展 [J]. 福建林学院学报，2007，27 (2)：180-185.

[5] 张会儒，唐守正. 森林生态采伐理论 [J]. 林业科学，2008，44 (10)：127-131.

[6] 赵尘，张正雄，余爱华，等. 采运工程生态学研究 [M]. 北京：中国林业出版社，2013.

[7] 周新年，巫志龙，郑丽凤，等. 森林择伐研究进展 [J]. 山地学报，2007，25 (5)：629-636.

[8] 周新年，巫志龙，罗积长，等. 人工林生态采伐研究进展 [J]. 山地学报，2009，27 (2)：149-156.

[9] 周新年，陈辉荣，巫志龙，等. 山地人工林择伐技术研究进展 [J]. 山地学报，2012，30 (1)：121-126.

[10] 郑丽凤，周新年，巫志龙. 土壤理化性质在不同强度采伐干扰下的响应及其评价 [J]. 福建林学院学报，2009，29 (3)：199-202.

[11] 郑丽凤，周新年. 山地森林采伐作业的环境成本定量分析 [J]. 山地学报，2010，28 (1)：31-36.

[12] 胡云云，闵志强，高延，等. 择伐对天然云冷杉林林分生长和结构的影响 [J]. 林业科学，2011，47 (2)：15-24.

[13] 齐麟，赵福强. 不同采伐强度对阔叶红松林主要树种空间分布格局和物种空间关联性的影响 [J].

生态学报，2015，35（1）：46-55.
[14] 张悦，易雪梅，王远遐，等. 采伐对红松种群结构与动态的影响［J］. 生态学报，2015，35（1）：38-45.
[15] 杨国靖，肖笃宁. 中祁连山浅山区山地森林景观空间格局分析［J］. 应用生态学报，2004，15（2）：269-272.
[16] 胡喜生，周新年，邱荣祖. 采伐对森林景观影响的研究进展［J］. 北华大学学报，2009，10（5）：442-447.
[17] 张正雄，周新年，陈玉凤，等. 不同采集作业方式对森林景观生态的影响［J］. 中国生态农业学报，2006，14（4）：47-50.
[18] 邱仁辉，周新年，杨玉盛. 森林采伐作业环境保护技术［J］. 林业科学，2002，38（2）：144-151.
[19] 董希斌，王立海，刘美爽. 森林生态采伐评价模型［J］. 东北林业大学学报，2008，36（5）：70-71.
[20] 戚春华，朱守林，王效亮，等. 森林生态采伐评价研究［J］. 内蒙古农业大学学报，2003，24（2）：15-18.
[21] 邱荣祖，方金武，许少洪，等. 山地林道网对森林综合效益影响的计量评价［J］. 福建林学院学报，2001，21（1）：24-27.
[22] 邱荣祖，周新年. 基于GIS的优选作业伐区决策支持系统［J］. 遥感信息，2001，（3）：37-40.
[23] 邱荣祖，黄德华，翁发进，等. 基于GIS的伐区楞场位置决策系统［J］. 林业科学，2005，41（1）：211-214.
[24] Cambi M，Certini G，Neri F，et al. The impact of heavy traffic on forest soils：A review［J］. Forest Ecology and Management，2015，338：124-138.
[25] Najafi A，Solgi A，Sadeghi S H. Soil disturbance following four wheel rubber skidder logging on the steep trail in the north mountainous forest of Iran［J］. Soil & Tillage Research，2009，103：165-169.
[26] Jaafari A，Najafi A，Zenner E K. Ground-based skidder traffic changes chemical soil properties in a mountainous Oriental beech（Fagus orientalis Lipsky）forest in Iran［J］. Journal of Terramechanics，2014，55：39-46.
[27] Velho N，Ratnam J，Srinivasan U，et al. Shifts in community structure of tropical tree and avian frugivores in forests recovering from past logging［J］. Biological Conservation，2012，153：32-40.
[28] Bregman T P，Sekercioglu C H，Tobias J A. Global patterns and predictors of bird species responses to forest fragmentation：Implications for ecosystem function and conservation［J］. Biological Conservation，2014，169：372-383.
[29] Coveya K，Carrollb C J W，Duguida M C，et al. Developmental dynamics following selective logging of an evergreen oak forest in the Eastern Himalaya，Bhutan：Structure，composition，and spatial pattern［J］. Forest Ecology and Management，2015，336：163-173.
[30] Rutten G，Ensslin A，Hemp A，et al. Forest structure and composition of previously selectively logged and non-logged montane forests at Mt. Kilimanjaro［J］. Forest Ecology and Management，2015，337：61-66.
[31] 鲁洋，黄从德，李海涛，等. 不同采伐强度柳杉人工林的夏季土壤呼吸日变化［J］. 浙江林业科技，2009，29（2）：19-23.

[32] 孟春，王立海，沈微. 择伐对小兴安岭地区针阔混交林土壤呼吸温度敏感性的影响 [J]. 林业科学，2011，47 (3)：102-106.

[33] 唐晓鹿，范少辉，漆良华，等. 采伐对幕布山区毛竹林土壤呼吸的影响 [J]. 林业科学研究，2013，26 (1)：52-57.

[34] 张洪亮，张毓涛，张新平，等. 天山中部天然云杉林凋落物层水文生态功能研究 [J]. 干旱区地理，2011，34 (2)：271-277.

[35] 张远东，刘世荣，顾峰雪. 西南亚高山森林植被变化对流域产水量的影响 [J]. 生态学报，2012，31 (24)：7601-7608.

[36] 张正雄，赵尘，周新年，等. 皆伐与不同迹地清理方式对我国南方林地土壤温度的影响 [J]. 森林工程，2010，26 (6)：1-3.

[37] 龙涛，蓝嘉船，陈厚荣，等. 采伐和炼山对马尾松土壤微生物多样性的影响 [J]. 南方农业学报，2013，44 (8)：1318-1323.

[38] 张正雄. 山地人工林集材作业技术 [J]. 山地学报，2002，20 (6)：761-764.

[39] 张正雄，周新年，赵尘，等. 南方林区人工林生态采运作业模式优选 [J]. 林业科学，2008，44 (5)：128-134.

[40] 董希斌，王立海. 落叶松人工林采集作业模式的优选 [J]. 林业科学，2007，43 (9)：48-52.

[41] 周新年，邱仁辉，杨玉盛，等. 我国南方集体林区伐区采集作业模式选优 [J]. 林业科学，2001，37 (4)：99-106.

[42] 周新年，沈宝贵，游明兴，等. 伐区采集作业综合效益评价 [J]. 山地学报，2002，20 (3)：331-337.

[43] 冯辉荣，周新午，李闽晖，等. 轻型索道集材与开路集材三大效益对比分析 [J]. 林业科学，2012，48 (8)：129-134.

[44] 王宝，张秋良，王立明. 天然林多目标经营研究现状及趋势 [J]. 西北林学院学报，2015，30 (1)：189-195.

发表于：森林与环境学报，2015，35 (2)：185-192.

范文三　移动式承载索应用于特大桥吊装工程的设计（参考文献著者出版年制）

移动式承载索应用于特大桥吊装工程的设计

周新年[1]　巫志龙[1]　官印生[2]　张正雄[1]　郑丽凤[1]　陈裕云[1]　冯建祥[1]

（1. 福建农林大学，福建　福州　350002；2. 福州市规划设计研究院，福建　福州　350003）

摘　要：根据架空索道设计的特点及要求，本着技术先进、经济合理和安全适用的原则，创造性采用可移动式承载索，对泉三高速公路下岸特大桥吊装索道进行设计，包括索道选线、索道总体布置、承载索与工作索设计、锚桩的验算。在特定的地形地质条件下，进行有效合理的索道布局，以及主要技术参数的选择，并进行校核。索道在特大桥施工中安全适用，能满足吊装作业和高强度工作量要求。

关键词：吊装索道；工程设计；技术参数；桥梁工程

中图分类号：U18　**文献标识码**：A　**文章编号**：1001-7488（2010）06-0107-06

Design of movable skyline used in unusually large bridge hoisting engineering

ZHOU Xinnian[1]　WU Zhilong[1]　GUAN Yinsheng[2]　ZHANG Zhengxiong[1]　ZHENG Lifeng[1]　CHEN Yuyun[1]　FENG Jianxiang[1]

（1. Fujian Agriculture and Forestry University，Fuzhou，Fujian　350002，China；2. Fuzhou Planning Design and Research Institute，Fuzhou，Fujian　350003，China）

Abstract：According to the characteristic and requirements of cableway design，the movable skyline hoisting cableway in Quansan Highway Xia'an Unusually Bridge was creatively designed with the principle of advanced technology，reasonable economy，safety and appliance，which included the general arrangement of cableways，calculation of skyline and workline，checking computation of the support and the anchorage，productivity calculation. Under the specific topography condition，the effective and reasonable layout of hoisting cableway and the main technical parameter properly were chosed，and the calculation was checked. The result showed that the hoisting cableway was safety and appliance in the construction of bridge，and it was suitable in the request of hoisting working and high strength workload.

基金项目：福建省自然科学基金资助项目（2008J0327）；福建省科技厅重点科学基金资助项目（2007N0002，2006F5006）；福建省林业厅科学基金资助项目（闽林科［2006］7 号第 14 项）。

Key words: hoisting cableway; engineering design; technical parameters; bridge engineering

泉州至三明高速公路QA13标段（YK91＋825～YK96＋900）下岸特大桥，左线大桥的桥长548.9 m，右线大桥的桥长558.9 m，全桥共64个桥墩，最高墩高63 m，属全线重点工程。常规缆索很难满足全桥吊装，且投资大，施工困难。由于要避开现有房屋和现运营公路，以及特定的地形地质条件所限，本索道设计以1号和15号墩的连线为中轴线，2个吊装区各由1条III 13型索道索系承吊，每条承载索均满足左右横向移动距离30 m的吊装区（横向单侧移动最大距离15 m），创造性采用可移动式承载索，能照顾到所有桥墩。索道的横向移动，一端沿吊索的鞍座移动，另一端由2条松紧式锚索调整实现；索道的锚固全部采用钢筋混凝土桩式结构，施工时应严格控制各锚桩的高程。索道设计计算按2条承载索在跨中同时负载的最不利条件进行，从而使整个索道达到安全、可靠和经济合理的目的。

1　索道选线

综合考虑泉三高速公路下岸特大桥地形地质、特定的装卸场地、运输距离最短、作业安全和集散方便等因素，确定选线方案：索道承载索上支点位于高程596.00 m处，下支点定于高程575.08 m处，水平跨距 l_0 ＝800 m，弦倾角 α_1 ＝1.5°；确定鞍座吊索上支点位于高程610.00 m处，下支点定于高程586.00 m处，水平跨距 l_0 ＝410 m，弦倾角 α_1 ＝3.35°。

2　设计资料

该地区风力8级，风压强度500 Pa，安装温度25 ℃，无地震。依据《林业架空索道设计规范》（LY 1056—1991）、《货运架空索道安全规范》（GB 12141—1989）和《一般用途钢丝绳》（GB/T 20118—2006），选用承载索38 6×19 NFC 1870 B ZZ，破断拉力 T_P＝829 kN；起重索12 18×7 NFC 1870 B ZS，破断拉力 T_{PQ}＝88.3 kN；循环牵引索12 6×19 NFC 1870 B ZS，破断拉力 T_{Pq}＝82.7 kN；鞍座吊索44 6×19 NFC 1870 B ZS，破断拉力 T_{PD}＝1 110 kN；钢丝绳的弹性模量 E＝90 000 MPa；2个 K_1 跑车；2台JS3-3绞盘机；钢筋混凝土桩式锚锭（主桩＋副桩）。

3　总体布置

结合地形条件，上下两支点高差不大，跑车需要往复牵引，采用III 13型索道索系，鞍座吊索采用II 02型索道索系。索道纵断面见图1（单位：m）；索道平面和鞍座吊索纵断面分别见图2和图3（单位：m）。

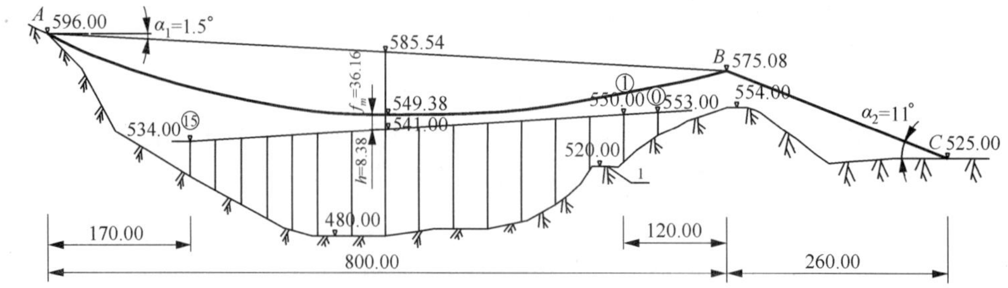

图 1　索道纵断面

Fig. 1　The vertical section profile of the cableway

1. 206 福建省道（206 Fujian provincial road）

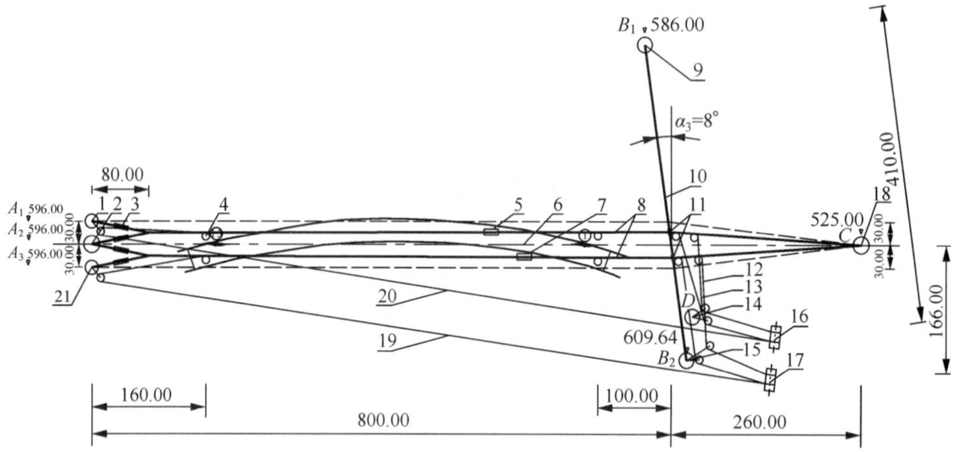

图 2　索道平面

Fig. 2　The horizontal section profile of the cableway

1、2、9、14、15、18、21. 锚锭（A_1、A_2、B_1、D、B_2、C、A_3）(anchorage)；3. HF300 复式滑车（HF300 type double car）；4. 转向滑车（3 t，共 14 个）(car of changing direction)；5、7. K_1 跑车（K_1 type carriage）；6. 基准线（basis line）；8、10. 承载索（skyline）；11. 索鞍（cable saddle）；12、13. 起重索（liftline）；16、17. 绞盘机（winch）；19、20. 循环牵引索（endlessline）

承载索跨距 l_0 =800 m，倾角 α_1 =1. 5°，α_2 =11°，无荷中挠系数 S_0 =0. 04。为了减少起重索下垂，在索道上支点 100 m 处，下支点 60 m 处设托索轮；为了减少锚锭工程量及改善其受力条件，各锚桩后 10 m 左右设置一副桩；索道下支点的横向移动由鞍座横移，上支点 Y 形张紧索的松紧配合实现，可借助 2 台绞盘机或 5 t 手拉葫芦作业，横移前适度放松承载索。

索道放样基准线为 1 号和 15 号墩的连线，各锚桩定位点根据地形条件允许 ±0. 20 m误差；锚锭采用钢筋混凝土立式双联桩锚，后桩布置一律在主桩后方 10 m 左右；绞盘机布置朝向上支点，能通视全桥，绞盘机房相互距离 20 m 左右；1～14 号均为 HD30 转向滑轮，1、2、11、12、13、14 依桩悬挂，3～10 固定在承载索上，其中 3、4 距上支点约 160 m，5、6 距鞍座 100 m，边跨靠鞍座 30 m 处承载索上悬挂滑轮 9、

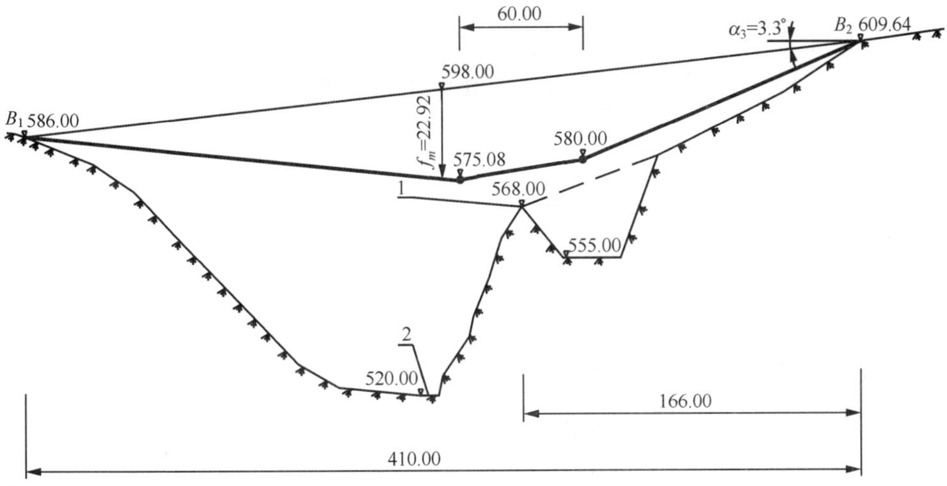

图 3　鞍座吊索纵断面

Fig. 3　The vertical section profile of the hoisting cableway

1. 基准点（basis point）；2. 206 福建省道（206 Fujian provincial road）

10，通过起重索，边跨靠鞍座 1 m 处的承载索上悬挂滑轮 7、8，通过牵引索；索鞍由 2 个托索轮对接而成一个整体，上托索轮可沿吊索行走，下托索轮承托承载索。

4　主要技术参数

4.1　承载索计算

应用悬链线理论（周新年，1987；1992；1996；2008；周新年等，1999；2003a；2003b；2004；2007；罗桂生等，1999），编制计算机辅助设计系统，输出设计计算结果。

无荷中挠系数：S_0 =0.04

双线设计荷重（N）：P=38 035

无荷悬索长度（m）：L_0 =803.67

有荷水平张力（N）：H_P=247 615

承载索有荷最大拉力（N）：T_M =251 695

承载索的耐久性验算：C=26.47

承载索的实际安全系数：N_1 =3.29

4.2　鞍座吊索设计计算

货运索道，当跨距中出现跑车数 $b<3$ 时，$b=2$，则载荷分布系数 Z_Z（周新年，1996；2008）为：

$$Z_Z = Z_Y = (b-1)\left(1-0.5b\frac{a}{l_0}\cos\alpha\right)$$

$$= (2-1)\times\left(1-0.5\times2\times\frac{60}{410}\cos3.3^\circ\right) = 0.854$$

化成集中载荷系数为 1.854。

鞍座吊索下支点方向角 θ_B 为

$$\theta_B = \arctan(\tan\alpha - 4S_0) = \arctan(\tan1.5^\circ - 4\times0.045) = -8.7^\circ$$

鞍座吊索设计荷重 P_d（N）为

$P_d = 1.854T_M(\sin 11° + \sin 8.7°) = 1.854 \times 251\,695 \times (0.191 + 0.151) = 159\,591$ N

应用悬链线理论（周新年，1987；1992；1996；2008；周新年等，1999；2003a；2003b；2004；2007；罗桂生等，1999），编制计算机辅助设计系统，输出设计计算结果：

无荷中挠系数：$S_0 = 0.045$　　无荷悬索长度（m）：$L_0 = 412.88$

鞍座吊索有荷最大拉力（N）：$T'_M = 552\,505$　　鞍座吊索的耐久性验算：$C = 13.85$

鞍座吊索的实际安全系数：$N_1 = 2.01$

4.3　工作索的计算

4.3.1　起重索计算

1）提升货物时起重索张力 T_2（N）。

$$T_2 = T_Q + T_q + T_R + T_a \tag{1}$$

式中，T_Q——货物重量产生的拉力（N），$T_Q = \dfrac{Q}{2\sin\dfrac{\theta}{2}}$，$Q$=25 100 N（货物重力+载物钩重力），取起重索拉力包角 θ=150°，代入算得：T_Q =12 993 N。

T_q——起重索自重附加在跑车上的分力，$T_q = \pm q_Q h$；由于绞盘机低于承货点，则承货点到绞盘机位置高度差 $h = -29$ m，起重索单位长度重力 q_Q = 5.62 N/m，代入算得：$T_q = -163$ N。

T_R——综合阻力，绕过滑轮、贴地运行等产生的摩擦阻力，$T_R = (T_Q + W)f_0$。起重索自重 $W = q_Q L_0 = 5.62 \times 803.67 = 4\,517$ N；由于滑轮数多，吊运距较长，取综合摩擦系数 $f_0 = 0.16$，代入算得：T_R=2 802 N。

T_a——惯性力，将货物视为匀速上升，T_a=0。

代入（1）式算得：T_2=15 632 N，JS3-3 绞盘机起重卷筒额定牵引力为 30 000 N，故起重力足够。

2）起重索安全系数 N_2 的校核。

$$N_2 = \frac{T_{PQ}}{T_2} \geqslant 5.0 \tag{2}$$

式中，T_{PQ}——起重索的破断拉力（N），T_{PQ}=88 300 N。

$N_2 = \dfrac{88\,300}{15\,632} = 5.65 > 5.0$，故所选起重索符合规范要求。

4.3.2　循环牵引索计算

1）跑车运行时牵引索的拉力 T_3（N）。

由于 α=1.5°<10°（缓坡），所以求 T_3。

$$T_3 = T'_Q + T'_R \pm T_q + T_a \tag{3}$$

式中，T_a——运行惯性力，$T_a = \dfrac{a}{g}(Q' + W')$。其中，$Q'$ = 货物重力 + 跑车重力 = 25 000+2 000=27 000 N；牵引索附加于跑车上的自重 $W' = \dfrac{W_Q}{2} = 5.05 \times \dfrac{803.67}{2} = 2\,029$；重力加速度 $g = 9.81$ m/s^2；紧急制动，取加速度

$a=0.75\ \mathrm{m/s^2}$。代入得：$T_a=\dfrac{0.75}{9.81}\times(27\ 000+2\ 175)=2\ 222\ \mathrm{N}$。

T_q——牵引索自重附加在跑车上分力，$T_q=\pm q_Q h$。其中，由于绞盘机低于承货点，则承货点到绞盘机位置高度差 $h=-29$ m；牵引索单位长度重力 $q_Q=5.05$ N/m。代入算得：$T_q=-146$ N。

T'_Q——克服摩擦力时线路坡度及重车荷重产生的拉力，$T'_Q=Q'\sin\gamma-fQ'\cos\gamma$。其中，取跑车运行阻力系数，$f=0.01$；$\gamma$ 为跑车升角，求牵引索最大拉力时，跑车运动到上支点，由 $\tan\gamma=\tan\alpha+\dfrac{l_0}{2H_P}\left(\dfrac{P}{l_0}+\dfrac{q}{\cos\alpha}\right)=\tan 1.5^\circ+\dfrac{800}{2\times 247\ 615}\times\left(\dfrac{38\ 035}{800}+\dfrac{50.7}{\cos 1.5^\circ}\right)=0.183\ 4$，算得 $\gamma=10.39^\circ$。代入得：$T'_Q=27\ 000\times(\sin 10.39^\circ-0.01\cos 10.39^\circ)=4\ 604$ N。

T'_R——重车的综合阻力，$T'_R=(T'_Q+W)f_0$，牵引索自重 $W=q_Q L_0=5.05\times 803.67=4\ 059$ N。代入算得：$T'_R=(4\ 604+4\ 059)\times 0.16=1\ 386$ N。

代入（3）式算得：$T_3=4\ 064+1\ 386-146+2\ 222=7\ 526$ N，JS3-3 绞盘机的摩擦卷筒额定牵引力为 20 000 N，故牵引力足够。

2）牵引索安全系数 N_3 的校核。

$$N_3=\frac{T_{Pq}}{T_3}\geqslant 5.0 \tag{4}$$

式中，T_{Pq}——牵引索的破断拉力（N），$T_{Pq}=82\ 700$ N。

$N_3=\dfrac{82\ 700}{7\ 526}=10.99>5.0$，故所选牵引索符合规范要求。

4.3.3　绞盘机功率 N_X 的校核

$$N_X=\frac{FV}{\eta_1\eta_2}\times 10^{-3} \tag{5}$$

式中，F——缠绕在绞盘机主卷筒中层上的工作索的最大牵引力（N），由于 $T_2>T_3$，所以选 T_2 作为 F；

V——缠绕在绞盘机主卷筒中层上的工作索的牵引速度（m/s），取 $V=1.5$；

η_1——绞盘机从发动机输出轴至卷筒轴之间的总传动效率，取 $\eta_1=0.65$；

η_2——内燃机高山功率效率，取 $\eta_2=0.9$。

代入（5）式算得：$N_X=40.08\ \mathrm{kW}<51.5\ \mathrm{kW}$。JS3-3 绞盘机额定功率为 51.5 kW，故满足要求。

4.4　锚桩验算

采用钢筋混凝土立式双联桩锚，其受力分析见图 4。

在整个吊装索道中，鞍座吊索的锚桩受力最大，故取鞍座吊索的下支点锚桩进行验算。双联桩锚的后桩受力占 1/3～1/2，前桩已知数据：$T=553\times 2/3=369$ kN，$\alpha=4^\circ$，$d=1.0$ m，$L_1=5.0$ m，$L_2=0.8$ m，$a=2.0$ m，$b=2.0$ m，$c=0.3$ m，$h_{上}=4.0$ m，$h_{下}=1.0$ m。

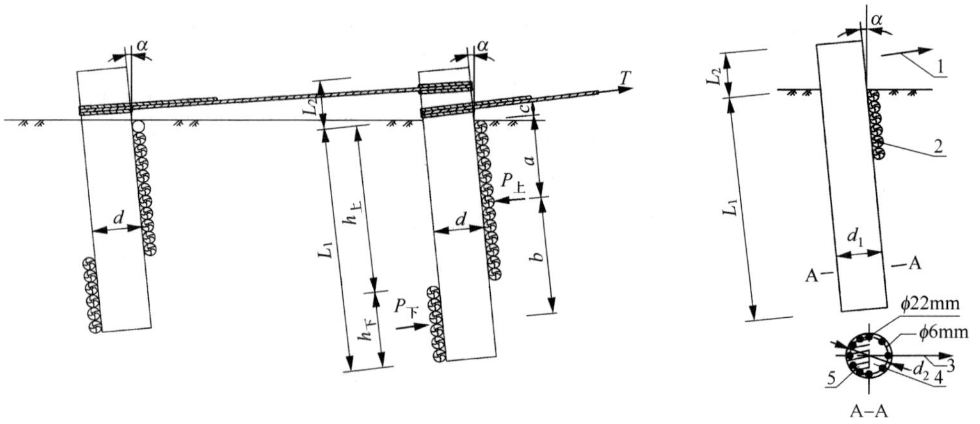

图 4　锚锭受力分析

Fig. 4　The analysis of suffered force of anchorage

1. 承载索方向（direction of skyline）；2. 挡木（blocking timber）；3. 承载索拉力（pulling force of skyline）；4. 受压区（pressing area）；5. 受拉区（drawing area）

4.4.1　锚桩直径 d

锚桩设计为钢筋混凝土立桩，但这类结构的立桩目前无成熟的计算公式，故先以相同直径的松木验算进行比较。

$$d \geqslant \sqrt[3]{10M_{\max}/[\sigma_W]} \tag{6}$$

式中，$M_{\max}$——横截面的弯矩，$M_{\max}=T\cdot\left[l+\frac{2}{3}\sqrt{\frac{T}{\gamma\cdot h(\lambda_\pi-\lambda_\delta)}}\right]$；

l——锚绳至上挡木中心（即 $P_上$ 作用点）的距离，$l=a+c=2.3$ m；

γ——土壤密度，取 20 kN/m^3；

h——上挡木高度，$h=h_上=1.0$ m；

λ_π——被动土压力系数，为 4.58；

λ_δ——主动土压力系数，为 0.22。

代入算得

$$M_{\max}=T\cdot\left[l+\frac{2}{3}\sqrt{\frac{T}{\gamma\cdot h(\lambda_\pi-\lambda_\delta)}}\right]=369\times\left[2.3+\frac{2}{3}\sqrt{\frac{369}{20\times1\times(4.58-0.22)}}\right]$$
$$=1355\ \text{kN}\cdot\text{m}$$

经查询，松木许可弯曲应力 $[\sigma_W]=10\ 780$ kN/m^2（段良策，1988），则 $d\geqslant\sqrt[3]{\frac{10\times1\ 355}{10\ 780}}\times100=108$ cm。

本设计为钢筋混凝土立桩 $d=100$ cm。钢筋混凝土圆形截面受弯构件的破坏，最终表现为受压区混凝土压碎。所以，只要校核受压区混凝土的强度即可。

$$\sigma=\frac{M_{\max}}{W}=\frac{M_{\max}}{\frac{\pi}{32}d^3}=\frac{1\ 355}{\frac{\pi}{32}\times1^3}=13\ 802\ \text{kN/m}^2<[\sigma]=17\ 500\ \text{kN/m}^2\text{，故安全。}$$

式中，C30 混凝土轴心抗压设计强度 $[\sigma]=17.5$ MPa。

4.4.2　锚桩的上拔力（垂直向上分力）

锚桩自重：$G=\pi d^2/4\times(L_1+L_2)\times\gamma=\pi\times1.0^2/4\times(5.0+0.8)\times24=109$ kN

垂直向上分力：$V=T\sin\alpha=369\times\sin4°=26$ kN

本设计无论承载索或鞍座吊索，倾角均很小（最大为 11°），上拔力都小于锚桩自重，故安全。

4.4.3　锚桩入土深度 h

$$h=\sqrt{12T/[\gamma\cdot h_1(\lambda_\pi-\lambda_\delta)]} \tag{7}$$

式中，h_1 ——挡木高度，本设计为 4.0 m。

代入算得：$h=\sqrt{\dfrac{12\times369}{20\times4\times(4.58-0.22)}}=3.6\text{ m}<L_1=5.0\text{ m}$，故安全。

4.4.4　土壤压应力（周新年等，2003a；2003b；洪毓康，2000）

$$\sigma=\frac{P}{hl}\leqslant\eta[\sigma_H] \tag{8}$$

式中，h ——挡板高度，$h_上=4$ m，$h_下=1$ m。

l ——挡板长度，为 4.0 m。

η ——土压力不均匀系数，上挡板为就地浇筑混凝土时 $\eta=0.9$，为木头时 $\eta=0.33$。

$[\sigma_H]$ ——H 深度土壤容许压应力，$[\sigma_H]=K_1H\gamma$。其中，K_1 为土壤被动压力系数，当内摩擦角 $\varphi=35°$时，$K_1=3.961$；H 为受压土深度。

P ——上挡木处总反力。

1）计算上挡板处土压应力。

$H=2.0$ m 时，$[\sigma_H]=158\text{ kN/m}^2$；

$$\sigma_上=\frac{P_上}{h_上\,l}=\frac{793}{4\times4}=50\text{ kN/m}^2<\eta[\sigma_H]=0.33\times158=52\text{ kN/m}^2$$

故上挡木处土压应力足够。

2）计算下挡板处土压应力。

$H=4.5$ m 时，$[\sigma_H]=356\text{ kN/m}^2$；

$$P_下=\frac{T(a+c)}{b}=\frac{369\times(2+0.3)}{2}=424\text{ kN}$$

$$\sigma_下=\frac{P_下}{h_下\,l}=\frac{424}{1\times4}=106\text{ kN/m}^2<\eta[\sigma_H]=0.33\times356=117\text{ kN/m}^2$$

故下挡木处土压应力足够。

锚桩验算结论：钢筋混凝土锚桩直径的抗弯强度、垂直上拔力、土壤压应力和锚桩入土深度满足要求。因为 $T_M=552\,505$ N 是鞍索 $S_0=0.045$ 时的受力，当承载索中部桥墩少量的顶部施工，需要张紧承载索或鞍座吊索 $S_0\leqslant0.03$ 时，为确保安全，只允许 1 台绞盘机作业。

索道吊装施工方法具有结构简单、拆装方便、操作灵活和起吊高度大的特点，不受复杂地形的限制，可节省大量的临时支撑，缩短工期，提高经济效益。泉三高速公路下岸特大桥吊装索道的设计，是在特定地形地质条件下，进行有效合理的布局，以及主要技术参数的选择，并进行校核。该工程已竣工，实践证明：该吊装索道在特大桥施工中安全、适用、高效，能满足吊装作业和高强度工作量的要求，取得了很好的经济效益与社会效益。

参 考 文 献

段良策. 1988. 简易架空缆索吊. 北京：人民交通出版社，237-254.

洪毓康. 2000. 土质学与土力学. 北京：人民交通出版社，157-164.

罗桂生，周新年，吴沂隆. 1999. 悬链线精确算法单跨索道设计模型. 福建林学院学报，19 (2)：110-113.

杨文渊. 1981. 起重吊装技术手册. 北京：人民出版社，10-92，280.

周新年. 1987. 悬链线法作单跨索道设计的微机程序. 福建林学院学报，7 (1)：35-44.

周新年. 1992. 林业索道设计系统. 林业科学，28 (1)：47-51.

周新年. 1996. 架空索道理论与实践. 北京：中国林业出版社，140-201.

周新年. 2008. 工程索道与柔性吊桥——理论 设计 案例. 北京：人民交通出版社，169-244.

周新年，罗桂生，吴沂隆，等. 1999. 悬链线精确算法单跨索道设计系统. 福建林学院学报，19 (3)：205-208.

周新年，冯建祥，罗仙仙，等. 2003a. 受限地段过河索道设计研究. 福建林学院学报，23 (1)：1-4.

周新年，张正雄，郑丽凤，等. 2003b. 林业索道在山区水利吊装工程上的应用. 林业科学，39 (2)：140-144.

周新年，罗仙仙，罗桂生，等. 2004. 牛顿迭代法悬索线形与拉力的研究. 林业科学，40 (5)：164-167.

周新年，官印生，张正雄，等. 2007. 武当山特殊吊装索道设计研究. 林业科学，43 (3)：108-112.

发表于：林业科学，2010，46 (6)：107-112.

范文四　多跨索道的可移动中间支架设计（参考文献顺序编码制）

多跨索道的可移动中间支架设计

周成军　巫志龙　周新年　冯辉荣　郑世飞　刘富万
（福建农林大学交通与土木工程学院，福建　福州　350002）

摘　要：传统索道因鞍座固定不可移动的限制，其发展受到制约。为实现多跨索道的灵活性与经济性，急需研制一种可改变各跨跨距的索道，其关键技术是多跨索道的可移动中间支架。可移动中间支架的设计思路主要在于如何实现鞍座所在支架的移动，以一条预建厂内多跨索道为依托，对可移动中间支架方案进行了比选，阐述了可移动中间支架的工作原理。创造性地将万向轮和中间支架相结合，实现中间支架的移动，在不需要移动的时候，使用顶升装置将支架顶起，从而使万向轮不受力。对其结构的主要构件进行了设计计算，构建了1∶25的实物模型，演示了多跨索道中间支架的可移动原理，并通过模型对可移动中间支架的可行性进行了验证，结果表明该中间支架的设计研究能够满足使用要求。

关键词：多跨索道；可移动中间支架；设计；实物模型
中图分类号：S776.0.2　**文献标识码**：A　**文章编号**：2096-0018（2016）01-0104-07

Design of movable intermediate support for multi-span cableway

ZHOU Chengjun　WU Zhilong　ZHOU Xinnian　FENG Huirong
ZHENG Shifei　LIU Fuwan
（College of Transportation and Civil Engineering，Fujian Agriculture and Forestry University，Fuzhou，Fujian　350002，China）

Abstract：Because of the immovable intermediate support，the development of traditional cableway was restricted. In order to achieve the flexibility and economy of multi-span cableway，it is urgently needed to develop a cableway with variable span distances，and the key technology is the movable intermediate support of the multi-span cableway. The main idea of intermediate support lied in how to achieve the movement of the inter-

---

收稿日期：2015-08-09；**修回日期**：2015-09-13。

基金项目：国家自然科学基金资助项目（30972359）；“工程索道”国家精品课程资助项目（教高函［2010］14号）；“工程索道”国家级精品资源共享课程资助项目（教高函［2013］115号）；福建省林业厅科学基金资助项目（闽林科［2013］5号）；福建省高等学校教学改革研究资助项目（闽教科［2014］64号：JAS14689）；福建农林大学高水平大学建设资助项目（113-612014018）；国家级大学生创新创业训练计划项目（201210389021：111ZC1221）。

作者简介：周成军（1987—），男，讲师，从事工程索道与悬索桥、车辆工程研究。

mediate support in the bracket. Taking a multi-span cableway within a pre-construction as a basis, and we selected the feasible movable intermediate support scheme, elaborated the working principle of the selected scheme. The design creatively combined the universal wheel and intermediate support bracket, so as to realize the movement of stents. When the intermediate support do not need to move, use the device of jack-up support the bracket, there are no forces acting to the universal wheel. and then designed and calculated the structure of the main components of movable intermediate support. At last, a 1∶25 physical model was built, which could demonstrate the moving principle of multi span cableway intermediate support, and the feasibility of the movable intermediate support was verified based on the model, the result shows that the intermediate support can meet the requirements.

Key words: multi-span cableway; movable intermediate support; design; physical model

索道用于林业集材、运材或缆索吊装时，由于运输距离较远，地形复杂，单跨索道往往受跨距的限制，无法满足需要的长度，实际应用中多跨索道广受欢迎[1]。传统多跨索道中，鞍座安装固定后在索道沿线不可移动，在使用过程中各跨跨距固定不变，若需要改变索道各跨跨距，或改变索道覆盖范围，需拆除鞍座后重新安装，降低了索道的灵活性和适应性，增加了索道的建设成本，制约了多跨索道的发展[2]。多跨索道的可移动中间支架，可根据实际情况，无需重新拆装鞍座，即可在一定范围内移动实现灵活调整鞍座位置及各跨跨距的功能。

1 可移动中间支架的设计思路

要实现鞍座的可移动，则要实现鞍座所在的中间支架的可移动。中间支架可移动有2种设计思路：一种是使支架能够很方便地拆装，当需要移动鞍座到另一点时，就可以将支架拆解下来再重新安装到新的位置；另一种是中间支架能够沿地面按设计位置的方向移动定位。在工程建设中，较为实用的可拆装支架是万能杆件钢支架。它具有重量轻、安装方便、拆卸容易等特点。万能杆件由工厂生产、专业化高、质量有保障、相对成本低，在工程建设中得到广泛的应用。这种通过拆装实现鞍座移动的方案存在的不足是，支架的拆卸与安装虽然比传统的支架更方便，但拆装仍需要耗费较多的工时和成本[3]。整体移动支架是指能在地面上按一定方向移动的支架，对于该类支架设计，还可有2种方案，一种是在支架底部安装万向轮从而实现移动；另一种是在地面上铺设轨道，支架底部设计成与轨道搭配的结构。对于轮式移动支架，其移动较方便，但移动到指定点后的固定比较困难；轨道式移动支架可实现固定方向的移动，其固定相对容易，但由于支架与轨道的搭配技术要求相对较高，存在后期的维护较困难的缺点[4]。

综合以上拟定设计方案：支架采用2个带刹车的万向轮和2个定向轮，在移动到指定位置时利用刹车装置使支架在工作时处于静止状态，再利用4个顶升装置将支架顶起，支架在工作时万向轮不受力。支架体采用三脚架支腿门式钢构，用工字钢焊接而成。底部基础采用槽钢，其下部连接万向轮实现移动。为了移动与安装鞍座，在支架两侧设置楼梯。楼梯与支架能同时移动，在楼梯底部也加装万向轮。考虑到地面平整度不良，若楼梯与支架采用刚接则在刚接处应力过大，所以楼梯与支架采用铰接。

2 可移动中间支架的工作原理

多跨索道的可移动中间支架由两侧的三脚架支腿、中间的顶部横梁、操作平台、6个单向脚轮、2个带刹车的万向脚轮、4个支撑脚和2个楼梯等组成。三脚架支腿及楼梯、顶部横梁和操作平台均采用钢结构。三脚架支腿底部四角分别对称安装1个脚轮，沿前进方向，前端2个为单向脚轮，后端2个为带刹车的万向脚轮；同时，底部四角也分别对称安装1个支撑脚，支撑脚的螺栓固定，交替旋转顶升螺母，可作垂直顶升，顶升操作应力求用力均匀，对称顶升，顶升至4个脚轮离地约10 cm时，由双固定螺母进行固定。脚轮与支撑脚之间留有间隔。

多跨索道鞍座安装在中间支架上，通过中间支架移动，可实现鞍座处于不同设计位置。移动前，承载索脱离鞍座，支撑脚不接触地面，万向脚轮刹车解除；因脚轮皆为滚动，可由人力推移中间支架，由后端2个万向脚轮调整移动方向；鞍座及其支架移动到设计位置后，万向脚轮制动使中间支架停止，同时使用支撑脚螺栓顶升支架并固定，使支腿底部脚轮不受力；鞍座及其支架固定在设计位置后，承载索导入鞍座。考虑鞍座的安装，在支架前端支腿的两侧对称设置楼梯，在楼梯底部安装4个单向脚轮，楼梯顶部与操作平台采用铰接，能与中间支架同步移动。鞍座及其支架固定在设计位置后，楼梯底部单向脚轮仍与地面保持接触。

3 可移动中间支架的适用范围

多跨索道的可移动中间支架具有结构简单、灵活性好、适应性强等特点。在多跨索道中，需要通过改变鞍座位置以及各跨跨距来实现集运区域的变换，通过使用可移动中间支架，在不改变索道起终点位置的前提下，可较大程度降低索道拆转的频率，提高生产作业效率，节约索道的建设与使用成本，减小工人的劳动强度。在缆索吊装大型构件系统中，使用可移动中间支架，除了具有上述优势外，还可在短时间内增大作业范围、缩短工程工期。

此外，多跨索道的可移动中间支架还适用于抢险救灾索道，充分发挥其适应性强的特点，在鞍座位置的选择及改变上具有很强的灵活性，减少索道架设与转移时间，可通过单条索道完成大范围的救援工作，为抢险救灾赢得时间。

4 可移动中间支架的设计计算

以架设一条3跨单线3索全悬增力式索道为例，设计可移动中间支架。钢索的技术参数，见表1；索道设计的技术参数，见表2[5]。因安装与使用时温度变化不大，故不计温差影响；根据实际情况，上下支点位移量等于零；结合索道现场架设实际情况，两支点高程相等。

表 1　钢索的技术参数

Table 1　Technical parameter of cables

钢索类型 Type of cable	单位长度重力 Gravity per unit length/(N · m^{-1})	钢索许可破断拉力 Cable permit breaking force/N	横截面面积 Cross sectional area/mm^2	钢索弹性模量 Cable elastic modulus/MPa
承载索　Skyline　24 6×19 NFC 1570 B ZZ	20.20	278 000	229.09	1.0×10^5
起重索　Liftline　12 6×19 NFC 1570 B ZS	5.05	69 400	57.27	1.0×10^5
牵引索　Haulline　10 6×19 NFC 1570 B ZS	3.51	48 200	37.83	1.0×10^5

表 2　索道设计的技术参数

Table 2　Technical parameter of cableway design

设计参数 Design parameters	技术要求 Technical requirement
设计吊重 P_1 Design weigh P_1	20 000 N
跑车 Carriage	K_1 跑车：跑车轮数 4 个，鞍座处安装有托索器　K_1 carriage: 4 wheels of a carriage with a cable supporter at saddle
绞盘机 Winch machine	JSD3-2 绞盘机，起重牵引速度 $V=1.0$ m · s^{-1} Winch machine JSD3-2，lifting speed $V=1.0$ m · s^{-1}
无荷中挠系数 No charge in torsion coefficients	$S_{0M}=0.03$

采用 K_1 跑车需往复牵引，索道型式设计为 III 13 型索道，一个缠绕卷筒为增力起重、一个摩擦卷筒闭式牵引。索道侧型图，见图 1（单位：m）。

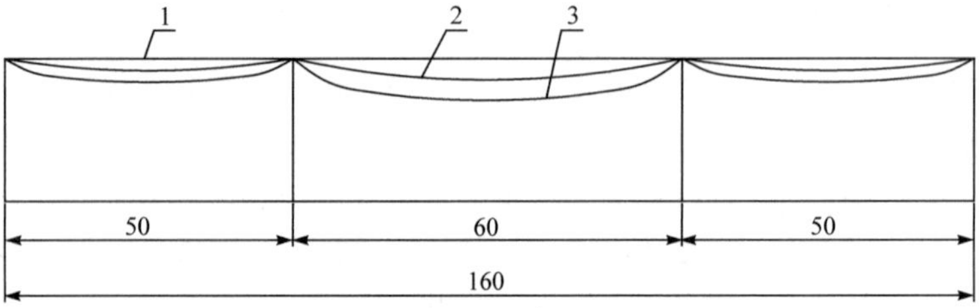

图 1　索道侧型图

Fig. 1　Cableway side chart

1. 各跨索道弦线（each cross line）；2. 索道各跨无荷线形（the cross line of the cable without loading）；3. 索道各跨有荷线形（the cross line of the loading cable）

各跨无荷中挠系数 $S_{01}=0.025$，$S_{02}=0.030$；各跨的弦倾角 $\alpha_1=\alpha_2=0$；经设计计算跨的无补正有荷最大拉力 $T_{max}=132\ 546$ N；牵引索的最大拉力 $T_{1max}=5\ 388$ N；设计荷载 $P=25\ 417$ N[4]。

4.1　支架受力计算

$$T'=T_{max}+T_{1max}=132\ 546+5\ 388=137\ 934\text{ N} \tag{1}$$

4.2　各跨弯挠角计算

$$\tan\theta_1=\tan\alpha_1-4S_{01}=\tan0°-4\times0.025=-0.1 \tag{2}$$

$$\theta_1 = -5.71^\circ$$

$$\tan\theta_2 = \tan\alpha_2 + 4S_{02} = \tan 0^\circ + 4\times 0.03 = 0.12 \tag{3}$$

$$\theta_2 = 6.84^\circ$$

4.3　T'的水平分力 H'和竖直分力 V'

$$H' = T'\cos\theta_2 - T'\cos\theta_1 = 137\ 934\times(\cos 6.84^\circ - \cos 5.71^\circ) = 298\ \text{N} \tag{4}$$

$$V' = T'\sin\theta_2 + T'\sin\theta_1 = 137\ 934\times(\sin 6.84^\circ + \sin(-5.71^\circ)) = 2\ 704\ \text{N} \tag{5}$$

4.4　支架受到的水平分力 H''和竖直分力 V''

$$H'' = 298\ \text{N} \tag{6}$$

$$V'' = V' + P = 2\ 704 + 25\ 417 = 28\ 121\ \text{N} \tag{7}$$

5　可移动中间支架的强度校核

横梁采用 I 20 型钢上下加焊 10 mm 厚的钢板，在平台中间留 600 mm 空间以便安装中间鞍座，具体尺寸，见图 2（单位：mm）。

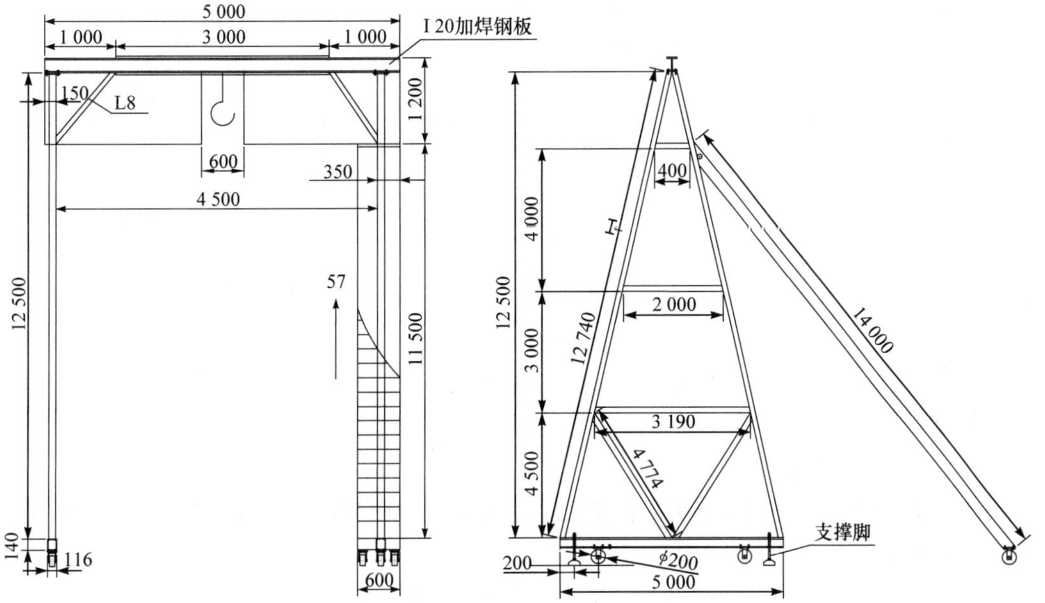

图 2　中间支架示意图

Fig. 2　Sketch of movable intermediate support

5.1　横梁计算

经分析可知，支架主要受竖直力作用，水平力很小可忽略。设计荷载取 25 417 N，安全系数取 2.5，所以 $F=2.5\times 25\ 417=63\ 542$ N。按简支梁计算，荷载在中间位置时横梁弯矩最大。

最大剪力：

$$Q_{\max} = \frac{1}{2}\times F = 0.5\times 63\ 542 = 31\ 771\ \text{N} \tag{8}$$

最大弯矩：

$$M_{max} = \frac{1}{4} \times F \times L = \frac{1}{4} \times 63\ 542 \times 4.5 = 71\ 485\ \text{N} \cdot \text{m} \tag{9}$$

5.2 内力计算

I 20 型钢：截面积 $A=3.55\ 78\times10^3\ \text{mm}^2$，弯曲截面系数 $W_z=2.37\times10^5\ \text{mm}^3$，加焊钢板后：$W_z=4.57\times10^5\ \text{mm}^3$，Q235 钢的许可抗压强度 $[\sigma]=170$ MPa、许可剪应力 $[\tau]=85$ MPa[6,7]。

$$\sigma=\frac{M_{max}}{W}=\frac{71\ 485}{457\times10^{-6}}=156.4\ \text{MPa}<[\sigma]=170\ \text{MPa} \tag{10}$$

$$\tau=\frac{3Q}{2A}=\frac{3\times31\ 771}{2\times35.578\times10^{-4}}=13.39\ \text{MPa}<[\tau]=85\ \text{MPa} \tag{11}$$

故满足设计要求。

弯矩和剪力共同作用下按强度理论校核，仍满足要求。

5.3 支腿桁架计算

受力分析后可得支腿桁架结构中最大轴力 $F_N=86\ 000$ N，I 10 型钢：截面积 $A=1.434\ 5\times10^3\ \text{mm}^2$，Q235 钢的许可抗压强度 $[\sigma]=170$ MPa[6,7]。

$$\sigma=\frac{F_N}{A}=\frac{86\ 000}{14.345\times10^{-4}}=60\ \text{MPa}<[\sigma]=170\ \text{MPa} \tag{12}$$

故满足设计要求。

稳定性验算：

Q235 钢长细比 $\lambda=\frac{L_o}{i}=\frac{5\ 119}{98.1}=52.18$，故杆件轴心受压构件稳定系数 $\varphi=0.865$。

$$\sigma_{max} = \frac{F_{max}}{\varphi A} = \frac{86\ 000}{0.865 \times 14.345 \times 10^{-4}} = 69.3\ \text{MPa} \leqslant [\sigma] \tag{13}$$

故满足设计要求。

5.4 支架静止时的受力计算

经查表[7]计算可知可移动鞍座横梁质量 186.7 kg，中间移动中间支架质量 1 618 kg。所以可得整个可移动中间支架重

$$G=mg=(186.7+1\ 618)\times9.81=17\ 704\ \text{N} \tag{14}$$

查表[8]可得混凝土面与聚氨酯摩擦系数为 0.6。故支架静止时与地面的摩擦力

$$f=\mu G=0.6\times11\ 704=7\ 022.4\ \text{N}>298\ \text{N} \tag{15}$$

故万向轮处于刹车状态时，可移动鞍座可以处于静止状态。

6 万向轮选择及支撑脚计算

万向轮采用聚氨酯万向超重型脚轮，型号：17，直径：200 mm，厚度：50 mm，最大荷载：2 000 kg。

6.1 轮压计算

已知设计荷重 $P=25\ 417$ N，K_1 跑车重 1 442.5 N，移动鞍座横梁重 1 831.5 N，支架重 15 872.6 N。

最大轮压（满载）：

$$P_{满max}=\frac{15\ 872.6+1\ 831.5}{4}+\frac{1\ 442.5+25\ 417}{2}=17\ 855.8\ \text{N} \tag{16}$$

最小轮压（空载）：

$$P_{空min}=\frac{15\ 872.6+1\ 831.5}{4}=4426\ \text{N} \tag{17}$$

17 855.8 N<20 000 N，故该万向轮的选择符合要求。

6.2 支撑脚设计计算

支撑脚的螺杆和底座选用 304 不锈钢材质，底径 160 mm，螺纹直径 24 mm，螺丝长度 450 mm。产品的底座为空心的不锈钢 M24 螺栓，单个螺栓承载可达 3.5 t。底座可选粘防滑橡胶垫，增加产品防滑和防震功能。支撑脚和万向轮的使用相对高度，见图 3（单位：mm）。

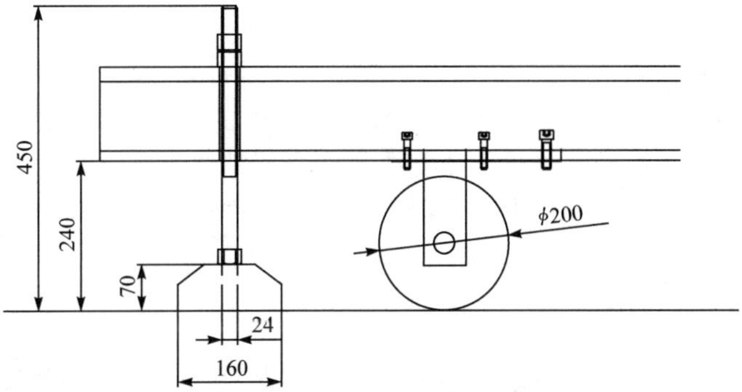

图 3　支撑脚和万向轮局部图

Fig. 3　Local view of the support foot and universal wheels

螺纹牙强度校核：

螺纹工作高度 $h=12$ mm；旋合圈数 $z=10$；螺纹牙底宽度 $b=11$ mm；允许强度 $[\sigma]=170$ MPa。

$$\sigma=\frac{3\times F_{max}\times h}{\pi\times b^2\times z}=\frac{3\times 1\ 819.2\times 12}{\pi\times 11^2\times 10}=17.2\ \text{MPa}<[\sigma] \tag{18}$$

故满足设计要求。

7 鞍座移动支架的实物模型

鞍座所在整体钢架的支架模型与实物按照 1∶25 比例制作，材料采用截面为 10 mm×10 mm 矩形钢管。中间支架钢构模型，见图 4（单位：mm）。支架模型及万向轮与顶升装置静止与移动示意图，见图 5。

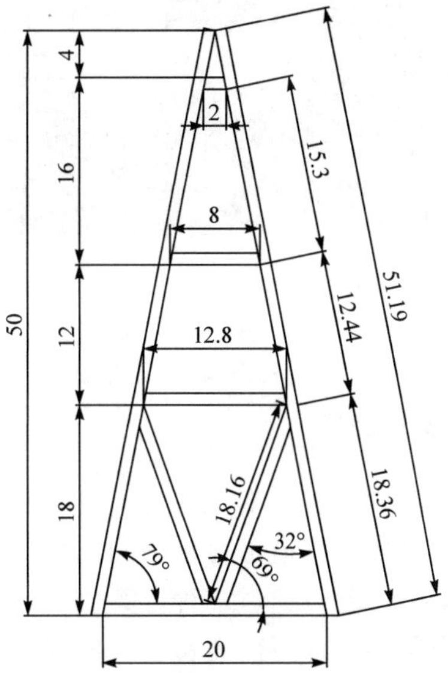

图 4　中间支架钢构模型图

Fig. 4　Steel model of movable intermediate support

(a) 侧视支架模 Side of the model of movable intermediate support

(b) 正视支架模型 Front of the model of movable intermediate support

(c) 支架移动时的底座局部 The part of pedestal of the moving bracket

(d) 支架静止时的底座局部 The part of pedestal of the motionless bracket

图 5　中间支架钢构模型工作示意图

Fig. 5　Working sketch of steel model of movable intermediate support

无载荷时移动中间支架，支撑脚处于离开地面状态（图 5（c）），由万向轮支撑支架，用人力将支架移动到指定位置，使用刹车（万向轮自带刹车）使支架处于静止状态。中间支架移动到指定位置后，使用张紧手柄（配套支撑脚的手柄，类似活动扳手）转动支撑脚圆盘上方的螺母，调整 4 个支撑脚使支架整体高度上升到同一水平位置，使万向轮离开地面不受力。再旋转支撑脚最上面的螺母进行对支撑脚的加固，使支架处于稳固状态，即完成中间支架移动至指定位置，见图 5（d）。

整体索道与鞍座组合模型图，见图 6。

图 6　整体索道与鞍座组合模型图

Fig. 6　Cableway and movable intermediate support model

8　结论与讨论

以福建农林大学工程索道实验室为依托，根据技术先进、经济合理和安全适用的原则，提出多跨索道可移动中间支架，着重对可移动式支架进行设计方案研究。为实现中间支架可移动，通过多种方案比选，创造性地采用刹车的重型万向脚轮和单向脚轮使支架实现移动，在不需要移动时使用顶升装置，使鞍座可以正常使用。根据所选方案，制作了中间支架可移动的实物模型，为实验验证及后续实际施工打下基础。通过设计计算和模型验证，中间支架采用 2 个带刹车的万向轮和 2 个定向轮可实现移动，在移动到指定位置时利用刹车装置使支架在工作时处于静止状态，再利用 4 个顶升装置将支架顶起，中间支架的鞍座在工作时万向轮不受力。经设计计算与校核，该设计方案满足受力要求，具有可行性。本产品设计已获国家实用新型专利（多跨索道的可移动中间支架，专利号为：CN 2014 2 0604695. X）。

同时，多跨索道可移动中间支架也存在以下不足：① 自重较大，在一定程度上制约了其灵活性与机动性；② 可移动中间支架的起升、移动没有配置液压操控系统，均需要工人手动完成。在后续研究中，对不足之处将进一步改进与完善。

参 考 文 献

[1] 王小桃. 多跨单荷重架空索道悬链线理论研究 [D]. 福州：福建农林大学，2012.
[2] 周新年，赖阿红，周成军，等. 山地森林生态采运研究进展 [J]. 森林与环境学报，2015，35 (2)：185-192.
[3] 金松安. 架空索道塔架现代设计方法应用研究 [D]. 重庆：重庆大学，2006.
[4] 周新年，巫志龙，周成军，等. 工程索道创新训练平台的规划建设 [J]. 森林工程，2014，30 (4)：192-196.
[5] 周新年. 工程索道与悬索桥 [M]. 北京：人民交通出版社，2013：49，169-218.
[6] 严自勉. 缆索起重机 [M]. 北京：中国电力出版社，2010：41-52.
[7] 干光瑜. 建筑力学（第 2 分册）：材料力学 [M]. 北京：高等教育出版社，2006：212-220，321.
[8] 杨文渊. 路桥施工常用数据手册 [M]. 北京：人民交通出版社，2001：111 113.

发表于：森林与环境学报，2016，36 (1)：104-110.

范文五　山地杉木人工林不同强度择伐后生长动态仿真
（参考文献中英对照顺序编码制）

山地杉木人工林不同强度择伐后生长动态仿真

周成军[1]　巫志龙[1]　周新年[1*]　林海明[2]　陈辉荣[1]　林志敏[1]
（1. 福建农林大学，福建　福州　350002；
2. 福建省建瓯福人林业有限公司，福建　建瓯　353100）

摘　要：基于山地杉木人工林择伐长期固定样地实测数据，构建了单木胸径生长模型，以及树高、枝下高、冠幅与胸径的关系模型，结合 Onyx TREE 和 3Ds MAX 技术，实现了不同强度择伐下，不同时期的林分生长动态仿真，可直观、生动地观察杉木的生长状态，对山地杉木人工林的科学经营决策具有实用价值。

关键词：杉木人工林；择伐强度；生长动态；仿真
中图分类号：S752.2；S758.5+2　**文献标识码：**A

The stand growth dynamics simulation of the mountain Chinese fir plantation under different selective cutting intensity

ZHOU Chengjun[1]　WU Zhilong[1]　ZHOU Xinnian[1*]
LIN Haiming[2]　CHEN Huirong[1]　LIN Zhimin[1]
（1. Fujian Agriculture and Forestry University，Fuzhou，Fujian　350002，China；
2. Fujian Jian'ou Furen Forestry Co. Ltd.，Jian'ou，Fujian　353100，China）

Abstract: Based on the long-term tracking retest data to construct diameter at breast height（*DBH*）increment model of individual trees growing for the mountain Chinese fir plantation and the relationship model of the tree height（*H*），height at clear bole

---

收稿日期（Received date）：2012-08-30。

基金项目（Foundation item）：国家自然科学基金资助项目（30972359）；福建省林业厅科学基金资助项目（闽林科〔2012〕2 号）。(Supported by the National Natural Science Foundation of China（30972359）；the Science Foundation of Forestry Committee of Fujian Province（Forestry Science of Fujian〔2012〕No. 2))

作者简介（Biography）：周成军（1987—），男，助教，硕士，从事生态采运和工程索道等研究。(Zhou Chengjun（1987—），male，assistant，master，studying in forest ecological harvesting and engineering cableway et al.）

* **通讯作者**（Corresponding author）：周新年（1951—），男，教授，博士生导师，主要从事生态采运、工程索道和森林经理等研究。(Zhou Xinnian（1951—），male，professor，supervisor of Ph. D，studying in forest ecological harvesting，engineering cableway and forest management et al.）

(*HCB*), crown width (*CW*) with *DBH*. Then use Onyx TREE and 3Ds MAX to achieve the stand growth dynamics simulation of different growth stages in different selective cutting intensity samples. The results show that the realization of stand growth simulation have more intuitive and vivid effect, and have important practical value and realistic meaning for the management of the mountain Chinses fir plantation.

Key words: Chinese fir plantation; selective cutting intensity; growth dynamics; simulation

杉木(*Cunninghamia lanceolata*)是我国南方最重要的造林树种之一，在我国人工林发展中有重要地位。第 6 次全国森林资源清查结果表明，我国杉木人工林面积在各造林树种中最大，已达 921.50×10^4 hm^2，占全国人工林面积的 17.3%[1]。如何更直观、生动地模拟山地杉木人工林生长动态和择伐经营措施对杉木生长的影响，对解决复杂的管理规划问题、科学地制订高效合理的经营管理方案具有重要理论意义和应用价值。

国内专家学者将林分调查所得的数据，运用新的技术手段，如 GIS、Agent、FVS 和 3Ds MAX 等计算机图形学和虚拟技术，以图形给人以立体感、空间感的形式，表达及分析复杂的林分生长规律。宋铁英以单株树的典型形体为原型，应用图像采样技术，通过多次缩放，按坐标位置合成了具有立体感的林分图[2]。彭道黎等为了更加逼真地模拟油松林分的生长过程，采用目前较为先进的 Agent 动画技术作为基本架构，通过三维可视化绘制技术，实现了油松林分生长过程的可视化，并详细介绍了该架构在油松生长模拟中的属性和功能的设计过程[3]。罗云深等基于 FVS 设计理念和其主流程重构了一套完整的本地化的仿真框架，提供模型接口，实现了模型的修改替换，最后选择了北京地区油松作为典型树种，替换了部分模型，利用试验调查数据验证了该框架的完整性和有效性[4]。针对以发挥生态效益为主要目的的人工林林区(如水源涵养林)，或兼有重要生态意义的商品林应实行择伐[5]。福建省“关于加快造林绿化，推进森林福建建设的通知”中明确规定要转变采伐方式，按照建设资源节约型和环境友好型社会要求，加强生态建设和保护，在合理开发利用的同时，节约造林成本，始终保持青山常在。从 2011 年起，坡度>25°的一般人工用材林提倡实行择伐。该研究以中亚热带杉木人工林为研究对象，在不同强度择伐下，利用长期固定样地的连续实测数据，构建单木生长模型，然后运用 Onyx TREE 和 3Ds MAX 技术，实现择伐后不同时期的生长动态仿真，直观地体现不同择伐强度对林分生长动态变化的影响，为确定合理择伐强度和制订最优经营措施提供科学的决策依据。

1 试验地概况

试验地于福建省建瓯市叶坑林业采育场 204 林班 03 大班 04 小班。建瓯市地处东经 117°58′～118°57′和北纬 26°38′～27°20′，位于福建名胜武夷山东南侧，地形地貌属中亚热带山地丘陵，多为低山和高丘山地，属中亚热带海洋性季风气候，年均气温 18.7 ℃，年均相对湿度为 80%，年均降水量为 1 733 mm，平均蒸发量为 1 450 mm，年日照时数为 1 612 h，全年无霜期平均为 286 d。土壤为花岗片麻岩发育而成的山地黄红壤，海拔 250～350 m。试验林为 33 a 生杉木人工林，2006 年 7 月进行本底调查，地面平均坡度为 25°，伐前立地条件基本相同，郁闭度 0.9，林分平均胸径 25.1 cm，平均树高 18.4 m。林下灌木草被稀疏，盖度 10%，主要有：芒萁（*Dicranopteris pedata Nakaike*）、苦竹（*Pleioblastus amarus Keng f.*）、茅根（*Perotis indica Kuntze*）、蕨属（*Pteridium Gled*）等。2006 年 8 月进行 4 种不同强度（弱度 12.9%、中度 23.5%、强度 47%和极强度 61.5%）择伐，每种择伐强度设置 1 块 20 m×20 m 的标准样地，伐后均天然恢复植被，择伐作业概况见表 1，另设 1 块 20 m×20 m 未采伐标准样地作为对照。按采坏留好、采弱留壮、采老留小和采密留稀的原则选择采伐木，择伐作业按照单株择伐的技术要求进行，对采伐木单独记录并挂号。作业措施为：油锯采伐，林内打枝造材，人力肩驮集材，>5 cm 以上的枝桠全部收集利用，其余归堆清理。于 2011 年 7 月对试验林进行伐后 5 a 全面复查。

表 1　择伐作业概况

Table 1　The composition of selective cutting operation

择伐类型 Selective type	样　地 Plots	总株数 Total trees	择伐株数 Selective trees	总蓄积量 Total volume/m³	择伐蓄积量 Selective volume/m³	择伐强度 Selective intensity/%
NC	1	39	0	16.143 4	0	0
LI	7	44	3	18.654 1	2.412 1	12.9
MI	3	27	5	15.568 9	3.653 1	23.5
HI	5	36	18	15.686 5	7.372 1	47.0
OHI	4	49	24	20.854 8	12.819 2	61.5

注：NC—未伐 Non cutting；LI—弱度 Low intensity；MI—中度 Medium intensity；HI—强度 High intensity；OHI—极强度 Over-high intensity。

2　研究方法

2.1　野外调查

在标准样地内，乔木层植被调查采用相邻格子法（每块标准地划分为 16 个 5 m×5 m 的样方）进行调查，对样方内出现胸径 *DBH*>5 cm 的每株树木进行每木调查，记录种名，胸径、树高 *H*、枝下高 *HCB*、冠幅 *CW*、坐标等。时间为 2006 年 7 月本底调查和 2011 年 7 月伐后 5 a 调查。

2.2　动态仿真

首先利用固定样地实测数据，运用 SPSS 进行单木生长模型拟合；然后结合所构建的单木生长模型和林分空间分布，运用 Onyx TREE 和 3Ds MAX 实现林分生长动态仿真。

2.2.1　单木生长模型构建

应用单木生长模型可模拟林分生长和各种森林经营措施对林木生长的影响[4]。Weibull 单木胸径生长模型具有适应性强、精度高、参数少等优点[6]，其表达式如下[7,8]：

$$y=a(1-\exp(-bt^c)) \tag{1}$$

式中：y 为林木胸径生长因子；t 为树龄；a、b、c 为待定参数，其中 a 为胸径渐近线，b 为尺度，c 为形状参数。

单木的树高、枝下高、冠幅参数多为估测数据，结合福建省杉木人工林主要分布区的标准地资料[9]，构建树高与胸径、枝下高与胸径、冠幅与胸径的关系模型，表达式如下：

$$Y=a_1+b_1D+c_1D^2 \tag{2}$$

式中：Y 为林木生长因子，枝下高或冠幅；D 为胸径；a_1、b_1、c_1为待定系数。

2.2.2　*林分生长动态仿真*

以单木生长模型为基础，分析 Onyx TREE 插件进行单木形态模拟所需的生长参数的关系方程，利用 Onyx TREE 实现不同胸径的单株杉木生长仿真；结合择伐林分空间分布图，选择各样地每株树的主要决定参数，胸径、树高、枝下高和冠幅，在 3Ds MAX 平台上，最终实现林分的可视化仿真。

2.2.3　*模型拟合精度检验*

对所构建的模型进行拟合精度检验是仿真实现过程的重要组成部分[10]，将不同强度择伐样地各样方实测数据分为 2 个部分，80％的数据用于建模，20％的数据进行检验。模型拟合时，需对选定的回归模型参数初始值进行设定。若初始值设置不当，则会导致模型收敛很慢，或收敛到局部极小值，甚至出现不收敛，这些情况都会导致模型拟合的精度大大降低。为解决这一问题，将采用不同的初始值进行拟合，观察最终结果是否相同。若相同，则得到最优解；若不同，则通过比较所求的局部最优解来调整初始值，再次进行拟合，从而到最优解。模型拟合后，用剩余的 20％的独立样本数据，运用所拟合的模型，计算出预测值，并与实测值进行比较，分析模型拟合的精度。模型拟合精度采用以下指标进行检验：

$$RSS=\sum_{i=1}^{n}(y_i-\hat{y}_i)^2 \tag{3}$$

$$RMSE=\sqrt{\frac{\sum_{i=1}^{n}(y_i-\hat{y}_i)^2}{n-p}} \tag{4}$$

$$R^2=1-\frac{\sum_{i=1}^{n}(y_i-\hat{y}_i)^2}{\sum_{i=1}^{n}(y_i-\bar{y})^2} \tag{5}$$

$$CV=\frac{RMSE}{\bar{y}}\times 100\% \tag{6}$$

式中：RSS 为剩余残差平方和，用来估算模型的系统偏差；$RMSE$ 为回归标准差，用来估计测量的准确程度；R^2 为决定系数，用来说明回归模型对真实模型的拟合程度；CV 为变动系数，用来检验模型的稳定性；y_i 为第 i 株树相应测树因子实测值；$\hat{y}_i$ 为第

i 株树相应测树因子预测值；$\bar{y}$ 为第 i 株树相应测树因子平均值；n 为观测值的数量；p 为模型参数的个数。

3 结果与分析

3.1 单木生长模型拟合

不同强度择伐下，单木胸径生长方程拟合参数，见表 2。从表 2 中的参数 a 可知，中度择伐的胸径渐近线值最大（103.430），之后依次为弱度、强度和极强度择伐，说明弱度和中度择伐更有利于大径材的培育，且随着采伐强度的增大，样地内大径材的最大胸径将逐渐变小；由参数 b 可知，不同强度择伐的 b 值都很接近，说明不同强度择伐对参数 b 的值影响不大；由参数 c 可知，极强度择伐的形状参数最大（0.816），中度择伐的形状参数最小（0.652），说明中度择伐更有利于杉木的笔直生长，这更有利于树高的增长，从而促进材积的增长。从模型拟合和检验的 R^2 和 $RMSE$ 数值来看，胸径生长模型的拟合精度都比较高，而变动系数均很小，说明所拟合的杉木胸径生长方程是合理的。

表 2 不同强度择伐下单木胸径生长模型

Table 2 *DBH* increment model of individual trees growing under different intensity selective cutting

择伐类型 Selective type	相关参数 Relevant parameters			模型拟合 Model fitting			模型验证 Model validation		
	a	b	c	R^2	$RMSE$	CV	R^2	$RMSE$	CV
NC	76.962	0.032	0.707	0.999 6	0.139	0.005	0.998 9	0.227	0.009
LI	87.738	0.030	0.680	0.999 7	0.112	0.004	0.998 9	0.176	0.006
MI	103.430	0.027	0.652	0.999 6	0.129	0.005	0.999 1	0.277	0.010
HI	65.689	0.033	0.752	0.999 0	0.290	0.011	0.998 6	0.293	0.011
OHI	52.640	0.036	0.816	0.999 0	0.221	0.010	0.997 9	0.296	0.013

不同强度择伐下，单木树高、枝下高和冠幅与胸径的关系模型拟合结果，见表 3。由表 3 可知，单木树高、枝下高和冠幅与胸径的关系模型的精度均达到 0.7 以上，而变动系数均很小，说明模型满足精度要求，是合理的。

表 3 不同强度择伐下单木树高、枝下高和冠幅与胸径的关系模型

Table 3 The relationship model of *H*, *HCB*, *CW* with *DBH* under different intensity selective cutting

关系模型 Relationship model	择伐类型 Selective type	相关参数 Relevant parameters			模型拟合 Model fitting			模型验证 Model validation		
		a_1	b_1	c_1	R^2	$RMSE$	CV	R^2	$RMSE$	CV
树高与胸径 *H* and *DBH*	NC	10.006 1	0.329 3	−0.000 9	0.833	0.823	0.046	0.706	1.244	0.070
	LI	11.479 9	0.242 7	0.000 3	0.845	0.753	0.040	0.761	1.022	0.055
	MI	15.303 2	0.115 0	−0.000 1	0.797	0.299	0.016	0.692	0.691	0.037
	HI	2.454 7	0.945 7	−0.012 0	0.832	1.148	0.061	0.748	1.412	0.075
	OHI	−8.078 9	1.824 0	−0.030 1	0.822	1.355	0.080	0.822	1.355	0.080

续表

关系模型 Relationship model	择伐类型 Selective type	相关参数 Relevant parameters			模型拟合 Model fitting			模型验证 Model validation		
		a_1	b_1	c_1	R^2	*RMSE*	*CV*	R^2	*RMSE*	*CV*
枝下高与胸径 *HCB* and *DBH*	NC	12.524 9	−0.607 9	0.015 0	0.733	0.764	0.100	0.702	1.554	0.204
	LI	7.506 3	0.084 6	0.003 6	0.747	0.991	0.079	0.717	1.215	0.097
	MI	−49.639 2	4.162 8	−0.068 6	0.695	2.132	0.199	0.672	2.249	0.210
	HI	−9.074 1	1.758 4	−0.030 9	0.761	1.343	0.096	0.716	1.411	0.101
	OHI	1.252 1	0.559 7	−0.009 4	0.719	0.503	0.057	0.718	0.617	0.069
冠幅与胸径 *CW* and *DBH*	NC	1.278 2	0.027 6	0.001 1	0.752	0.317	0.111	0.739	0.595	0.208
	LI	−0.849 3	0.258 8	−0.002 6	0.771	0.312	0.072	0.706	0.498	0.116
	MI	10.482 9	−0.615 2	0.012 3	0.695	0.624	0.188	0.630	0.823	0.248
	HI	0.664 9	0.035 3	0.002 4	0.792	0.598	0.187	0.703	0.827	0.259
	OHI	0.669 1	0.113 5	0.000 3	0.780	0.353	0.103	0.739	0.520	0.152

3.2　林分生长动态仿真

首先，在所建立的不同强度择伐样地的单木胸径生长模型，以及与其相关林分调查因子间的关系模型基础上，利用 Onyx TREE 进行不同强度择伐样地的杉木生长仿真，此处仅展示了胸径为 20 cm 时的生长状态，如图 1 所示，其余的将在后续的林分图中展现；其次，结合单木生长的变化动态，依据各株树在样地内的相对坐标位置，将相应单

图 1　不同强度择伐下杉木生长状态示意图（*DBH*=20 cm）

Fig. 1　The growth state of Chinese fir plantation under different intensity selective cutting（*DBH*=20 cm）

株树“种植”在样地内的相对坐标位置上，最终实现在不同强度择伐下，杉木不同时期的生长动态仿真。在保证精度的前提下，所构建的单木胸径生长模型及与其相关林分调查因子间的关系模型，只用于预测各样地择伐后 15 a 内的林分生长动态变化，仿真结果如图 2 所示。

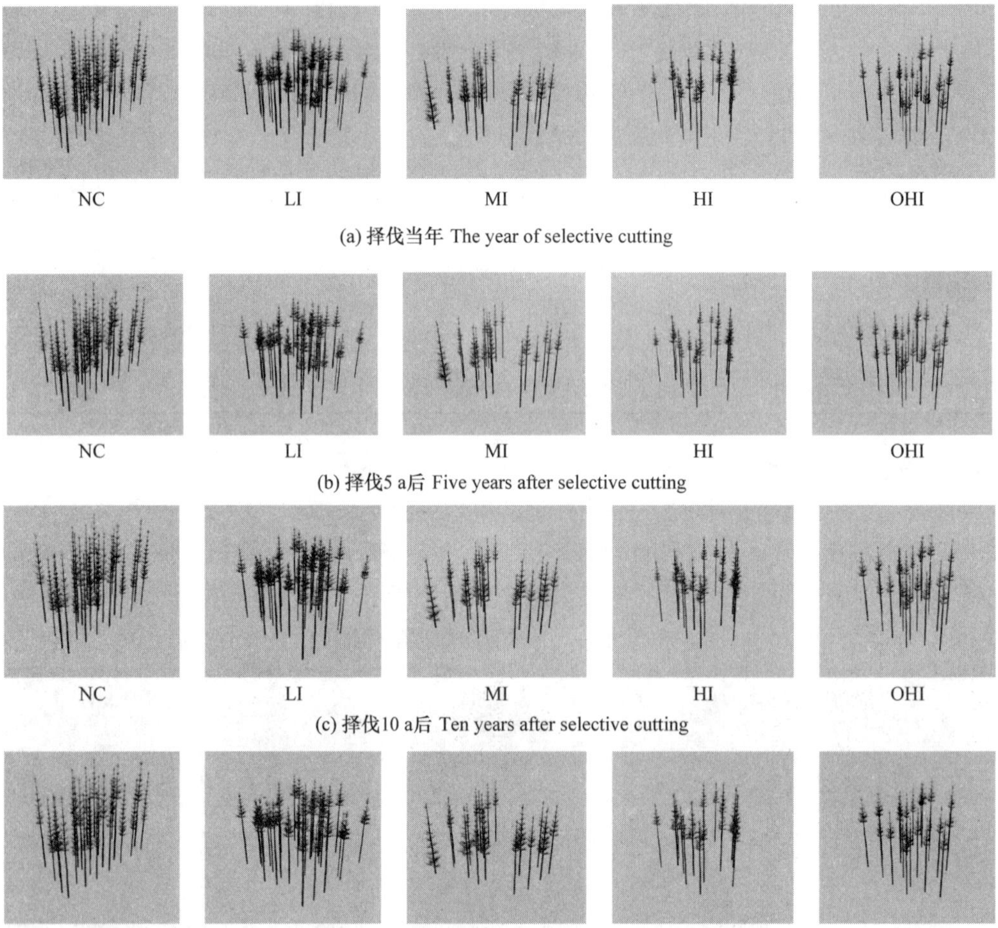

(d) 择伐15 a后 Fifteen years after selective cutting

图 2　不同强度择伐样地不同时期林分生长动态

Fig. 2　Stand growth status in different years under different selective cutting intensity

4　结论与讨论

利用杉木人工林不同强度择伐固定样地实测数据，运用 SPSS 进行不同强度择伐下的单木胸径生长模型，以及树高与胸径、枝下高与胸径、冠幅与胸径关系模型的拟合和检验精度要求，所构建的模型是合理的。在此基础上，基于 Onyx TREE 和 3Ds MAX 技术平台，实现了杉木林分择伐后 15 a 内的生长动态仿真。在不同强度择伐下，弱度和中度择伐更有利于大径材的培育，且随着择伐强度的增大，样地内大径材的最大胸径将逐渐变小；中度择伐更有利于树高的增长。这为科学合理地确定山地杉木人工林择伐强度，制订出有效的择伐经营管理措施提供重要依据。

无论是当今森林生态学研究领域还是森林培育学科，有关林木在水平地域上的分布以及林木的各个属性的分布信息愈来愈重要。正确地反映林分的生长情况，可为经营现有林木提供真实有效的信息，也为评价与经营森林生态系统提供先决条件。以往基于林分调查数据，经过统计、分析、建模所构造的传统林分生长模型，仅能提供林分各调查因子，如株数、胸径、树高、断面积等的数值变化或动态变化曲线（以表格或简单的二维平面图形来表示）[11,12]，其优点是可简便地应用于生产实践，但并不能直观地反映林分生长的动态变化。在森林经营管理中，往往需要精确预测到未来林分的生长和收获状态。随着森林经营集约程度的不断提高，人们对林分动态信息的要求也日益增多，需要研究更详细、更直观明了地反映林分动态的三维图形模拟系统。随着计算机技术的发展，林分动态的三维图形模拟，既能真实地表现现实林分的生长状况，又能满足人们的视觉要求，它将为探索森林生长过程的规律以及林业科学研究带来新的契机，但已有的林分生长模拟模型对自然因素、人为经营等多因素处理方面，以及新的可视化技术手段运用方面仍存在一定的局限性[13]。该研究所使用的杉木树种样地是人工纯林，在不同强度择伐下，进行模型拟合时仅考虑了胸径、树高、枝下高和冠幅的影响，以及林木空间位置，为进一步优化模型结构及预测精度，在今后的建模中还应考虑到树木的光合生理特性、林分的空间结构变化、季节变化和环境条件等对林木枯损率的影响。

参　考　文　献

[1] Lei Jiafu. Forest Resource of China [M]. Beijing: China Forestry Publishing House, 2005 [雷加富. 中国森林资源 [M]. 北京：中国林业出版社，2005]

[2] Song Tieying. A visible stand model based on image of tree [J]. Journal of Beijing Forestry University, 1998, 20 (4): 93-97 [宋铁英. 一种基于图像的林分三维可视模型 [J]. 北京林业大学学报，1998，20（4）：93-97]

[3] Peng Daoli, He Shanshan. Growth simulation of pinus tabulaeformis stands based on Agent technology [J]. Journal of Beijing Forestry university, 2009, 31 (Suppl. 2): 69-72 [彭道黎，贺姗姗. 基于 Agent 的油松林分生长模拟 [J]. 北京林业大学学报，2009，31（增刊 2）：69-72]

[4] Luo Yunshen, Chen Zhibo. Study on FVS-based framework of pinus tabulaeformis growth simulation [J]. Hebei Journal of Forestry and Orchard Research, 2007, 22 (4): 355-359, 362 [罗云深，陈志泊. 基于 FVS 构建北京地区油松生长仿真框架的研究 [J]. 河北林果研究，2007，22（4）：355-359，362]

[5] Zhou Xinnian, Chen Huirong, Wu Zhilong, et al. Research advance of plantation forest selective cutting [J]. Journal of Mountain Science, 2012, 30 (1): 121-126 [周新年，陈辉荣，巫志龙，等. 山地人工林择伐技术研究进展 [J]. 山地学报，2012，30（1）：121-126]

[6] Jiang Xidian, Wen Suping, Yu Xi. Studies on the variable-density whole stand model of cunninghamia lanceolata plantations and its application [J]. Journal of Fujian Forestry Science and Technology, 2000, 27 (2): 44-47 [江希钿，温素平，余希. 杉木人工林可变密度的全林分模型及其应用研究 [J]. 福建林业科技，2000，27（2）：44-47]

[7] Wang Yanxia，Chen Chan，Fan Hailan，et al. Growth process of cunninghamia lanceolata plantation with Weibull model [J]. Journal of Beihua University：Natural Science，2007，8 (6)：276-279 [王艳霞，陈灿，范海兰，等. 杉木人工林生长过程威布尔模型的模拟 [J]. 北华大学学报：自然科学版，2007，8 (6)：276-279]

[8] Li Yongci. Study on parameter estimate of stand growth and harvest models [D]. Beijing：Beijing Forestry University，2004 [李永慈. 林分生长收获模型的参数估计研究 [D]. 北京：北京林业大学，2004]

[9] Li Wei. Probe into the relationship among some dendrometer factors of the tree species constructing broad-leaf forest community [J]. Fujian Soil and Water Conservation，2005，17 (3)：56-58 [李蔚. 天然阔叶林建群树种若干测树因子相关关系的探讨 [J]. 亚热带水土保持，2005，17 (3)：56-58]

[10] Zhang Jianguo，Sun Honggang. Basal Area Growth and Modeling of Chinese Fir Plantations [M]. Beijing：Science Press，2010 [张建国，孙洪刚. 杉木人工林断面积生长规律及动态模拟 [M]. 北京：科学出版社，2010]

[11] Tang Shouzheng，Li Xifei，Meng Zhaohe. The development of studies on stand growth models [J]. Forest Research，1993，6 (6)：672-679 [唐守正，李希菲，孟昭和. 林分生长模型研究的进展 [J]. 林业科学研究，1993，6 (6)：672-679]

[12] Guo Mingchun，Liu Jianfeng. Modeling the stand growth of Chinese fir plantations [J]. Journal of Fujian College of Forestry，2011，31 (1)：65-68 [郭明春，刘建锋. 杉木人工林林分生长模拟 [J]. 福建林学院学报，2011，31 (1)：65-68]

[13] Liu Qian. Research on the application of tree 3D visualization technology [D]. Zhengzhou：Henan Agriculture University，2009 [刘倩. 树木三维可视化技术的应用研究 [D]. 郑州：河南农业大学，2009]

发表于：山地学报，2012，30 (6)：669-674.

范文六　基于创新能力培养的工程索道类课程改革（参考文献顺序编码制）

基于创新能力培养的工程索道类课程改革

周成军　巫志龙　周新年　张正雄　郑丽凤　沈嵘枫　冯辉荣
（福建农林大学交通与土木工程学院，福建　福州　350002）

摘　要：以工程索道类课程为对象，以创新能力培养为核心，开展教学团队、精品课程、精品教材、教学方法、共享与实践平台等综合改革与实践，构建创新人才培养的“两个体系三个平台”，包括完善基础理论教学体系和构建创新实践教学体系，搭建中国索道科学网、国家精品资源共享课网站以及福建省工程索道工程技术研究中心等创新实践实训平台，引导学生变被动为主动学习、线上线下互动研讨、产学研与工程实践相长，有效解决基础理论知识、工程实践应用和创新实践能力培养相结合的教学问题。

关键词：工程索道；创新能力；教学改革；成效
中图分类号：S77-4　**文献标识码**：A　**文章编号**：1009-4784（2018）02-0037-04

创新是一个民族进步的灵魂，也是一个国家兴旺发达的不竭动力。在创新驱动发展的转型期，我国高等教育人才培养出现了新的要求，即高等教育人才培养要由认知和分析能力向创新和实践能力提升。然而，在农林院校工科专业本科人才培养中，普遍存在创新能力不足和缺乏工程实践的现象。提升教育教学质量一直是我国高等教育发展的内在主线，教学改革是高等教育改革的核心[1,2]。因此，我校“工程索道”课程教学团队自2007年以来，依托福建省教育厅“工程索道”实践技能与创新培养教学体系及配套影音系统、教育部“工程索道”国家级本科精品课程和精品资源共享课等教学质量工程项目，以工程索道类课程为对象，以学生创新能力培养为核心，开展教学团队、精品课程、精品教材、教学方法、网络共享平台和创新实践实训平台等方面的综合改革与实践，旨在探索高等教育创新人才培养的有效途径，为提高高等教育人才培养质量提供借鉴。

一、基于创新能力培养的课程改革意义

我国高等教育承担着培养创新创业人才的重要使命。“大众创业，万众创新”对高等教育人才培养提出了新要求。国务院《关于深化高等学校创新创业教育改革的实施意

收稿日期：2017-08-29。
基金项目：“工程索道”国家级精品资源共享课程资助项目（教高函［2013］115号111zj0588）；福建农林大学高水平大学建设资助项目（113-612014018）；福建农林大学教改资助项目（闽农林大教［2017］3号111416181）。
作者简介：周成军（1987—），男，讲师，工程硕士。研究方向：工程索道与车辆工程。

见》提出“全面部署推进创新创业教育改革，着力推动高校更新观念，完善课程设置，创新教学模式，强化实训实践，将创新创业教育融入人才培养全过程”[3]。我校“工程索道”课程始于1958年。2000年以来，面向森林工程专业开设“工程索道”课程、土木工程和工程管理专业开设“悬索理论与悬索桥”课程、交通工程专业开设“客运索道”课程、交通运输和物流工程专业开设“索道运输”课程，以及面向全校本科生开设“工程索道与悬索桥”选修课。这些课程根据专业特点和需求，所开设课程的名称和讲授侧重点各有不同。

“工程索道”类课程教学改革与实践，有助于提升学生的创新能力和工程实践能力，增强学生就业竞争力和适应性。一是从教育理念出发，解决如何践行以学生为主体，教师为主导的教育理念，构建一种变被动为主动学习的教育途径，形成以增强学生创新意识为导向的育人方法；二是从教育手段出发，解决如何融合精品课程及精品资源共享课，构建互联网线上线下互动研讨模式，激发学生的创新思维；三是从培养环境出发，解决如何实现教学、科研与社会服务互促共进，将科研强势转变为教学优势，创造产学研与工程实践相互促进的培养环境，从而强化学生创新能力。通过多方位系统性的综合改革，构建理论扎实、结构科学和手段丰富的创新人才培养机制。

二、改革内容与措施

从人才引进、攻读博士、各种进修和学术交流、高访培训和实践锻炼等方面强化创新团队构建，积极鼓励团队成员申报和承担国家级、省级的纵向横向科研与教改项目，提升教研和创新能力。在教学过程中坚持“以学生为主体、教师为主导”的创新培养模式，将传统的理论知识传授向“集传授知识、启发思维和培养能力于一体”的方向转变[4,5]。定期组织教学研讨，通过“传帮带”制度提高团队成员灵活运用板书、多媒体、录像、观摩课、专题论文、线上线下结合、现场实物与虚拟仿真结合等教学手段，在教学中灵活运用启发式、案例式、体验式、探讨式、研究性和合作法等教学方法。

深入开展课程考试改革，充分了解学生需求，倾听学生意见，改革传统以期末考试作为考核标准的制度，注重课程全过程考核，关注学生在学习过程中对学习方法、学习能力的掌握情况[6]。通过创建典型案例库和计算机考试题库，构建多样化考核模式。理论考核灵活采用平时成绩（考勤、课堂研讨与提问）、课程作业（课程论文、调研报告、设计作品与创新实验）、教学互动与设备认知等形式，期中和期末笔试推行一纸开卷笔试和网络平台在线考试等模式；实践考核采用实习表现（考勤、互动交流与讨论）、实践操作（钢丝绳插接实物与绞盘机驾驶操作技术评分）和实习报告相结合的形式[7,8]。

构建“工程索道”类课程的基础理论教学体系和创新实践教学体系。基础理论教学体系采取研究性与线上线下互动的教学方式。教学内容涵盖课程涉及的全部知识点，加上答疑解惑、学习笔记、资料分享和教学互动等，能够全面反映课程教学思想、内容、方法和过程。森林工程专业核心课程“工程索道”是一门涉及高等数学、力学和机械设计等理论基础知识较深的课程，具有理论问题抽象与实践需求强的特点，课程设置了2周的实践教学，包括实验、实习和课程设计等[9]。作为选修课的专业，该课程受学时限制未开设实践实训环节，但为保证教学质量和实现创新人才培养目标，构建了集虚拟仿真、设备拆装、安装架设、创新实验、工程设计和科研项目于一体的创新实践教学体系，将“工程索道”实践教学全过程以视频录像记录下来，辅以解说及字幕，研制配套的“工程索道实践技能与创新培养”多媒体影音教学系统。为教学实训和创新人才的培养提供服务[10]。

“工程索道”类课程面向不同的专业时，具有基础理论相同，但工程应用的侧重点不同的特点。因此，教学团队采取内容兼并、教材“一主多参”的教学模式（选用3部跟进式教材以及7部辅助教材），很好地适应了不同专业学生的学习需求。其中，《科学研究方法与学术论文写作——理论·技巧·案例》作为学生科研创新能力培养的辅助教材，已成为全国同类教材畅销书，被清华大学等全国80余所高校选作教材或主要参考书[11,12]。

加强教学网络资源建设，创立了中国索道科学网资源共享平台[9,13]。该平台根据学生的不同需求与信息摄取特点，设置了课程动态、书面教学、多媒体教学、互动教学和网上自测等栏目，实现了索道教学、科研与社会服务资源网络平台共享。2013年，“工程索道”课程由国家精品课程转型升级为国家级精品资源共享课，入驻教育部“爱课程”社区。该平台通过精品课程转型升级，全面推进和不断深化精品课程资源共享课建设，增设“师生交流、讨论答疑、在线自测、课程实训、前沿动态（索道图册、标准与论文）”等内容[14,15]。创新实践实训平台（包括索道现场试验、设备拆装、装备研发和虚拟仿真等实训项目）将课外科技活动、科技竞赛、工程设计与创新训练融入创新实践教学体系，开展综合性、设计性和创新性实验，使工科学生毕业设计（论文）在实际工程项目得以应用[16]，并通过“工程索道”课程微信公众号，发布行业热点，开展网上作业布置，促进课程的互动交流、共同学习和共同研讨。

教学团队充分掌握工程索道科学发展现状与技术前沿，解决了一系列索道工程关键技术难题，并及时将工程索道与悬索桥理论及其工程应用的最新成果转化为教学资源融入教材，精心打造出版系列精品教材，促进课堂教学。例如：系统研究悬链线理论与索道优化设计理论、索道侧型计算准则和量化确定多跨索道的设计计算跨三项重大国际技术难题[17]。工程实践和社会服务模块通过学生参与产学研课题、实际工程项目和技术成果转让推广等，强化学生工程实践能力。在此基础上，师生协同创新，积极申报国家级与省级大学生创新实验项目，合作发表高水平学术论文和申报国家专利，促进教研相长。

通过上述改革措施，工程索道教学团队完成了“两体系三平台”框架的搭建，通过创新教学模式，培养学生创新实践能力，实现教学、科研和创新互融共促，产学研相长（图1）。

三、课程改革与实践启示

目前，高校教学方法改革与创新大多以多媒体课件辅助课堂讲授，对提升教学团队品质、激发与培养学生创新能力等方面尚未形成完整的理论体系和行之有效且普遍适用的具体方法。我校“工程索道”课程教学团队基于创新能力培养的工程索道类课程改革与实践，逐步摸索出一套具有可行性与操作性的改革途径。

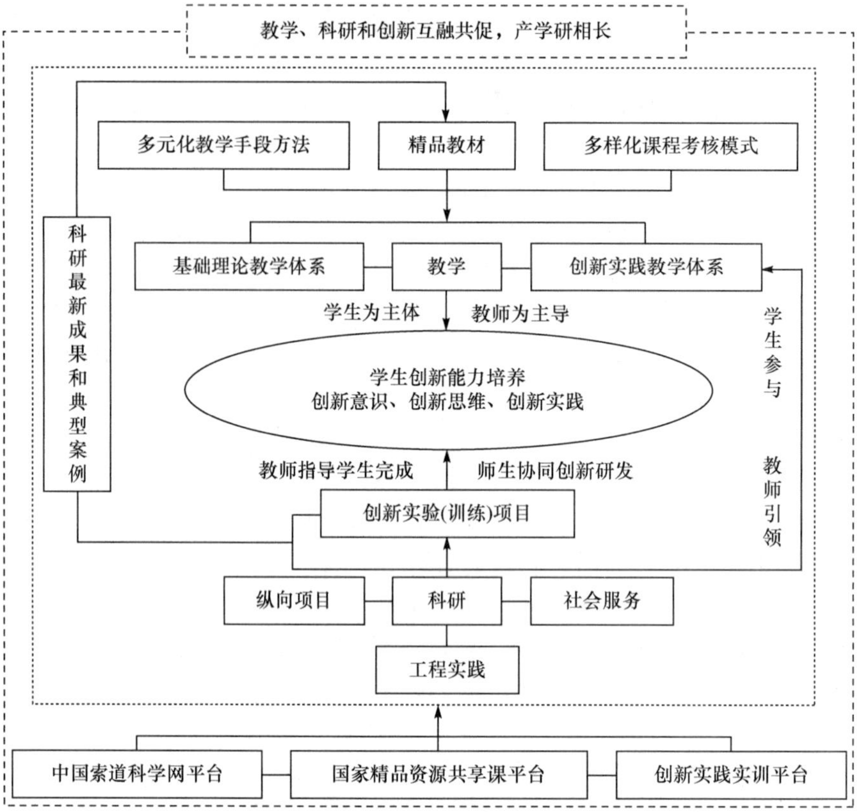

图 1　以创新能力培养为核心的“两体系三平台”框架

创新团队建设是学生创新能力培养的前提，高素质的教师是创新人才培养的基本保障[18]，因此，必须通过优化师资结构，形成一支老中青相结合、结构合理、人员稳定、教学和科研水平高、实践经验丰富的教学与科研团队。在创新教学团队建设中，应重视教学研讨和教师个人能力的提升，积极为年轻教师创造进修及出国访学机会，注重提高团队教学水平和科研能力，注重团队协作，积极申报国家级、省级和校级教学质量工程项目和科研项目，通过多维度的团队建设，提升教学团队的综合素质，从而提高教育教学质量，并更好地引领学生进行创新能力训练。

基础理论教学体系以实际教学要求和社会需求为出发点，基于系统、科学和完整的基本原则，以丰富、开放与共享为基本目标，以服务“学”与“教”为重点内容。创新实践教学体系的目的是将创新训练、实验教学和工程实训融为一体，培养学生创新思维、创新能力、工程实践能力和综合素质。

无论是基础理论教学体系还是创新实践教学体系，都应始终围绕“以学生为主体、教师为主导”的理念，重视学生的主体性，培养学生的主体精神；注重教学策略与引导的设计，结合灵活多变的教与学的方式，从而提高学生的学习兴趣和积极性；充分利用现代计算机及多媒体技术，开发数字化教学资源，发挥互联网教学所具有的交互共享与自主的优势，推行专题典型案例解析、影音教学、现场实物认知和虚拟仿真等集“互动讨论、合作学习与研究学习”于一体的课堂理论教学模式，使学生能够更加高效的获取及吸收教学内容；利用考试的向导作用和指挥棒作用，以考试改革实践来带动教与学，注重平时考核与期末考核相结合，笔试与机试相结合，理论考核与实践考试结合的多样化考试形式，体现了公平公正公开的原则，避免出现学生考前临时突击、单一思维、死记硬背和无法学以致用等现象，提高学生学习的主动性和学习手段的多样性，使学生能更加具体和灵活地掌握课程内容，从而达到提高学生分析与解决问题能力的目的。

“工程索道”国家精品课程网站平台、国家精品资源共享课平台实现了由服务教师转变为服务师生与社会学习者，由网络有限开放转变为充分开放，现有课程群成员23 500多人，居全国之首；课程访问量8.8万，师生评论7 600多条，教学互动与笔记5 800多条，辐射范围广，起到了良好的示范效果。根据“互联网＋”时代下学生的学习特点，充分利用数字资源的即时性、开放性、社群性以及自主空间大等优势[19,20]，建立课程微信公众号，学生添加关注之后，可随时随地观看授课视频、查看作业布置和通知发布，实现了课程在移动终端的覆盖，增强信息传播的时效性和课程的互动性。

为培养学生的实践技能，教学团队利用三个平台的优势，2013年组建了国家林业局杉木工程技术研究中心（含工程索道研发室），2015年组建了福建省环境友好森工行业技术开发基地（含工程索道研发室），2016年组建了福建省工程索道工程技术研究中心，将具有自主知识产权的索道装备（系列遥控跑车和系列轻型绞盘机）转化为实践教学资源，供学生进行创新实训和实验测试，有力地促进了本科教学条件的改善和实验设备的更新。同时，在充分利用工程索道创新实践实训平台的基础上，通过在研项目、技术咨询与社会服务，让学生参与到具体项目中去，实现工科学生毕业设计（论文）工程项目化。总之，依托这些研究开发平台开展创新实验（训练）项目，既促进了理论知识与工程实际的对接，也提高了学生独立开展科技创新研究的能力和解决实际工程问题的综合技能。

建立“科研—教学—创新”的联结体，强调科教融合和师生合作，把科研强势转变为教学优势，在创新人才培养中发挥重要的引领作用；通过基础理论知识、最新科研成果、工程实践应用、学生创新实验、创新竞赛与培养学生的创新能力紧密结合，增强了教学的深度和广度。实践育人强调“基础＋模块”，基础是以自主研发设备为学生创新实践提供有利条件，强化学生基本技能训练；创新训练、工程实践和社会服务模块，根据学生发展差异，挖掘学生潜能，注重教研相互促进。

以科研创新思维及最新成果融入教材促进教学。1996年至今，教学团队出版了《架空索道理论与实践》《工程索道与柔性吊桥——理论设计案例》《工程索道与悬索桥》等系列跟进式精品教材，被东北林业大学、中南林业大学、上海大学和香港城市大学等全国40余所高校选为教材或主要参考书。教学团队依托创新实践实训平台，将主持制定的3项国家索道行业系列标准融入课程教学中，完成了教学与生产的对接、专业与产业的对接；将自主研发系列产品、行业前沿的最新技术编入教材，融入课程实践，转化为实践教学资源，并将教学团队的在研项目作为案例，供学生创新实训，引领学生科研创新和工程实践。

参 考 文 献

[1] 周新年. 加强高等林业教育　推进林业现代化［J］. 中国林业教育，2008，26（1）：10-14.
[2] 余昌海. 深化高等学校创新创业教育改革的思考［J］. 教育教学论坛，2017，(20)：125-126.
[3] 国务院办公厅. 关于深化高等学校创新创业教育改革的实施意见［EB/OL］. 2015-05-13. http：//www.gov.cn/zhengce/content/2015-05/13/content _ 9740.htm.［2017-07-15］.
[4] 黄湘湘. “以学生为中心”的启发式教学法在结构力学教学中的应用［J］. 教育教学论坛，2017，33（8），149-150.
[5] 邢以群，鲁柏祥，施杰，等. 以学生为主体的体验式教学模式探索［J］. 高等工程教育研究，2016，(5)：122-128.
[6] 孙德茹，陶庭先. 创新人才培养模式下的高校考试改革诉求［J］. 安徽工程大学学报，2017，32（3）：76-78.
[7] 周新年，巫志龙，周成军，等. 以创新人才培养的工程索道课程考试改革实践［J］. 福建农林大学学报（哲学社会科学版），2014，17（2）：93-97.
[8] 巫志龙，周成军，周新年，等. “工程索道”创新人才培养实践教学体系构建［J］. 实验科学与技术，2016，14（5）：178-182，189.
[9] 周新年，邱荣祖，张正雄，等. 森林工程创新人才培养综合改革与实践［J］. 森林工程，2013，29（6）：171-175.
[10] 巫志龙，周成军，周新年，等. 森林作业与规划动态仿真实验室建设［J］. 实验技术与管理，2013，30（8）：217-220.
[11] 周成军，巫志龙，周新年，等. 学术论文选题类型、原则与途径［J］. 成都师范学院学报，2013，29（4）：43-48.
[12] 周新年. 科学研究方法与学术论文写作——理论·技巧·案例［M］. 北京：科学出版社，2012.
[13] 周新年，张正雄，郑丽凤，等. “工程索道”国家级精品课程建设［J］. 福建农林大学学报（哲学社会科学版），2011，14（3）：86-90.
[14] 周新年，巫志龙，周成军，等. “工程索道”国家级精品资源共享课建设［J］. 长沙大学学报（自然科学版），2014，28（5）：120-124.
[15] 沈嵘枫，周新年，周成军，等. 工程索道课程网络教学模式研究［J］. 森林工程，2010，26（6）：92-94.
[16] 周新年，巫志龙，周成军，等. 工程索道创新训练平台的规划建设［J］. 森林工程，2014，30（4）：192-196.
[17] 周新年. 工程索道与悬索桥［M］. 北京：人民交通出版社，2013.
[18] 张卫国，张冬洁. 构建大学数学创新型优秀教学团队的探索与实践［J］. 大学数学，2017，33（3）：52-55.
[19] 刘刚，李佳，梁晗. “互联网+”时代高校教学创新的思考与对策［J］. 中国高教研究，2017，(2)：93-97.
[20] 唐淑榕，李光文. 基于数字资源的本科创新性综合实验研究［J］. 福建医科大学学报（社会科学版），2016，17（4），44-47.

发表于：福建医科大学学报（社会科学版），2018，19（2）：37-40.

参 考 文 献

巴利切夫斯基. 1984. 科学研究：对象、方向、方法. 王槐业，译. 北京：中国轻工业出版社.

百度百科. 2010-07-06. 大科学. http：//baike.baidu.com/view/94874.htm.

百度百科. 2011-05-26. 仿生学. http：//baike.baidu.com/view/803.htm.

百度百科. 2011-06-06. 系统方法. http：//baike.baidu.com/view/66767.htm.

贝尔纳. 1959. 历史上的科学. 伍况甫，译. 北京：科学出版社.

戴陵江，靳思源，颜志森. 1991. 科学研究指南. 成都：成都科技大学出版社.

戴 R A. 1986. 如何撰写和发表科学论文. 毛裕芳，周灵芝，译. 北京：原子能出版社.

丁强. 2008. 科研方法与学术论文写作. 昆明：云南科技出版社.

高小和. 2002. 学术论文写作. 南京：南京大学出版社.

郭建钢，周新年，杨玉盛，等. 2002. 山地森林作业系统优化技术. 北京：中国林业出版社.

李国新. 2004. 中国文献信息资源与检索利用. 北京：北京大学出版社.

林聚任，刘玉安. 2005. 社会科学研究方法. 济南：山东人民出版社.

刘晓华，任廷崎. 2004. 毕业论文写作导论. 北京：科学出版社.

栾玉广. 2010. 自然科学技术研究方法. 2 版. 合肥：中国科学技术大学出版社.

史济彦，周新年，涂庆丰，等. 1998. 中国森工采运技术及其发展. 哈尔滨：东北林业大学出版社.

王嘉陵. 2003. 毕业论文写作与答辩. 成都：四川大学出版社.

王立海，王永安，周新年，等. 2001. 木材生产技术与管理. 北京：中国财政经济出版社.

维尔斯曼 W. 1997. 教育研究方法导论. 6 版. 袁振国，译. 北京：教育科学出版社.

徐天秀. 2006. 信息检索. 北京：科学出版社.

叶振东，贾恭惠. 2004. 毕业论文撰写与答辩. 杭州：浙江大学出版社.

伊丹敬之. 2004. 创造性论文的写法. 吕莉，张舒英，译. 杭州：浙江大学出版社.

张斌. 2003. 浅论当代科学的发展特性. 北京理工大学学报（社会科学版），5（5）：52-54.

张伟刚. 2009. 科研方法导论. 北京：科学出版社.

周新年. 1994. 林业生产规划. 北京：北京科学技术出版社.

周新年. 1996. 架空索道理论与实践. 北京：中国林业出版社.

周新年. 2008. 工程索道与柔性吊桥——理论 设计 案例. 北京：人民交通出版社.

周新年. 2013. 工程索道与悬索桥. 北京：人民交通出版社.

周新年. 2018. 山地森林生态采运理论与实践. 北京：中国林业出版社.

附录一 毕业论文参考文献规范格式

一、参考文献的类型

参考文献（即引文出处）的类型以单字母方式标识，具体如下：

M——专著	C——论文集析出文献	N——报纸文章
J——期刊文章	D——学位论文	R——报告

对于不属于上述的文献类型，可采用字母“Z”标识。

对于英文参考文献，还应注意：作者姓名采用“姓在前，名在后”原则，具体格式是：姓和名字的首字母。例如，Malcolm Richard Cowley 应为“Cowley M R”；又如，Frank Norris 与 Irving Gordon 应为“Norris F，Gordon I”。

二、参考文献的格式及举例

1. 期刊类

【格式】[序号] 作者. 文章名 [J]. 刊名，出版年份，卷（期）：起止页码.

【举例】

[1] 王海粟. 浅议会计信息披露模式 [J]. 财政研究，2004，21（1）：56-58.

[2] 夏鲁惠. 高等学校毕业设计（论文）教学情况调研报告 [J]. 高等理科教育，2004（1）：46-52.

[3] Heider E R，Oliver D C. The structure of color space in naming and memory for two languages [J]. Foreign Language Teaching and Research，1999（3）：62-67.

2. 专著类

【格式】[序号] 作者. 书名 [M]. 出版地：出版社，出版年份：起止页码.

【举例】

[4] 葛家澍，林志军. 现代西方财务会计理论 [M]. 厦门：厦门大学出版社，2001：42.

[5] Gill R. Mastering English Literature [M]. London：MacMillan，1985：42-45.

3. 报纸类

【格式】[序号] 作者. 文章名 [N]. 报纸名，出版日期（版次）.

【举例】

[6] 李大伦. 经济全球化的重要性 [N]. 光明日报，1998-12-27（3）.

[7] French W. Between Silences：A Voice from China [N]. Atlantic Weekly，1987-8-15（33）.

4. 论文集中析出文献

【格式】［序号］作者. 文章名［C］. //编者. 文集名. 出版地：出版者，出版年份：起始页码.

【举例】

［8］Almarza G G. Student foreign language teacher's knowledge growth［C］. //Freeman D，Richards J C. Teacher Learning in Language Teaching. New York：Cambridge University Press，1996：50-78.

5. 学位论文

【格式】［序号］作者. 论文名［D］. 授予学位地：授予学位单位，出版年份.

【举例】

［9］张筑生. 微分半动力系统的不变集［D］. 北京：北京大学，1983.

6. 研究报告

【格式】［序号］作者. 报告名［R］. 报告地：报告机构，报告年份.

【举例】

［10］冯西桥. 核反应堆压力管道与压力容器的 LBB 分析［R］. 北京：清华大学，1997.

7. 条例

【格式】［序号］颁布单位. 条例名称［Z］. 发布日期.

【举例】

［11］国家科学技术委员会. 科学技术期刊管理办法［Z］. 1991-06-05.

8. 译著

【格式】［序号］原著作者. 书名［M］. 译者，译. 出版地：出版者，出版年份：起止页码.

三、注释

注释是对论文正文中某一特定内容的进一步解释或补充说明。注释前面用圈码①、②、③等标识。

附录二　申请发明专利或实用新型专利步骤

根据《中华人民共和国专利法》的有关规定，把包含有技术方案或设计方案等内容的材料公开发表，将使申请的发明专利或实用新型专利丧失新颖性，从而无法获得授权。

申请专利步骤如下：

1）提供新技术方案的描述介绍，包括方案附图（该方案内容必须在申请日之前没有公开发表过，包括申请人及他人）或者相对于现有技术的改进或区别。可参照下面的专利说明书要点的内容进行填写。

2）委托机构检索后判断是否可以立案及选择申请的类型，并由申请方确认。

3）确认办理申请后，要求同时提交备案表到申请方单位备案。

4）开始安排撰写，经审核后提交申请。

专利说明书要点

一、专利事项

专利名称			
发明人		第一发明人身份证号码	

二、本发明的应用领域

……

三、背景技术

1）与本申请技术最接近的现有技术，例如，可以是本发明改进前的产品或方法，也可以是给予本发明启示的文献，还可以是申请方之前申请过并与本发明相关的，或作为本发明改进基础的专利文件或专利申请文件。在背景技术中应指出该申请技术的具体方案，如产品结构或方法步骤等。

2）客观指出上述技术的缺点。

缺点 1：

缺点 2：

缺点 3：

四、本发明方案

1）发明内容，针对背景部分提出的现有技术的各个缺点，阐述解决该问题的技术方案。对于产品发明来说，应清楚完整地说明产品的构造特征，说明各部件的作用；对于方法发明来说，应清楚完整地描述该方法或流程所包括的步骤以及各步骤的详细情况（对于电子通信或软件发明，建议围绕原理框图与流程图展开文字论述，如果发明涉及人机交互界面，应结合流程图绘制出各主要步骤的操作界面示意图，并将各示意图对应到流程图的相应步骤中）。

2）从原理上分析并说明本发明如何解决背景技术中提到的问题（缺点），或用对比实验说明本发明达到了怎样的效果。

五、附图及说明

机械产品发明应给出机械结构图，电子软件发明应给出原理框图与流程图（若改进点是具体电路，应给出电路图），并围绕原理框图与流程图详细说明各个模块的作用与连接关系，以及各个流程。各附图要写明图名，将附图标记所示的零部件名称用文字一一列出。结构附图应提供CAD格式的电子文件，原理框图与流程图建议使用Visio绘制以便代理人编辑修改。

六、其他

1）缩略语和关键术语定义（将自定义的缩略语与非规范的关键术语加以定义）。

2）列举是否还有其他的替代方案，同样能实现发明目的（写出未经仔细论证或实验，但有可能实现本发明的其他方案）。

3）参考文献（如专利/论文/标准）。